科学史ライブラリー

Eric R. Scerri

周期表

—成り立ちと思索—

馬淵久夫
冨田　功
古川路明
菅野　等
［訳］

朝倉書店

The Periodic Table

Its Story and Its Significance

ERIC R. SCERRI

Published by Oxford University Press, Inc.
198 Madison Avenue, New York, New York 10016

www.oup.com

Oxford is a registered trademark of Oxford University Press

This Japanese edition is published by
arrangement with Oxford University Press.

日本語版によせて

周期表に関する拙著が日本語に翻訳されることを知ってたいへんうれしく思いました．私はまだ日本に行ったことがありませんが，その人々およびその文化にはむかしから関心を抱いておりました．

私は日本語が話せません．したがって，日本語翻訳が正確なものかどうかを自分の目で確かめることはできませんでした．しかし，優れた水準に達したものであることは確信しています．その理由は，馬淵久夫，冨田 功，古川路明，菅野 等という訳者の方々が，たまたま私が準備をしていた拙著の第2版に役立つ多数の有益な助言をしてくださったからです．これらの助言の多くはこの訳本にも取り入れられています．ですから，日本語版はいろいろな点で元の英語の初版より優れているといえるでしょう．そこで，高度に完成された科学者であられる訳者の方々を簡単にご紹介いたしましょう．

馬淵久夫氏は宇宙・地球化学と考古科学を，冨田 功氏は放射化学者でホットアトムとイオン交換の化学を，古川路明氏は核化学者でホットアトムと環境の化学を，それぞれ研究されています．4人目の菅野 等氏は無機化学者で，同位体分離と放射化学をご専門とされています．

このように，これら4人の方々は原子と同位体という点で共通の専門性をもっておいでになります．この点で，「元素」の周期表と原子の周期表をテーマにして，哲学的諸問題を検証しようと試みる本書を翻訳の対象として選ばれたことはたいへん適切だったと思います．

ここで，混同があるといけないので，元素の分類に関する専門用語について二つの事項を記しておきます．

まず，亜鉛，カドミウム，水銀は，日本では主族元素として扱うようですが，本書では「遷移元素」に入れています．

つぎに，f-ブロック元素は日本では「遷移元素」と呼ばれると聞いていますが，本書では，「遷移元素」という用語をd-ブロック元素に適用し，時にはd-ブロックとf-ブロックを総称的に呼ぶ場合に使っています．ご注意ください．

本書が日本の皆さまに訴えるものがあるようにと祈っています．将来，私が周期表

に関する講義を日本ですることがあれば，直接お目にかかれるかもしれません．その
ような機会に恵まれることを心から願っています．

2009 年 7 月

ロサンゼルス，カリフォルニアにて　エリック・シェリー

謝　辞

学問の道に私を導いてくれたわが母イネスと亡き父エドワード・シェリーに
この本を捧げます.
また，没後100年のディミトリー・イヴァノヴィッチ・メンデレーエフ
(1834-1907) にこの本を捧げます.　Eric R. Scerri

本書の製作にはおよそ6年を要した．見方によっては約20年といってもいい．というのは私がロンドン大学チェルセア・カレッジで，優れた指導者として定評のある故 Heinz Post 教授のもとで Ph. D 取得を意図したのがそのきっかけだからである．もちろん，遡って，西ロンドンのイーリング区のウォルポール・グラマースクールに通っていた10代のころといってもいいかもしれない．

本書の完成をみたいま，直接的あるいは間接的に，同僚としてあるいは助言者として，私が仕事を進めていくあらゆるステージで助けてくださった方々に感謝したい．ウォルポール・グラマースクールの化学の先生であった Mrs. Davis は，いつもクラスの後方でふざけている私をみて，最前列に座ることを命じた．私は授業を聴かざるをえなくなったが，やがて化学が意外に面白いものだと思うようになった．

ロンドン大学に属するウエストフィールド・カレッジに移ってからは，多くのすばらしい教師に出会った．中でも，理論家の John Throssell 先生と無機化学者の Bernard Aylett 先生には特にお世話になった．その後の1年間は，ケンブリッジの，あの偉大な David Buckingham 教授のもとで理論研究に没頭したが，たくさんの哲学的な質問を浴びせて，教授を困らせたものである．その後サザンプトン大学に移り，物理化学のユニークな Pat Hendra 教授のもとで Ph. M の学位を取得した．このときから，私はハイスクールとチュートリアル・カレッジで化学を教えはじめた．だが同時に研究にも立ち返り，化学を量子力学に物理還元するという問題について，科学史・科学哲学の立場から Ph. D 論文を書いた．そのとき私がどれだけ Heinz Post 氏のお世話になったかは言葉では表せない．彼を知る人はだれでも思い出すはずだが，彼はイギリスにおける科学哲学の論争場面を演出した点では，物理学における辛辣な批評家ヴォルフガンク・パウリのような人であった．もっとも，私自身パウリの場面を目

撃したわけではないけれども．

「化学の哲学」を発展させてみたらどうかといってくれたのはHeinz Post氏であった．そのときから私はこの道を追い求めて現在に至っている．アメリカにわたって教育と研究に携わるという考えを私に植えつけてくれたのも，確かHeinzだったと思う．だが，アメリカの話に移る前に，他にいろいろ助けていただいたロンドンの方々のお名前もあげておきたい．ロンドンのキングスカレッジの理論化学者Mike Melrose氏，それとロンドン経済スクールのJohn Worrall氏である．このお二人とはそれぞれ論文の共著者にもなっていただくという光栄に浴した[1]．

私はカリフォルニア工科大学のポスドクとしてアメリカに行くことになった．ここでは人文学部で同僚のDiana Kormos-Buchwald，Fiona Cowie，Alan Hayek，James Woodwardの諸君に感謝しなければならない．その後は1年間イリノイ州の中心部にあるブラッドリー大学に行ったが，ここの化学科では特にDon Glover氏とKurt Field氏が温かく受け入れてくれた．さらにパーデュー大学での客員教授時代が続くが，ここではおもにGeorge Bodner氏と歴史家・化学者・教育者のDerek Davenport氏と交流をもった．2000年にはUCLA（カリフォルニア大学ロサンゼルス校）に移ったが，ここでも私は多くの優れた同僚に恵まれた．特に名前をあげると，Miguel Garcia-Garibay，Robin Garrell，Steve Hardinger，Ken Houk，Herb Kaesz，Richard Kaner，Laurence Lavelle，Tom Mason，Craig Merlic，Harold Martinsonといった方々である．

さらに，国際化学哲学学会の会員の皆さまにお礼を申し上げたい．この学会は，「化学の哲学」という分野に関心のある方々が少なからず存在することを実感した私ども少人数が1990年代に設立したものである[2]．Michael Akeroyd，Davis Baird，Nalini Bhushan，Paul Boogard，Joseph Earley，Rom Harré，Robin Hendry，David Knight，Mark Leach，Paul Needham，Mary Jo Nye，Jeff Ramsay，Joachim Schummer，Jaap van Brakel，Krishna Vemulapalli，Stephan Weininger，Michael Weisberg，その他多くの方々に心から感謝したい．

おそらく感謝の対象として最も大きなグループになるのは，異なる分野において周期表を研究しておられる学者の方々である．Peter Atkins，Henry Bent，Bernadette Bensaude，Nathan Brooks，Fernando Dufour，John Emsley，Michael Gordin，Ray Hefferlin，Bill Jensen，梶 雅範，Maurice Kibler，Bruce King，Mike Laing，Dennis Rouvray，Oliver Sacks，Mark Wintersその他多くの方々である．

学術誌*Foundations of Chemistry*の過去および現在の共同編集者であったJohn Bloor，Carmen Giunta，Jeffrey Kovac，Lee McIntyreの諸氏にもお礼申し上げる．

UCLA 哲学科の同僚であった Calvin Normore, Sheldon Smith, Chris Smeenk, 史学科の Ted Porter, Norton Wise の諸氏にも感謝したい.

オンライン討論では, Chemed, History of Chemistry, Philchem, Hopos, CCL (Computational Chemistry Listserver) の関係者と, ときには過熱した討議が行われ, その中から, さまざまな論点があぶり出されたこともありがたかった.

最後に忘れられないのは, この本の編集作業で, 特に写真・画像の収集をしてくださった多くの方々である. Ten Benfey, Gordon Woods, Ernst Homberg, Fernando Dufour そして Susan Zoske. 図表をスキャンしてくれた UCLA 写真室の George Helfand と Andreana Adler. 化学科図書室の Marion Peters など. 特にお礼を述べたいのは, 忍耐強く, 薄汚れた古文献を発掘する手伝いをしてくださった Daniel Contreras 氏に対してである. キャンパスの反対側にある地下書庫からつぎからつぎへと *Science News* のバックナンバーを注文して取り寄せるのに飽き飽きしたに違いない. また, 本書の草稿を全体にわたって詳細に校閲してくださった Geoffrey Rayner Canham 氏と William Brock 氏, および, 本書の前段の章についていくつかのコメントをいただいた周期表の第一人者ヤン・ファン・スプロンセン先生には深甚の謝意を表したい. Amy Bianco さんにも感謝したい. オックスフォード大学出版局の Jeremy Lewis さんを筆頭に Abby Russell, Michael Seiden, Laura Ikwild, Lisa Stallings さん. 皆さんのおかげで, 一連の出版作業が楽しい経験になったことは間違いない.

写真掲載許可

ペンシルヴァニア大学の The Edgar Fahs Smith Collection

　写真提供と掲載許可：カニッツァロ, ドルトン, ラボアジエ, ルイス

　写真掲載許可：マイヤー

The American Institue of Physics の The Emilio Segrè Collection

　写真提供と掲載許可：ボーア, バービッジ夫妻, ファウラー, ホイル, キュリー, ルイス, メンデレーエフ, シーボーグ

　写真掲載許可：モーズリー, パウリ

Gordon Woods 氏

　写真提供と掲載許可：「周期律を確立した人たち」

Fernando Dufour 氏

　写真提供：Dufour 氏自身の「3-D 周期系」

文献引用許可

私自身の過去の論文からも随時引用した．特に，下記の 4 点からの引用が多い．

British Journal for the Philosophy of Science, **42**, 309–325, 1991（Oxford University Press）.

Annals of Science, **51**, 137–150, 1994（Taylor & Francis）.

Studies in History and Philosophy of Science, **32**, 47–452, 2001（Elsevier）.

Foundations of Chemistry, **6**, 93–116, 2004（Springer）.

これらの文献はすべて出版社からの許可を受けて掲載した．

■注

1） M. P. Melrose, E. R. Scerri, Why the 4s Orbitals is Occupied before the 3d, *Journal of Chemical Education*, **73**, 498–503, 1996 ; E. R. Scerri, J. Worrall, Prediction and the Periodic Table, *Studies in the History and Philosophy of Science*, **32**, 407–452, 2001.

2） ほぼ同じころ，当学会の機関誌 *Foundations of Chemistry* も創刊された．

目　　次

序　章

Introduction

> 化学という学問が研究される限り，周期表は存在するだろう．そして，いつか我々が他の宇宙のどこかと交信することになっても，彼我の文化が共有できるものは間違いなく元素の秩序システムである．両者の知的生命体は直ちにそのシステムを認識するであろう．　　J. Emsley, *The Elements*

元素の周期表は科学の中でも最も強力なアイコンである．そのアイコンで開かれる文書は化学のエッセンスを優雅な図式で表現する．考えてみると，そのように便利なものは生物学にも物理学にもない．もっとはっきりいうと，科学のいかなる分野にもみあたらない．我々は周期表を至るところでみかける．工場の実験室で，研修会で，大学の研究室で．もちろん，講義室でお目にかかることはいうまでもない．

元素の周期系

ときおり耳にするのは，化学には物理学のような深遠な基本原理が欠如しているという発言である．物理学には量子力学と相対性理論があり，生物学には進化論があるが，化学には何もないではないかと見下す．しかし，この見解は誤っている．化学には二つの大きな基本原理がある．化学的周期性と化学結合であり，しかもその二つは深いところでつながっている．

ある元素が特定の種類の元素と結合しやすいということを観察した昔の化学者は，化学的親和力という表をつくって元素をいろいろと分類した．これらの分類表が，やや間接的にではあるが，後に周期系の発見を導くことになる．いまの化学全体からみても最大の基本原理であった．事実，周期表は，ディミトリー・イヴァノヴィッチ・メンデレーエフとその他大勢の人たちが取り組んだ，元素がどのように他の元素と結合するかを明らかにしようとするさまざまな試みから生まれたものである．

周期表は元素を記憶するためのすばらしい仕掛けであり，化学一般を有機的に結びつけるのに役立つ道具でもある．過去につくり出されたいろいろな周期表は，すべて元素の周期系を描き出そうとする試行であった．周期系は，化学の勉強においても職業的な研究においても，基本的で，よく浸透した概念なので，日常茶飯事になって，しばしば当たり前のこととして理解される風潮がある．

周期表が，化学の中心的な役割（人によっては地味な役割ともいうが）を果たしてきたにもかかわらず，その考え方の進化についての本を書こうとする人は少なかった．現に，周期系を歴史的にみて，概念的な側面とか，化学あるいは科学一般における意義とかを適切に扱った書物は皆無である[1]．本書を企画した目的は，周期系の理解にもっと哲学的な扱い方を注入しようとするものである．このような方向性に私は言い訳をするつもりはない．すでに時は熟したと信じているし，化学哲学の研究が，1990年代半ばの再興までは完全に無視されていたという話との関連で，大方の理解が得られるのではないかと思っている．

周期系に関しては2種類の重要な本が英語で出ている．その一つはオランダ語の翻訳である．比較的現代に近いこの本は，ファン・スプロンセンの著作（1969年）で，周期系の歴史に詳細な記述があって優れたものである．ファン・スプロンセンの本にはいくつかの記述不足があるが，その一つは，近代物理学が周期系を説明したと主張している筋道についての議論が欠落していることである．普通は話題にならないが，ときには表に出てくる科学哲学の慣用句「周期系は量子力学に物理還元された」を，ファン・スプロンセンは受け入れているようにみえる[2]．私の考えでは，量子力学が周期系を「征服」していく話は一般に強調されすぎていると思う．もちろん，量子力学は古典物理学よりも周期系をうまく説明してくれる．しかし，重要ないくつかの局面で，現在の説明は未だ不完全である．そのことを，本書でうまく説明できればいいと思っている．

もう一つの英語で書かれた周期系についての教程は，1896年発刊，ノースカロライナ大学チャペルヒルのヴィーナブルによる大著である[3]．いうまでもないが，この力作は，100年前までの，現代物理学が周期系の理解に影響をおよぼしはじめる以前の時期を扱っているので，内容が限られている．

もう一つ，周期系の700以上の表現法を1冊にまとめた本がある．研究生活をこのテーマに捧げたマジュアズの著作である．しかしながら，この本は周期系の歴史でもなければ哲学でもなく，周期的な配列法そのものを分類するシステムを発展させようという特異な試みである．この本は周期系を表現した多種多様な形式の保管倉庫として役立ち，周期系の究極形式の探索が，いかに広汎に，エネルギッシュに行われたかの証言でもある[4)]．この探索は，今日の我々が未だに引きずっている問題のようにみえるので，後の章で扱うことにする．マジュアズの本のもう一つの特長は，これも25年ほど前までのものであるが，周期系に関する1次文献，2次文献の膨大な引用の存在である[5)]．

教科書の著者であるピーター・アトキンズは周期系について短い一般向けの本を出版した[6)]．まだ他にプッデファットとモナガン[7)]，クーパー[8)]，ポード[9)]，サンダーソン[10)]など多数の著者の本がある．これらは，さまざまな元素を提示していく手段として周期系を使っているだけで，その基本原理を注意深く噛みしめていく記述は少ない．周期系への関心がまだ続いていることを証する一般向けの本が最近3冊出版された．シュトラサーンとサックスとモーリスの著作である[11)]．これらの本は化学一般の説明に焦点を合わせているが，それぞれ周期系の発展に関する章を設けている．ごく最近，ゴーディンがメンデレーエフの伝記を出版した．この本は，歴史的な面によく配慮されていて，科学的にも正確である．さらによいのは，著者がロシア語原論文を自身で読んだという直接的な知識から書かれていることである[12)]．

元　　素

本書で私は，元素（element）という概念を少し詳しく論じようと思う．古代ギリシアの哲学者たちの発想から始まって現代に至る道筋である．このような話題は周期系の発展の話ではあまり扱われないのが通例だが，実をいうと，さまざまな元素の分類法を十分に理解するためには，元素の本性とか，元素という概念が時とともにどう変わってきたかとかをまず飲み込まないとうまくいかないのである．元素の本性についての古代の概念は，いまでは大きく変化しているけれども，完全には捨てきれない一面が存在する．

元素や化合物の本性に関する研究は，物質（substance）と物体（matter）についてのアリストテレス哲学の中心にあり，さらに彼のいう存在（being）と生成（becoming）の最も普遍的な概念でもあった．これはソクラテスより前の，初めて元素というものを考え理論化した多くの哲学者についてもいえることである．それから約20世紀後になって，元素の本性は化学革命の中で大きな命題となった．アントワンヌ・ラボアジエはおそらく元素の形而上学的見方を放棄した最初の化学者の一人であろう．彼はそのような抽象論を排し，実際に元素として単離できる物質を考慮するという一種の経験論に置き換えた．このような意味での元素はしばしば単体（simple substance）と呼ばれる．

元素の本性についてのおもに哲学的な問いかけは，回帰して，若干議論のあるところではあるが，周期系の先導的発見者とされるメンデレーエフの考えの底流となった．事実，メンデレーエフは「元素」の本性に関する哲学的考えをもっていたために，やはり周期系を研究していた同時代の化学者たちよりも一歩先んじることができたようである．20 世紀になってからも，同位体が発見されたのを契機に，元素の本性やその正しい定義について激しい討議が行われた．

メンデレーエフは元素の本性に関しては，一方では観測できない基本物質を指し，同時にもう一方ではラボアジエの単体を指すという，二元的考えをもっていた．彼は，「元素同士が結合して化合物をつくったときに，その化合物内で元素が生き残るのは，どのようにしてか」という，長い化学史の中でいい伝えられてきた中心課題をよく知っていた．たとえば，ナトリウムのような毒性のある灰色の金属が，やはり毒性のある緑色の気体・塩素と結合したとき，ナトリウムはなおも存在しているといえるのだろうか．生成した化合物である塩化ナトリウム，つまり食塩が白色で，毒どころか生命に必須という事実があるのはおかしいではないか，というような問題である．これらは，古代ギリシアの哲学者たちが物体の本性とその変転を理解しようとして取り組んだ課題である．そのような課題の一部は現代物理学の理論と化学結合論とによって解釈されているが，課題そのものは今日なお，我々に残されているのである．そのあたりも本書で説明しよう．

錬金術　本書の中で私は，元素の本性と原子論をその古い起源に遡って簡潔に述べるつもりだが，錬金術に関する細かい問題に多くのスペースを割くことはしない．それには，いくつかの理由がある．まず，錬金術の研究は，今日では宗教，心理学，数秘学，冶金学に属するさまざまな分野を横断した複雑な実践過程を理解しなければならないという難問を内蔵しているからである．さらに，錬金術の文書は，たえずペテン師として告訴される危険に曝されていた錬金術師を護るために，しばしば意図的に神秘と曖昧のベールに包まれているからである．神秘にしていることは，また，錬金術の知識を数少ない特定の秘密カルトに限定するのに役立つ．

現代化学は錬金術の直系の申し子か，とか，錬金術の基本原理は化学が巣立つ時点で排除されるべきだった，とかいう話は，従来から学者たちの議論の種だったし，今日でも討議が続いている．ここで私がすることは，この広範な分野の中で，それよりもっと重要な議論を含むいくつかの詳しい話題を読者に提供することである．

近年浮上してきた興味深い話題は，ニュートンやボイルのような近代科学の巨人が錬金術に背を向けていたという一般概念を見直そうという動きである．それは30年ほど前に，科学史の専門家，特にベティー・ジョー・ドッブズらが，ニュートンは献身的な錬金術師で，いま広く尊敬されている理論物理学よりも錬金術の方に多くの時間を費やした，と説得力ある論説を出したことから始まった[13]．もっと最近では，ローレンス・プリンシペがドッブズと同じ論法でボイルを錬金術師に変身させている．彼はボイルの著作を丹念に分析し，定説とは違って，ボイルが錬金術的手法をあの有名な教科書 *The Sceptical Chymist*（懐疑的化学者）の中で拒否していないことを主張している．プリンシペはつぎのように述べる．

> ボイルは物質変成を目指す錬金術を拒否せず，むしろ熱心に追及してその原理を自家薬籠中のものとした……ボイルは我々が思うほどには「近代的」でなく，そのころの錬金術も我々が思うほどには「古代的」ではなかった．したがって，いまみていることは，過去に我々が化学史を二分して相容れない二つの部分とみなしてきたもの同士が歩み寄ってきたということである[14]．

哲学的考察　すでに述べたように，周期系の研究はいくつかの点で哲学的な重要性をもっている．話を少し絞ってみよう．いまから少し前，科学哲学の研究者は，自分たちが科学的理論を調べることに力を入れすぎて，実験あるいは広い意味の科学的操作の重要性をないがしろにしてきたことに気づいた[15]．そのため，多くの研究者が実験の哲学を研究しはじめた．しかし，理論的成果の哲学的研究においても，ただ高レベルの理論に訴えるよりも，まだまだ科学的に理論化する作業が残っているという気持ちが高まってきている．

多くの場合，科学者が取り上げる理論は応用するのが難しく，結局はモデルとか近似とかに頼る．この事実をまともに受け止めているうちに，科学的モデルとはなにかという別問題を研究する下位区分の分野に入り込んでしまう[16]．そして，この本の中で私が議論するように，化学の周期表というのは理論でもなければモデルでもない，適当な用語がないので造語で表すが，「organizing principle（組織原理）」とでもいうものである．理論ではなくても科学的に非常に役に立つ「科学的実体」というものがあり，周期表がその一例だということを科学哲学の研究者たちに理解してもらい研究してもらう，これが本書の目的の一つである[17]．

周期表が哲学的に重要なもう一つの理由は，化学は物理学を掘り下げていったものに過ぎないのではないか，とか，哲学者が好む表現を使うと「化学は物理学に還元されるのではないか」，といったことが本当かどうかを検証する優れた場になることである．しかし，そのような質問を提出することさえも，現代の学問の世界では問題視されるようになった．物理学が科学の中で最も基本であるとか，ある1分野が他の分野よりも基本的であるという考え方そのものが，文芸評論，文化人類学，ポストモダン科学論の立場からの厳しい攻撃に曝されている[18]．このような問題は最近大いに論争の種となり，「サイエンス・ウォーズ」と呼ばれる学問世界の大きな討議を引き起こしている．科学が客観的真理の一形態を提供してくれるかどうか，あるいは，科学が現実の世界に必ずしも支配されない一つの社会構成物に過ぎないかどうか，という疑問をめぐって，多くの学者，科学者，知識人が互いに対立している．科学が客観的だという伝統的な考え方は過去の遺物だとする見方が増してきている．そして一部の学者は一種の相対主義，すなわちすべての形の知識が等しく有効だ，という考えを抱くに至っている[19]．

しかし，多くの他の学者たちはいまでも，学問的原理主義や物理還元主義の問題を科学という文脈の中で研究できると信じている．化学はその姉妹の科学である物理学に還元されるのかどうかという素朴な疑問を，考えてみるとよい．この疑問は，化学的モデルあるいは具体的に周期系が，物理学の最も基本とされる量子力学でどの程度まで説明できるかを検証することで，科学的に追究できるのである．本書全体の底流になっているのはこの疑問であり，話が周期系の理解に現代物理学が与えるインパクトにおよぶと，章を追って追究の内容が明らかになっていくであろう．

周期系の進化　周期系が確立されるまでのいくつかの重要な段階の前には，常に中間的・予見的なステップがあった．本書ではこのことを紹介していこうと思う．科学の進歩は，はっきりした一連の革命的段階を通して起こるというトーマス・クーンの主張[20]に反論するためには，科学史の主要な発見の中でも周期系に勝る例はない．実際，科学の発展の中で革命が中心的役割を果たしたとするクーンの主張と，革命に貢献した人だけを称揚するという彼の努力は，おそらく無意識のうちに，英雄だけがカウントされ，いきづまったり失敗した試みは記録に残さないという，科学のホイッグ史観（勝利者史観）を残存させるのに貢献した[21]．

科学とはさまざまな形の努力を集積したものである．そこにはチームワークもあれば，単独の仕事もある．同時代の他人を意識する人もいれば，しない人もいる．周期系のような一種の知識体系の展開を吟味しようとする場合，だれそれが最初にいい出したとか，この研究の方があちらの研究よりも早く予見していたというようなことよりも，随所にアイデアを含んだ全体像を眺めることの方が大切である．とはいっても，だれが先んじたかという優先順位の問題は魅力的な話なので，本書ではそれらのうち重要なものを説明しよう．ただし，それぞれに長い論争の歴史があるので，私のいうことが最終結論というわけではない．

ここで，先ほど使ったホイッグ史観という言葉が違った意味をもつことを，もう少し説明しておく必要があると思う．本書は歴史学の著作にすることを意図していないので，科学史の中で実際に起こったことによって話が振り回されることがたびたびあるだろう．このことで私は弁解するつもりはない．というのは，人が興味をもつのは周期系がどのように発展してきたかを追跡することにあるからである．たとえば，原子量を基にして理論化された三つ組元素を議論する際に，原子番号を使うと三つ組元素の有効性やその他の条件にどのような影響をおよぼすかをみることも怠らないつもりである．

さて一般論はこの辺にして，本書の各章の概要を述べることにしよう．私は周期系という化学のアイコンをめぐって段階的に進化発展があったことを伝えるために，歴史の順序でたどろうと思う．しかし，私が第一に伝えたいことは，概念やアイデアの進化であって，詳細な歴史的叙述をすることではない[22]．だから，ときには，ある点を説明するために，厳密には歴史の順序に合致していない例をもち出すこともある．

本書では読者を，物理学，数学，情報科学，科学史，科学哲学，そしてもちろん化学と，なんらかの形で周期系にかかわりのある科学の諸分野をみて歩く学際的なツアーにお連れすることになる．物語はソクラテス以前の古代ギリシアの哲学者たちから始まる．そして，原子論の誕生からアリストテレスの 4 元素（地，水，火，空気）へと進む．錬金術がかなりの発展を遂げたヨーロッパ中世までには，硫黄や水銀など他の数種類の元素が加わる．中世には，初期の医学とかアラビアの化学とか，現代化学の重要な前触れになるものが存在したけれども，本書ではこれらが元素をどのように認識していたかまでは深入りしない．また，化学革命によって姿を消したフロジストン説を訪ねることもしない．ラボアジエの有名な 33 種類の基礎物質リストを検証する際に少し触れるだけである[23]．

その代わり周期系の物語として，思い切って，ウィリアム・プラウト，ヨハン・デーベライナー，レオポルト・グメリンなどの仕事を取り上げよう．これらは，以前から知られていた特定元素間の類似性に数値的関係を探し求めた人々である．我々は最初の本当の周期系といえるアレクサンドル・エミール・ベギュイエ・ド・シャンクールトワのらせん型周期系に出会う．そしてウィリアム・オドリング，グスタフ・ヒンリックス，ジャン・バティスト・アンドレ・デュマ，マックス・ペッテンコッファー，ジョン・ニューランズ，ユリウス・ロータル・マイヤーらの初期の周期系を経て，メンデレーエフの周期表および既存元素と新元素についての彼の推論にたどり着く．このような各種の周期系のそれぞれについて，歴史的背景と特殊性を覗いてみる．

1890年代に発見された貴（希）ガスは，はじめは周期系に適合しないと思われていたので，この問題の解決の実例として分析してみる．19世紀から20世紀への曲がり角で放射能の発見があった．そしてそこから原子構造についてのJ. J. トムソンやアーネスト・ラザフォードの新しいアイデアが導かれ，時を経ずして元素の多くについて同位体が発見される．このことが周期系の最大の難問を生み出す．ニールス・ボーア，ヴォルフガンク・パウリ，エルヴィン・シュレーディンガー，ヴェルナー・ハイゼンベルクが，軌道電子と量子数という概念で周期系を近代的に解釈し，物理学は周期表の理解の領域に侵入し続けた．

有用な分類パターンあるいは分類システムが科学者たちにいったん提供されると，そのパターンの底に何か説明が潜んでいるのではないかと彼らが考えはじめるのは時間の問題である．周期系もその例外ではない．周期系を説明しようとするいくつもの試みは，化学以外の科学諸分野，特に理論物理学に大きな進歩をもたらした．原子が核とその周りを回る軌道電子からなるという現代科学で常識とされている概念は，イギリスの物理学者J. J. トムソンが，周期表に並んでいる元素の順番を説明しようとしたときに端を発している．同様に，量子力学の創始者の一人であるボーアが，原子に量子エネルギーについての新しい考えを適用したとき，彼は元素の周期系の一層深い理解を得ようと格別な努力を払っていた[24]．

数年後に，パウリは有名な排他律を生み出した．排他律はいまでは，トランジスタをつくる材料から中性子星の物質に至るまでの挙動を律している．原子物理学のカテゴリーで行われたパウリのもともとの研究は，まずは周期系の形を説明しようとする一つの試みであり，さらに原子のいくつもある電子殻が特定の数の電子しか含みえないのはなぜか，ということを説明しようとする試みだった．その過程で，パウリは科学の中で最も一般的な原理の一つを導き出した．彼の排他律は，平易な言葉でいうと，一つの電子軌道は互いに反対方向に回転する2個の電子しかもてないということである．この排他律と量子力学の他の一般則を注意深く解析していって，量子化学という分野を生み出すことになった．量子化学は今日では超伝導から薬剤に至るまでの新材料の開発の中で威力を発揮している．

ここで化学教育について一言述べておこう．周期系を発見した代表的な二人の人物，マイヤーとメンデレーエフは，化学の優れた教育者だった．彼らは化学の教科書を書いているとき，それぞれ独自の周期系を発展させたのである．周期表のおもな効用は教材としてであって，多くの化学の情報をまとめ，化学現象の多様性の中で統一を図ることにあった．近年，化学があたかも物理学の下位分野であるかのように教えるという形が芽生えてきている．この傾向は，物理学が量子力学という形で，化学のいくつもの局面を説明するのに成功したということから起こったものである．この成功は過度に評価されることが多い．

化学を学ぶ学生は，身近にある色や匂いや，さらに「現場の化学」で起こる爆発などに身を晒さずに，軌道や電子配置や他の理論的概念にどっぷり浸かっている状況が多くなってきている．著者の中には，化学教育をもっと「化学的」にするのと同時に現代物理学の必要な概念を教えるという方法論を主張する方々が存在する．そのような努力の中で，周期表はマクロの化学的性質とそれを説明する量子力学とのあいだの優れた仲介者として役立つ．

化学と物理学との関係は，教育上の意味合いだけではなく，科学哲学においてもますます重要になってきている．特に，科学哲学の明確な下位分野としての化学哲学が近年生まれたことは，化学の法則や化学モデル，それに周期系のような表示法を基礎物理学に還元するという問題を検証することに，ある程度は基づいている．

しかし，化学哲学が生まれる前でも，科学理論が後継理論に還元されるという問題は，特定の科学が基礎物理学に還元されるかという問題として，重要な関心事であった．広くとらえると，論理実証主義的な哲学が後退するにつれ，科学の理論や分野を物理還元しようとする主張には日増しに異議が唱えられるようになつた[25]．いろいろな理論と特別な科学を完全に物理還元することができなかったという失敗は，哲学の中で論理実証主義が消滅する原因の一つとなった．しかし，論理実証主義が還元に失敗したからと言って，論理実証主義のもう一つの中心的教義である諸科学の統一への信念を放棄するに至ったわけではない[26]．

現代の科学哲学では，物理還元の問題をもはや公理公式のようには扱わない．むしろ，周期系を例にとると，量子力学の基本原理から周期系がどの程度まで導かれるかを検証する，というような自然な形で研究するのである．このような研究姿勢はそれでもまだ厳密すぎるかもしれないが，求められる関係を確固とするために形式論理を使うという意味での厳密さはない[27]．それはむしろ，第二次科学（このような用語を使わなければならないとすれば）の事実が，どの程度までコンピュータ化学から，当世風にいえばアブイニシオ（*ab initio*）（訳注：ラテン語で，最初からの意）の方法で，導き出せるかを検証することである．我々は，シュレーディンガーの方程式が周期系の骨格を説明するプロセスを検証する必要がある．このトピックスは第９章で特に取り上げることにする．これらの同時代の発展をたどると，すでにボーアの主張があったことがわかる．彼のためにいうならば，それは古い量子論を使って周期系を物理還元したということである[28]．周期系の話は現代物理学が化学に次第に影響を強めていくことと密接に結びついている．このように，本書で議論される発展の底辺には物理還元の問題が流れているのである．

そして周期系の物語から脇にはずれても，周期系発見前のプラウトの仮説とかデーベライナーの三つ組元素のような，数量的研究の影響が垣間見られる．だから，元素を分類することができるのは化学ではなく，事実を数的に記述しようとする最もふつうのピタゴラス的精神をもった欲望に化学が結びついたものである．周期系の物語は，化学とピタゴラス学（訳注：宇宙とは万物の数学的関係が表されたものという学説）と近年になってできた量子力学の三者をブレンドする物語である．

周期律について実在論的な見方をすれば，元素には原子番号の増加につれて近似的に繰り返すことがらがあるという主張がありうる．たとえば，元素ヘリウムがどの位置にくるかについては過去にある種の論争を巻き起こした．多くの化学者が貴（希）ガスと主張するのに対して，原子の電子配置の方からするとアルカリ土類の中に位置するはずだということになった．この問題について反実在論的な見方をとる化学者は，元素の表示法は便宜上の事項で，ヘリウムや他の面倒な元素がどこに位置するかはものごとの本質ではないと考えるだろう．これらの問題は第10章で取り上げる．第10章では同時に，元素の宇宙物理学的起源論と周期表に込められたいくつかの異常な化学的規則性についても考察する．

物理還元の問題は化学を量子力学に還元するというもう一つの興味深い論題を引き出す．大部分の化学者は，量子力学が化学に大きな理論的基盤を与える限りは，物理学からの「還元」要求を喜んで受け入れるであろう．しかし，ヘリウムの位置の問題のような場合には，たとえ還元された科学の発見を覆す危険を冒しても，化学的条件で分類しようとする権利を留保しようとする．

周期系についての上述の実在論的見解に伴って，元素を自然種とみなすかどうかという疑問が出てくる．ここでいう自然種とは，我々が人為的な分類をすることによってではなく，自然そのものによって分別される実在的・科学的実体を意味する．こう考えると，今度は自然種の問題とかかわりをもってきた科学哲学の主流と対話できるという広がりをもつようになる．生物哲学では，生物種は時間とともに進化するので自然種とはみなされてこなかった．多くの哲学者は化学レベルで自然種を定めることに力を入れてきた[29]．特に元素は，多くの哲学者たちによって典型的な自然種とみなされてきた．金であることは原子番号79をもつことであり，逆に原子番号79をもつことは金であった．言語哲学者たちの間では，「金」とか「水」とかの言語学上の用語が世にある物体とどのように関係するかという議論に，いつも決まって自然種という言葉を援用してきた．広く通用しているクリプキ-パットナムの考えによると，我々は自然種の用語についての科学的見解をしっかりもつことが急務とされている．たとえば，「水」という用語は，現代科学が規定するように，通常 H_2O の分子と理解されている．ところが，こういう解釈は現代の科学哲学者からみるといろいろな問題を提供することになる．実際に提起された反論から2例だけあげると，「水は単純に H_2O だとはいえない，なぜならそれは不純物を含むかもしれないし，イオン化された状態かもしれないから」ということになる[30]．元素が自然種であるという概念でさえも，多くの元素が同位体を含むという理由で批判された．金のすべての原子が同じ質量をもっているわけではない．だから金は一つしかない自然種とはいえないと主張されたのである[31]．化学と現代物理学との関係を探る最もよい方法は周期系の状況を眺めることである[32]．化学哲学と周期系そのものに新たな関心が湧いてきたいまこそ[33]，これらの基本問題を再評価する必要が生じている．本書の各章でこれを扱うことにする．

■注

1） 周期表に特定した会議が開かれたのはわずか2回である．最初のものは1969年で，有名な1869年のメンデレーエフの表が生まれて100年を祝う祝賀会の一部として行われた．M.Verde (ed.)，*Atti del Convegno Mendeleeviano*, Academia delle Scienze di Torino, 1971．2回目は最近で，2003年にカナダのバンフで開かれた．D. Rouvray, R. B. King, *The Peiodic Table：Into the 21st Century*, Science Studies Press, Bristol, 2004.

2） J. van Spronsen, *The Periodic System of the Chemical Elements, the First One Hundred Years*, Elsevier, Amsterdam, 1969［島原健三訳，『周期系の歴史 上，下』（三共出版，1978)］．ここで批判めいたことを書くのはたいへん気が引ける．周期系に関するファン・スプロンセン博士のすばらしい本には少なからずお世話になっているからである．

3） F. P. Venable, *The Development of the Periodic Law*, Chemical Publishing Co., Easton, PA, 1896.

4） E. Mazurs, *The Graphic Representation of the Periodic System During 100 Years*, University of Alabama Press, Tuscaroosa, 1974. さらにマジュアズは周期系の対称表現の採用について議論をしている．

5） 周期系に関する，哲学的研究を強調した2次文献については，E. R. Scerri, J. Edwards, Bibliography of Literature on the Periodic System, *Foundations of Chemistry*, **3**, 183-196, 2001 を参照のこと．

6） P. W. Atkins, *The Periodic Kingdom*, Basic Books, New York, 1995［細矢治夫訳,『元素の王国』（草思社，1996)］．つぎの文献も参照するとよい．E. R. Scerri, A Critique of Atkins' Periodic Kingdom and Some Writings on Electronic Structure, *Foundations of Chemistry*, **1**, 287-296, 1999.

7） R. J. Puddephatt, P. K. Monaghan, *The Periodic Table of the Elements*, Oxford University Press, Oxford, 1985.

8） D. G. Cooper, *The Periodic Table*, Plenum Press, New York, 1968.

9） J. S. F. Pode, *The Periodic Table：Experiment and Theory*, Wiley, New York, 1973.

10） R. T. Sanderson, *The Periodic Table of the Chemical Elements*, School Technical Publishers, Ann Arbor, MI, 1971.

11） P. Strathern, *Mendeleev's Dream*, Thomas Dune Books, New York, 2001；O. Sacks, *Uncle Tungsten*, Alfred Kopf, New York, 2001［斉藤隆央訳，『タングステンおじさん――化学と過ごした私の少年時代』（早川書房，2003)］；R. Morris, *The Last Sorcerers：Atoms, Quarks and*

the Periodic Table, Walker & Co., New York, 2003.
12) M. Gordin, *A Well-Ordered Thing*, Basic Books, New York, 2004.
13) B. J. T. Dobbs, M. C. Jacob, *Newton and the Culture of Newtonianism*, Humanity Books, Amherst, NY, 1998.
14) Principe, *The Aspiring Adept : Robert Boyle and His Alchemical Quest : Including Boyle's "Lost" Dialogue on the Transmutation of Metals*, Princeton University Press, Princeton, NJ, 1998. p. 220 より引用.
15) 現在では，科学実験の哲学的側面を扱った研究は多数存在する．つぎの文献はその一部である．David Gooding, Trevor Pinch, Simon Schaffer, *The Uses of Experiment : Studies in the Natural Sciences*, Cambridge University Press, New York, 1989 ; Allan Franklin, *The Neglect of Experiment*, Cambridge University Press, New York, 1986.
16) 哲学者による科学的モデルに関する本の例としてつぎのものがある．N. Cartwright, *How the Laws of Physics Lie*, Oxford University Press, Oxford, 1983.
17) D. Shapere, Scientific Theories and their Domains, in F. Suppe (ed.), *The Structure of Scientific Theories*, Illinois University Press, Urbana, 518-599.
18) この領域の文献は近年著しく増加した．議論についてはつぎのものがよい．P. R. Gross, N. Levitt, *Higher Superstition*, John Hopkins University Press, Baltimore, MD, 1994 ; A. Sokal, Transgressing the Boundaries : Towards a Transformative Hermaneutics of Quantum Gravity, *Social Text*, 46-47, 217-252, 1996 ; J. A. Labinger, H. Collins, *The One Culture?* University of Chicago Press, Chicago, 2001.
19) G. Bodner, M. Klobuchar, D. Geelan, The Many Forms of Constructivism, *Journal of Chemical Education*, **78**, 1107-1134, 2001. 批判的評価についてはつぎを参照のこと．E. R. Scerri, Philosophical Confusion in Chemical Education Research, *Journal of Chemical Education*, **80**, 468-474, 2003.
20) これは，クーンあるいは私の知っているだれかが，周期系の発展は科学革命を代表するものだと議論している，という意味ではない．
21) クーンの保守性についての関連した議論はつぎの文献にある．Steve Fuller, *Thomas Kuhn : A Philosophical History of Our Times*, University of Chicago Press, Chicago, 2000 ; Mara Beller, *Quantum Dialogue : The Making of a Revolution*, University of Chicago Press, Chicago, 1999.
22) メンデレーエフについての学問的研究に関心のある方は，多数の優れた科学史家たちの研究を参照する必要がある．N. Brookes, Developing the Periodic Law : Mendeleev's Work during 1869-1871, *Foundations of Chemistry*, **4**, 127-147, 2002 ; M. Gordin, *A Well-Ordered Thing*, Basic Books, New York, 2004 ; M. Kaji, Mendeleev's Discovery of the Periodic Table, *Foundations of Chemistry*, **5**, 189-214, 2003.
23) 過去 20～30 年のあいだに，化学史家の中で，ラボアジエが化学革命に果たした役割について激しい議論があった．それが本当の革命だったのか，それともゲオルク・シュタールのような先駆者たちが始めた研究の行き着いた頂点だったのか，というものだが，これについてはつぎの文献がよい．Gough, Siegfried, Perrin, Holms in A. Donovan (ed.), Chemical Revolution, Essays in Reinterpretation, *Osiris*, 2nd series, vol. 4, 1988.
24) 多くの本に載っている話は，ボーアの第一関心事が水素原子スペクトルの解明だったというものである．しかし，クーンとハイルブロンは，ボーアが量子論を原子構造に適用しはじめたころには原子スペクトルの問題さえもよく知らなかった，ということを，確信をもって論じている．T. S. Kuhn, J. Heilbron, The Genesis of the Bohr Atom, *Historical Studies in the Physical Sciences*, **3**, 160-184, 1969.
25) J. D. Trout, in R. Boyd, P. Gaspar, J. D. Trout (eds.), Reduction and the Unity of Science, *The Philosophy of Science*, MIT Press, Cambridge, MA, 1992, 387-392.
26) この点について，数名の論者が同意せず，常に「科学の非統一」の側に立った喧伝をしているようにみえる．J. Dupré, *The Disorder of Things, Metaphysical Foundations of the Disunity of Science*, Harvard University Press, Cambridge, MA, 1993 ; N. Cartwright, *How the Laws*

of Physics Lie, Clarendon Press, Oxford, 1983；N. Cartwright, *Nature's Capacities and Their Measurement*, Oxford University Press, Oxford, 1989；P. Galison, D. Stump, *The Disunity of Science*, Stanford University Press, Palo Alto, CA, 1996.

27) 化学の物理還元に関する現代の取り組みを詳細に論じたものとしてはつぎの文献がある．E. R. Scerri, Popper's Naturalized Approach to the Reduction of Chemistry, *International Studies in Philosophy of Science*, **12**, 33–44, 1998.

28) K. R. Popper, Scientific Reduction and the Essential Incompleteness in All Science, in F. L. Ayala, T. Dobzhansky（eds.）, *Studies in the Philosophy of Biology*, Berkeley University Press, Berkeley, CA, 1974, pp. 259–284.

29) J. LaPorte, Chemical Kind Terms, Reference and the Discovery of Essence, *Noûs*, **30**, 112–132, 1996；J. LaPorte, *Natural Kinds and Conceptual Change*, Cambridge University Press, New York, 2004.

30) J. van Brakel, *Philosophy of Chemistry*, Leuven University Press, Leuven, Belgium, 2000.

31) この批判は，メンデレーエフが使った意味で元素を基本物質とする見解によって反論されている，と私は信じる．E. R. Scerri, Some Aspects of the Metaphysics of Chemistry and the Nature of the Elements, *Hyle*, **11**, 127–145, 2005.

32) P. Bernal, Foundations of Chemistry：Special Issue on the Periodic System（Editor-in-chief Eric R. Scerri）, *Journal of Chemical Education*, **79**, 1420, 2002.

33) たとえば，つぎの周期系特集の論説を参照のこと．*Foundations of Chemistry*, **3**, 97–104, 2001.

1

周期系：概論

The Periodic System—An Overview

1.1　元素を摸索する

古代ギリシアの哲学者たちは，地，水，火，空気と，4種類の元素を認識していた．これらすべては天体分類の獣帯十二宮図（zodiac）の中に収まっている．哲学者の少なくとも何人かは，これらの異なる元素が形の違った微小な成分からできていて，それゆえに元素ごとに性質が異なるのだということを信じていた．これらの形あるいは構造は，完全に同じ3次元構造をもつプラトンの多面体（図1.1）の形であると信じていた．ギリシア人たちは，「地」は微小の立方体の粒子からなり，それゆえに動かすのは難しいと考えた．一方，「水」の液体は滑らかな面をもつ二十面体でできていることで説明され，「火」に触れると痛いのは四面体の尖った形のためと説明された．「空気」は八面体と考えられたが，それはプラトンの多面体の残りがこれしかなかったからである．少し後になって5番目のプラトンの多面体，十二面体が発見された．このため，第5番目の元素（quintessence）があるはずだということになり，エーテルの名で知られるようになる．

元素がプラトンの多面体でできているという概念は，現代からみれば不正確であるが，物質のマクロの性質が，構成するミクロ成分の構造で決まるという非常に大切な概念の基になった．これらの「元素」は，現代化学の先駆者である錬金術師たちによっていくつかの点で補強され，ヨーロッパ中世の後までも存続した．錬金術師たちのたくさんある目的の一つは元素の変換にあったようにみえる．当然のことだが，彼らを

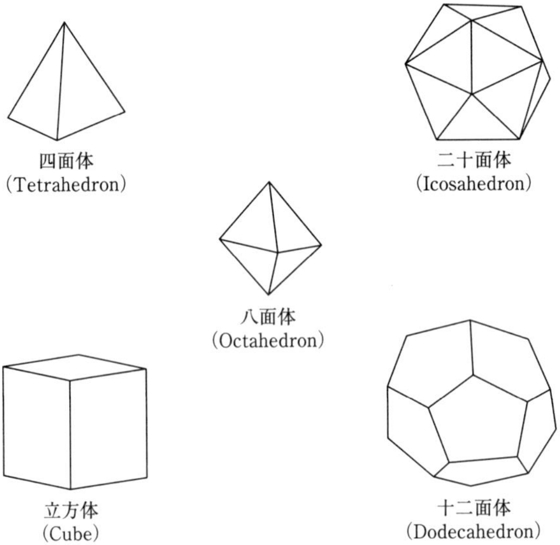

図1.1 5種類のプラトンの多面体
O. Benfey, Precursors and Cocursors of the Mendeleev Table : The Pythagorean Spirit in Element Classification, *Bulletin for the History of Chemistry*, 13-14, 60-66, 1992-1993, p. 60の図．ご厚意により掲載．

最も引きつけたのは卑金属の鉛を貴金属の金に変換する試みであった．黄金色，希少価値，化学的安定性など，さまざまな特性のために，文明の曙のときから人類の宝物であったのが金であった．

ギリシアの哲学者たちの「元素」という言葉の初期の理解は，その元素について観測される性質の「傾向」とか「潜在力」というものであった．一つの元素についての抽象的な形と，観察される形とのあいだの微妙な区別は，現代ではほとんど忘れられている．しかし，メンデレーエフのような周期系を発見した著名な人々にとって，それは基本的な指導原理であった．

多くの教科書の説明では，化学というものは錬金術やギリシア哲学の一見神秘的な元素の性質の理解に背を向けたときに，本格的に始まったということになっている．現代科学の勝利は，実験をし，観測される事象のみを取り上げるという経験論的態度をとることによると考えられてきた．それゆえに，当然のことながら，元素の概念についての，より微妙な，そしておそらくより基本的な意味合いは排除されてきた．たとえば，ロバート・ボイルとアントワンヌ・ラボアジエは両者とも，一つの元素の定義は経験的観測によって行われるとし，抽象的な元素の役割を否定した．彼らが推奨

	Noms nouveaux.	Noms anciens correſpondans.
Subſtances ſimples qui appartiennent aux trois règnes, & qu'on peut regarder comme les élémens des corps.	Lumière	Lumière.
	Calorique	Chaleur. Principe de la chaleur. Fluide igné. Feu. Matière du feu & de la chaleur.
	Oxygène	Air déphlogiſtiqué. Air empiréal. Air vital. Baſe de l'air vital.
	Azote	Gaz phlogiſtiqué. Mofète. Baſe de la mofète.
	Hydrogène	Gaz inflammable. Baſe du gaz inflammable.
Subſtances ſimples non métalliques oxidables & acidifiables.	Soufre	Soufre.
	Phoſphore	Phoſphore.
	Carbone	Charbon pur.
	Radical muriatique	Inconnu.
	Radical fluorique	Inconnu.
	Radical boracique	Inconnu.
Subſtances ſimples métalliques oxidables & acidifiables.	Antimoine	Antimoine.
	Argent	Argent.
	Arſenic	Arſenic.
	Biſmuth	Biſmuth.
	Cobalt	Cobalt.
	Cuivre	Cuivre.
	Etain	Etain.
	Fer	Fer.
	Manganèſe	Manganèſe.
	Mercure	Mercure.
	Molybdène	Molybdène.
	Nickel	Nickel.
	Or	Or.
	Platine	Platine.
	Plomb	Plomb.
	Tungſtène	Tungſtène.
	Zinc	Zinc.
Subſtances ſimples ſalifiables terreuſes.	Chaux	Terre calcaire, chaux.
	Magnéſie	Magnéſie, baſe du ſel d'epſom.
	Baryte	Barote, terre peſante.
	Alumine	Argile, terre de l'alun, baſe de l'alun.
	Silice	Terre ſiliceuſe, terre vitrifiable.

	新名称	対応する旧名称
Substances simples qui appartienne aux trois règnes & qu'on peux regarder comme les éléments des corps 3界*に属し，物体の基（素）と考えられる単体	Limière 光	Limière 光
	Calorique 熱素	Chaleur 熱 Principe de la chaleur 熱の基 Fluide igné 火流体（炎） Feu 火 Matière du feu & de la chaleur 火と熱の基物質
	Oxygène 酸素	Air déphlogistique 脱フロジストン空気 Air empiréal 帝国の空気 Air vital 生気 Base de l'air vital 生気の基
	Azote 窒素	Gaz phlogistiqué フロジストンガス Mofète 炭鉱ガス Base de la mofète 炭鉱ガスの基
	Hydrogène 水素	Gaz inflammable 引火性ガス Base du gaz inflammable 引火性ガスの基
Substances simples non métaliques oxidables & acidifiables 酸化され，酸になりうる非金属単体	Soufre 硫黄	Soufre 硫黄
	Phosphore リン	Phosphore リン
	Carbone 炭素	Charbon pur 純炭
	Radical muriatique 塩酸基	Inconnu 未知
	Radical fluorique フッ酸基	Inconnu 未知
	Radical boracique ホウ酸基	Inconnu 未知
Substances simples métaliques oxidables & acidifiables 酸化され，酸になりうる金属単体	Antimoine アンチモン	Antimoine アンチモン
	Argent 銀	Argent 銀
	Arsenic ヒ素	Arsenic ヒ素
	Bismuth ビスマス	Bismuth ビスマス
	Cobalt コバルト	Cobalt コバルト
	Cuivre 銅	Cuivre 銅
	Etain スズ	Etain スズ
	Fer 鉄	Fer 鉄
	Manganèse マンガン	Manganèse マンガン
	Mercure 水銀	Mercure 水銀
	Molybdène モリブデン	Molybdène モリブデン
	Nickel ニッケル	Nickel ニッケル
	Or 金	Or 金
	Platine 白金	Platine 白金
	Plomb 鉛	Plomb 鉛
	Tungstène タングステン	Tungstène タングステン
	Zinc 亜鉛	Zinc 亜鉛
Substances simples salifiables terreuses 塩をつくる土類単体	Chaux 石灰	Terre calcaire, chaux 石灰土，石灰
	Magnésie マグネシア	Magnésie, base du sel d'epsom マグネシア，エプサム塩**の基
	Baryte 重晶石	Barote, terre pesante 重晶石，重土
	Alumine アルミナ	Argile, terre de l'alum, base de l'alum 粘土，ミョウバン土，ミョウバンの基
	Silice ケイ土	Terre siliceuse, terre vitrifiable ケイ土，ガラス質土

図 1.2 ラボアジエがまとめた 33 単体（左図）
Traité Elémentaire de Chimie, Cuchet, Paris, 1789, p. 192.
*訳注：動物界，植物界，鉱物界．
**訳注：ロンドン南方の鉱泉．

した元素の定義は，化学的手段でそれ以上基本的な成分に破砕されないような素材物質，というものであった．1789 年にラボアジエは，この経験論的基準によって選んだ 33 種類の単体，つまり元素を表示した（図 1.2）[1]．この表から欠落しているのは地・水・火・空気という古い元素で，そのころまでには，これらがもっと単純な物質から構成されていることがわかっていたのである[2]．

33 種類の単体の多くは，現代の基準に照らしても，元素といって差し支えないが，光とか熱素のようないくつかのものは，もはや元素とはみなされない[3]．この時代以降，分離や化学物質同定の技術が急速に進み，図 1.2 のリストは拡大され精査されていくことになる．いろいろな種類の光線の発光スペクトルや吸収スペクトルを測定する分光法は，元素ごとに異なる独自の「指紋」によって同定するという非常に正確な手段を提供することになる．現在，我々は自然界に91元素の存在を認識し，自然界に存在するものを超えて，存在する元素の幅を広げることさえも可能になってきた[4]．

1.2 元素の発見

元素発見の話は魅力的で，すでに少なくとも一つの古典的物語の主題になってきている[5]．発見の時系列を表1.1に示しておこう．本書では，予言・予測から元素発見に至るまでを通覧するが，すべて順を追って規則正しく叙述するわけではない．

表 1.1 元素発見の時系列およびおもな化学者・物理学者が周期系との関連で発見に寄与した概略年

古代	Au, Ag, Cu, Fe, Sn, Pb, Sb, Hg, S, C	
中世	As, Bi, Zn, P, Pt	
1700		
1710		
1720		
1730	Co	
1740		
1750	Ni, Mg	
1760	H	
1770	N, O, Cl, Mn, Ba	
1780	Mo, W, Te, Zr, U	ラボアジエ
1790	Ti, Y, Be	
1800	V, Nb, Ta, Rh, Pd, Os, Ir, Ce	ドルトン，アボガドロ
	K, Na, B, Ca, Sr, Ru, Ba	デーヴィー
1810	I, Th, Li, Se, Cd	
1820	Si, Al, Br	デーベライナー
1830	La	
1840	Er	グメリン
1850		カニッツァロ
1860	Cs, Rb, Tl, In, He	メンデレーエフ，マイヤー
1870	Ga, Ho, Yb, Sc, Tm	
1880	Gd, Pr, Nd, Ge, F, Dy	
1890	Ar, He, Kr, Ne, Xe, Po, Ra, Ac	ラムゼー，レイリー卿
1900	Rn, Eu, Lu	トムソン
1910	Pa	ルイス，ファン･デン･ブルック，モーズリー
1920	Hf, Re, Tc	ボーア，パウリ，シュレーディンガー
1930	Fr	
1940	Np, At, Pu, Cm, Am, Pm, Bk	シーボーグ
1950	Cf, Es, Fm, Md, No	
1960	Lr, Rf, Db	
1970	Sg	
1980	Bh, Mt, Hs	
1990	Ds, Rg, 112, 114, 116	
2000		

著者による編集．

化学史の中で6, 7種類の元素がほとんど同時にあるいは数年のうちに発見されたときには，多くのエピソードが語られてきた．もちろん，鉄，銅，金などいくつかの金属は古代から知られていた．それによって，歴史・考古の学者は人類史の中の特定の時期を鉄器時代とか銅器時代などと呼んできた．錬金術師たちは硫黄・水銀・リンなどの元素をリストに追加した．近代になると，銅や鉄とは違って，鉱石と炭とを混ぜて熱するだけでは得られない，反応性の高い元素が電気の発明で分離できるようになった．イギリスの化学者ハンフリー・デーヴィーは電気の使用にとりつかれ，電気分解によって，カルシウム，バリウム，マグネシウム，ナトリウム，塩素など10種類もの元素を単離した．

放射能と核分裂の発見，および放射化学的技術の進歩によって，周期表に残されたいくつかの空白を埋めることが可能となった．そして最後に残った穴は43番に相当するもので，後にギリシア語の「人工的」あるいは「人の手でつくられた」を意味する *techne* に由来するテクネチウムとして知られる元素であった．それは，原子核物理学が出現する前には実現されることのなかった，ある放射化学的過程で「人の手でつくられた」ものであった．ごく最近まで，この元素は自然界には存在しないと信じられていた．しかし，かつてあげられた証拠データを再吟味することによって，それは実際に自然界に存在していたらしいこと，そして1925年の初期の発見報告は不当に退けられたかもしれないことが明らかになってきた[6]．

最近の元素発見のラッシュも，純な原子ビームや中性子のような純な素粒子のビームをつくり出し集束させることを含む技術の発展に基づいている（訳注：ここで「純な（pure)」とは他の原子や素粒子を含まないという意味）．これらの粒子同士は非常な正確さで衝突し核融合反応を引き起こす．そのとき，極端に高い原子番号の新元素を生む．この分野の創始者はアメリカの化学者グレン・シーボーグで，彼は1943年に初めてプルトニウムを合成し，その後，多くの超ウラン元素の合成にかかわった研究チームのリーダーの役を果たした．

1.3 近代に発見された元素の名称と記号

周期表の魅力の一つは各元素の性質とその名前のつけ方にある[7]．ナチ強制収容所の生き残りの化学者プリモ・レヴィーは，その評価の高い著書『周期表（The Periodic Table)』[8] の各章のはじめを，金について，鉛について，酸素についてというように，一つの元素の生き生きとした描写で飾っている．本そのものは彼の関連分野の知見に関するものだが，元素についての話は一つ一つの元素に対するレヴィーの愛情の吐露である[9]．ごく最近，神経学者で作家でもあるオリヴァー・サックスは『タングステンおじさん（Uncle Tungsten）』という本を書いた．その中で彼は，少年時代に化学，特に周期表に病みつきになったことを述べている[10]．

元素が発見され続けていた数世紀のあいだ，それらの名称を選ぶのには多くのテーマが用いられた[11]．元素の名称リストを眺めると，まずギリシア神話のエピソードが思い浮かぶ．61番元素プロメチウムは，天から火を盗んで人類に与え，それだけの罪でゼウス神によって罰せられた神・プロメテウスに由来する[12]．この神話を61番元素に結びつけたのは，元素分離に並々ならぬ努力を要したことが，プロメテウスが行った困難で危険な業に似ていることによるのだろう．プロメチウムは地球上に存在しない非常に稀な元素の一つで，別の元素であるウランの核分裂生成物の崩壊によって得られた．

惑星など地球以外の天体に因んだ名称もある種の元素に適用された．たとえば，1803年に発見されたパラジウムは，ちょうどその前年1802年に発見された第二の小惑星パラス（Pallas）に因んで名づけられた．ヘリウムはギリシア語で太陽を意味するヘリオス（*helios*）からきている．これは1868年に太陽スペクトルの中に初めて発見され，1895年に至るまでは地球の試料で観測できなかった．

色から名称をとった元素がかなりある．セシウムはラテン語の灰青色（空色）を意味する *caesium* による．この元素の発光スペクトルに，強い灰青色の輝線があったからである．黄緑色ガスの塩素（chlorine）はギリシア語の黄緑色（*khloros*）に由来する[13]．ロジウム元素の塩はしばしばピンク色を呈する．ギリシア語のバラ（*rhodon*）の名がこの元素にあてられたのはこれによる．もっと最近に合成された元素の場合には，発見者の名前あるいは発見者が称揚したい人物の名前からつけられる．ボーリウム，キュリウム，アインスタイニウム，フェルミウム，ガドリニウム（訳注：希土類元素の一つで，人工的合成元素ではない），ローレンシウム，マイトネリウム，メンデレビウム，ノーベリウム，レントゲニウム，ラザホージウム，シーボーギウムなどである[14]．

多数の元素（正確には15元素）は，発見者が住んでいた地名，または記念したい地名に因んだ名をもつ．アメリシウム，バークリウム，カリホルニウム，ダームスタチウム，ユウロピウム，フランシウム，ゲルマニウム，ハッシウム，ポロニウム，ガリウム，ハフニウム，ルテチウム，レニウム，ルテニウム，スカンジウム．しかし他に，その元素を含む鉱物が発見された場所に由来する場合がある．この中にストックホルムに近いスウェーデンの村イッテルビ（Ytterby）から一挙に4元素の名前がついた特筆すべき例がある．エルビウム，テルビウム，イッテルビウム，イットリウムがそれで，これらすべてがイッテルビ村の付近にあった鉱石から発見された．このときもう一つ発見された5番目の元素は，ストックホルムのラテン名に因んでホルミウムと名づけられた.

超ウラン元素の後半部に対する命名は，国家主義的論争になり，ある場合には，だれそれが最初に合成したから命名権は彼に与えるべきだ，などという，とげとげしい論争が続いて，それだけでまた別建てのお話になる．そのような論争の解決策の一つとして，国際純正・応用化学連合（IUPAC）は，元素は公平に秩序正しく，原子番号に相当するラテン数字で命名されるべきである，と布告した．たとえば，105番元素はun-nil-pentium，106番元素はun-nil-hexiumとなる．しかし，最近になって，これら重い方の超重元素のいくつかについて，真の発見者を慎重に審議した結果，各元素について最初に確立した発見者または合成者に命名権を与えるという方針に回帰した．現在，105番，106番元素は，非人間的なラテン名に代わって，それぞれドブニウム，シーボーギウムと呼ばれている[15].

シーボーギウムについては特に面白い話がある．委員会メンバーは，グレン・シーボーグが106番元素を含む約10種類の新元素の合成に責任をもっていたにもかかわらず，このアメリカの化学者の名前を選ぶことを認めなかった．彼らの公式見解は，いかなる元素にも生存者の名前はつけないという昔のルールによっていたらしい[16]．アメリカおよび世界各地域の化学者の猛烈なキャンペーンの後に，やっとシーボーグの生存中に命名が認められた.

もう一つのおかしな例は，ドイツの化学者オットー・ハーンの場合である．彼の名はいったん非公式にハーニウムとして105番元素に与えられたが，この名称は後に外され，いくつもの超ウラン元素が合成された地の名に因んだドブニウムと変えられた．ところが別の新元素にハーンの昔の同僚であるリーゼ・マイトナーの名がつけられた．多くの第三者にとって，この動きは公平なものと映った．ハーンは核分裂発見の功績によりノーベル賞を与えられたが，この研究の大切な段階で大いに寄与したマイトナーの受賞は退けられたからである[17]．第三者の中には，このような配慮は政治的正確さを求めすぎると感じている人々もいる.

周期表の中で各元素を表すのに使われる元素記号にも面白い話がたくさんある．錬金術時代の元素記号は，しばしば名前を借用したり関係づけたりした惑星の記号と一致している（図1.3)．たとえば，水銀という元素は，最も内側を回る惑星，水星と記号を共有している．銅は金星と関連づけられ，両者は同じ記号で表される.

ドルトンは1805年に原子論を発表したとき，元素記号の中にいくつかの錬金術時代のものを残した．しかし，これらは扱いにくいもので，論文や本に記載するのが容易でなかった．現在使っている文字の記号は，スウェーデンの化学者ヤコブ・ベルセ

金属							
	gold	silver	iron	mercury	tin	copper	lead
	金	銀	鉄	水銀	スズ	銅	鉛
記号							
	○	☾	♂	☿	♃	♀	♄
天体							
	太陽	月	火星	水星	木星	金星	土星
週日							
ラテン語（*dies*）							
	Solis	*Lunae*	*Martis*	*Mercurii*	*Jovis* (*pater*)	*Veneris*	*Saturni*
仏	dimanche	lundi	mardi	mercredi	jeudi	vendredi	samedi
英	Sunday	Monday	Tuesday	Wednesday	Thursday	Friday	Saturday

図 1.3 古くから知られた金属と天体および週日の名称比較
V. Rignes, *Journal of Chemical Education*, **66**, 731-738, 1989, p. 731. ご厚意により掲載.

リウスが少し遅れて1813年に導入したものである.

現在の周期表では，一握りの元素がアルファベット1文字で表される．これらは水素，炭素，酸素，窒素，硫黄，フッ素を含み，それぞれ，H, C, O, N, S, Fと記される[18]．多くの元素は2文字からなり，最初の字は大文字，2番目は小文字で表す．例をあげると，Li, Be, Ne, Ca, Scは，それぞれ，リチウム，ベリリウム，ネオン，カルシウム，スカンジウムのことである．これら2文字記号は必ずしも直観的にわかるわけではない（訳注：著者の母語である英語からみての話である）. Cu, Na, Fe, Pb, Hg, Ag, Auは，それぞれ銅，ナトリウム，鉄，鉛，水銀，銀，金のラテン語名に由来する[19]．タングステンはドイツ名WolframからとってWで表す．ほんの短期間，いくつかの重元素は，さきに述べたラテン数字からとった3文字で表していたが，それらの多くは106番元素のシーボーギウムのように固有の名称を与えられた．しかし最近発見された112，114，116番元素などについては，正式の発見者をめぐってまだ議論が続いているので，3文字のUub, Uuq, Uuhが使い続けられている[20].

1.4 現代の周期表

現代の周期表で，元素を行と列に配列する，長周期型（図1.4）と呼ばれる方式は，元素間の多くの関係を表している．これらの関係のいくつかはよく知られているが，まだ新発見を待っているものもある．一例だけあげると，1990年代に科学者は，電気抵抗が0になる高温超伝（電）導の性質を約100Kという比較的高温で観測するこ

H																	He
Li	Be											B	C	N	O	F	Ne
Na	Mg											Al	Si	P	S	Cl	Ar
K	Ca	Sc	Ti	V	Cr	Mn	Fe	Co	Ni	Cu	Zn	Ga	Ge	As	Se	Br	Kr
Rb	Sr	Y	Zr	Nb	Mo	Tc	Ru	Rh	Pd	Ag	Cd	In	Sn	Sb	Te	I	Xe
Cs	Ba	Lu	Hf	Ta	W	Re	Os	Ir	Pt	Au	Hg	Tl	Pb	Bi	Po	At	Rn
Fr	Ra	Lr	Rf	Db	Sg	Bh	Hs	Mt	Ds	Rg							

La	Ce	Pr	Nd	Pm	Sm	Eu	Gd	Tb	Dy	Ho	Er	Tm	Yb
Ac	Th	Pa	U	Np	Pu	Am	Cm	Bk	Cf	Es	Fm	Md	No

図 1.4　現在の長周期型周期表

とができた．この発見は偶然の掘り出し物という面もあった．ランタン，銅，酸素，バリウムという元素が特定の方式で結びつくと，たまたま高温超伝導を示したのである．すると，その効果を保つ温度を上昇させようとする研究活動が，世界中で雲のように湧き上がった．その究極のゴールは室温での超伝導であり，列車を超伝導レールの上に浮かせて，すいすいと滑らせるという技術の突破口になるはずである．この問題の中で主要な指導原理の一つになったのは元素の周期表であった．研究者は周期表をみて，一つつくった化合物の中の元素を類似の性質をもつ他の元素に置換し，超伝導のふるまいがどう変わるかを調べた．93 K の超伝導温度をもつ $YBa_2Cu_3O_7$ をつくり出すのに，元素イットリウムがどのようにして新しい超伝導化合物群の中に導入されたかを解くカギはここにある[21)]．この例だけでなく，まだ多くの知見が，発見され効果的に利用されるのを待って周期表の中で眠っているといえる．

普通の周期表は行と列からできている．元素の傾向は表を横へ走るとか下へ走るとかで観測される．水平の行は表の 1 周期を表す．周期を横にみていくと，左端のカリウム・カルシウムから鉄・コバルト・ニッケルのような遷移金属を通り，ゲルマニウムのような半金属（両性）を通って，右側のヒ素・セレン・臭素という非金属に至る．一般的に，周期を横に走ると化学的・物理的性質が滑らかに変化していく．しかし，この一般則には例外が多い．そしてそれが化学を魅力的で予想できない複雑な分野にしているのである．

金属そのものも，ナトリウムやカリウムのように軟らかく鈍い光沢の固体から，クロム・白金・金のような硬い金属光沢のある物質に至るまで，いろいろ変わる．他方，非金属は炭素や酸素のように固体あるいは気体である．外見だけでは，それが固体金属か固体非金属かを識別するのは難しいことがある．素人目には硬くて光沢のある金属は，ナトリウムのような軟らかい金属よりも金属性が高いようにみえるかもしれない．しかし化学者の感覚では，電子を失う能力の大きい(イオン化エネルギーの小さい)元素は，より金属性が高いとみなすのである．したがって，ナトリウムは鉄や銅よりももっと金属的だということになる．金属から非金属へという 1 周期の傾向は，各周期で繰り返される．そこで，横の行が積み重ねられると，縦の列すなわち類似元素のグループができあがる．一つのグループの元素は多くの重要な物理的・化学的性質を共有する．しかし，これにも例外がある．

現代の周期表での各族の表示法は複雑で議論の余地がある．典型元素と呼ばれる主族元素の欄（列）は，表の左端と右端に分かれて位置する．アメリカではこれらの族はⅠからⅧまでのローマ数字で表示され，ときには遷移金属と区別するためにＡという文字をつける．遷移金属の方はⅠＢからⅧＢとして表の中央部におかれる．しかしヨーロッパでは慣習が異なる．どの族（行）も左から右に向かってⅠＡからⅧ

1	2	3	4	5	6	7	8	9	10	11	12	13	14	15	16	17	18
IA	IIA	IIIB	IVB	VB	VIB	VIIB	—	VIIIB	—	IB	IIB	IIIA	IVA	VA	VIA	VIIA	VIIIA
IA	IIA	IIIA	IVA	VA	VIA	VIIA	—	VIIIA	—	IB	IIB	IIIB	IVB	VB	VIB	VIIB	VIIIB
H																	He
Li	Be											B	C	N	O	F	Ne
Na	Mg											Al	Si	P	S	Cl	Ar
K	Ca	Sc	Ti	V	Cr	Mn	Fe	Co	Ni	Cu	Zn	Ga	Ge	As	Se	Br	Kr
Rb	Sr	Y	Zr	Nb	Mo	Tc	Ru	Rh	Pd	Ag	Cd	In	Sn	Sb	Te	I	Xe
Cs	Ba	Lu	Hf	Ta	W	Re	Os	Ir	Pt	Au	Hg	Tl	Pb	Bi	Po	At	Rn
Fr	Ra	Lr	Rf	Db	Sg	Bh	Hs	Mt	Ds	Rg							

La	Ce	Pr	Nd	Pm	Sm	Eu	Gd	Tb	Dy	Ho	Er	Tm	Yb
Ac	Th	Pa	U	Np	Pu	Am	Cm	Bk	Cf	Es	Fm	Md	No

図 1.5 族数字の表示形式が異なる現行の周期表

上段：IUPAC の最新数字表示，中段：アメリカ式，下段：ヨーロッパ式．
中央の 3 欄（列）はアメリカ式およびヨーロッパ式ではⅧでくくられているが，IUPAC 方式では個別の数字（8, 9, 10）が与えられていることに注意．

Aのように進み，銅から始まる族に入ってからはＩＢとなり，ⅧＢ族と呼ばれる貴(希）ガスに至る（図1.5）[22]．やっかいなのは，両方とも欄（列）に対して同じローマ数字を使うことで，さらに主族元素に対しては，それらの外殻電子数にもローマ数字を使うことである．

以上の表示法が引き起こした混乱をふまえて，なんらかの統一した方式ができないかということに世の注目が集まった．最近になって，IUPACはA，Bのような文字を使わずに，左から右に向かって順次アラビア数字の1から18までを振りつけるということを勧告した．この提案の不幸な結果は，主族元素原子の外殻電子数とアメリカ式・ヨーロッパ式にあった族の記号とのあいだの直接的関連が失われたことである．たとえば，酸素原子は6個の最外殻電子をもつ．古い方式では，これはⅥ族（それにAとかBとかがつく）と呼ばれた．ところがIUPAC方式では16族ということになる．その結果，多くの教科書がIUPAC勧告にそって周期表を表示していても，元素の性質を論じるときにはそれを使って説明することができなくなっている[23]．

本書では主族元素（典型元素）にはおもにローマ数字を使い，遷移元素グループにはそのグループの最初の元素の名をもって示すことにする．たとえば，アメリカ式ⅣＡ族（炭素，ケイ素，ゲルマニウム，スズ，鉛）は単純にⅣ族と記す．一方，アメリカ式ⅥＢ族（クロム，モリブデン，タングステン）はクロム族と記す[24]．しかしながら，第10章では，余計な混乱を招かないように，IUPAC方式を採用する．

上記の約束で表示すると，表の左端のＩ族は金属元素のナトリウム，カリウム，ルビジウムを含む．これらは金属とされている鉄，クロム，金，銀とはたいへん違って，異常に軟らかく反応性に富む物質である．Ｉ族の金属は反応しやすいため，それらの小片を水中に投じるだけで激しく反応して水素ガスを発し，無色のアルカリ溶液を後に残す[25]．Ⅱ族の元素はマグネシウム，カルシウム，バリウムであり，多くの点でＩ族元素よりも反応性が弱い．

右に動いていくと，遷移金属の名で知られる中央部を占める長方形の枠にぶつかる．ここには，たとえば，鉄，銅，亜鉛が含まれる．短周期型（図1.6）と呼ばれる昔の周期表では，これらの元素はいま主族元素と呼ばれる族の中に一緒におかれていた．現代の周期表では，これらの元素が表の主要部分から外されることによって，元素の化学の貴重な側面のいくつかが失われたことは確かである．もっとも，現在の表示方式のメリットは失われたものを補って余りあるものであるが[26]．遷移金属の右には別の典型元素がⅢ族からⅧ族まで並ぶ．その右端は貴（希）ガスである．

ときには，一つの族が共有するはずの性質が直ちに明確でないこともある．それは，炭素・ケイ素・ゲルマニウム・スズ・鉛からなるⅣ族にみられる．表のⅣ族を下降す

Group / Period	I		II		III		IV		V		VI		VII		VIII			0
	A	B	A	B	A	B	A	B	A	B	A	B	A	B				
1	H																	He
2	Li		Be		B		C		N		O		F					Ne
3	Na		Mg		Al		Si		P		S		Cl					Ar
4	K	Cu	Ca	Zn	Ga	Sc	Ge	Ti	As	V	Se	Cr	Br	Mn	Fe	Co	Ni	Kr
5	Rb	Ag	Sr	Cd	In	Y	Sn	Zr	Sb	Nb	Te	Mo	I	Tc	Ru	Rh	Pd	Xe
6	Cs	Au	Ba	Hg	Tl	Lanthanoid	Pb	Hf	Bi	Ta	Po	W	At	Re	Os	Ir	Pt	Rn
7	Fr		Ra			Actinoid												

Lanthanoid	La	Ce	Pr	Nd	Pm	Sm	Eu	Gd	Tb	Dy	Ho	Er	Tm	Yb	Lu
Actinoid	Ac	Th	Pa	U	Np	Pu	Am	Cm	Bk	Cf	Es	Fm	Md	No	Lr

図 1.6 1960 年頃の短周期型周期表（訳者作製）

ると相違点が著しく目立つ．族の筆頭である炭素は三つの完全に異なる構造（ダイアモンド，グラファイト，フラーレン）[27] をもちうる非金属固体であり，すべての生物の基になる．すぐ下のケイ素は半金属（両性）で，すべてのコンピュータの心臓部に存在する．したがって，人工生物あるいは少なくとも「人工知能」の基をつくるかもしれないことは興味深い．その下の元素ゲルマニウムは炭素やケイ素よりも遅くみつかった半金属で，メンデレーエフによってその存在が予言されていた．そして彼が予見していた諸性質が後になってみつかった．さらに下っていくと，スズ，鉛という古代から知られていた 2 種の金属に到達する．このように上記の元素は金属-非金属という視点からのふるまいでは互いが大きく異なっているが，Ⅳ族元素としては，最大の結合力である原子価 4 をどの元素ももっているという化学的に重要な面で類似している[28]．

Ⅶ族元素間のみかけの違いはもっと顕著である．族の筆頭であるフッ素と塩素はともに有毒である．その下に位置する臭素は，室温で液体の状態をとる二つの元素のうちの一つである．もちろん，もう一つは金属の水銀である[29]．その族をもう一つ下ると紫黒色の固体元素，ヨウ素にいきあたる[30]．駆け出しの化学者に外見から元素の分類をするように命じたとき，彼または彼女がフッ素，塩素，臭素，ヨウ素を一つのグループにまとめることはまずありえない．これは，一つの元素の概念について，観測される面と抽象的な面とには微妙な区別があることを知っていることが役に立つ一例である．同族元素間の類似性は第一に抽象的な元素の性質のあいだに存在していて，分離され観測される物質としての元素間には存在しないのである[31]．

H																															He
Li	Be																									B	C	N	O	F	Ne
Na	Mg																									Al	Si	P	S	Cl	Ar
K	Ca															Sc	Ti	V	Cr	Mn	Fe	Co	Ni	Cu	Zn	Ga	Ge	As	Se	Br	Kr
Rb	Sr															Y	Zr	Nb	Mo	Tc	Ru	Rh	Pd	Ag	Cd	In	Sn	Sb	Te	I	Xe
Cs	Ba	La	Ce	Pr	Nd	Pm	Sm	Eu	Gd	Tb	Dy	Ho	Er	Tm	Yb	Lu	Hf	Ta	W	Re	Os	Ir	Pt	Au	Hg	Tl	Pb	Bi	Po	At	Rn
Fr	Ra	Ac	Th	Pa	U	Np	Pu	Am	Cm	Bk	Cf	Es	Fm	Md	No	Lr	Rf	Db	Sg	Bh	Hs	Mt	Ds	Rg							

図 1.7 超長周期型周期表

周期表を右に向かって行きつくのは注目すべき元素族の貴（希）ガスである．これらはすべて，20 世紀の直前か 20 世紀に入ったばかりのときに分離された[32]．それらのおもな性質は，矛盾したいい方になるが，分離された当時においては，化学的性質に欠けるというものであった[33]．ヘリウム，ネオン，アルゴン，クリプトンという諸元素は，未知であったし予測もされなかったので，初期の周期表には記載されなかった．それらが発見されたとき，存在そのものが周期表への課題の投げかけであった．しかし結局は，表を拡張してⅧ族あるいは IUPAC 式でいえば 18 族という新しい族を加えることでうまく落ち着いた．

現代の周期表の最下段にある一群の元素は希土類である．それらは文字通り分離して記載されている．しかしこれは現代の表示法のみかけ上のことである．遷移金属が表の主要部にブロックとして挿入されているように，希土類の場合も同じように挿入することができる．事実，そのような超長周期型の周期表がいくつも発表された．超長周期型（図 1.7）は他の元素との関係においては希土類元素に自然な居場所を与えることになったが，扱いにくく，簡便な壁掛けの周期表にはなじまないものである．多くの異なったタイプの周期表があるが，その表現法に関係なく全体の底流にあるものは，周期的な法則，つまり周期律なのである．

1.5 周　期　律

周期律とは一言でいうとつぎのようになる．「ある規則的な，しかし若干長さに大小のある間隔をおいて，化学元素はその性質をほぼ繰り返す．」たとえば，すべてⅦ族に入るフッ素，塩素，臭素は，共通してナトリウム金属と結合して一般式 NaX で表される白色の結晶性塩をつくる．このように諸性質の周期的繰り返しが周期系のすべての面の底流になっている重要な事実である．

周期律についてのこの話は，興味深い哲学論争を巻き起こす．何よりもまず，元素間の周期性は一定でもなく正確でもない．通常使われる長周期型周期表では，第1行は2元素，第2, 3行はそれぞれ8元素，第4, 5行はそれぞれ18元素となっている．これは周期性の数字が3, 9, 9, 19などと変化することを意味し，週日の数や音階の音符数に現れる周期性とはまったく違う[34]．後者の場合には，1週は8日，西洋音楽の音階の音符数（訳注：1オクターブ8音階）と，周期の長さは一定である．

元素の場合には，周期の長さが変わるだけでなく，周期性が正確でない．周期表のどの族をとっても，元素同士が互いを再現したものになっていない．この点で，元素の周期性は音楽の音階とは違っている．音楽の場合には，ある音から音階を上っていくと，同じ文字で表される音に戻る．その音は1オクターブ高く，まったく同一とはいえないが，人は同じ音として感じる．

元素の周期が変わったり繰り返し方が近似的であるため，ある化学者たちは化学的周期性に関連して「律」という用語を使わないといい出した．化学的周期性は物理の法則のようには法則らしさがないかもしれない．しかし，この事実が重要かどうかは議論の余地がある[35]．化学的周期性は，近似的で複雑であるがなお基本的に法則らしさを発揮するという点で，典型的な化学の法則の代表例になる，ということは論じるに値する[36]．

たぶんここで,関連する用語法について述べるのは適切であろう．周期表（periodic table）と周期系（periodic system）とはどう違うのかである．「周期系」という語は両者を比べると，より一般的である．「周期系」はより抽象的な概念であり，元素間には基本的な関連性があるということを基に据えている．ところが，周期系を表示しようとすると，3次元表示，循環型，いくつかの2次元表示など，多くの中から選ぶことになる．もちろん，「表」という言葉は厳密には2次元表示を指している[37]．それゆえに，「周期表」という言葉は，律・系・表という3種類の言葉のうち圧倒的によく知られているものであるが，実際には最も狭い概念である．

1.6　元素間の反応と元素の順番づけ

元素について今日知られていることの多くは，他の元素とどのように反応するか，その結合性はどうか，ということを調べているうちにわかってきたことである．通常の周期表で左側に位置する金属は，右側に並ぶ非金属と対置されるものであるが，補完関係にある．これを現代の用語でいうと，金属は電子を失って陽イオンになり，非金属は電子を受け取って陰イオンになる，ということである．そのように，電荷が逆のイオン同士は結合して塩化ナトリウムあるいは臭化カルシウムのような電気的に中性な塩をつくる．金属と非金属にはまた別の補完的な面がある．金属の酸化物あるいは水酸化物は水に溶けると塩基になり，非金属の酸化物あるいは水酸化物は水に溶けると酸になる．酸と塩基は一緒になると中和反応を起こして塩と水をつくる．塩基と酸は，それらの基になった金属と非金属と同様に，対立物であるが補完関係にある[38]．

酸と塩基は周期系の起源と関係がある．元素同士を初めて数量的に結びつけるのに用いた「当量」という概念に，酸と塩基が主役を演じたからである．たとえば，ある特定の金属の当量は，選ばれた標準になる酸の一定量と反応する金属の量から計算されるものであった．その後，当量という用語は酸素の標準量と反応する元素の量というように一般化された．歴史的には，周期を横断して元素に順番をつけるのは，まず当量で行い，後に原子量，そして最終的に原子番号という順序で行った[39]．

化学者はまず，一緒に混ぜると反応する酸と塩基の定量的比較を行った．この操作はつぎに酸と金属のあいだの反応に拡張された．これによって化学者は，いろいろな金属をそれらの当量，つまり上記のように一定量の酸と結合する金属の量に従って数のスケールの上に並べていくことが可能になった．当量という概念は，少なくとも原理的には，経験的な概念であった．なぜならば，この段階では，元素が究極的に原子でできているという理論的想定には基づいていなかったからである[40]．

原子量は，当量とは別のものとして，1800年代のはじめにジョン・ドルトンによって初めて算出された．彼は，結合する元素同士の質量の測定から間接的にそれらの原子量を推定した．しかし，この一見単純な方法の中に複雑な内容が潜んでいて，ドルトンは問題になる化合物についての化学式を仮定として想定せざるをえなかった．この問題に対するカギは元素の原子価，つまり結合力である．たとえば，1価の原子は水素原子と1:1で結合し，酸素のような2価の原子は2:1で，など，原子価で決まっていく．

上述のように，当量は原子の存在を信じるかどうかには依存しないので純粋に経験的な概念だとみなすことができる．原子量が導入されると，原子という概念に不安を感じていた多くの化学者は，旧概念である当量に回帰しようと試みた．彼らは，当量こそは経験的であり，したがって，より信頼できると信じた．しかし，多数の著者が論じ，最近ではアラン・ロックが論じたように，そのような望みは幻想に過ぎなかった．なぜならば，当量も化合物の特定の化学式の仮定に依存していて，化学式そのものが理論的（経験的でない）概念だからである．

長いあいだ，当量と原子量を二者択一的に適当に使っていたために起こった大きな混乱があった．ドルトン自身，水は水素1原子と酸素1原子が結合したものと仮定していた．だから，原子量と当量は同じであった．しかし，彼の酸素の原子価の推定が誤りだとわかった．本を書く人たちは「当量」と「原子量」を混ぜて使っていたために，さらなる混乱を招いた．当量と原子量と原子価のあいだの関係が正しく明快に決定されたのは，1860 年にドイツのカールスルーエで開かれた初めての大きな国際会議においてであった[41]．この曖昧さを明快にしたことと，首尾一貫した原子量の採択があったために，周期系の発見への道を開いた．いろいろな国の六人の化学者が，それなりに筋が通ったいくつかの形の周期表を提案した．どれも共通して原子量の順に元素を配列していた[42]．

当量・原子量についで 3 番目の，最も新しい順序づけの概念は原子番号である．いったん原子番号が理解されると，元素の順序づけ基準であった原子量に代わって置き換えられた．なんらかの結合量というものにはもはや関係なく，原子番号はすべての元素の原子構造という単純な微視的解釈で与えられる．一つの元素の原子番号は，元素を構成する原子の原子核にある陽子数，つまりプラスの電荷の単位数によって与えられる．そこで，周期表上の一つの元素の陽子数は，その一つ手前の元素の陽子数よりも一つ大きいということになる．原子核の中の中性子数も周期表で原子番号が上っていくと増加する傾向にあるので，原子番号と原子量はおおざっぱには対応することになる．しかし，個々の元素を決定するのは原子番号である．つまり，ある特定の元素を取り上げると，その原子はすべて一様に同じ数の陽子をもつということである．一方，中性子数は原子によって違うことがある[43]．

1.7 周期系の異なった表示法

現代の周期系は，元素を原子番号順に並べて自然の集団の中に落ち着かせる点で，きわめて成功している．しかしこの系には一つ以上の表現法がある．そのため，いくつもの形式の周期表ができていて，使用目的別に異なっている．化学者は元素の反応性に重点をおいた方を好むだろうし，電気技師は電気伝導度の類似性やパターンに焦点が合っているものを望むだろう[44]．

周期系をどのように表すかは魅力的な問題で，特に人々の想像力をかき立てる．ジョン・ニューランズ，ユリウス・ロータル・マイヤー，ディミトリー・イヴァノヴィッチ・メンデレーエフのように初期の周期表の時代から，「究極の」周期表を求めて多くの試みがなされた．事実，メンデレーエフが 1869 年に有名な表を導入してから後の 100 年間に，約 700 種類におよぶ異なる周期表が発表された．これらは，3 次元の表，らせん型，同心円型，渦巻き型，ジグザグ状，階段式，そして鏡像式と，あらゆる種類を含んでいる．今日でさえも，*Journal of Chemical Education* には定常的に，たとえば周期系の新しい改良版と称する，いくつもの論文が掲載されるのである[45]．

これらすべての試みの中で基本的なことは，ただ一つの形で存在する周期「律」そのものである．いかなる表示法も周期系のこの面だけは変えることがない．多くの化学者が，この「律」は一定の基本要件がみたされていれば，物理的にどのように表現されようとも問題ないことを強調する．しかしながら，哲学的見地からは，元素の最も基本的な表示法つまり周期系の究極の形を考察することは，いまなお重要であろう．周期律を実体のあるものとみるか便宜的なものとみるかの問題に，特にこのことが関与するからである[46]．表現法は便宜的な手段に過ぎないとする普通の考え方は，化学的性質の繰り返しが起こる点に関してはなんらかの真実があるとする概念とぶつかり合う．

1.8　周期表中の最近の変更

1945年，グレン・シーボーグ（図1.8）は原子番号89のアクチニウムから始まる元素群を一つの希土類とみなすべきだと示唆した．しかし，それ以前は，新希土類は92番元素ウランから始まると考えられていた（図1.9）．シーボーグの新しい周期表では，ユーロピウム（63番）・ガドリニウム（64番）と未発見の95, 96番元素とのあいだの類似性を明らかにしていた．この類似性を手掛かりにして，シーボーグは二つの新元素を合成し，同定した．両元素はそれぞれアメリシウム・キュリウムと命名された．その後，さらに多数の超ウラン元素が合成された[47]．

標準型の周期表は，遷移元素の第3行，第4行のはじまりについてわずかな手直し

図1.8　グレン・シーボーグ
写真提供と掲載許可：Emilio Segrè Collection.

を受けた．古い周期表では，これらはランタン（57 番）とアクチニウム（89 番）であった．近年の実験結果と分析によると，それはむしろルテチウム（71 番）とローレンシウム（103 番）になるという[48]．マクロの性質に依拠した昔の周期表に，これらの

																H	He
Li	Be											B	C	N	O	F	Ne
Na	Mg											Al	Si	P	S	Cl	Ar
K	Ca	Sc	Ti	V	Cr	Mn	Fe	Co	Ni	Cu	Zn	Ga	Ge	As	Se	Br	Kr
Rb	Sr	Y	Zr	Nb	Mo	Tc	Ru	Rh	Pd	Ag	Cd	In	Sn	Sb	Te	I	Xe
Cs	Ba	RE	Hf	Ta	W	Re	Os	Ir	Pt	Au	Hg	Tl	Pb	Bi	Po	At	Rn
Fr	Ra	Ac	Th	Pa	U												

rare earths	La	Ce	Pr	Nd	Pm	Sm	Eu	Gd	Tb	Dy	Ho	Er	Tm	Yb	Lu

																H	He
Li	Be											B	C	N	O	F	Ne
Na	Mg											Al	Si	P	S	Cl	Ar
K	Ca	Sc	Ti	V	Cr	Mn	Fe	Co	Ni	Cu	Zn	Ga	Ge	As	Se	Br	Kr
Rb	Sr	Y	Zr	Nb	Mo	Tc	Ru	Rh	Pd	Ag	Cd	In	Sn	Sb	Te	I	Xe
Cs	Ba	LA	Hf	Ta	W	Re	Os	Ir	Pt	Au	Hg	Tl	Pb	Bi	Po	At	Rn
Fr	Ra	AC															

LA	La	Ce	Pr	Nd	Pm	Sm	Eu	Gd	Tb	Dy	Ho	Er	Tm	Yb	Lu
AC	Ac	Th	Pa	U	Np	Pu									

図 1.9　シーボーグ前（上）とシーボーグ後（下）の周期表

RE：57〜71 番の希土類元素，LA：ランタノイド（57〜71 番），AC：アクチノイド（89 番〜）．

変更を予見したものがあったことは興味深い.

ここまで述べたことは，いわば2次分類とでも呼べるもので，周期表の曖昧さの一例である．古典的化学用語で説明すると，2次分類は一つの族の中での元素間の類似性に対応するものといえる．しかし，現代の用語では，2次分類は電子配置という概念を援用すれば説明できる．古典化学の定性的な解釈をとるか電子配置に基づく物理的な解釈をとるかということとは関係なく，このタイプの2次分類は1次分類よりも根拠が薄弱で，断定的に決めることはできない[49]．ここで定義するような2次分類を決める方法は，分類のために化学的性質を用いることと物理的性質を用いることとのあいだで起こる緊張関係の例である.

一つの元素を周期表の族の中のどこに位置させるかは，電子配置（物理的性質）に重きをおくか，あるいは化学的性質を強調するかによって違ってくる．事実，ヘリウムを周期系のどこにおくかに関する最近の議論は，これら2種類の解釈のどちらに重要性を感じるかの争いになっている[50].

近年，元素の番号は，人工元素の合成の結果，優に100を超えて増加している．この本を書いている現在，111番元素の決定的証拠が得られたとの報告があったところである[51]．このような元素は決まって非常に不安定で，どんなときでも数個の原子がつくり出されるだけである．しかし，巧妙な化学的手法が考案されていて，これらのいわゆる超重元素の化学的性質を調べ，下位元素の化学的性質からの外挿が超重原子の領域でも成り立つかどうかをチェックすることができるのである．もう少し哲学的なことをいうと，これらの元素の製造によって，周期律がニュートンの重力の法則のように例外のない法則なのか，それともいったん高い原子番号の領域に入ると化学的性質の予期される繰り返しからの逸脱が起こるのかどうかの検証ができる．いままでのところ，驚くような発見はない．しかし，これらの超重元素のいくつかについては，予期した化学的性質を示すかどうかについて，完全な解決には至っていない．周期表のこの領域で出てきた問題は，非常に高速で動く電子による相対論的効果の増大である[52]．この効果はいくつかの原子について予期しない電子軌道を想定させ，同様に予期しない化学的性質を示すことになるかもしれない.

1.9 周期系を理解する

物理学の発展は，現在の周期系をどのように理解するかに大きな影響を与えた．現代物理学の二大理論はアインシュタインの相対性理論と量子力学である.

相対性理論が周期系に関する我々の理解に与えた影響は，はじめのうちは限られたものだったが，原子や分子についての正確な計算を行うようになってからは重要性を増してきた．相対論を考慮する必要性は，物体が光速に近い速さで動くときには必ず生じてくる．原子の内殻の電子の動きは，特に周期系の中で重い原子になるほど，そのような光速に近づく．そのため，重い原子ほど必要な相対論の補正を施さないと正確な計算ができなくなる．さらに，たとえば金の特徴的な色あるいは水銀の流動性というようなみかけは平凡な元素の性質が，実は高速に動く内殻電子の相対論効果で説明されるということがある[53]．

しかし，周期系を理論的に理解する試みに対して圧倒的に重要な影響をもたらしたのは現代物理学の2番目の理論，量子力学である．量子論が事実上生まれたのは1900年で，原子番号が発見される約14年前であった．それが原子に応用されたのはニールス・ボーアによってである．彼は，周期表の同族元素の類似性は外殻電子の数が同じであることで説明できるという考えを追求した[54]．一つの電子殻に特定の数の電子があるという概念そのものは，事実上，量子論的な考え方である．電子はある数のエネルギー量子，つまりエネルギーのパケットをもつと想定され，いくつ量子をもつかで原子核の周りのどの殻に入るかが決まる．

ボーアが量子の概念を原子の世界に導入すると，まもなく，多くの研究者が彼の理論を発展させ，ついには古い量子論から量子力学が生まれることになる．新しい表現を使うと，電子は粒子であるとともに波動である，ということになる．もっと奇妙なのは，電子は原子核の周りの一定の軌道（orbit）を回るのではなく，まったく発想を変えて，いわゆる軌道関数（orbital）をみたすぼやっとした電子雲の形をとるという話である[55]．最近では，周期系はそのような電子の群がった軌道関数がいくつあるかということで説明される．その説明の根底には，軌道関数を占有することで決定される原子の電子配置がある[56]．

ここで提起される興味深い問題は，化学と現代物理学，特に量子力学との関係である．大部分の教科書で強調されている一般的な見方は，化学とは物理学を「下に深く掘り下げた」もので，すべての化学現象，中でも周期系は，量子力学を基に据えれば展開できる，というものである．しかし，このような見方にはいくつか問題があるので，本書で取り上げることにする．

たとえば，第9章では，周期系についての量子力学的解釈は未だ完成からほど遠いということを説明しようと思う．化学の書籍，特に教育用の教科書の記述では，周期系に関する現在の説明が完全に近いという印象を与えがちなので，このことは重要である．実際には完全ではないので，その点を議論しよう[57]．

1.10 分子の表

最近の別方向への展開は，元素ではなく化合物の性質をまとめるように設計された周期表の発明である．1980年，レイ・ヘファーリン[58]は，最初の118元素[59]のあいだでつくられる可能性のある2原子分子について周期表を作製した．この膨大な数を記載するために，ヘファーリンは4種類の大きさの違う3次元ブロックを使った．彼の表示法をみると，原子間距離と分光学的振動数と分子のイオン化エネルギーが周期的性質であることがわかる．元素の周期表と同じように，この表を使って二原子分子の性質についての予測をすることができた．

ミズーリ・カンザスシティ大学の化学者，ジェリー・ディアスは，ベンゼン系芳香族炭化水素と呼ばれる一群の有機分子（ナフタレン $C_{10}H_8$ が最も簡単な例）を周期的に分類する方式を考案した（図1.10）．第2章で説明するヨハン・デーベライナーの三つ組元素からの類推によって，これらの分子は三つ組に並べ替えられ，その真ん中の分子は（炭素原子＋水素原子）の数が，表の上下でみても斜めにみても，隣接する2分子のそれの平均であるように配置されている．この周期配列はベンゼン系芳香族炭化水素の性質を系統的に研究するのに応用され，それらの多くの異性体の安定性や反応性を予想するのに大いに役立った．

このような例はあるが，最も広範に，最も長く諸般にわたって影響を与えたのは元素の周期表である．周期表は現代科学の全体からみても成果と統一性の点で最上位にランクされる基本原理の一つで，おそらくダーウィンの自然選択による進化論に匹敵するものであろう．ニュートン力学と違って，周期表は現代物理学の発展によって欠

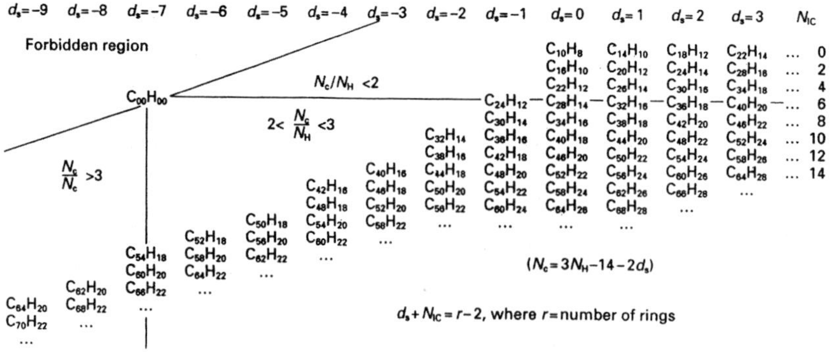

図1.10　ベンゼン系芳香族炭化水素に関するディアスの周期分類表

J. Dias, Setting Benzonoids to Order, *Chemistry in Britain*, **30**, 384-386, 1994, p. 384. 許可を得て掲載.

陥を指摘されることはなく，実質的に変わらずに改良されてきた．およそ150年間，多くの人の研究によって改変を続け，周期表はいまや化学研究の心臓部に留まっている．これはおもに，元素の化学的・物理的性質のさまざまな様態についての予想および元素同士の結合の可能性の予想ができるという，実際的な効能が大きいからである．現代の化学者あるいは化学の学生は，100種類を超える元素の性質を覚える代わりに，8種類の主族と遷移元素と希土類元素のそれぞれを代表する元素の性質を知っていれば，どの元素についても大体の予想ができるのである．

本章では基本的なテーマをあげ，キーワードを定義した．次章からは，18，19世紀の誕生に始まる現代の周期系の発展の物語に移ろうと思う．

■注

1） ラボアジエの「元素」のいくつかが，単体とは化学分析の最終生成物であるとする彼の条件と合致しないため，彼が使った基準は正確にいうと何だったのかという討議が行われてきた．R. Siegfried, B. J. Dobbs, Composition, A Neglected Aspect of the Chemical Revolution, *Annals of Science*, **29**, 29-48, 1982.

2） 火は物質というよりは（酸化）過程なので，この話の例外である．

3） ラボアジエの単体は，元素を抽象的実体または根本原理と考えた古典的観念に対立して定義された．しかし，ラボアジエは必ずしも首尾一貫していたわけでなく，彼のいう単体のいくつかは古い根本原理に近いようにみえる．元素の二重性に関する問題は後の章で再度取り上げる．

4） 近年まで，原子番号43の元素テクネチウムは天然に存在しないと考えられてきた．しかし現在では，この元素の地上の存在が確実になり，1925年のノダック夫妻による発見の報告は正しかったかもしれないということになっている．I. Noddack, W. Noddack, Darstellung und einige chemische Eigenschaften des Rheniums, *Zeitschrift für Physikalische Chemie*, **125**, 264-274. それゆえ，プロメチウムだけが，92番までの中で天然に存在しないことになる．

5） M. E. Weeks, H. Leicester, *The Discovery of the Elements*, 7th ed., Journal of Chemical Education, Easton, PA, 1968［大沼正則監訳，『元素発見の歴史 1, 2, 3』（朝倉書店，1988, 1989, 1990）］.

6） H. M. Van Assche, The Ignored Discovery of Element Z＝43, *Nuclear Physics A*, **A480**, 205-214, 1988. 注4も参照のこと．

7） 元素命名についての情報を豊富に盛り込んだ論文がある．本章ではそこから随時引用している．V. Ringnes, Origin of the Names of the Chemical Elements, *Journal of Chemical Education*, **66**, 731-738, 1989.

8） Primo Levi, *The Periodic Table*, 1st American ed., Schocken Books, New York, 1984［竹山博英訳，『周期律 ── 元素追想』（工作舎，1992）］.

9） プリモ・レヴィーはホロコーストから生き残り，十数冊の本を書いた後，自ら命を絶った．『周期律』（注8参照）は最もよく知られている．彼の行動は生存者の罪の意識から出たものと信じられている．

10） O. Sacks, *Uncle Tungsten*, Alfred Knopf, New York, 2001［斉藤隆央訳，『タングステンおじさん ── 化学と過ごした私の少年時代』（早川書房，2003）］.

11） 個々の元素の発見に関する古典的な本はつぎのものである．M. E. Weeks, H. Leicester, *The Discovery of the Elecments*, 7th ed., Journal of Chemical Education, Easton, PA, 1968［大沼正則訳，『元素発見の歴史 1，2，3』（朝倉書店，1988，1989，1990）］.

12） 神話から命名した元素には，他にバナジウム，ニオブ，タンタルがある．

13） ルビジウム，インジウム，タリウムも元素名は色に由来する．

14) これらの命名の基になった科学者は，メンデレーエフとシーボーグの化学者を除いて，他はすべて高名な物理学者である（訳注：日本ではキュリー夫人とノーベルはむしろ化学者とみなされている．ガドリンは自然哲学の時代の人であり，物理学・化学・鉱物学に才能を発揮した）．
15) 本書執筆中公認された，最新の元素は，110，111番のダームスタチウム（Ds），レントゲニウム（Rg）である．
16) 非公式の理由は，第二次世界大戦中に落とされた原子爆弾をつくる基になったプルトニウムのような「死の物質」を合成した人の名を残すことに，IUPAC 委員会の多くのメンバーが反対したためである．
17) 現代作家ルース・サイムは，ノーベル賞委員会がリーゼ・マイトナーの研究を無視した経緯についての論文と著書を発表した．R. L. Sime, *Lise Meitner : A Life in Physics*, University of California Press, Berkeley, 1996［鈴木淑美訳，『リーゼ・マイトナー――嵐の時代を生き抜いた女性科学者』（シュプリンガー・フェアラーク東京，2004）］．
18) 他の1文字の元素は，カリウム（K），ヨウ素（I），イットリウム（Y），リン（P），タングステン（W），ホウ素（B），ウラン（U），バナジウム（V）である．
19) これらのラテン語名は，*cuprum*（Cu），*natrium*（Na），*ferrum*（Fe），*plumbum*（Pb），*hydrargyrum*（Hg），*argentum*（Ag），*kalium*（K），*aurum*（Au）である．
20) すべての個々の元素の発見と性質に関する優れた詳説はつぎの著作である．John Emsley, Nature's Building Blocks, *An A-Z Guide to the Elements*, Oxford University Press, Oxford, 2001［山崎昶訳，『元素の百科事典』（丸善，2003）］．
21) この進歩の話は，化合物の発見者ポール・チューによってつぎの雑誌の中で記されている．Yttrium, *Chemical & Engineering News*, Special Issue on the Elements, September 8, 2003, p. 102.
22) 銅および亜鉛が筆頭にくる族は，アメリカ式でもヨーロッパ式でもそれぞれⅠＢおよびⅡＢと呼ばれる．また，鉄・コバルト・ニッケルが筆頭にくる3グループ元素は，ⅧＢ（アメリカ式），ⅧＡ（ヨーロッパ式）と呼ばれることに注意．
23) ある論者は，IUPAC 勧告は実は変装したヨーロッパ式だという．主族元素と遷移元素の区別に関係なく，左から右に族番号をつけるからである．IUPAC 方式の番号づけは，希土類元素が下段の別表ではなく表の中に組み込まれる場合（超長周期型）にはどうするかという問題も引き起こす．このときには，すべての族に1から32までの番号を振らなければならない．
24) 本書第10章では，IUPAC 方式を使う．
25) 族の筆頭の元素リチウムは，どちらかというと不活性で，例外である．しかし，この元素もアルカリ溶液をつくり，熱すると窒素とも激しく反応する．
26) 貴重な側面が失われた一例は，元素の族の番号と最大酸化数の対応関係が失われたことである．
27) フラーレンはバッキーボールまたはバックミンスターフラーレンとも呼ばれるが，最近発見された炭素の一形態である．最も知られた化合物は，60個の炭素原子が六員環と五員環の組み合わせセットになってサッカーボールの形に配列されたものである（C_{60}）．
28) しかし4価の安定性には変動があって，炭素族を下に降るほど2価がおもになっていく．現に，鉛の場合には，$PbCl_2$ の2価の鉛の方が，$PbCl_4$ の4価の鉛より安定である．
29) しかしながら，多くの国でセシウム（融点 28.5℃）とガリウム（融点 29.8℃）も室温で液体である．
30) この族の元素の一つであるアスタチンも発見されている．しかし，わずかな数の原子しか単離されておらず，元素の色のようなマクロの性質は未知のままである．
31) 元素が化合物をつくるときに生きているのは抽象元素である．それゆえ，単離された元素や単体としての元素同士よりも，元素を含んだ化合物同士の方が，類似性を発揮する．
32) 実際の発見年は，ヘリウム，1895；ネオン，1898；アルゴン，1894；クリプトン，1898；キセノン，1898；ラドン，1900である（訳注：著者は1900年を20世紀としているようである）．
33) 現在では100種類を超すクリプトンとキセノンの化合物が知られている．ヘリウムとネオンだけは，いまでも他の元素と化合させようというあらゆる労力に抵抗している．
34) この1周期の数え方は，第一の元素から，繰り返しが現れる最初の元素までを含めて数える．
35) D. W. Theobald, Some Considerations on the Philosophy of Chemistry, *Chemical Society*

Reviews, **5**, 203-213, 1976.

36) 化学の哲学，特に化学の自律性，に対する関心が高まったため，このような観点を妥当だとする見方が増してきている．E. R. Scerri, L. McIntyre, The Case for Philosophy of Chemistry, *Synthese*, **111**, 213-232, 1997.

37) ときには「循環型周期表」という言葉に遭遇するが，果たして循環型表示を「表」とみなせるかどうかは議論の余地がある．

38) 少し前に，カプラは非常に人気があった著書，*The Tao of Physics*（Shambala, Berkeley, CA, 1975)［吉福伸逸ほか訳，『タオ自然学——現代物理学の先端から「東洋の世紀」がはじまる』(工作舎，1979)］の中で，現代物理学が道教の対立・相補（陰陽の関係）の哲学と多くの類似点を共有していることを論じている．化学はもっと直接的にそのような類推を享受できるといわれている．E. R. Scerri, The Tao of Chemistry, *Journal of Chemical Education*, **63**, 100-101, 1986.

39) 化学史の多くの部分がこの文章に濃縮されている．元素の順序づけの基準に用いられた数量は，最初は当量だった．次いで，原子量と当量（いくつかの異なる定義で混乱していた）が両方とも使われる混乱期があった．1860 年のカールスルーエ会議のあとは原子量が独占的に使われるようになったが，最終的には原子番号に置き換わっていった．

40) 私は当時の状況を非常に単純化して書いている．アラン・ロックやそれ以前の人々が議論しているように，ウィリアム・ウォーラストンらが原子量よりも当量を選んだのは，理論的仮定を避けるためと原子の存在を避けるためであった．しかし，これらの化学者たちは自分たちが考えている化合物の化学式を想定する必要があった．その結果，彼らが当量と呼んでいたものは演算の上では原子量と等しくなっていた．A. J. Rocke, Atoms and Equivalents, The Early Development of Atomic Theory, *Historical Studies in the Physical Sciences*, **9**, 225-263, 1978；A. J. Rocke, *Chemical Atomism in the Nineteenth Century*, Ohio State Press, Columbus, 1984.

41) この変化はそのころすでにうわさになっていて，たとえカールスルーエ会議がなかったとしても起っていただろう，と歴史家のアラン・ロックは論じている．A. J. Rocke, *Chemical Atomism in the Nineteenth Century*, Ohio State Press, Columbus, 1984.

42) これは一般化したいい方である．たとえば，グスタフ・ヒンリックスの周期系がこの形の順番になっていたかどうかは明確でない．また，ジョン・ニューランズのような周期系の発見者はまず当量を使いはじめ，後に原子量に切り替えた．

43) 原子が陽子と中性子を含むという事実は，周期表の話で決定的な重要性をもつ同位体の概念を説明してくれる．一つの元素において，原子に含まれる中性子数に違いがあるとき，その元素には異なる同位体が存在することになる．たとえば，炭素は最もふつうの 3 種の同位体，^{12}C, ^{13}C, ^{14}C からなる．これらはどれも 6 個の陽子を含む（炭素と同定される因子）が，中性子はそれぞれ 6 個，7 個，8 個となる．各同位体は異なる質量数（陽子数と中性子数の和）をもつといい表される．炭素の原子量はそれら同位体の質量の加重平均である．つまり，与えられた自然界の試料の中で各同位体がどれだけの多さで存在するかを考慮した平均である．原子番号が理解されるようになる前は，同位体の存在が，いくつかの元素を，ほぼ化学的性質の順に並べた周期の枠内に当てはめるのを困難にしていた．

44) たとえば，つぎの文献をみるとよい．F. Habashi, A New Look at the Periodic Table, *Interdisciplinary Science Reviews*, **22**, 53-60, 1997．この論文は冶金学の立場からの周期表を提案している．興味深い地質学者の周期表は，ブルース・レイルスバックの著書に，地球科学者の元素とイオンの周期表は，*Geology*, **31**, 737-740, 2003 にそれぞれみられる．

45) 私は，*American Scientist* と *Scientific American* に周期系の発展についていくつかの論文を発表した後に，周期系の特定の熱烈な発案者・支持者から，新案を概説した約 50 件にのぼるモデル，図表，手紙を受け取った．その後も頻繁に，よい意味での熱狂者から，周期表の新説ないし新型式について私の見解を求める手紙を受け取っている．

46) この最後の見解がむしろ異論を呼んでいる．というのは，多くの化学者が最良の表示法などはないと信じているからである．これらの著者は表示法が 2 次的問題で，慣行によって書き取られたのだと考える．私もこの見解をとっていて，水素のような厄介な元素のグループ分けは客観的な側面をもっていて，単なる便宜上の問題ではない，という現実的解釈を支持する．つぎの論文を参照のこと．E. R. Scerri, The Best Representation of the Periodic System：The Role of the $n+\ell$ Rule and the Concept of an Element as a Basic Subsatance, in D. Rouvrary, R. B. King (eds.), *The Periodic Table：Into the 21st Century*, Science Studies Press, Bristol, 2004, 143-160.

47) P. Armbruster, F. P. Hessberger, Making New Elements, *Scientific American*, 72-77, September 1998. この論文に続いて，周期系の歴史についての論文が載っている．E. R. Scerri, The Evolution of the Periodic System, *Scientific American*, 78-83, September 1998.

48) W. B. Jensen, Classification, Symmetry and the Periodic Table, *Computers and Mathematics with Applications*, **12B**, 487-509, 1986；H. Merz, K. Ulmer, Position of lanthanum and lutetium in the Periodic Table, *Physics Letters*, **26A**, 6-7, 1967；D. C. Hamilton, M. A. Jensen, Mechanism for Superconductivity in lanthanum and uranium, *Physical Review Letters*, **11**, 205-207, 1963；D. C. Hamilton, Position of lanthanum in the Periodic Table, *American Journal of Physics*, **33**, 637-640, 1965.

49) 私と同時代の W. B. イェンセンは 1 次類縁，2 次類縁（kinship）という言葉を使う．これを私がいま使っている 1 次分類，2 次分類と混同しないようにご注意いただきたい．イェンセンの 1 次類縁そのものは，私が本書で使う 2 次分類から派生したものである．W. B. Jensen, *Computers and Mathematics with Applications*, **12B**, 487-509, 1986.

50) これは重要な課題である．ヘリウム問題は周期系の表示法に革命を巻き起こす近年の試みの中心にある．文献例につぎのものがある．Gray Katz, The Periodic Table：An Eight Period Table for the 21st Century, *The Chemical Educator*, **6**, 324-332, 2001.

51) もっと重い元素の合成についてはまだ根拠が不十分である．事実，いくつかの成功報告は取り下げられている．

52) 厳密にいうと，本書の少し後の章で説明するように，その電子は軌道電子であると同時に非局化波動とみなされる．したがって，本文の「高速に動く電子」という文章は古典的近似とみなすべきである．相対論効果も，もっと適切ないい方をすると，「より重い」元素のより大きい核質量から起こるのである．

53) 原子における相対論効果についての比較的容易な解説にはつぎのものがある．L. J. Norrby, Why is Mercury Liquid? *Journal of Chemical Education*, **68**, 110-113, 1991；M. S. Banna, Relativistic Effects at the Freshman Level, *Journal of Chemical Education*, **62**, 197-198, 1985；D. R. McKelvey, Relativistic Effects on Chemical Properties, *Journal of Chemical Education*, **60**, 112-116, 1983. より技術的な解説にはつぎのものがある．P. Pyykkö, Relativistic effects in Structural Chemistry, *Chemical Reviews*, **88**, 563-594, 1988.

54) このアイデアは電子の発見者 J. J. トムソンが最初に提案した．

55) orbit（軌道）から orbital（軌道関数）への用語の変化は，多くの研究者がむしろ不幸なことと考えている．なぜならば，二つの単語が似ているため，はじめのうちは，新しい量子力学で電子の運動を解釈する革新的な変化だということを伝えにくかったからである．

56) 電子配置の概念の進化に関しては第 7 章で詳細に論じる．

57) 私はいま通用している周期表の説明の近似的な性格を論じているのではなく，むしろ重要な（$n+\ell$）則が未だ基本原理から導けない事実をいっているのである．この点で，B. フリーデリッヒが信じていることとは違う．B. Friederich, *Foundations of Chemistry*, **6**, 117-132, 2004；この論文は私の論文Just How *Ab Initio* is *Ab Initio* Quantum Chemistry? *Foundations of Chemistry*, **6**, 93-116, 2004 への応答として書かれた．

58) R. Hefferlin, H. Kuhlman, The Periodic System for Free Diatomic Molecules, III, *Journal of Quantitative Spectroscopy and Radiation Transfer*, **24**, 379-383, 1980. 本文中に名前を出したヘファーリンにはこの論題についての著書もある．R. Hefferlin, *Periodic Systems of Molecules and their Relation to the Systematic Analysis of Molecular Data*, Edwin Mellin Press, Lewiston, New York, 1989.

59) 本書の執筆中，より重い元素を合成したという予備報告がいくつか出されたが，これらのうち 111 番元素だけが確認された．116 番，117 番，118 番元素はこれから合成されるはずである．

前に出された116番, 118番元素合成に関する報告は, 提出の約1年後に取り下げられた. さらに, 最初にその報告を出した研究チームの研究者の一人は, データ捏造の理由で解雇された.

2

元素間の量的関係と周期表の起源

Quantitative Relationships among the Elements and the Origins of the Periodic Table

周期表中の縦の元素は，ある化学的類似性をもつが，現代の周期表は，記述的な特性からのみ導かれるのではない．仮に化学的類似性だけが元素の分類の唯一の基礎であるなら，元素の順序や配置が曖昧になる多くの場合が生じるであろう．現代の周期系の展開は，元素間に詳細な数値的関係が存在することが認識されたとき始まった．そのつぎの展開は，後続の章で述べられるように，物理学からの貢献を含んでいる．しかし，物理学の寄与が基本的な物理学の理論を利用したのに対し，本章で考察するものは，この側面をもたない．その代わり，それらは各元素に関する当量とか原子量のような数量的性質に基づいている[1]．

その歴史を通して，周期表の発展は，二つの対照的なアプローチのあいだのデリケートな相互作用を含む．一方で，定量的な物理データを見出すこと，他方で自然の歴史の形として，元素間の定性的類似性を観察することの二つである．両方のアプローチが必須であり，それらのあいだの均衡のとれた解決を見出すことが，我々のストーリーの種々の段階において決定的に重要となる．

2.1 定量分析

定性的な側面への顧慮が化学の必須の部分である一方で，定量的なデータの使用は，比較的新しく加わったものである．化学者が化学反応や化学物質の定量的な側面に注意を払いはじめた時期については，歴史家のあいだでも多くの議論がある．このステップがとられたのは，アントワンヌ・ラボアジエ（図 2.1）によってであるという伝統的

図 2.1 アントワンヌ・ラボアジエ
写真提供と掲載許可：Edgar Fahs Smith Collection.

な見方があり，ラボアジエは現代化学の創始者とされている．より最近の歴史的見解では，ラボアジエが独創的な貢献をしたことはあまりなく，彼の名声の多くは化学的知識のオーガナイザーや提供者としての彼の能力にあるということになっている[2]．

にもかかわらずラボアジエは，化学の分野につきまとう曖昧さや混乱に気づき，それらを払拭する能力をもっていた．その混乱とは，物質を命名する無秩序なやり方や，化学反応に伴う重量変化についての不確かな知識などである．ラボアジエや彼の同時代人以前は，物質が燃焼すると，それらはフロジストンと呼ばれる物質を放つと信じられていた．いくつかの物質は，燃焼したとき，重量を失うと思われるけれども，多くの他の物質は，重量が増す．ラボアジエは，彼のかなりの個人的な富を使って，当時としては最も精密な天秤をつくることを依頼し，それら天秤のあるものは，60万分の1の正確さで変化を測ることができた．彼の重量測定の実験の結果，ラボアジエは燃焼した物質は事実上，フロジストンを放つのではないことを示し，フロジストンの観念が余分なものであることを示すことに成功した[3]．ラボアジエはまた，燃焼に必要なものは酸素という元素であることを示した．この元素は，スウェーデンの化学者カール・シェーレによって発見され，また，イギリス人ジョセフ・プリーストリーによって，以前研究されたものである[4]．

さらに，反応する物質を正確に重量測定することによって，ラボアジエは，質量保存の法則を発表することができた．

それぞれの化学的操作で，その操作の前後には，等量の物質が存在する．

ラボアジエが，化学の定量化を強調したことは，また，化学結合への道を開いた．これはまもなく，ジョン・ドルトンが彼の原子論を発展させることを早めた．

ラボアジエが後に見直した記述に話を戻すと，フロジストン説を捨てたことによるより重要な展開は，組成の問題であった．ラボアジエの成し遂げたことは，ゲオルク・シュタールをはじめとする初期の化学者によって支持された組成の順序の逆転であった．ラボアジエの化学においては，硫黄やリンは，それらの酸よりも単純なものであった．すなわち，古い化学におけるのとは逆の順序を示していた．古い化学の見解とは逆に，ラボアジエによれば，金属は金属灰（酸化物）より単純であった．同様に，ラボアジエの組成の順序では，水素や酸素は，水よりも単純なものとみなされた．これもまた，古い化学でもたれた考えとまったく逆である[5]．歴史家によっては，ラボアジエの業績は，化学の新しい伝統の出発点というよりは，化学組成の問題に関してシュタールらによって，ずっと以前に始められた伝統の頂点に立つものとみなされた[6]．

しかし，特に我々のストーリーに対するラボアジエの最大の貢献は，第1章ですでに短く述べたものであった．ラボアジエは，ギリシアやその後の化学者の，伝統的な，抽象元素の体系に対して非常に批判的であった．経験主義者のアプローチを取り入れて，彼は単体としての元素を支持し，抽象元素や原理を語ることを根こそぎ止めたのである．この単体とは，単離することができて，それ以上分解することができないものである．この反形而上学的出発は，当時の化学にとって，まさに必要とされていたものであったろう[7]．しかし，多くの著者が指摘しているように，根本原理としての元素の必要性をまったくなしですますことには成功していない[8]．

2.2 当　　量

定量的な線にそってのつぎの主要な展開の一つは，ジェレミアス・ベンジャミン・リヒターによるもので，彼は，1792年から1794年のあいだに，後に当量（表2.1）

表 2.1　1802 年，E. フィッシャーによって修正されたリヒターの当量の表

塩基		酸	
アルミナ	525	フッ化水素酸	427
酸化マグネシウム	615	炭酸	577
アンモニア	672	セバシン酸（？）*	706
石灰	793	海酸（塩酸）	712
酸化ナトリウム	859	シュウ酸	755
酸化ストロンチウム	1329	リン酸	979
炭酸カリウム	1605	硫酸	1000
酸化バリウム	2222	コハク酸	1209
		硝酸	1405
		酢酸	1480
		クエン酸	1583
		酒石酸	1694

E. G. Fischer, *Claude Louis Berthollet über die Gesetze der Verwandtschaft*, Berlin, 1802. p. 232 の表.
*訳注：原著では Sebaic となっている．セバシン酸は sebacic であるが，古くは sebaic と書かれたこともあるようである．

として知られる一連の量を公表した．彼ははじめ，ある量の塩基と結合する酸の量を測定した．つぎにこの手順を広げて，酸の一定量と結合する金属の量を測定し，元素が結合する相対的な量の間接的な計量法を得た．これがおそらく元素の性質が簡単な数値的尺度で互いに比較されたはじめであろう．自然の中の数値的パターンを見出すという不可抗力的な衝動が周期表の発展における強力な力になったことがわかる．

2.3　ギリシア原子論についての余談

古代ギリシアの哲学者たちは，無限という扱いにくい概念への一つの回答として，原子論を導入した[9]．ゼノンは，その効果が「無限」の存在に依存するところの名高いパラドックスを導入した．このパラドックスによれば，A 点と B 点のあいだのある距離を行かねばならないとき，彼または彼女は，一連のステップによってそうするであろう．はじめのステップで，その人は全距離の半分を行く．第二のステップは，残る距離の半分を行くとする，等々．明らかにこのステップは無限に続く．つまり，ステップがとられるごとに，人は終点に近づくが，到着することはできない．このパラドックスおよびこの類の他の多くのパラドックスは A 点と B 点のあいだの無限のステップをとることによっている．

もしも無限が非現実的で，非物理的であるとすれば，問題はなくなる．無限回のステップをとることはできないので，事実，人は終点に到着する．もしも距離が無限に細分できないのなら，パラドックスはもはや存在しない．しかし，ギリシアの哲学者

たちは，距離の無限の細分化を否定するところで止まらなかった．同じ否定を物質に適用した．彼らは，一塊の物質が，同様に無限には細分できないこと，最小可能な物質の塊，すなわち *atomos*（分割できないもの）に達する細分の到達点があることを推論した．距離の atom および物質の atom は距離および物質から無限を追放するための哲学的願望から生まれた．しかし，この種の「原子論」は，純粋に哲学的な概念として残った．ギリシアの哲人たちは，この概念を支持する実験を実行しようとはしなかった．

2.4 ドルトンの原子論

1801 年，マンチェスター・スクールの教師，ジョン・ドルトン（図 2.2）は，彼の主たる興味の一つである気象学の論文を発表した．この研究は，原子論の科学への再導入のはじめであった．原子論は，古代ギリシアで提唱されたが，その後 2000 年のあいだ捨て去られていた（atom すなわち小さな「粒子」への言及は，科学の世界で完全に忘れ去られてはいなかったが）[10]．たとえば，アイザーク・ニュートンはしばしば atom のことに触れている（名称ではなく，ドルトンがよく知っているつぎのような一節の中で）．

私にはつぎのように思われる．神ははじめ，中まで一様な，塊状の，硬い，

図 2.2 ジョン・ドルトン
写真提供と掲載許可：Edgar Fahs Smith Collection.

突き通せない，動きうる粒子（神がそれらをつくられた目的に最も適した大きさと形の，また最も適した性質，最も適した空間への割合で）をつくられた．これらの原始的な粒子は固体で，それらを混ぜ合わせてつくった多孔性の物体より飛び抜けて硬く，細かくすり減らしたり，壊したりできないほど硬く，神がはじめ創造したものを通常の力では分割することはできない[11]．

しかし，他の一節で述べられた化学の定量化についてのニュートンの考えにもかかわらず，ラボアジエや他の人々が化学反応を理解しようとして実施した天秤を用いた仕事や，リヒターの当量に関するあまり知られていない仕事以外に，この分野ではほとんど仕事はなされなかった．ラボアジエは，目にみえない原子の存在の可能性を無視し，物質の化学分析の最終段階としての元素に焦点を当てることによって，毅然とした経験主義者[12]の立場をとった．ドルトンは，この立場を排し，原子が実在し，特定の大きさと重量をもつという現実的な概念を抱いた．

ドルトンの原子論についてのアイデアは，三つの点に要約される．第一に，ドルトンはすべての物質は原子からなり，これらは破壊不可能で，不変であり，したがって元素の変換を否定した．ドルトンは元素変換という錬金術の教義から意識的に距離をおき，新しい化学の伝統に身をおいた．ドルトンは，そうした唯一の人物ではなかったが，ロバート・ボイルとは面白い対照をなしている．たとえば，ボイルは，150年ほど前に，化学において重要な定量的な研究をしているが，同時に，最近の研究が示すところでは，錬金術に没頭していた．

第二に，すべての物質の単一性を信じた多くの同時代人と反対に，ドルトンは，元素の種類と同じ数だけの原子の種類があると信じた[13]．

最後に，ドルトンは，原子の重量が，微視的な目にみえない原子の世界と，観察可能な性質の世界をつなぐ架け橋となることを示唆した．しかし，原子量は必ずしも当量と同じではないという第1章で起きた問題が残るので，再び見直してみよう．

ドルトンのアイデアの正確な源は，歴史家によって，彼の空気の性質の研究（空気は気体の混合物からなることがわかった）にまでたどられた．その当時，空気の種々の成分気体が，なぜ異なる密度によって分離しないか，理解されなかった．大まかにいえば，ドルトンは，もし気体が小さな粒子（すなわち原子）からできていれば，それらは連続的な液体からできているよりは混合物をつくりやすいと推論した．この議論は，連続的な液体が，小さい分離した粒子ほどには混じり合わないということを受け入れるならばもっともなことである．また，ドルトンが原子論を支持する動機の一部が，類似した粒子が互いに反発し合うというニュートンの見解に存在したことは明らかである．この見解によれば，空気中の異なる気体が，分離した層を形成するよりはむしろ混じり合う，その理由は，各気体の粒子は利用できる空間を満たすべく，互いに離れ，その空間の他の気体の粒子を無視するだろうから[14]．

ドルトンが表2.2[15]に示した元素の原子量の値に到達した仕方を簡単に調べることは興味深い．たとえば彼は，水の組成についてのラボアジエのデータ，すなわち酸素85%，水素15%を参照した．ドルトンは，HOという式を仮定し，水素原子の重量を1として，酸素の原子の重量を85/15＝約5.5と計算した．同様にドルトンは，アンモニアが80%の窒素と20%の水素からなるというウィリアム・オースチンのデータを引用して，窒素原子の値を得た．このときもまた，ドルトンは，この化合物の式がNHという二原子形であると仮定した[16]．

ドルトンはまた，空気中の気体は，粒子が異なるサイズであるため，互いに拡散すると提案した．しかし，彼はすぐに，これがこれらの粒子の異なる重量のためで，サイズではないことに気づいた．これが気体の結合の仕方を決めるカギとなる特色であった．1803年に公表した論文の中で，彼は多くの異なる元素の相対的原子量を求めている．この研究に伴う出版物が，初めて原子量の表を示している．やがて，元素が整理される主たる基準として，原子量が当量に取って代わる分類システムが発展し

表2.2　ドルトンによって出版された原子量および分子量の初期の表の一部

元素	（原子または分子）量
水素	1
窒素	4.2
炭素（木炭）	4.3
アンモニア	5.2
酸素	5.5
水	6.5
リン	7.2
窒素酸化物*	9.3
エーテル	9.6
一酸化二窒素	13.7
硫黄	14.4
硝酸	15.2

J. Dalton, *Memoirs of the Literary and Philosophical Society of Manchester*, **2**(1), 207, 1805より改作．p.287の表．

*訳注：原著ではNitrous gas. The Oxford English Dictionaryによると，空気中で金属に硝酸を作用させたときに得られる窒素の混合酸化物とある．

はじめたが，この過程におよそ60年の歳月を要した．表2.2は，ドルトンによって，1805年に出版された，現代用語でいう原子量，分子量の初期のセットを示している．

物質が原子からなるというドルトンの仮説のもう一つの重要な結果は，古くから知られていた定比例の法則の説明ができることであった．リヒターが指摘したように，たとえば水素と酸素の二つの元素が結合するとき，常にそれらの質量の一定の比で結合する．この事実は，一つの元素のある正確な数の原子が，他の元素の原子の特定数と結合すると考えれば理解できる．この見解によれば，定比例の法則に要約された巨視的な観察は，何百万というそのような原子の結合の拡大バージョンを表現している．逆に，もし物質が原子からなるのではなく，無限に分割できるとすれば，どうして酸素と水素が，またはその他の元素が常に同じ特定の質量比で反応するかは明らかにできない[17)]．

そのうちに，他の研究者が，二つ以上の化合物の中で，二つの元素の質量の結合に関する観察を行った．AとBとが反応して，二つ以上の化合物をつくる場合，いろいろな量のBが一定量のAと反応し，互いに簡単な整数比を保つことがわかった．ドルトンは，この関係のさらなる研究を重ね，その結果，これもまた化学結合の法則（倍数比例の法則）で，彼の原子仮説で容易に説明できる法則とみなされた．原子仮説によれば，倍数比例の法則は，たとえば一つの酸素原子が一つの炭素原子と結合してある化合物をつくり，さらに，二つの酸素原子が一つの炭素原子と結合して別の化合物をつくるという事実から結果してくる．一定量の炭素と化合する酸素の量の比は，それゆえ1：2の簡単な比になる．これら二つの化合物は，それぞれ，一酸化炭素，二酸化炭素である．

当初，ドルトンの原子量の概念は，この量の計算に関する問題があったために，元素を分類するという展望を進展させることはなかった．リヒター[18)]によって導入された当量が，少なくともはっきりした実験的基盤をもつと思われるのに対し，ドルトンの原子量および同時代人の何人かによって公表された原子量は，より理論的であると思われた（この差は後に幻想とわかるのだが）．原子量の決定は，化学式がまだ実験的に確かめられていなかったので，ある化合物に対して，特定の式を仮定することに依存していた．水の場合がよい例である．1gの水素は常におよそ8gの酸素と反応する[19)]．そこで酸素の当量は水素のそれに対して8と与えられた．ドルトンが行ったことは，水素と酸素が個々の原子としてあり，それらが原子レベルで結合すると仮定したことであり，水素と酸素の比体積の結合についての巨視的事実を説明することであった．問題は，水の化学式が知られていなければ，この仮定は水素や酸素の原子の相対重量について何も教えてくれない（何個の水素原子が各酸素原子と結合しているかわからないのだから）．この点で，ドルトンは各元素の1原子が結合しているのか，または水素2と酸素1なのか，またはその逆か，あるいはその他の原子比か，推測せざるをえなかった．ドルトンはその選択を，彼のいう「単純の法則（the rule of simplicity）」においた．その意味は，それ以上の情報がない状況で，最も簡単な比，1:1を仮定したということである[20]．それによって彼は水の化学式をHOとし，その当量と同じに，酸素の原子量を8とした．

化合物に対する正確な化学式を見出す問題は，結論的には，ずっと後で解決された．すなわち，原子価の概念，つまり特定の元素の結合力が，化学者エドワード・フランクランドやアウグスト・ケクレによって独立に明らかにされた．たとえば水素は1価の原子価をもつ．一方，酸素の原子価は2である．すると，水素の2原子が酸素の1原子と結合することになる．この新しい知識によって，原子量と当量の関係が簡単に記述される．

原子量＝原子価×当量

酸素は原子価2をもち，多くの初期の化学者が決定したように，その当量は8であるので，正しい原子量は当量の倍，すなわち16である．水の正しい化学式はH_2Oであって，ドルトンが仮定したHOではない．

2.5 体積による定比例の法則

ドルトンが彼の原子説の論文を発表しはじめてまもなく，アレクサンダー・フォン・フンボルトやジョゼフ・ルイ・ゲーリュサックによって実験が行われ，「気体反応の法則」と名づけられるものが導かれた[21]．これらの科学者は，酸素と水素の混合物に電気火花を通すことによって，水をつくる実験を行った．彼らは，いかなる体積の酸素が反応しても，ほとんど正確に2倍の体積の水素を用いることが必要であることを±0.19％の範囲内で見出した．彼らはまた，生成した水蒸気の体積が，はじめに用いられた水素の体積とほとんど等しいことに気づいた．したがって，

水素2体積＋酸素1体積→水蒸気2体積

彼らは，他のいくつかの気体を含む反応について，この整数比の発見を拡張することができた．たとえば，

水素3体積＋窒素1体積→アンモニア2体積

一酸化炭素2体積＋酸素1体積→二酸化炭素2体積

ゲーリュサックは，これらの結果を新しい法則に要約し，1809年に発表した．

化学反応にかかわる気体の体積と気体生成物の体積は，小さい整数比になる．

ドルトンの主たるアイデアが，物質は一定の特徴的な重量をもった分割できない元素の原子からなる，ということを思い起こしてほしい．それらの簡単な数の組み合わせによって原子の化合したものとなり，定比例の法則や倍数比例の法則のような化学法則を説明した．しかし，ゲーリュサックの法則となると，ドルトンの元々のアイデアは上述のような方程式に要約された観測を説明できない．最初の方程式をもう一度考えよう．

水素 2 体積＋酸素 1 体積 → 水蒸気 2 体積[22)]

「後知恵」の有利さで，この問題の原因は容易に認識できる．酸素 1 体積が水素 2 体積と反応するのだから，これは酸素の粒子が分割されなければならないことを意味する．

しかし，このアイデアは，どの元素の最小の粒子も分割できないと考えられるという，ドルトンの概念の心臓部に抵触する．ドルトン自身のゲーリュサックの法則に対する反応は，データを疑問とし，実験を繰り返すことであった．彼は，フォン・フンボルトやゲーリュサックが報告したほどには，その比が実際そう単純でない，という主張だった．にもかかわらず，単純な比率は，他の者によっても再現され続け，時のテストをも通過した．一つの元素の 2 個以上の原子からなる元素の分子があり，そのようなものが，当の元素の性質をもつ最も簡単な化学単位を表す．そういう分子の存在をドルトンは，受け入れてもよかったのだが，彼はそうしなかった．

そのうちにゲーリュサックは，反応に際しての体積に関して，小さい整数が出現することは，等体積の気体が同数の粒子を含む（equal volumes of gases contain equal numbers of particles, EVEN）というきわめてもっともな概念を示した[23)]．原子の存在についてのドルトンの考えとゲーリュサックの法則との調停の段取りは，1811 年，イタリアの科学者アマデオ・アボガドロによってとられた．アボガドロによって導入された決定的な新しい内容は，かつて信じられていたことに反して，気体の究極的な粒子は，必ずしも単一の原子からなっているのではなく，二つまたはそれ以上の原子の集合であってもよい，ということであった．このような集合体すなわち分子はいかなる気体元素の究極的な粒子をも形成しえた．

アボガドロのアイデアは，ゲーリュサックの法則の解決を果たし，一方で，ドルトンの究極的粒子の存在をも維持していた．ただし，その粒子は分割可能な二原子分子でありえた．残念ながら，アボガドロの解決法は，当時，化学者にはほとんど理解されず，仲間のイタリア人化学者スタニスラオ・カニッツァロの手によって確定されるまでさらに 50 年待たなければならなかった．第 3 章で述べるように，原子量に関する広範な混乱を整理したのはカニッツァロであった．

2.6 プラウトの仮説

当量や原子量の値がいろいろな人々によって公表されると，注目すべき事実が現れはじめた（訳注：本節の議論では本書見返しの周期表を参照すると理解しやすい）．いくつかの例外を除き，多くの当量や原子量が，水素の重さの整数倍であると思われた．何人かの化学者にとっては，この扱いにくい事実は，ドルトンの別個の元素という考えに対立し，すべての元素が本質的に単一であることへの支持を示すように思われた．より具体的には，すべての元素またはそれらの原子は，水素原子の倍数かもしれない．本当はただ1種の物質しかなく，これがいろいろな状態の組み合わせで生じうるということを意味するのかもしれない．

この見解を明瞭に表現した最初の人は，スコットランドの医者ウィリアム・プラウトであった．元素の当量も原子量も互いの元素の正確な倍数ではないので，プラウトは，それらを丸めて最も近い整数とし，水素に1という値を与えた．これは，簡単な比を求めるピタゴラス的伝統の誘惑的な手法であり，プラウトがいくつかの元素の重量の非整数値にみられるような明らかな不一致を無視したのは，この確信からであった．

プラウトのこの問題に対する最初の記事は，匿名でトーマス・トムソンの *Annals of Philosophy* に，謙虚な，否定的主張をもって載せられた．

> つぎの小論の著者は，これを最大の気後れをもって公表する．著者は真実に至るまでに最大の苦労を重ねたが，化学的業績や名声において，はるかに著者より優れた人々に指図するような実験家としての能力に確信をもつことができない[24]．

その仮説の第二の論文において，プラウトはつけ加える，

> もし，我々があえて進めてきた見解が正しければ，我々は古代人の根源物質（protyle）がほとんど水素で実現されていると考える．まんざら新しくもないつけたしの意見だが[25]．

protyle という言葉は，根本的な基本物質を指す．これは，ギリシアの哲学者によって，すべての物質の基礎と信じられていた．言葉そのものは，*proto-hyle* すなわち「最初の物質」に由来する．ドルトンにとっては，数多くのはっきり区別できる基本的物質

または元素があるが，プラウトのように，物質についての，より一元的見解をもつ人々には，その考えは受け入れられなかった[26]．プラウトの考えが，上の引用において，まったく新しいものではない，という事実を彼が述べたことは，その後の論評者の憶測を生み出した．彼が少なくともそのアイデアの一部を，イギリスの化学者ハンフリー・デーヴィーの著作から得たであろうことは，一致した意見である．デーヴィーは，多くの元素が文字通り水素を含むと信じていた．1808年，彼は書いている，

> 硫黄の中に水素が存在することは完全に証明された．そして，我々は，それ(訳注：水素を指すと思われる）から大量につくられる物質が，単に偶然の産物と考える権利などない[27]．

プラウトの仮説に鼓舞された実験は，次第に正確な原子量のセットを提供し，つぎに，これは周期系において元素を秩序づけようとすることに用いられた．周期系の多くの先駆者，ヨハン・ヴォルフガンク・デーベライナー，レオポルト・グメリン，マックス・ペッテンコッファー，ジャン・バティスト・アンドレ・デュマ，アレクサンドル・エミール・ベギュイエ・ド・シャンクールトワたちは，プラウトの仮説に強い興味を抱いた．それは，元素の分類に関する彼らの着想に際立って現れている．

プラウトの仮説は，はじめ少なくともイギリスで，初めてその研究を出版したトーマス・トムソンによって支持され，うまくいっていたが，やがて落ち込み，その後は支持されなくなった．1825年，その時代の最も有力な化学者の一人，イェンス・ヤコブ・ベルセリウスが一連の改善した原子量を編纂し，これがプラウトの仮説を論ばくした[28]．たとえば，表2.3の値は，ドルトンとベルセリウスそれぞれによるいくつかの元素の原子量である[29]．

ベルセリウスは，原子量を丸めて整数にすることに反対した（これは仮説の支持者のあいだではふつうのことだった）．そして，上述のようにプラウトの支持者だったトムソンについて，つぎのような，かなり厳しい言葉を述べている．

表2.3　ドルトンとベルセリウスの原子量の比較

	H	N	Mg	Na
ドルトン（1810）	1	5	10	21
ベルセリウス（1827）	1.06	14.2	25.3	46.5

J. Dalton, *A New System of Chemical Philosophy*, R. Bickerstaff, Manchester &London, part II, 1810, p. 248；J. J. Berzelius, *Lehrbuch der Chemie*, 2nd ed., Arnold, Dresden, vol. 3, part I, 1827, p. 112 に基づく．

この研究者は，科学がそこから何の利点も引き出すことができないきわめて小さな階級に所属する……そして，現代の人がこの著者に示すことのできる最大の配慮は，この研究がはじめから何もなかったかのように扱うことである[30]．

1827年，ドイツの化学者グメリンは，このような警告にもひるまず，表2.3に示されたようなベルセリウスの値すら丸めて，プラウトの仮説への支持を再び主張した．

多くの物質の場合，化合する“当”量が水素の重量の整数倍なのは驚くべきことである．そして，すべての他の物質の化合量が，それらのうち最も小さいものの量で一様に割り切れることは自然の法則であろう[31]．

他の化学者は，存在する元素の原子量の正確さを改善し続け，また新しい元素の原子量を決定した．彼らのデータの多くは，仮説から遠のくように思われた．しかし同時に，いくつかの重要元素のより正確な原子量が，整数の比率になるという，新しい偶然の一致もあった[32]．このことが，ある程度，もう一人の重要なフランスの化学者デュマを啓発し，プラウトの仮説をもう一度1857年によみがえらせた．これらの比は，炭素，酸素，窒素の比率を含む．

$$\mathrm{C}:\mathrm{H}\sim 12:1$$
$$\mathrm{O}:\mathrm{H}\sim 16:1$$
$$\mathrm{N}:\mathrm{H}\sim 14:1$$

しかしこの期間中にも，プラウトの仮説の安易な受け入れに対する一つの避けがたい障害があった．それは，どう丸めても，あるいは再測定でも矯正できないものであった．これは，塩素の原子量が，頑なに，その約35.5という測定値からの変更を拒否し，この仮説への明らかな矛盾となった事実である．

その後，1844年に，フランスの化学者シャルル・マリニャックは，測定の基準単位を水素原子の質量の半分と考える，という巧妙な示唆を行い，塩素はこの単位の71倍の重量とした．1858年には，デュマはさらに進んで，水素の重量の4分の1を基本単位とすることを提案し，こうしてプラウトの仮説の改訂版に，より多くの元素を並べることになった．もちろん，基本単位をいかに小さくするかには制限はないが，小さくなればなるほど，プラウトの仮説の力は弱まるように思われた．

プラウトの仮説を論ばくする最たる人物は，ベルギー人，ジャン・セルヴェー・スタースであった．彼はつぎのように書いて，1841年，原子量測定の研究を始めた．「私は声高にいう．私が研究に着手したとき，私はプラウトの仮説の正しさにほとんど絶対的な信頼をおいていた[33]」．

しかし，ほとんど25年の後，多くの元素の原子量を高水準の精度で測定した後，スタースは劇的に意見を変えて宣言する．「プラウトの仮説は単なる幻想と考えねばならない[34]」．彼は，はじめ，原子量決定の精度が上がれば，水素の値の整数倍を示すだろうと考えたが，逆の結果になっただけであった．はるかに多くの元素が，明らかに水素の重量の整数倍ではない重量を示した．

プラウトの仮説に明らかに問題があるにもかかわらず，多くの元素が偶然でなく，ほとんど整数の原子量をもつことは事実であった．1901年，プラウトの仮説が中途脱落したと思われるずっと後に，ジョン・ウィリアム・ストラット（後のレイリー卿）がいうように，

> 原子量は，偶然の一致によってつじつまが合って説明されるより，はるかにぴったりと整数に近似される傾向がある……そのような偶然の一致で説明できるチャンスは1000分の1より多くない[35]．

いくつかの元素が，なぜ整数の原子量をもたないかの説明は，同位体の発見を待たねばならなかった．結局は，水素の尺度で，その値が整数に近い元素は，一つの形でしか存在しないか，あるいは他の形のもの，すなわち同位体がほんの少量しかない，と理解されるであろう[36]．対照的に，多くの元素が整数から著しく異なった値を示す（塩素（35.45），銅（63.55），亜鉛（65.38）および水銀（200.6）など）．これらの原子量は，水素の原子量の正確な倍数にきっちりでもなく，近くもない．その理由は，相当量存在するいくつかの同位体の混合物として存在するからである．

かくて，プラウトの仮説は，原子量によれば，元素が水素の複合体ではないということで，正しくないことが明らかになった．しかし，ある意味で彼のアイデアが現代物理学によって，正当化された，ということもできる．陽子の数の点から，すべての元素の原子核は，実際，ただ一つの陽子をもつ水素原子の原子核の複合体である．しかし，プラウトの仮説は初めて提案されたときでさえ，それは実り多いものであった．それは，仮説を確認しようとする化学者，論ばくしようとする化学者，その多くの者に，正確な原子量の決定を促進させたからである[37]．カール・ポッパーの科学哲学の見地からは，これはまったく有意義なことであった．有用な科学的アイデアは，必ずしも正しくなくてよいが，実験的な証拠に照らして，論破されるべきことが必須である．

2.7 デーベライナー，三つ組を発見

原子量の調査がプラウトの仮説に導かれたように，それは別の実り多い哲学的原理，三つ組原理を生み出した．これの発展は，1800 年代初頭からイエナ市で活動していたドイツの化学者デーベライナーに端を発した．デーベライナーは，新興の学問である化学量論，化学反応の比例性の研究に興味をもち，新しく発展した化学原子論の初期の支持者になった．彼はやがて「三つ組」と呼ばれる 3 元素のいくつかのグループの存在に気づいた最初の人である．これら 3 元素は化学的に類似し，また，重要な数的関係を示した．すなわち，真ん中の元素の当量または原子量が，三つ組の中の二つの両脇の元素の値のほぼ平均になる．

1817 年，デーベライナーは，ある複数の元素が酸素と 2 成分化合物として化合した場合，数的関係がこれらの化合物の当量のあいだではっきりと認められることを見出した．つまり，カルシウム，ストロンチウム，バリウムの酸化物を考えた場合，酸化ストロンチウムの当量は，酸化カルシウムと酸化バリウムのほぼ平均となる[38]．問題の 3 元素，ストロンチウム，カルシウム，バリウムは三つ組をつくると彼は呼んだ[39]．

$$\mathrm{SrO} = \frac{\mathrm{CaO} + \mathrm{BaO}}{2} = 107 = \frac{59 + 155}{2}$$

デーベライナーは，当時の比較的粗い実験方法から推測された原子量で議論していたが，彼の値は，三つ組の現在の値にもよく比較できる[40]．

$$104.71 = \frac{56.08 + 153.33}{2}$$

デーベライナーの観測は，化学界に，はじめはほとんど影響を与えなかった．しかし，後に非常に有力となった．彼は現在，周期系の発展の最も初期のパイオニアの一人とみなされている．現代の記述ではあまり語られないことは，デーベライナーが，彼の三つ組の中央の元素が，実際，問題の他の二つの元素の混合物かもしれないという可能性，そして彼の観察が，三つの元素のあいだの変換という観念を支持するかもしれないという可能性を考えたことである[41]．

三つ組に関しては，12 年後までほとんど何の進展もなかった．1829 年，デーベライナーは，三つの新しい三つ組を追加した．最初のものは，その前年に発見された臭素を含んでいた．彼は，以前ベルセリウスによって得られた原子量を用いて，臭素と塩素とヨウ素とを比較した．

$$\mathrm{Br} = \frac{\mathrm{Cl} + \mathrm{I}}{2} = \frac{35.470 + 126.470}{2} = 80.470$$ [42]

この三つ組の平均値は，臭素に対するベルセリウスの値 78.383 にかなり近い．デー

ベライナーはまた，いくつかのアルカリ金属，ナトリウム，リチウム，カリウムを含む三つ組を得た．これらは，多くの化学的性質を共有することが知られていた．

$$\mathrm{Na}=\frac{\mathrm{Li}+\mathrm{K}}{2}=\frac{15.25+78.39}{2}=46.82$$ [43)]

加えて，彼は4番目の三つ組をつくった．

$$\mathrm{Se}=\frac{\mathrm{S}+\mathrm{Te}}{2}=\frac{39.239+129.243}{2}=80.741$$ [44)]

ここでもまた，両脇の元素，硫黄とテルルの平均は，セレンに対するベルセリウスの値79.5によく対応する．

デーベライナーは，彼の三つ組が有意義であるためには，それが数的関係と並んで，元素間の化学的関係を示さなければならないと感じた．他方，彼はハロゲンのフッ素を塩素，臭素，ヨウ素と組にすることを拒んだ．彼は，化学的根拠からはそうかもしれないのだが，フッ素の原子量と他のハロゲンの原子量のあいだの三つ組関係を見出せなかったのである．彼はまた，いくら三つ組の数的関係を示すとしても，いかなる意味でも似ていないことが顕著な，窒素，炭素，酸素のような元素間の三つ組の成立を嫌った．

いまはつぎのことをいえば十分である．すなわち，デーベライナーの研究が三つ組の考えを強力な概念として確立した．それを，他の何人かの化学者が非常に効果的に取り上げた，と．事実，デーベライナーの三つ組は，周期表の縦の列にグループ分けされ，それらの化学的性質を説明し，元素を物理的関係を示すシステムに適合させる最初のステップを示したのである[45)]．

原子量と当量のあいだの正しい関係が見出されないうちは，化学者によっては，正式に，原子量を当量としていた（またはその逆）．もっと悪いことには，二人の化学者によって，同じ用語が使われたとしても，種々の標準が異なる研究者によって使われていたので，実際の値には不一致があった．加えて，原子量を求める方法は，気体にのみ応用可能であった．はじめは液体や固体の原子量を評価するのは可能ではなかった．そしてこのことが周期的関係を認めることを困難にした．周期を横切るとき，一般に，固体から気体へと移動するからである．

したがって，周期表の類似元素の族が，類似していない元素を含む周期よりもずっと前に見出された．つまり言葉を換えると，現代的用語では，横の関係より前に縦の関係が見出された．もちろん，族が周期よりずっと前に見出されたのにはもっと直接的な理由がある．族の中の元素は，化学的性質を共有する．それがそれらの族分けを直感的に明らかにする．このことはまったくその通りであるが，ここでいっておくことは，族の中の元素間の数値的関係を認識するという別の問題である．周期表の存在は，化学的性質ばかりでなく，同じくらい数値的側面と物理的原理に依存している．後者は特に，化学の（物理）還元に関するある哲学的問題を喚起するのである．

2.8 グメリンの注目すべき周期系

1843年，ディミトリー・イヴァノヴィッチ・メンデレーエフの1869年の著名な周期系の公表に先立つ丸26年前のこと，はるかに過小評価され，無視された周期系が発表された（図2.3）[46]．これはグメリンの仕事で，彼は大部の *Handbuch der Chemie* の著者であり，当時の最も有力な化学の著述者であった[47]．

デーベライナーは，三つ組の考えの創始者であると，正当にみなされているが，グメリンもまた，この領域で多くの有益な仕事をしている．三つ組（triad）という語をつくったのは彼であった．デーベライナーと同様，グメリンは三つ組を探す際に，化学的関係と数値的関係の両方を考えた．そして彼は，デーベライナーが利用できなかった改良した原子量を用いることによって，先輩の仕事を拡張することができた．たとえば，デーベライナーは，マグネシウムを，化学的類似性に基づいて，アルカリ土類と同族としたが，それと他のアルカリ土類元素とを含む三つ組関係を見出せなかった．一方，グメリンは，原子量に対する彼自身新しく得た値を用いて，マグネシウム，バリウム，カルシウムのあいだのつぎの関係を見出すことができた．これを彼は，1827年，同じ本の中で公表している．

$$\frac{\mathrm{Mg}+\mathrm{Ba}}{4}=\mathrm{Ca}$$

$$\frac{12+68.6}{4}=20.15\ \ (\mathrm{Ca}=20.5)$$ [48]

しかし，1843年のグメリンの周期系の，より注目すべき側面に転じよう．デーベライナーによって見出された四つの，縁故のない三つ組の存在から，グメリンは，53ほどの元素からなる三つ組に基づくシステムをもつことで一大飛躍を遂げることができた．さらに，彼のシステムは，全体として，本質的に原子量の増加する順になっていた．この研究によって，グメリンは，当時知られていた主族元素（典型元素）のほとんどを正しく族分けすることに成功した．グメリンは，図2.3に示したように，彼の三つ組をV字型図式に水平に並べた．

グメリンのV字型の右腕をとって，下向きに示したとしよう．そして，得られた配列を考えてみる（図2.4）．この変更が，基本的にグメリンの表を変更しないで，単にその内容を再現していることを認識することが重要である．グメリンはそうしな

O N H
F Cl Br I Li Na K
S Se Te Mg Ca Sr Ba
P As Sb Be Ce La
C B Bi Zr Th Al
Ti Ta W Sn Cd Zn
Mo V Cr U Mn Ni Fe
Bi Pb Ag Hg Cu
Os Ir Rh Pt Pd Au

図 2.3 レオポルト・グメリンの 1843 年の周期系
Handbuch der anorganischen Chemie, 4th ed., Heiderberg, 1843, vol. 1, p. 52.

O N H
F Cl Br I
S Se Te
P As Sb
C B Bi

Ti Ta W
Mo V Cr U Mn Ni Fe
Bi Pb Ag Hg Cu
Os Ir Rh Pt Pd Au
Sn Cd Zn
Zr Th Al
Be Ce La

Mg Ca Sr Ba
Li Na K

図 2.4 グメリンの周期系を平らにした改作

Li		C			F
Na	Mg		P	S	Cl
K	Ca		As	Se	Br
	Sr		Sb	Te	I
	Ba				

図 2.5 中央部の 30 元素および B, Bi, H, O, N を省いた後，回転したグメリンの表

かったのだが，この表に原子量を明示的に導入すると，両翼の主族元素の原子量が一般的に増加していく様子がみられる．

図2.4の中央部分の元素をすべて取り払って，全体の表を90°回転する．そして図2.5に示したように，すべての縦の段を積み重ねる．グメリンの表の成し遂げたことは，この表を操作する芸術的自由を認めれば，多くの典型元素すなわち主族元素を本質的に正しく族分けしたことである．彼は，遷移元素や内遷移元素を正しく配列することに失敗しているけれども，これは彼の周期系を低く評価する理由とはほとんど考えられない．それは，遷移元素に関する問題点は，後の，より成熟した周期系でさえも共通に存在するからである．

図2.5に示されたように，グメリンが周期系の発展において，早期に主族元素のこのような配列を生み出すことができたという事実は注目すべきである．Ⅰ，Ⅱ，Ⅳ，Ⅴ，Ⅵ，Ⅶ族の場合，含まれるすべての元素は，左から右へ原子量の増加する正しい順に示されている．誤ってⅣ族におかれたホウ素とビスマスは，図2.4から図2.5へ移行する際に図2.5から省かれている．唯一の主族元素の誤配置は，窒素と酸素と思われる．しかしグメリンは，酸素が硫黄，セレン，テルルと同じ仲間であることを，つぎの関係を指摘した時点で，明瞭に認めていた．これにはアンチモンも含まれている．

$$\mathrm{O}=8,\ \mathrm{S}=16,\ \mathrm{Se}=40,\ \mathrm{Te}=64,\ \mathrm{Sb}=129 \rightarrow 1:2:5:8:16$$

おそらくグメリンの表は，元素が繰り返される，つまり，ある一定間隔で周期性を示すという，よく知られた傾向を描いていないので，周期系と呼ぶのは適切ではないかもしれない．さらにグメリンの周期系は，元素を原子量の増加の順に明示的には配列していない．しかし，グメリンのシステムは，原子量の順を暗黙に使用しているようである．彼が多くの三つ組を並べたことは，その後の，より成熟した周期系にみられる正しい順序を生み出している[49]．1827年に，グメリンは45種ほどの元素についての原子量の初期のリストをつくっているので，彼が原子量の値に非常に興味を示したことも知られている[50]．

メンデレーエフの約25年前に，グメリンは彼自身の初歩の元素のシステムを用いて，彼の化学の教科書に，総体的な骨組みと方向性を与えた．つまり彼は，おそらくそのようなことを行った最初の化学教科書の著者であった．メンデレーエフは通常，教科書に元素の周期系を導入したと信じられているが，彼は帰納的なアプローチを用いている．彼は教科書の第1巻の最後の章まで自分の周期系を明らかにしていない(その後の版においてすら)[51]．一方，グメリンは，彼の叢書の第2巻の最初のページに，いきなりそのシステムを与えている．この巻の残りでは，12の非金属元素の化学の概説を500ページ程度，詳細に述べている[52]．

さらに，グメリンが選んだ呈示の順序は（周期）系それ自身の中に記入されていた．彼は彼の表の頭にある三つのうちの二つ，酸素と水素から始める．それに続く章は，グメリンが同じ族においた炭素とホウ素を議論している．つぎに彼は，リンの化学を論じる．これは，窒素は別として，現代の周期表のV族の唯一の非金属である．つぎに硫黄とセレンの章が続く．これらは，VI族となったものの中の非金属である．その後に，現代の周期表のVII族で，当時知られていた四つのすべての非金属の化学の概説がくる．

最後に，この巻は，窒素の化学で閉じられる．窒素は，彼の元素のシステムの頭においた三つの元素の残りの一つである．現代のIV族に相当するものの中で，炭素と一緒にホウ素を誤置したこと[53]を除けば，グメリンは重要な非金属のほとんどの組織的なサーベイをIV，V，VI，VII族の順で行っており，これは，1869年にメンデレーエフの研究でのみ現れる完成した周期系の考え方である．私はあえていうが，グメリンがこれらの元素の化学を紹介するために，彼のシステムを用いたやり方は，彼のすばらしい先見性と直観を示している．しかし，元素の分類についてのグメリンの貢献は，化学史家や周期系の歴史家にさえも十分に評価されなかった[54]．ヤン・ファン・スプロンセンは，周期系の歴史に関する唯一の学術的な書籍の著者であるが，1843年のグメリンの注目すべき表にふれてはいるものの，若干，見下げるような調子で述べている．

> 1843年，グメリンも，すべての元素間に存在する関係を見出そうと試みた．しかし，これは原子量を軽視することを意味した……酸素，窒素，水素の元素について，彼は同族体でないことを確実に知っていたが，これらの元素が分類の基礎をなしている[55]．

しかし，ファン・スプロンセンはグメリンが実際に，少なくともこれらの元素の一つ，酸素を硫黄，セレン，テルルとともに正しく分類したことに気づいていないようである[56]．おそらくグメリンの周期系は，デーベライナーの「三つ組」発見の脚注か何かとみなされるべきではなく，ほとんど同等の偉業とみなされるべきである．

2.9　グメリンの教科書にみる定性的化学

元素の定量的な性質を考えることによってなされた前進を評価するには，周期系が騒がれはじめた当時に，定性的な見地から知られていたことも考慮する必要がある．これを行う明らかな一つの方法は，その時期の化学の教科書を参照することである．それは当時知られていた化学知識の宝庫として役立つからである．ここでは簡潔に，グメリンによって書かれた一連の教科書を記述する．それらの連続的な諸版は，結果として無機化学についての非常に有用な書籍のセットになった[57]．上に述べたように，グメリンが原子量に基づく三つ組を認めていたことや，元素をその原子量に基づいて暗黙のうちに並べていたとさえ思われることを考えると，量的な面をまったく切り離すことはできない．それでも，グメリンによる重要な叢書は，主として当時得られた元素の定性的知識のすべてを要約したものであった．

彼の叢書の第2巻で，グメリンは当時同定されていた元素の分類システムを与えている（図2.3）．彼がいったように，これらは61（訳注：図2.3には53元素しか含まれていない．おそらく，1853年のグメリンの分類系に基づいた記述であろう）の「分解できない，量ることのできる物体」で，そのうち12は非金属的，49は金属的である．

これらの元素は，族ごとに化学的および物理的性質に従って水平に並べられ，より電気的陰性の高い元素を左に，より電気的陽性の元素を右にしてある．グメリンは，左から右への元素の順序を決めた基準を，より詳細には明記していない．電気陰性度の大小ではないかと想像できるだけである[58]．たとえばハロゲンは，その中で最も電気的陰性なフッ素から出発し，電気陰性度の減る順で，塩素，臭素，ヨウ素が続いている．

ハロゲンは，ほとんどそれらが単離されるや否や，元素同士の類似性が明らかとなった族の代表である．フッ素の場合は，単離される以前にそうであった．これらの元素を歴史の順序で考えると，塩素はシェーレによって1774年に発見されたが，彼はこれが酸素を含むと信じていた．塩素は1810年，デーヴィーによって単離され，彼がそれを元素と認めた最初であった．同じ年，ヨウ素がベルナール・クールトワにより単離され，1826年には臭素がアントワンヌ・バラールによって単離された．フッ素は，グメリンが執筆していた当時は単離されていなかったが，元素として認められていた．グメリンが彼の周期系を考案した後に，フッ素は最終的に1886年に単離された．しかし，デーヴィー，ゲーリュサック，ラボアジエを含む多くの化学者によって，フッ素は化合物の形で研究されていた．彼らはすべて，フッ素の最も一般的な化合物の一つ，フッ化水素酸について実験を行った．

1843年の著述で，グメリンはこれら四つの元素だけに合計123ページを費やしている．最も電気陰性度の低いものから始め，彼はヨウ素と水や酸素との反応を議論し，IO_5やIO_7のようなヨウ素の種々の酸化物の存在を議論している．つぎに，ヨウ素と多くの他の元素，すなわち水素，ホウ素，リン，硫黄，セレンや他のハロゲンとの反応を議論している．彼は臭素と塩素の化学の議論を続ける．これはヨウ素と同様に前述の元素すべてと類似の反応を起こす．そして二，三のわずかな例外はあるが，似たような酸をつくる[59]．

フッ素の場合，同様な反応性が二，三の例外つきで述べられる．これらの，より目を引く違いは，この元素がまだ単離されていなかった事実によって説明されるだろう．したがって，フッ素と他のすべての元素との反応を調べることは，ヨウ素，臭素，塩素の場合に可能であったようには，容易ではなかった[60]．総体的にいえば，塩素，臭素，ヨウ素のあいだの確立した類似性は，デーベライナーが化学的に重要な三つ組としてまとめた初めての元素のセットの一つである理由を説明している．フッ素との違いは，フッ素がしばしば三つ組から外されたり，「四つ組（tetrads）」と呼ばれる拡大された三つ組とされるわけを説明している．

グメリンが，彼の分類の中で示した他の非金属的グループは，硫黄，セレン，テルルである．グメリンは，ハロゲンの場合のように，これらの元素のあいだの類似性を明確には議論していない．しかし，グメリンの教科書の中のこれらの元素の詳細な化学を学べば読者の疑問は氷解する．硫黄とセレンは，全部で 94 ページにわたって述べられている．そのうちセレンにあてられているのは 20 ページに過ぎない．ハロゲンの場合のように，少なくとも硫黄とセレンについては，化学的類似性は十分に明らかである．それらは酸素との反応，酸の生成，水素，リン，硫黄，臭素，塩素および多数の金属との反応を含んでいる．元素テルルは明らかに硫黄，セレンと一団とされているが，グメリンは硫黄，セレンと一緒にはその化学について議論していない．これは，テルルの分類において，いくぶん曖昧さを示していると思われる．事実，テルルの化学は，第 4 巻までずれ込む．そこでは，リン，アンチモン，ビスマスからなる族の反応の記述のつぎにやっと現れる．グメリンはテルルの分類に関しては，一つに定められず両価的であるように思われる．図 2.3 に示したシステムでは，テルルは，現代の周期表のⅥ族元素の中に含まれるが，この元素の詳細な化学を議論する場合には，グメリンは彼の初期の選択に矛盾するように別扱いにしている．テルルの化学的，物理的性質は，現代のⅤ族元素の環境の中で，リン，ヒ素，アンチモンとともに議論されている[61]．

とはいえ，元素窒素はⅤ族の最初であるが，Ⅴ族元素と離れて，第 2 巻のはじめの段階で述べられている．窒素が，水素や酸素とともに，特別な族のメンバーではなく，彼のシステムの頭に示されていることを思い出してほしい[62]．

グメリンの金属の族分けに目を転ずると，リチウム，ナトリウム，カリウムを含む族に出会う．デーベライナーによって発見された三つ組の一つであると同様，これらの元素の化学的族分けは事実上，避けられない．これらはすべて，軟らかく，低密度で，水と反応してアルカリ性の溶液をつくる[63]．程度の差はあるが，すべて酸素，ホウ素，炭素，リン，硫黄，セレン，ハロゲンと必ず反応する事実から，それらの類似性は顕著である．

同様にグメリンは，マグネシウム，カルシウム，ストロンチウム，バリウムからなるもう一つの金属のグループ間の化学的類似性を要約している[64]．後の三つはデーベライナーによって，きわめて初期の元素の三つ組として認められたものである[65]．これらの元素は，リチウム，ナトリウム，カリウムからなるグメリンの族元素より物理的に硬く，反応性は小さい．現代の用語では，これら二つの元素群の大きな差異は，リチウム，ナトリウム，カリウムが原子価 1 を示すのに対し，マグネシウム，カルシウム，ストロンチウム，バリウムは原子価 2 を示すことである．ところが，グメリンはこの特性には気づいていなかったらしい．それは，たとえばこれらすべての酸化物に対して，彼の与えた化学式が，1 原子の金属が 1 原子の酸素と結合したものとなっているからである[66]．二つの族のメンバー間の定性的な相違だけで，グメリンや他の化学者は，関与する元素が二つの異なる族に属すると十分に確信できたようである．

2.10　ペッテンコッファーの「差」の関係

1850 年，プラウトの仮説のもう一人の支持者，ミュンヘン大学のペッテンコッファーは，元素の当量のあいだの数値的関係についての論文を発表した．しかし，彼の先行者とは異なり，彼は三つ組にはかかわらず，デーベライナーや他の発見は単なる偶然だと信じた．たとえば，ペッテンコッファーは，塩素，臭素，ヨウ素の三つ組の中央メンバーの原子量は，実際の両脇の元素の平均になるが，フッ素，塩素，臭素の化学的類似の三つ組の場合はそうならないと指摘した．

にもかかわらず，ペッテンコッファーもまた，まったく異なるアプローチで，本質的には三つ組と同じことになるのだが，もっと大きいグループをつくった．既知の元素のデータを調べる中で，ペッテンコッファーは，ある一連の化学的類似元素が，その当量間に一定の差を示す傾向があることに気づいた．たとえば，リチウム，ナトリウム，カリウムの当量が 16 単位ずつ異なることに気づいた（表 2.4）．何人かの著者が指摘するように，ペッテンコッファーは，中央の元素が二つの側面の元素の平均の当量をもつというデーベライナーの認識と同等であることに気づかなかった．

他の一連の元素群において，ペッテンコッファーは，当量の差はアルカリ土類（訳注：日本の高校教科書ではマグネシウムをベリリウムとともにアルカリ土類金属元素からはずしている）や酸素族で 8 などのようなある数の倍数であることを指摘した（表 2.5）．

表 2.4 ペッテンコッファーの原子量差

	Li		Na		K
当量	7		23		39
差		16		16	

M. Pettenkofer, Ueber die regelmässigen Abstände der Aequivalenzzahlen der sogennanten einfachen Radicale, *Annalen der Chemie und Pharmazie*, **105**, 187-202, 1858 に基づく.

表 2.5 アルカリ土類および酸素族に対するペッテンコッファーの原子量差

	Mg		Ca		Sr		Ba
当量	12		20		44		68
差		8		3(8)		3(8)	
	O		S		Se		Te
当量	8		16		40		64
差		8		3(8)		3(8)	

M. Pettenkofer, Ueber die regelmässigen Abstande der Aequivalentzahalen der sogennanten einfachen Radicale, *Annalen der Chemie und Pharmazie*, **105**, 187-202, 1858 に基づく.

表 2.6 「窒素系列」に対するペッテンコッファーの原子量差

	N		P		As		Sb
当量	14		32		75		129
差		18		43		54	
		2(5)+8		7(5)+8		9(5)+8	

M. Pettenkofer, Ueber die regelmässigen Abstande der Aequivalentzahalen der sogennanten einfachen Radicale, *Annalen der Chemie und Pharmazie*, **105**, 187-202, 1858 に基づく.

これらの段階を経るうちに，ペッテンコッファーは，三つ組を超えて，より大きい元素の系列を考えた．炭素，ホウ素，ケイ素の場合，初期の元素の分類では，ハロゲンの場合と同様に，同じ族に入れられるのだが，この差はファクター 5 である．さらに，窒素，リン，ヒ素，アンチモンを含む他の系列があり，差は表 2.6 に示すように，ファクターは 5 および 8 を含む．

一定の差，および一定の差の倍数の理論に基づいて，ペッテンコッファーは，当量の測定が困難な元素の当量を計算する考えを提案した．メンデレーエフが，しばらく後になって，ペッテンコッファーの名を，彼の周期系の仕事に影響をおよぼした何人かの一人として，論文の中であげたことは意味深い．よく知られているように，メンデレーエフは，原子量間の内挿に基づく予言を多く用いている．また，既知の元素の原子量を訂正するための内挿を用いている．ペッテンコッファーのような化学者の仕事があったので，そのような予言がメンデレーエフに始まったものでないことは明らかである[67].

2.11 デュマの貢献と元素変換論の復活

1851年は，著名なフランスの化学者デュマにとってなかなか多忙な年であった．彼は，元素の分類についての二つの重要な論文を公表し，イギリスのイプスウィッチで有力な講演を行った[68]．この仕事を通して，デュマは四つの三つ組，［S, Se, Te］,［Cl, Br, I］,［Li, Na, K］,［Ca, Sr, Ba］に注目した．ただし，それらの元々の発見者，デーベライナーには触れていない．そのドイツの化学者が，それぞれの三つ組の中央のメンバーが両端の元素の混合物かもしれないといっているのに対し，デュマは中央のメンバーが側面のパートナーの化合物と考え，プラウトの仮説を支持するものとして，この着想を提出した．

デュマは，それぞれの三つ組の元素間で，変換が可能かもしれないし，これらのありうる変換のメカニズムを見出すべく研究を行うべきだと提案するに至った．彼はまた，元素の変換のさらなる証拠として，コバルトやニッケルのような元素はしばしば天然に共存して見出されるという事実を取り上げた．面白いことに，イギリスの科学者マイケル・ファラデーはデュマの公開講演を賞賛し，これらの発見によって，ある種の変換が示唆されることに同意した．ファラデーはいう．

> 我々は，錬金術師の推測に似た推測に我々を連れ戻すような，最近見出された多くの科学的発展の一つをここにもっている……そして，我々の注目がその方向に導かれた後，塩素，臭素，ヨウ素の三つ組が，ある化学的事実の明確な前進を提供するだけでなく，同じ前進が，それらの量を結合するという数値的説明と調和することを見出す．我々は，（あるグループの元素の相互変換を暗示する）新しい光の夜明けにいると思われる．精密な調査からもまだ隠されている状況ではあるが[69]．

私がこの文章に注目するのは，少なくとも，何人かの指導的化学者が，錬金術が捨て去られたずっと後になっても，錬金術の中心的教義を信じ続けていたと思われるからである．

2.12 クレマースは水平に配置する

ペーテル・クレマースは，ドイツのケルンで研究していたが，将来における成熟した周期系の中の元素の水平系列を実際形づくるものを考えはじめた，最も早い時期の化学者の一人である．彼は，このことを共通性のあまりない元素の原子量間の数値的関係を調べることによって始めた．たとえば，表 2.7 に示す酸素，硫黄，チタン，リン，セレンを含む元素の短い系列間の規則性に注目した[70]．クレマースはまた，つぎのような新しい三つ組をみつけた．

$$\mathrm{Mg}=\frac{\mathrm{O}+\mathrm{S}}{2},\quad \mathrm{Ca}=\frac{\mathrm{S}+\mathrm{Ti}}{2},\quad \mathrm{Fe}=\frac{\mathrm{Ti}+\mathrm{P}}{2}$$

現代の観点からは，これらの三つ組は，化学的に意味があるとは思われないかもしれない．それには二つの理由がある．現代の長周期型周期表は，いくつかの元素間の 2 次的な類似性を示すことができない．たとえば，硫黄とチタンはともに原子価 4 を示すが，長周期型周期表では同じ族には現れない[71]．これまでそれらを化学的に類似していると考えることはない．チタンとリンが共通に原子価 3 を示す事実があり，この族分けも現代の読者が考えるほど不正確ではない．クレマースによってなされた，あまりもっともらしくない三つ組グルーピングのいくつかによって，そう驚かされるべきでない第二の理由は，三つ組の概念が化学的類似性とは異なるそれ自身の命をもちはじめたということである．化学的意義をもつか否かにかかわらず，元素の重量のあいだの三つ組関係を見出すことが目的になった．メンデレーエフは後に，三つ組にとりつかれているような同業者間の活動を記述しているが，彼はそれが成熟した周期系

表 2.7 酸素系列に対するクレマースの原子量差

	O		S		Ti		P		Se
当量	8		16		24.12		32		39.62
差		8		≅8		≅8		≅8	

P. Kremers, *Annalen der Physik und Chemie* (*Poggendorff*), **85**, 37, 246, 1852 に基づく．

表 2.8 「原子量三つ組」の，計算値と観測値のクレマース「差」

三つ組（T）	中央の元素（M）	(T－M)/T
K＋Li/2	Na	－0.007
Ba＋Ca/2	Sr	＋0.010
Ag＋Hg/2	Pb	＋0.003
J＋Cl/2	Br	＋0.016
S＋Se/2	Cr	＋0.038
S＋Te/2	Se	＋0.017
Cr＋Va/2	Mo	＋0.035
P＋Sb/2	As	＋0.009

項目名は文献の表から翻案した．文献では異なる記号を用いている．バナジウムの現在の記号は，この表の Va ではなく V である．J はヨウ素を示す（ドイツ語の Jod）．

P. Kremers, *Annalen der Physik und Chemie* (*Poggendorff*), **99**, 58–63, 1856.

の発見を遅らせたと信じていた.

しかし，クレマースに戻ると，おそらく彼の最も鋭い貢献は，彼が「共役三つ組(conjugated triads)」と名づけた二方向の体系を示したことであった．ここでは，ある種の元素は互いに垂直に並ぶ二つの別々の三つ組メンバーとなっている.

Li	6.5	Na	23	K	39.2
Mg	12	Zn	32.6	Cd	56
Ca	20	Sr	43.8	Ba	68.5

かくてクレマースは，先人のだれよりも意味深い仕方で，化学的に似ていない元素を比較していた．これは，ユリウス・ロータル・マイヤーとメンデレーエフの表によってのみ完全な成熟に達した実践である.

1856 年，クレマースは，誤って，三つ組間の関係における正確な値からの相違は，温度の違いによって引き起こされ，各三つ組は，特定の温度で正確な数値的関係を示すと主張した．この研究の過程で，彼は表 2.8 に示された表をつくった．この表を吟味した多くの人々は，相違が実際非常に小さいと思わされ，三つ組の考えをさらに強くしたのではないだろうか.

2.13 超三つ組

すべてを含む三つ組という最も野心的な体系が，20 歳のエルンスト・レンセンによって，彼がヴィースバーデン農業研究所で働いていたときにつくられた．1857 年，レンセンは既知の 58 元素の実質上すべてが全部で 20 の三つ組に整理されるという論文を発表した(表 2.9)[72]．例外はニオブだけで，それはどの三つ組にも適合できなかった．彼の三つ組の 10 組は，非金属と酸生成金属からなり，残りの 10 組は金属であった.

レンセンはまた，三つ組のグループを含むさらなる関係を提案した．表 2.9 にある 20 組の三つ組を用いて，全部で七つの九つ揃い元素（enneads），すなわち超三つ組(supertriads）を確認することができた．各中央の三つ組の平均当量が，三つの三つ組グループの中の他の三つ組の平均量のほぼ中間に位置する（表 2.10)．しかし，表が示すように，彼はこの目的を達成するために，やや恣意的な順序で，彼の三つ組を組み合わせざるをえなかった．さらに，ある超三つ組は，ただ 1 個の元素，水素を含むのみで，元素の三つ組ではない.

レンセンは，彼のシステムに基づいて，予言をする準備のできたもう一人の初期の先駆者だった．たとえば，彼は，まだ単離されていなかったエルビウムやテルビウムの原子量を予言した．このことは，メンデレーエフが元素の分類システムを用いて予言をするアイデアを「発明」したのではない（一般にはそう思われているが）という

表 2.9 レンセンの 20 の「三つ組」

原子量計算値				原子量測定値		
1	(K+Li)/2	=Na	=23.03	39.11	23.00	6.95
2	(Ba+Ca)/2	=Sr	=44.29	68.59	47.63	20
3	(Mg+Cd)/2	=Zn	=33.8	12	32.5	55.7
4	(Mn+Co)/2	=Fe	=28.5	27.5	28	29.5
5	(La+Di)/2	=Ce	=48.3	47.3	47	49.6
6	Yt Er Tb			32	?	?
7	Th Norium Al			59.5	?	13.7
8	(Be+Ur)/2	=Zr	=33.5	7	33.6	60
9	(Cr+Cu)/2	=Ni	=29.3	26.8	29.6	31.7
10	(Ag+Hg)/2	=Pb	=104	108	103.6	100
11	(O+C)/2	=N	=7	8	7	6
12	(Si+Fl)/2	=Bo	=12.2	15	11	9.5
13	(Cl+J)/2	=Br	=40.6	17.7	40	63.5
14	(S+Te)/2	=Se	=40.1	16	39.7	64.2
15	(P+Sb)/2	=As	=38	16	37.5	60
16	(Ta+Ti)/2	=Sn	=58.7	92.3	59	25
17	(W+Mo)/2	=V	=69	92	68.5	46
18	(Pa+Rh)/2	=Ru	=52.5	53.2	52.1	51.2
19	(Os+Ir)/2	=Pt	=98.9	99.4	99	98.5
20	(Bi+Au)/2	=Hg	=101.2	104	100*	98.4*

*：文献では，これら二つの原子量が不注意で入れ替わっている．
ノリウム (Norium) ははじめ 1845 年に報告された元素であるが，その後確認されなかった．
E. Lenssen, Über die Gruppierung der Elemente nach ihrem chemisch-physikalischen Charakter, *Annalen der Chemie und Pharmazie*, **103**, 121-131, 1857.

ことを再度強調するためにいっておく．しかし，レンセンの予言は誤りであるという事実が残った．

本書では，新元素の予言や元素の性質についての哲学的な問題が種々の点で検討される．これらの問題の一つは，理論が受け入れられつつある過程で，予言に帰せられる重要性である．これは最近の科学史家や科学哲学者によって，活発に議論されているテーマであり，周期表の物語に密接に関係する．周期表の発展は，新しい元素の予言に強く依存するものとして，通常示されるからである[73]．

しかし，本章を終えるに当たって，化学が，ラボアジエや他の者による数値的側面を導入することによって，(そのような化学の数値的側面がまた，元素の分類に必須であるという認識が深まる化学的大変革の時機に) いかに発展したかを評価すべきである．実際，プラウトの仮説についての議論や，三つ組探しが，数値の役割に焦点を当てるのに役立ったときにのみ，真の進歩が達成されたように思われる．一方，化学的類似性によって元素を分類しようとする以前の努力は，首尾一貫した体系をつくるのに失敗した．これらのすべてが，元素を単に原子量増加の順に並べれば，その性質

表 2. 10 レンセンの「超三つ組」

三つ組	平均当量	
1	23	
3	33	(23+44)/2=33.5
2	44	
4	28	
6	?	
5	47	
9	29.5	
8	33.5	(29.5+37)/2=33.3
7	37	
H	1	
11	7	(1+12)/2=6.5
12	12	
15	38	
14	40	(38+40)/2=39
13	40	
18	52.1	
16	61	(52.1+69)/2=60.6
17	69	
19	99	
20	101	(99+104)/2=101.5
10	104	

三つ組は，表 2.9 と同じ番号をつけてある．
E. Lenssen, Über die Gruppierung der Elemente nach ihrem chemisch-physikalischen Charakter, *Annalen der Chemie und Pharmazie*, **103**, 121-131, 1857.

の周期性が現れるということが発見される以前に起きたわけである．

周期表の初期の発展の物語は，科学的着想が，後に誤りと思われることがあったにもかかわらず，いかに進展することができるかを効果的に示している．たとえば，確認された多くの三つ組が，化学的に意味をなさないという点で誤りであることがわかったが，三つ組関係を検証する一般的研究は実り多かった．部分的な誤りはたいしたことではないように思われる．たとえば，ドルトンの場合を考えてみよう．彼の重要な三つのアイデア（類似した粒子のあいだの反発の重要性，原子周囲の熱の覆い，水に対して考えた OH の化学式）などすべて正しくないことがわかった．にもかかわらずドルトンの一般的研究は，非常に重要である．彼の原子理論は，現代化学の記念碑の一つであり，いろいろな化学的事実の中で，観察された化学結合の法則の理論的解釈を与えた．それは，あたかも科学的な進化が，論理的，段階的進歩を超越するようで，なお，内に「誤謬」を内包するような有機的な成長の形をとるもののようである．この総体的な進化は，それ自身の生命をもつように思われる．それは，個々の科学者の側で誤りを正し，集合的な誤りでさえも，その後得られた知識に照らして，正していくものである[74]．

2.14 「三つ組」後記

私がすでに示したように，三つ組の認識は，現代の周期系の実際の構築に向けてのはじめの重要なステップを意味している．三つ組の概念の限界は，その概念そのものよりも，初期の先駆者によって用いられたデータに関して，もっと多くなすべきことがあったことである．現代の周期系の中で，三つ組がいかになりゆくかを考察することは興味深い．

現在では原子量は，周期表の中で，各元素の位置を決定する基本的性質ではないことがわかっている．元素は事実，大部分は原子量の増える順に並べられるが，特定の元素の原子量は，その元素のすべての同位体の地球上での存在度という偶発事に依存している．19 世紀の化学者は，原子量を測定するとき，同位体混合物の平均原子量を無意識に測定していた（天然に単一同位体として生ずる元素を除いて）[75]．

20 世紀の転機後に見出されたように，原子の構造がわかったとき，元素の順番は原子番号という性質によってはっきりと決められた．原子番号は，ある特定の元素の原子核中の陽子の数に相当する．現代の周期表のある部分では，三つ組関係は，原子量の代わりに原子番号を使えば正確であることがわかる（表 2.11）．たとえばデーベライナーの発見した多くの三つ組が，このようになる．

私は，周期系のいくつかの部分で，完全な三つ組が生じる理由の十分な説明を，同位体の発見と原子番号の話をする第 6 章まで延期しよう．現代の周期表の見方からす

表 2.11 原子番号を用いて計算されたデーベライナーの「三つ組」

元素	原子量	平均	原子番号	平均
塩素	35.457		17	
臭素	79.916	81.19	35	35
ヨウ素	126.932		53	
硫黄	32.064		16	
セレン	79.2	79.78	34	34
テルル	127.5		52	
カルシウム	40.07		20	
ストロンチウム	87.63	88.72	38	38
バリウム	157.37		56	
リン	31.027		15	
ヒ素	74.96	76.40	33	33
アンチモン	121.77		51	

著者による編集．

ると，原子番号を用いて，すべての可能な垂直な三つ組の約 50% は，実際正確なのである．

2.15 原子量の決定

本節で，私は 19 世紀の初頭にドルトンによって始められた原子量の決定の問題を取り上げる．先に述べたように，ドルトンは，化学式に関して最大単純化のルールを採用した．残念ながら，このルールは，水，アンモニア，および一酸化窒素以外の窒素の酸化物など，大部分の化合物の場合において，破綻した．さらにドルトンは，等体積等数粒子（EVEN 仮説）の概念とともに，気体の相対的密度を用いて原子量の測定を始めたが，後に彼はこの仮説を否定した．

原子量を決定する研究への，そのつぎの大きな貢献者はベルセリウスで，彼は 1814 年，1818 年に原子量表を公表した．彼はこれを 1826 年に大幅に拡張し，改訂した．原子量を決定する仕事をしている化学者が出くわす多くの問題の中に，標準の選択があった．ドルトンは，きわめて合理的に H＝1 を選んだが，すべての元素が水素と化合するわけではない．水素と直接反応しない元素の原子量を決めるためには，仲介になる元素を用いることが必要で，これが誤差の源を増加させた[76]．

酸素は大概の元素と化合物をつくるので，標準に選ばれたが，異なる化学者によって異なる値が与えられたため混乱した[77]．ベルセリウスは，原子量を決めるために当量を超えていこうとした数少ない一人だった．上に述べたように，原子量の決定は，ある化合物に対して正しい化学式を認めることに依存する．ゲーリュサックの気体反応の法則を用いて，ベルセリウスは，水，アンモニア，塩化水素，硫化水素の正しい化学式を得た（H_2O，NH_3，HCl，H_2S）．ゲーリュサックの法則は気体の化合に限られるが，ベルセリウスは $PbSO_4$ のような化合物に対する方法を考案し，また同様なアプローチで多くの金属の原子量の評価を敢行した．1814 年と 1818 年の初期の表では，ベルセリウスは金属を二酸化物とみなし，AgO_2，FeO_2 のような化学式を与えた．1826 年に，それらを一酸化物とみなす変更を行い，アルカリ金属の値を，あるべきものの 2 倍とし，アルカリ土類に対しては正しい値を得た．

よりよい原子量決定が可能となる，二つの大きな法則の発見が続いた．それらは，ピエール・ルイ・デュロンとアレクシス・テレーズ・プティの法則と，同形の法則である．

デュロンとプティは，固体元素の比熱と原子量の積がほぼ定数になることを見出した（表 2.12）．事実上，彼らは彼らの新しい法則に合うように，不確かな量をもつ多くの元素の原子量を調節した．推定上の法則を維持すると思われたということ以外に，そのような行動をとったことに対する正当化の理由はほとんどなかった．彼らははじ

表 2.12 1819 年のデュロンとプティの論文から引用した表

元素	比熱	原子量 (O=1)	原子量と比熱の積
ビスマス	0.0288	13.30	0.3830
鉛	0.0293	12.95	0.3794
金	0.0298	12.43	0.3704
白金	0.014	11.16	0.3740
スズ	0.0514	7.35	0.3779
銀	0.0557	6.75	0.3759
亜鉛	0.0927	4.03	0.3736
テルル	0.0012	4.03	0.3675
銅	0.0949	3.957	0.3755
ニッケル	0.1035	3.69	0.3819
鉄	0.1100	3.392	0.3731
コバルト	0.1498	2.46	0.3685
硫黄	0.1880	2.11	0.3780

注意深い読者がお気づきのように，デュロンとプティは第 4 列の値を見積もるとき，正しい有効数字に首尾一貫性を欠く．

P. L. Dulong, A. T. Petit, Recherches sur quelques points importants de la Théorie de la Chaleur, *Annales de Chimie Physique*, **10**, 395-413, 1819.

め，この法則を未知の原子量を決定するために使おうと望んだが，その法則の概略的な性質はそのことが不可能であることを意味した．にもかかわらず，デュロン-プティの法則は，別の重要な使い道があった．それは，曖昧な原子量をチェックしたり，考えられる値を半分にするか，倍にするか，元のままか，疑いのある場合に，決着をつけるのに用いることができた．たとえば，デュロン-プティの法則からアルカリ金属に対するベルセリウスの値がファクター 2 だけ誤っており，彼の化学式を MO でなく M_2O にただす必要があることが直ちに明らかとなった[78]．

1819 年，アイハルト・ミッチェルリッヒは，ベルリンで，彼に因んだ名称の法則となるものについての論文を発表しはじめた．彼は，ある種の元素が互いにとり替わって，類似の，すなわち彼の命名では「同形の構造（結晶面間隔の微小な変化を除いて，同じ結晶形をもつ構造）」をつくることを見出した[79]．彼は，結晶形は問題としている化合物の中の原子の数によって独自に決まることを示唆した．したがって，ある化合物の中のある元素の原子量を，第一の元素の代替物として働くことのできる他の元素の原子量から推定することができる．ベルセリウスの H_2O に対するドルトンの HO という古典的な場合のように，一つの化合物についてある元素の原子数を割り当てることが問題であったことを想起してほしい．ここに，固体の結晶性の化合物の場合に，そのような問題を解決する新しい道があった．たとえば，K_2SO_4 と K_2SeO_4 の二つの同形の化合物を考えることと，また，硫黄の既知の原子量 32 から，ミッチェルリッヒはセレンの正しい原子量を約 79 と推定することができた[80].

原子量の決定に重要な貢献をしたもう一人の化学者は，三つ組の研究に関してすでに述べたデュマであった．1826 年，彼は蒸発させることのできる液体または固体に対し，原子量を決める新しい方法を考案した[81]．生成した蒸気の密度を水素のそれと比較し，EVEN 仮説に基づいて蒸発した元素の原子量が決められる．デュマは，アボガドロやアンペールの仮説を利用した数少ない化学者の一人だった．しかし後にデュマは，硫黄，リン，ヒ素を含む元素で，明らかに変則的な原子量を見出した．デュマは，気体状の元素の場合には，EVEN 仮説に欠陥があると信じて，これを否定した．1836 年，デュマはさらに悲観的になり，その批判を化学における原子の使用に向けた．彼は書いている，

> 原子の領域に我々自身野心的な遠足に行くことについて何が残っているだろうか？　何もない．少なくとも必要なものは何もない．残っているものは，実験を放棄してガイドなしで霧の中で道を探そうとするとき，化学が道に迷ったという確信である……もし私が支配者であれば，それが実験を超越していると確信し，科学から「原子」という語を消し去るだろう．化学では，決して実験を超えるべきではない[82].

2.16 結　　論

プラウトの仮説や三つ組の概念の両方が，基本的に正しく，ただ，初期の研究者が誤ったデータで研究していたために，問題があったようにみえるのは驚くべきことである．プラウトが，元素が水素の整数倍を示すような仕方で，順番に並べられると主張したのは本質的に正しかった．現在知られていることは，周期表を一つ移動するごとに各元素は前の元素より陽子が一つ多い，そしてこれが原子番号を決めている．ある意味では，すべての元素は，事実，水素原子の複合物である．元素の中の陽子の数は水素原子の核（陽子）の正確な倍数だから．問題は，化学者が，原子量を互いの正確な倍数とすることに集中したことである（原子量が中性子の寄与を含むことに気づかずに)．しかし，中性子数は同位体間で変動し，プラウトの仮説から期待される簡単な比を乱す．結局は，原子量から原子番号へ切り替えれば，元素の分類における有用な道具としてのプラウトの仮説を化学者が捨てる原因となる不正確さがなくなることになる．

同様に，三つ組の考えは基本的に正しいが，必ずしも完全に働かなかった．それは，

初期の化学者が誤ったデータを用いていたからで，事実，現代の周期表の見方から，また原子番号を用いると，すべて可能な三つ組の50%は正しい．

最後に，この仕事の多くは当量または不正確な原子量を用いて行われたことを銘記すべきである．首尾一貫した原子量のセットが得られて初めて，すべての元素を首尾一貫したシステムに包含する，成功した周期系を展開できるようになった．当量から区別された原子量は，ドルトンの研究から出発し，決定された．しかしこれらの原子量は，一つの化合物中に，特定元素の原子がいくつ存在するかを知ることに依存していた．このことがよく理解されておらず，そのためドルトンは，彼の最大単純化の仮定のゆえに多くの誤りを犯した．原子量の測定は，もともと酸素や窒素のような気体元素に限られていた．やがて，デュロンやプティならびにミッチェルリッヒやデュマによって新しい方法が発展し，他の集合状態（固体や液体）の元素に適用できるようになった．

しかし，多くの混乱がまだ残っていた．たとえば，アボガドロやアンペールによって初めて報じられたEVEN仮説を受け入れる化学者はほとんどいなかった．それを受け入れた数少ない一人だったデュマは，元素間を駆けめぐるうちに，きわめて異例の原子量と思われるものに遭遇したので，気力を失ってしまった．この問題は，カニッツァロ（図2.6）が，アボガドロ仮説の正当性を強調し，ついに正確で，首尾一貫した原子量のセットを与える方法を苦心してつくり上げたとき，初めて解決され

図2.6　スタニスラオ・カニッツァロ
写真提供と掲載許可：Edgar Fahs Smith Collection.

た[83]. 次章では，カニッツァロの業績に目を移していく．

■注

1) 物理学の役割を無視することはできない．ジョン・ドルトンは，彼の原子論へと導く初期の研究において，空気の物理学に関与している．
2) B. Bensaude-Vincent, A Founder Myth in the History of Sciences? The Lavoisier Case in L. Graham, W. Lepenies, P. Weingart（eds.）, *Functions and Uses of Disciplinary Histories*, Reidel, Dordrecht, 1983, pp. 53-78.
3) いくつかの通俗な記事がいうように，ラボアジエが化学天秤を使用した初めての人である，といっているのではない．天秤は，ヨハン・バティスタ・ファン・ヘルモントという当時の代表的な錬金術師によってすでに使われていた根拠がある．W. R. Newman, L. M. Principe, *Alchemy Tried in the Fire : Starkey, Boyle, and the Fate of Helmontian Chemistry*, Chicago University Press, Chicago, 2002.
4) しかしながら，ラボアジエは，酸素を単体というよりも根本原理（principle）とみなしたようである．そのようにして過去との断絶を減らそうとした．
5) これらの見地は，J. B. ガフによって強調されている．J. B. Gough, Lavoisier and the Fulfillment of the Stahlian Revolution, *Osiris*, 2nd series, vol. 4, 15-33, 1988.
6) R. Siegfried, M. J. Dobbs, Composition, A Neglected Aspect of the Chemical Revolution, *Annals of Science*, **24**, 275-293, 1968.
7) しかし，第4章で記述するように，メンデレーエフは，抽象元素の概念を生き返らせた．これは彼の周期性の分類に決定的役割を果たした．
8) たとえば，ラボアジエの単体といわれているものは，彼自身の記述によっても，抽象元素または根本原理により近いようである．これは第1章で述べたように，*lumière*（光），*calorique*（熱素）については事実であり，*oxygène*（酸素），*azote*（窒素），*hydrogène*（水素）についてさえそうである．
9) 原子論についての短い記事，およびギリシア哲学における起源については，つぎを見よ．ウィリアム・R. エヴァーデルによるバーナード・プルマンの本，*The Atom in the History of Human Thought* の評論，*Foundations of Chemistry*, **1**, 305-309, 1999.
10) B. Pullman, *The Atom in the History of Human Thought*, Oxford University Press, New York, 1998.
11) I. Newton, *Opticks*, Query 31, London, 1704［島尾永康訳，『光学』（岩波書店，1983）］．また，A. R. Hall, *An Introduction to Newton's Opticks*, Clarendon Press, Oxford, 1933 を見よ．
12) 著者によっては，ラボアジエの哲学的アプローチを記述するのに実証哲学者（positivist）という語を用いている．私は，オーギュスト・コントが後に使用した，より技術的な意味を考えて，これを避ける．
13) 第4章で述べるが，ロシアの化学者メンデレーエフは，別個の元素が存在するという，類似した見解をもっていた．一方，彼の主たる競争者ユリウス・ロータル・マイヤーは，物質の本質的単一性を信じた．
14) ドルトンが原子論に至った理由は，複雑で不完全な歴史をもつ．彼の論文の多くは，第二次世界大戦の戦火で失われたためである．
15) F. Greenaway, *John Dalton and the Atom*, Heinemann, London, 1966 ; A. J. Rocke, *Chemical Atomism in Nineteenth Century*, Ohio State University Press, Columbus, 1984.
16) ドルトンによる水とアンモニアに対する二元式の仮定は，この後の章で取り上げる．
17) この結論は，私がここでほのめかしたほど，必然的とはいえない．異なる意見については，たとえばつぎを参照，P. Needham, Has Daltonian Atomism Provided Chemistry with Any Explanations? *Philosophy of Science*, **71**, 1038-1047, 2004. 緊密な関係のある論文は，P. Needham, When did Atoms Begin to do any Explanatory Work in Chemistry? *International Studies in the Philosophy of Science*, **18**, 199-219, 2004. ニーダムの見解は，部分的に，ピエール・デュエムのそれに基づく．デュエムの論文のニーダムの訳を見よ：Atomic Notation and

Atomistic Hypotheses Translated by Paul Needham, *Foundations of Chemistry*, **2**, 127-180, 2000.

18) 第1章で述べたように，当量が純粋に経験的なものという理解には問題がある．酸と金属との反応に関するリヒターの初期の表についてはよく当てはまるようであるが．

19) 二つの酸素原子が二つの水素原子と結合して過酸化水素をつくるから，このいい方は完全には正しくない．幸い，この混乱はドルトンの時代には起こらなかった．彼が研究を始めたとき，過酸化水素はまだ発見されていなかったからである．酸素の原子量に対する8という値は，現在の値と調和している．ドルトンの酸素の原子量の元々の評価は，実験の不正確さのために，8でなく7だった．しかし，よりよい実験法が可能になって，彼はすぐ7を8に改めた．

20) ドルトンは，彼の単純則の任意性を承知していた．1810年，彼は，水が3原子の化合物（水素2原子, 酸素1原子）である可能性を議論している．この場合, 酸素の原子量は14になる．事実, 水はこれら3原子からなる．そして現在の酸素の原子量は，14でなく16に近い．同時にドルトンは，水が酸素2原子と水素1原子からなる可能性も議論している．こうすると酸素の原子量は3.5になる．注19に述べたように，ドルトンは酸素の原子量はもともと8よりも7であると信じた．したがって，水に対する正しい化学式を用いたときも，酸素の原子量に対して16でなく14と説明している．

21) J. E. Gay-Lussac, *Alembic Club Reprints*, No. 4, Edinburgh, reprinted 1923.

22) 現代の用語では，この反応はつぎのように書かれる．

$$2H_2 + O_2 \rightarrow 2H_2O$$

右辺は単一の酸素原子をもつ物質を含むので，左辺の酸素分子は分割できなくてはならない．したがって，O_2 のように書かれる．この時点まで，現在我々がもっている「二原子分子」の考えは心に描かれていなかった．

23) ドルトンは，異なる気体元素の原子の相対的重量を，それらの相対密度から見積もる場合に，暗黙のうちにEVEN仮説を用いたと思われる．

24) 匿名者，On the Relation between the Specific Gravities of Bodies in the Gaseous State and Weights of Their Atoms, *Annals of Philosophy*（*Thomson*），**11**, 321-330, 1815.

25) 匿名者，Correction of a Mistake in the Essay on the Relation between the Specific Gravities etc., *Annals of Philosophy*（*Thomson*），**12**, 111, 1816.

26) プラウトについてのクラシックな歴史的および哲学的研究は，W. Brock, *From Protyle to Proton*, Adam Hilger, Boston, 1985.

27) *Collected Works of Sir Humphry Davy*, edited by his brother John Davy, Smith, Elder&Co., London, 1839-1840, vol. 5, p. 163.

28) ベルセリウス自身の値は，継続的に多くの改訂をしている．たとえばつぎの諸元素では，いかに彼の新しい値が多くの非整数値を含むかを示している．

	Mg	Al	Cl	Zn
1815年の値	50	55	70	128
1828年の値	25.4	27.4	35.5	64.6

29) ベルセリウスの原子量は，酸素の標準に対する相対値である．ここで，O＝16.

30) J. Berzerius, Tafel über die Atomengewichte der elementaren Körper und deren hauptsächlichsten binairen Verbindungen, *Annalen der Physikalischen Chemie*, **14**, 566-590, 1828.

31) L. Gmelin, *Handbuch der theoretischen Chemie*, Frankfurt, 1827. F. P. Venable, *The Development of the Periodic Law*, Chemical Publishing Co., Easton, PA, 1896. p. 23に引用.

32) 炭素，酸素，窒素などが整数値をとる偶然は，初期に公表された当量や原子量からは明白ではない. 炭素ははじめ12.2と12.3を示した. 1843年になって, 12という値が得られた. 酸素は種々の初期の表では5.5, 7, 7.6という値を与えられた. 1815年に16という値が出た. 最後に窒素は, 1843年までは14.2であった．その年，シャルル・ゲルハルトの表が14を与えた．

33) J. S. Stas, Researches on the Mutual Relations of Atomic Weights, *Bulletin de l'Académie Royale de Belgique*, **10**, 208-350, 1860.

34) J. S. Stas, Sur les Lois des Proportions Chimiques, *Memoires Academiques de l'Académie Royale de Belgique*, **35**, 24-26, 1865.
35) R. J. Strutt, On the Tendency of the Atomic Weights to Approximate to Whole Numbers, *Philosophical Magazine*, **1**, 311-314, 1901.
36) ふつうの元素の多くは，一つの主たる同位体をもつ．その結果，原子量は水素の原子量の整数倍に近い．水素自身は，約 99.99% が一つの特定の同位体からなる．炭素は，98.89% が ^{12}C，窒素は，99.64% が ^{14}N，酸素は，99.76% が ^{16}O，硫黄は，95.0% が ^{32}S，フッ素は，100% が ^{19}F である．
37) 現代の周期表の著述者たちは，プラウトの仮説を軽視するように思われる（おそらくホイッグ主義的な傾向と，仮説が正しくないとわかったから）．一つの例外は，F. P. ヴィーナブルの，周期系の初期の古典的な歴史書で，彼は，プラウトのアイデアについて，つぎのような高い賞賛の意見を述べている．「おそらく化学において，いかなる仮説も，この大いに議論されたプラウトの仮説ほど有益な優れた研究はない」（F. P. Venable, *The Development of the Periodic Law*, Chemical Publishing Co., Easton, PA, 1896, p. 3）．
38) デーベライナーが，彼の研究を酸化物で始めることを選んだ理由は知られていない．これらの化合物は，そのころイギリスで，デーヴィーによって単離され，一般的興味を起こしたであろう．さらに，酸化物で研究することは，元素の単離を要せず，したがって実験の選択を容易にしたであろう．
39) 多くの教科書で未だにみられる記述に反して，中央のメンバーが二つの側面のメンバーのほぼ平均重量になるというデーベライナーの三つ組の発見は，実際は元素に関するものではなく，それらの化合物に関するものであった，ということは強調されてよい．
40) これらの値は，ヤン・ファン・スプロンセンによって，デーベライナーが使った 7.5 の値の代わりに，酸素の正しい原子量 16 を用いて再計算された．
41) このこともまた，周期系の進化の記述から省かれる傾向にある．それはおそらく，変換は起こらないことが知られているからである．実際は，異なる意味で，20 世紀に物理学者アーネスト・ラザフォードによって初めて発見されたように，核反応が元素を変換できるという結果になった．
42) 印刷業者の誤りによって，おそらく計算した平均値のわずかな誤差が出たのであろう．平均値は 80.97 であるべきである．
43) デーベライナーは，これらの元素の酸化物に対する正しくない化学式，すなわち M_2O ではなく MO で研究していた．この結果，彼の原子量は，現在受け入れられている値の約 2 倍となる．
44) これは印刷業者のもう一つの誤りと思われる．今回はやや重大で，平均値は 84.241 のはずである．
45) 課題の目的が化学的分類を得るためなので，化学的性質が，より基本的とみなされる感じがある．数値データは，システムに一定の形を与えるのに役立ち，また，化学的性質に基づいて決めるのが難しい場合を解決するのにしばしば役立つ．しかし，化学的性質と数値的性質に付随する相対的重要性の問題は，それ自身，我々の物語の中で繰り返される重要な問題である．
46) 私はこのシステムが，他の著者たちに知られていないといっているわけではない．ただ，ひどく無視されてきたといっている．
47) 文字通り「ハンド」ブックというよりは，この著作は大部で 18 巻に達している．
48) グメリンは，直接測定によって，カルシウムに対して 20.5 という値を得た．
49) ジョン・ホール・グラッドストーンの新しいシステムを調べてみると，これはほとんどもっぱら，今問題にしているグメリンのシステムに基づいている．このことは，グメリンが大部分の元素を原子量の順に並べたことを示している．J. H. Gladstone, On the Relation Between the Atomic Weights of Analogous Elements, *Philosophical Magazine*, **5**（4），313-320, 1853.
50) にもかかわらず，化学的に類似した元素の族の中のグメリンの順序づけは，明らかに電気陰性度の初期の概念に基づいている．
51) 化学を帰納的に示すか，演繹的に示すかは，詰まるところ哲学的な好みによる．メンデレーエフが帰納的に進める決意をしたのが，唯一の正しい選択であったかは，決して明らかではない．
52) いくつかの続巻は，元素の化学的性質の詳細な検索を続けている．
53) この配置を，グメリンのせいだけにすることはできない．後の多くの周期系で繰り返されている．
54) 驚いたことに，F. P. ヴィーナブルによって書かれた周期系の初期の歴史に関する優れた本が，グメリンのシステムに言及すらしていない．F. P. Venable, *The Development of the Periodic Law*, Chemical Publishing Co., Easton, PA, 1896.

55) J. van Spronsen, *The Periodic System of the Chemical Elements, the First One Hundred Years*, Elsevier, Amsterdam, 1969, p. 70［島原健三訳，『周期系の歴史 上，下』（三共出版，1978）］．

56) ファン・スプロンセンがこの事実を，異なる文脈ではあるが，同じページでいっているのはいよいよ驚きである．ファン・スプロンセンは，また，グメリンが原子量増加の順に元素を並べているように思われないことを批判している．しかし，グメリンは，多少誤りはあるにしても，彼のシステムを原子量に基礎をおいた．ファン・スプロンセンがいうように，グメリンが彼のシステムをつくる際に，原子量を「降格させた」というのは理解しがたい．

57) Helga Hartwig (chief ed.), *Gmelin Handbook of Inorganic Chemistry*, 8th ed., Springer-Verlag, Berlin, 1988.

58) 電気陰性度の概念の発展についての詳細な歴史的記述については，つぎの文献を見よ．W. B. Jensen, Electronegativity from Avogadro to Pauling：I, Origin of the Electronegativity Concept, *Journal of Chemical Education*, **73**, 11-20, 1996；W. B. Jensen, Electronegativity from Avogadro to Pauling：II, Late Nineteenth-and Early Twentieth-Century Developments, *Journal of Chemical Education*, **80**, 279-287, 2003.

59) 塩素は酸をつくる．グメリンは，ClO_5, ClO_7 に加えて ClO_3, ClO_4 としてそれを与えた．すべての無機酸が水素を含むという事実はまだ気づかれていなかった．

60) 現代の表現ではまた，フッ素と他のハロゲンとの違いは，筆頭メンバーの変則という現象からきていると思われる．主族元素の一番上の元素は，族の他のメンバーと比べると変則的な挙動をする．

61) テルルの配置の問題は，逆転しているペアに属する数少ない元素の一つであることを考えると，やや重要である．この場合のもう一方の元素はヨウ素である．周期系の多くの先駆者たちは，テルルとヨウ素の位置を逆にし，それぞれの化学的類似性をよりよく反映させようとした．このことはテルルの化学的類似性についてのグメリンの明らかな不確かさからして，テルルよりヨウ素に対して容易に決められたと思われる．

62) リン，ヒ素，アンチモンを含む族から窒素を省くことは，窒素だけが気体として存在し，他の三つの元素は室温で固体であるからであろう．さらに，窒素の性質は，もう一度現代の知識に照らせば，最初の族メンバーの変則の現象と一致していくぶん変わっている．同様にグメリンは，室温で気体の酸素を，現代の周期表で同族としている二つの固体，硫黄とセレンとを一緒の族に入れなかった．

63) この3元素にやがて加わる他の元素はルビジウムとセシウムで，それぞれ，1860年，1861年に発見された．

64) グメリンはベリリウムをセリウムやランタンとともに隣りの族に入れている．これは現代の周期表の見地からは誤りとみなされる．ベリリウムは，II族の主族元素であり，他の二つは，希土類元素である．ラジウムはまだ発見されていなかった．

65) 上述のように，グメリン自身，マグネシウム，カルシウム，バリウムが三つ組を形成することを見出した．

66) グメリンによって酸化物に与えられた化学式は LiO, NaO, CaO, BaO であった．現代の表現では，これらの3番目と4番目が正しい．はじめの二つは Li_2O, Na_2O とすべきである．

67) メンデレーエフによってみられる予言の性質とその科学の法則との関係についての興味ある意見は，つぎを参照．M. Gordin, *A Well-Ordered Thing*, Basic Books, New York, 2004.

68) この講演は，その後いろいろなヨーロッパの国々の科学誌に掲載された．そして世界中の化学者にかなりの影響を与えた．

69) M. Faraday, *A Course of Six Lectures on the Non-metallic Elements. Before the Royal Institution*, Royal Institution, London, 1852［稲沼瑞穂訳，『力と物質』（岩波書店，1949）］．

70) もちろん，これらの元素のいくつかは共通のものをもっている．すなわち，酸素，硫黄，セレンはすべて現代の周期表の16族に入っている．

71) 2次的関係の問題は，第10章で取り上げる．これは，古い短周期型周期表や，周期系のピラミッド表示などで示される特徴であるが，残念ながら現在普及している長周期型周期表では示されない．

72) E. Lenssen, Über die Gruppierung der Elemente nach ihrem chemisch-physikalischen Charakter, *Annalen der Chemie Justus Liebig*, **103**, 121-131, 1857.

73) この問題については，多くの論文が出ている．S. J. Brush, The Reception of Mendeleev's Periodic Law in America and Britain, *Isis*, **87**, 595-628, 1996；R. Campbell, T. Vinci, Novel Confirmation, *British Journal for the Philosophy of Science*, **34**, 315-341, 1983；P. Maher Prediction, Accomodation and the Logic of Discovery, in A. Fine, J. Leplin (eds.), PSA 1988, vol. 1, *Philosophy of Science Association*, East Lansing, MI, 1988, 273-285；J. Worrall Fresnel, Poisson and the White Spot：The Role of Successful Prediction in the Acceptance of Scientific Theories, in D. Gooding, T. Pinch, S. Schaffer (eds.), *The Uses of Experiment*, Cambridge University Press, Cambridge, 1989, pp. 135-157；E. R. Scerri, J. Worrall, Prediction and the Periodic Table, *Studies in History and Philosophy of Science*, **32**, 407-452, 2001 など．

74) これは科学における非合理的発展の形とみなされる．しかしトーマス・クーンによって暗示された意味ではない．彼にとっては，競合する科学理論は厳密には比較できない．それらは翻訳が完全には可能でない，異なる言語を話すからである．

75) 単一の同位体をもつ元素は 21 種ある．ナトリウム，セシウム，ベリリウム，アルミニウム，リン，ヒ素，ビスマス，フッ素，ヨウ素，マンガン，コバルト，金を含む．また，注 36 参照（本書を通じて，私は Al と Cs の元素記号をもつ元素に対してアメリカ式綴りを用いる．IUPAC の公式綴りは aluminium, caesium であるが）．

76) 加えて，水素化物は非常に正確な分析に適していなかった．たとえば数年の間，水は 13.27% の水素を含むと報ぜられていた．ピエール・デュロンは，この測定値を 11.1% に改めた．

77) つぎの四人の化学者は，四つの異なる値を用いた．トーマス・トムソンは 1，ウィリアム・ウォーラストンは 10，ベルセリウスは 100，スタースは 16 である．最後の値が現在の値に最も近い．そして水素に対する 1 という近似値に矛盾しない．

78) デュロン-プティの法則は，炭素，ケイ素，ホウ素など多くの元素で，温度上昇とともに比熱が変動するため，当てはまらない．この問題は第 5 章で再び取り上げる．そこで，ベリリウムの原子量の決定をより詳しく議論する．

79) S. Mauskopf, Crystals and Compounds：Molecular Structure in Nineteenth Century French Science, *Transactions of the American Philosophical Society*, **66**, pt 3, 5-82, 1976.

80) ドルトンは，セレンの原子量を誤って 40 とした．一方，ベルセリウスや他の人々は，彼らの初期の原子量表に，あえて値を載せなかった．1827 年，ベルセリウスはミッチェルリッヒが引用した 79.1 という値を採用した．

81) J. B. A. Dumas, Mémoire sur Quelques Points de la Théorie Atomique, *Annales de Chimie et Physique*, **33** (2), 334-414, 1826.

82) J. B. A. Dumas, *Leçons sur la philosophie chimique*, 1837 (reprint, Editions Culture et Civilization, Brussels, 1972), p. 249.

83) 変則的な元素の問題は，ゴーダンによって解決された．彼は，異なる元素の分子が異なる数の原子を含むことを示唆した．たとえば，硫黄は 6 原子体，水銀は単原子体．M. A. A. Gaudin, *Annales de Chimie et Physique*, **52** (2), 113, 1833. 運動論を用いる原子数の決定の，より新しい方法の議論については，貴（希）ガスに関連して第 5 章で与えられる．

3

周期系の発見者たち

Discoverers of the Periodic System

周期系は，一般に信じられているように，ディミトリー・イヴァノヴィッチ・メンデレーエフ単独で発見されたものではない．メンデレーエフとユリウス・ロータル・マイヤーのみによってでもない．それは，ほぼ同時に五人か六人の個人によって発見された．1860 年代で，カールスルーエ会議で，原子量が正当化された後である[1]．

19 世紀の中葉までに，当量と原子量について一般に広がった混乱を解決するために，何かをなさなければならないことは明らかであった．アマデオ・アボガドロは，すでにジョン・ドルトンの分割できない基本的粒子を守るジョセフ・ルイ・ゲーリュサックの法則に対する解決法を提案した．ゲーリュサックが，化学結合に入る気体の体積およびそれらの気体状の生成物が小さな整数比になることを観察したことを思い出してほしい．ドルトンはこれを受け入れることを拒否した．それは，水素と酸素との結合が，水蒸気をつくる場合のように，ある場合には，原子が分割するように思われることを意味するからである．アボガドロは，そのような「原子」は 2 原子的であるに違いないと示唆した．つまり，それらの最も元素状の形では，それらは 2 倍でなければならない，つまり酸素原子は割れずに，割れるのは酸素分子である．これは二つの酸素原子からなり，これが割れたのである，と．

残念ながら，アボガドロが彼の見解の中で表現した専門語は不明確で，当時の化学者に強い印象を与えるものではなかった．二人の例外は，フランスの物理学者で化学者のアンドレ・アンペール[2] とドイツの化学者シャルル・ゲルハルト[3] で，彼らは元素状気体が二原子分子からなるという見解を採用した．

気体状元素の究極的「原子」としての二原子分子の存在を認めることに対する一般的な拒絶の結果の一つは，第2章で述べたように，当量と原子量のあいだの混乱が支配的だったためである．水の中の酸素と水素の相対重量は，ほぼ8対1だが，酸素原子と水素原子の相対重量は，何が水の正しい化学式と考えるかによって，8または16の値をとる．ドルトンは，水に対してHOの式を採用し，これは酸素に対して原子量8を仮定せざるをえなかった．ドルトンは，原子の分割不可能を主張して，ある物質では，化学的な意味で最も小さい粒子が，実は二つの原子が結合しているものだという可能性を曖昧にした．このときの1という単位は，それでもなお，問題としている元素のあいだでは最小の単位であるから，ドルトンは心配することはなかったのだ．

アボガドロは，この解決法を1811年ごろに提案したのだが，その受け入れには1860年まで待たねばならなかった．そのころまで，多くの化学者のあいだで，多くの原子量，その結果として多くの化合物の式についてたいへんな混乱が起きていた．この期間における有機化学の急速な発展，同一化合物に対するさまざまな式の激増が，解決を見出す必要性を加速した．化学者アウグスト・ケクレが1860年代はじめに化学の教科書を書いたとき，彼は酢酸に対する19種ほどの異なる式をリストにあげた．これらすべてが文献中に用いられていたのである．

このような背景に対して，カールスルーエ会議が招集された．その目的は「原子」と「分子」の観念を明確にし，関連する当量と原子量についての問題をはっきりさせることであった．スタニスラオ・カニッツァロが，同国人アボガドロの仕事を生き返らせ，会議に出席した化学者の趣味により適うものとした．新しい科学は必要なかった．手元にある問題の注意深い分析，異なる原子量や結果として起こる異なる化学式の競合する使用を取り巻く混沌を整理する願いが必要であった．元素状気体が二原子分子からなるという見解がいったん受け入れられると，化学のすべての土台が訂正された．ついに，元素の分類に興味をもつ化学者は，自信をもって建設することのできる基盤をもったのである[4)]．

カニッツァロは，アボガドロの仮説を受け入れた．すなわち，すべての等容積の気体は，等温，等圧で同数の粒子を含む[5)]．その結果，彼は気体の相対密度はその相対質量の尺度になると論じた．これは新しいことではなく，他の者によっても当然のこととされていた．カニッツァロがしたことは，決定的に仮説の採択の到来を告げ，原子量の測定の行き詰まりを打開するような仕方で，アボガドロの仮説を包括的に追求することであった．彼はつぎのような基本的な仮定から始めた．「水素分子の質量がMであり，ある元素の分子質量が水素のN倍であることがわかれば，その未知元素の分子質量はNMである．しかし，目的はある元素Aの原子質量（a）を求めること

表 3.1　炭素の原子量を求めるためのカニッツァロの方法

化学種	化学種の分子中の炭素の質量
炭酸	12
炭素の酸化物*	12
炭素硫化物	12
沼気（メタン）	12
エチレン	24
プロピレン	36
エーテル	48

右列の最大公約数 12 が，この証拠に基づき，炭素の原子量である．
S. Cannizzaro, Sketch of a Course of Chemical Philosophy, *Il Nuovo Cimento*, **7**, 321–366, 1858. p. 335 の表に基づく．
Alembic Club Reprints No. 18, Alembic Club Publications, Edinburgh, 1910 に訳出．
*訳注：原著には Carbonic oxide とある．

である」．カニッツァロはその元素の多数の化合物を分析できることを考えた．もし，すべての A の分子内質量が常に 1 の整数倍であり，同じ質量であることがわかれば，その質量は A の原子量と呼ばれる権利をもつ[6)]．

たとえば炭素の場合，カニッツァロは表（表 3.1 はそれに基づいている）を公表した．そして原子を現実的に考えるという思想を完全支持するのに力を尽くし続けた．

> たとえば……同じ元素の種々の量が遊離した物質の分子に含まれ，また，それの異なる化合物の分子に含まれるなら，あなたはつぎの法則から逃れられない．異なる分子中に含まれる同じ元素のそれぞれの量が，1 の整数倍で，その量がそろっていれば，原子と呼ばれる権利をもつ……[7)]

3.1　定性的化学についてのもう一つの短い間奏曲

成熟した周期系が発見されつつあるころに，元素の化学についてどの程度のことが知られていたかをみるために，フランスの化学者アルフレッド・ナッケによって 1867 年に書かれたもう一つの教科書を考えよう．元素の族についての表 3.2 は，ナッケによってリストされた族に基づいて構成されている[8)]．

第 2 章に示したレオポルト・グメリンによる族分けとこの表を比べると，いくつかの改良点がみられる．ナッケの 2°族は，酸素が硫黄やセレンのような元素仲間に正しく含まれていることを示す．さらにナッケは窒素を，リン，ヒ素，アンチモンを含

表 3.2 1864 年のナッケの教科書による元素の族

非金属					
1°族	2°族	3°族	4°族	5°族	
Cl	O	B	Si	N	
Br	S		C	P	
I	Se		Sn	As	
H	Te		Zr	Sb	
			Ti	Bi	
				U	
金　属					
1°族	2°族	3°族	4°族	5°族	6°族
K	Ca	Au	Al		Mo
Na	Sr		Mn		W
Li	Ba		Fe		Ir
Rb	Mg		Cr		Rh
Cs	Zn		Co		Ru
Ag	Cd		No		
	Cu		Pb		
	Hg		Pt		

A. Naquet, *Principes de Chimie*, F. Savy, Paris, 1867 に基づく．著者による編集.

む族に正しく入れ，またビスマスを加えている[9]．グメリンが炭素とケイ素のみを彼自身のシステムに族分けしたのに対し，ナッケは，三つの遷移元素（訳注：遷移元素は Zr と Ti の二つである）に加えてスズを含めた[10]．決定的な改善がナッケの 1°族金属にみられ，そこには，彼はルビジウムとセシウムを含めた．この時期の種々の教科書の著者たちは，似たような元素の族を表示し，この種の情報は，少なくとも原理的には，周期系のすべての発見者が利用できたであろう．以降の量的関係に基づく周期系に関して考慮しなければならないことは，このような定性的関係に基づいた周期系である．

3.2 数種の周期系の急速な出現

1860 年代にいくつかの国々において，周期系の発展に向けての急速な進歩をもたらす原動力になったものは，1858 年から 1860 年にかけてのカニッツァロによる首尾一貫した一式の原子量の公表であった．これは前述の方法に基づいており，彼がカールスルーエ会議のために準備して編纂したものである．カニッツァロが分子量と原子量の区別をはっきりさせると，既知の元素の相対的原子量は，信頼できる仕方で比較できた（もっとも，これらの値はなお不正確で，結局は周期系の発見者たちによって訂正されたのだが）．

元素の首尾よい分類への道を形成する上で，原子量の合理化によって演じられた中枢的な役割というものはあるけれども，つぎの10年間にわたる成熟した周期系のかなり急速な，独立した発見が，トーマス・クーンのいう科学革命を意味するかどうかは議論がある．実際，序章で述べたように，周期系の歴史は，科学的発展が突如として革命的な仕方で起こるというクーンの学位論文の最高の反証であるように思われる．周期系の発展を検証すればするほど，理解力の突然の飛躍よりも，連続性がみえてくる．1869年のメンデレーエフの周期系の導入に至る出来事をみても，周期性の概念は他の化学者の仕事を通して，はっきりした段階を経て生まれてきたとして理解される．つまり，周期系の六つの実際の発見よりも10年未満の期間に発見された，いくつかの周期系を通しての進化としてみることの方が，より正確であろう[11]．

これらの周期系のうちの決定的なものはメンデレーエフによるもので，彼は完全に成熟した周期系の妥当性を確立するために，他のだれよりもよく働いた．この物語の中で，メンデレーエフ（およびマイヤー）を選んだのには十分な理由がある．メンデレーエフを周期系の第一の発見者とするさらなる根拠もある．ただし，この章で議論するが，周期性という「アイデア」は周期系の中心をなすものであるが，これはメンデレーエフに始まったことではない．

他の諸因子が1860年代に公表された周期系の突然の爆発的発展を促進した．これらの一つは，分光学の新しい技術の発展の結果としての新元素の発見であった．研究する元素が多いほど，元素間のギャップは少なくなり，周期性を容易に認めることになる．分光学自体，その独特のスペクトルの指紋によって，各元素のキャラクタリゼーションを許したが，また，次々に元素の化学的性質の理解を可能にしたのである．

ほぼこの時代に起こり，周期系の発展を可能にするのを助けたもう一つの重要な変化は，ウィリアム・プラウトの仮説「すべての元素は水素から構成されている」への疑問が増大したことである．この仮説は，周期系に導く過去の発見の波の中では傑出したものだった．実際は，1860年代には，プラウトの仮説への支持は低下し，そのような思想をまだ心の中に抱く化学者は自分の名前を隠すことを強いられた．ストゥディオスス（Studiosus，勉強家）の場合がこれで，彼は，元素の原子量が8の倍数であるというジョン・ニューランズの周期系に応えて，1864年に論文を発表した．そうこうするうちに，もう一人のプラウトびいきの著者は，インクワイアラー（Inquirer，穿鑿好き）と名乗ったが，ニューランズとストゥディオススのあいだに起きた論争を和解させようと努めた[12]．

プラウトの仮説の衰微とともに，化学者は元素間の簡潔な，整数的関係にあまり関心をもたなくなった．同時に，デュマやペッテンコッファーのような著名な化学者の魅力のある他種の数値的規則性もまた静まっていった．数値的規則性を探る騒ぎが影を潜める一方で，化学者の研究は異なる目的と方法をみせはじめた．離れた三つ組や関係のないグループを見出そうとする代わりに，研究者は今や自由に，意味のある仕方で，すべての既知元素を含む総合的なシステムに焦点を当てた．

周期系の六人の発見者の仕事を調査する上で，彼らが公表した論文を詳細に考察することが大切である．周期系の進化の全体像を描こうとする中で，私はこれらの著者によって与えられた最終の公表された表にだけに集中しようとは思わない．ニューランズやジョン・オドリングの場合は，他の何人かの著者と同様に，私は，しばしば元素間の特異的な比較を扱ったいくつかの補助的な表を考察する．このアプローチは，発見者の完成した仕事にのみ集中することで失う彼らの着想の進化の重要な側面を表すからである．

3.3 アレクサンドル・エミール・ベギュイエ・ド・シャンクールトワ

周期系は，本質的に1862年，フランスの地質学者ド・シャンクールトワによって発見された，と宣言する妥当な理由がある．ド・シャンクールトワは，周期系の物語の中で重要な歩みをしなかったと思われるが，多くの面で，単独の最も重要な歩みを行った．元素の性質が原子量の周期的関数であることを，メンデレーエフが同じ結論に達する優に7年前に初めて認識したのはド・シャンクールトワであった．

ド・シャンクールトワは，周期系の全体系に横たわるこの重大な考えを思いつくのだが，彼は一般には名声を与えられなかった．一部には彼の発表が化学の雑誌に現れなかったから，また，彼はその後，彼の洞察をそれ以上に展開させなかったからである．実際，ド・シャンクールトワの優先権の主張がイギリスのフィリップ・ハートッグ，フランスのポール・エミール・ルコック・ド・ボアボードランとアルベール・オーギュスト・ド・ラッパランの努力によって日の目をみたのは彼の論文の出た30年後のことである[13]．

ド・シャンクールトワは，1848年，パリの鉱山学校の地下地形学の教授になった．そして1856年，同じ施設の地質学の教授を引き受けた．彼は，鉱物学，地質学，地理学の知識を含む多くの異なる領域を組織化することに努め，また普遍的なアルファベットのひな形さえつくった．ド・シャンクールトワは，彼の化学元素のシステムを科学アカデミーに提出し，その雑誌 *Comptes Rendus* に発表した[14]．彼は原子量の関数として諸性質の周期性の3次元表現を提案した（図3.1）．ド・シャンクールトワは元素に対する当量を用いた．ただし，多くの値を2で割ったので，その結果，大部分の彼の値は近似的にカニッツァロの新しい原子量と一致した．ド・シャンクールト

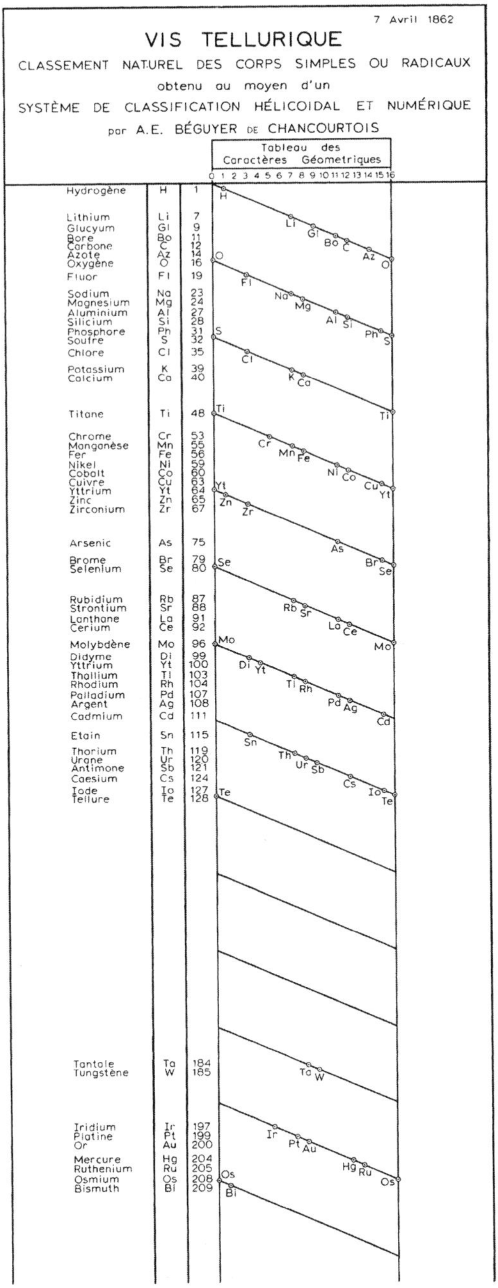

図 3.1 1862 年のテルルのらせん
A. E. Béguyer De Chancourtois, Vis Tellurique : Classement naturel des corps simples ou radicaux, obtenu au moyen d'un système de classification hélicoïdale et numérique, *Comptes Rendus de L'Académie*, **54**, 757-761, 840-843, 967-971, 1862. J. van Spronsen, *The Periodic System of the Chemical Elements, the First One Hundred Years*, Elsevier, Amsterdam, 1969, p. 99 より再引用．Elsevier の許可を得て掲載．
訳注：原図の全体ではないと思われる．

ワはまた，当量を首尾一貫して丸めて整数値とした．彼は，原子が水素の合成体であるというプラウト的なアイデアに特に傾倒しているわけではなかったが，すべての元素に対する値が水素元素の整数倍であるべきとする，彼のいう「プラウトの法則」への支持を表明した．

1862年，ド・シャンクールトワは元素を彼のいう「番号(nombres)」の増加する順に，らせんに沿って並べた．これらの番号は，垂直な線に沿って書かれ，これが垂直な円筒をつくるのに役立った．円筒の円形の底面は16等分された．らせんは，45°の角度で，その垂直軸へ描かれ，そのスクリューの糸はそれぞれの回転ごとに，16の部分に同様に分けられる．したがって，糸に沿った17番目の点は，最初の点の真下にきて，18番目は2番目の真下，等々となる．この表現の結果，特性ナンバーが16だけ異なる元素は，垂直な列の上に並ぶ．たとえば，ナトリウムは23という量をもつが，値が7のリチウムのちょうど一回り下に現れる．つぎの列はマグネシウム，カルシウム，鉄，ストロンチウム，ウラン，バリウムを含む．現在のアルカリ土類族が現れるのがわかる．唯一の差異は，同じ垂直の線に沿って，いくつかの遷移元素を含むことである．しかし，この特徴は驚くには当たらない．ド・シャンクールトワの表は，主族元素と遷移元素を分離しない短周期型だからである．

最初のらせんの一回転は酸素で終わる．第二の一回転は硫黄で終わる．周期的関係，すなわち化学的族分けは，ド・シャンクールトワの周期系において，おおよそではあるが，円筒の表面に沿って垂直に下がることによってみられる．8番目の回転は，たまたま円筒の中間点であるが，テルルにおいて起こる．このやや恣意的な特色が，ド・シャンクールトワに，*vis tellurique*，すなわち「テルルのらせん」という名称を彼のシステムに与えた．この名称は，また，ド・シャンクールトワによって *tellos*（ギリシア語で「地」の意）から選ばれたのであろう．彼は地質学者で，地球の元素の分類におもに興味をもっていた．

ド・シャンクールトワの周期系は，多くの理由によって，化学者たちにあまり印象を残さなかった．発表された原論文は，おもに出版社が，それを再現しようという試みの中で直面した複雑さのために図を含まなかった．結果として，視覚に訴える力が失われた．もう一つの問題は，システムが著者によって採用された表現のスタイル(らせん型）の結果，説得力をもって，化学的類似性を伝えなかったことである．アルカリ金属やアルカリ土類，ハロゲンなど，初期の化学的族分けは実際，垂直線の上に並んだが，他の多くはそうでなかったので，思ったほど成功していないシステムになった．その上，システムの欠点は，NH_4^+やCH_3のようなラジカルを含むこと，また，シアノゲンやいくつかの酸化物や酸，さらにいくつかの合金まで含むことであった．

雑誌 *Comptes Rendus* が図を入れなかったことに挫折感をもって，ド・シャンクールトワは，1863 年，システムを再出版した．しかし，これは私的に出版されたので，この続編は他の科学者から原著よりもさらに少ない注目を受けたに過ぎなかった[15]．それでも，ド・シャンクールトワが元素の性質が原子量の周期的関数であることを示した最初であることは否定できない．すなわち彼自身がいっているように，「物体の性質は数の性質である[16]」．

もちろん，ド・シャンクールトワは，「数」という語で原子量の値を意味するつもりであった．改善された原子量でさえ，元素間できれいな間隔を生むとは限らず，また正しい順序であると思われるように並べてあるとも限らない．しかし，結局，原子番号の発見によって，ド・シャンクールトワは彼自身が想像したであろうよりも正しいことがわかった．それは元素の性質が事実，それらの原子番号の周期関数であるからである．ド・シャンクールトワは，また，整数の原子量を用いたということで，偶然にも予言的であった．そして元素の順序を示す系列を事実上つくり出した．これを原子番号の予想とみなすことは，まんざら信じがたいことでもない．ただし，ニューランズ（後述）とは異なり，ド・シャンクールトワはその周期系において，完全に連続した整数をもっていなかった．

ド・シャンクールトワのシステムは，後にメンデレーエフによって批判された．メンデレーエフは，彼のファラデー講演で，ド・シャンクールトワ自身が自分の仕事を元素の「自然のシステム」であるとはみなしていなかったと述べているが，この発言はやや公平を欠いている．この講演は，1889 年にロンドンで行われたが，イギリスの化学者ハートッグを怒らせたと思われる．それは，ハートッグがフランスで広く研究を行い，ド・シャンクールトワのために遅すぎた優先権を主張したのだから．数年後，ド・シャンクールトワの主張は，フランスの化学者ポール・エミール・ルコック・ド・ボアボードランとアルベール・オーギュスト・ド・ラッパランによって取り上げられ，彼らはフランス人仲間たちに，テルルのらせんについての無視された仕事をもっと知らしめようと努めた．

また，ド・シャンクールトワが彼の論文中で，もう一つの意見を書き留めているのは興味を引く．

> 私の系列は，たとえば，本質的に色彩的ではないだろうか？　スペクトルの研究の指針とならないか？　スペクトルのいろいろな光線の関係が，数値的特性の法則から直接導かれることがあるのではないか？　その逆もあるのではないか[17]？

周期表は，事実，後の章で量子論の影響を取り上げる際に示されるように，原子スペクトルの研究への強力な指針となった．その逆も同様である．多くの例で周期系は，化学的性質同様，物理的性質の周期性を示す．スペクトル線が磁場によって分裂する仕方，たとえば二重線，三重線や四重線に分裂する仕方は，特定の元素に対する反応性のような化学的特性がそうであるように，周期性を示すものである．

ド・シャンクールトワについて，おそらく一つの最終コメントをすべきであろう．彼の化学知識の欠如が，ある場合には，障害であったかもしれない．また逆に，彼が地質学的ファクターを重要視したことが彼を迷わせて周期系を発展させたのかも知れない．たとえば彼は，長石と輝石のあいだの同形が彼のシステムの出発点であったと語っている．元素アルミニウムは，アルカリ金属と類似して作用するようにみえる(アルミニウムがナトリウムやカリウムのようなアルカリ金属と同じ族にすべきことを必ずしも示していない事実なのだが)．しかし，これが正確にド・シャンクールトワが彼のシステムでなしたことである．事実，彼は，アルミニウムの場合，原子量を（彼は特性重量と名づけたが）アルカリ金属ときれいに並ぶように変更している．彼がもう少し化学を知っていたら，彼はこの根拠のないステップをふまなかったであろう．

3.4 ジョン・ニューランズ

ニューランズは，1837 年，ロンドン郊外のサウスワークで生まれた．ここは，たまたま周期系のもう一人の先駆者オドリングの生誕地でもあった．ロンドンの王立化学カレッジで学んだ後，王立農学会の化学主任の助手になった．1860 年，イタリアで革命戦争を戦っていたジュゼッペ・ガリバルディとともに，陸軍のボランティアとして短期間奉仕した．ニューランズの戦地への出征の理由は，彼の母親がイタリアの家系であったことと関連したと思われる．これはまた，ニューランズが同年のカールスルーエ会議に参加できなかったことを意味する．ただし，当時，彼は一流の化学者ではなかったので，おそらく招待されなかったであろう．ロンドンに戻った後，ニューランズは，糖化学者として研究を始め，一方，私的に化学を教えることで，収入を補ったが，大学の職に就くことはなかった．

ニューランズの，分類へのはじめの試みは，1862 年に出版した有機化合物のシステムに関するもので，また，それに伴う命名法の新システムの提案だった[18]．翌年，彼は元素に対する多くの分類システムの最初となるものを出版した．その年は 1863 年だったが，1860 年のカールスルーエ会議に続いて発行された原子量の恩恵を受けず(彼はそれを知らなかった)，彼のシステムを展開した．にもかかわらず，彼は，カールスルーエ会議以前に原子量の改訂を始めていたシャルル・ゲルハルトによって推奨された原子量の値を用いた．そしてニューランズは，類似した性質をもつ元素の11族からなる表をつくることができたが，それらの原子量はファクター8だけ異なり，言い換えれば8の倍数であった．それは時代遅れにもプラウト的であったので，ニューランズは元素の分類についての最初の論文を匿名で発表した．ただ，同じく匿名の「ストゥディオスス」による批判に応えるため，すぐに身元を明らかにした（図3.2）．

1863年のニューランズの元素の分類は，特にカールスルーエ会議以前の原子量を使ったことを心に留めてみると，驚くほど示唆に富むものであった．プラウト以来こ

Group I. Metals of the alkalies :—Lithium, 7 ; sodium, 23 ; potassium, 39 ; rubidium, 85 ; cæsium, 123 ; thallium, 204.

The relation among the equivalents of this group (see CHEMICAL NEWS, January 10, 1863) may, perhaps, be most simply stated as follows :—

1 of lithium + 1 of potassium = 2 of sodium.
1 ,, + 2 ,, = 1 of rubidium.
1 ,, + 3 ,, = 1 of cæsium.
1 ,, + 4 ,, = 163, the equivalent of a metal not yet discovered.
1 ,, + 5 ,, = 1 of thallium.

Group II. Metals of the alkaline earths :—Magnesium, 12 ; calcium, 20 ; strontium, 43·8 ; barium, 68·5.

In this group, strontium is the mean of calcium and barium.

Group III. Metals of the earths :—Beryllium, 6·9 ; aluminium, 13·7 ; zirconium, 33·6 ; cerium, 47 ; lanthanium, 47 ; didymium, 48 ; thorium, 59·6.

Aluminium equals two of beryllium, or one-third of the sum of beryllium and zirconium. (Aluminium also is one-half of manganese, which, with iron and chromium, forms sesquioxides, isomorphous, with alumina.)

1 of zirconium + 1 of aluminium = 1 of cerium.
1 ,, + 2 ,, = 1 of thorium.

Lanthanium and didymium are identical with cerium, or nearly so.

Group IV. Metals whose protoxides are isomorphous with magnesia :—Magnesium, 12 ; chromium, 26·7 ; manganese, 27·6 ; iron, 28 ; cobalt, 29·5 ; nickel, 29·5 ; copper, 31·7 ; zinc, 32·6 ; cadmium, 56.

Between magnesium and cadmium, the extremities of this group, zinc is the mean. Cobalt and nickel are identical. Between cobalt and zinc, copper is the mean. Iron is one-half of cadmium. Between iron and chromium, manganese is the mean.

Group V.—Fluorine, 19 ; chlorine, 35·5 ; bromine, 80 ; iodine, 127.

In this group bromine is the mean between chlorine and iodine.

Group VI.—Oxygen, 8 ; sulphur, 16 ; selenium, 39·5 ; tellurium, 64·2.

In this group selenium is the mean between sulphur and tellurium.

Group VII.—Nitrogen, 14 ; phosphorus, 31 ; arsenic, 75 ; osmium, 99·6 ; antimony, 120·3 ; bismuth, 213.

図3.2 ニューランズの元素の族
J. A. R. Newlands, On Relations among the Equivalents, *Chemical News*, 7, 70–72, 1863, 表はp.71に記載.

の方，研究者たちは，元素の原子量の算術上の間隔が，それらが思われていたほど正確でも規則的でもないという事実と格闘していた．原子量が個々の元素に対して，同位体混合物という気まぐれに依存していることは，もちろん当時，怪しまれてもいなかった．同位体の問題に加えて，多くの元素の原子量は正確には決定されていなかった．にもかかわらず，ニューランズや他の周期系のの先駆者たちが，原子量の順に元素を並べることが，不規則な間隔ではあるものの，原子番号に基づく順序にほとんど正確に対応するということで体験した幸運に必ず我々は心打たれる．それは，あたかも天然の同位体の混合物が相助けて，後年，原子番号によって発見された順序を発表しているかのようである．

1863年の論文で，ニューランズはアルカリ金属の原子量の間の関係を記述し，それを原子量163の新元素の存在を予言するのに用いた．同様に，新元素がイリジウムとロジウムのあいだにおかれるとした．ニューランズには残念ながら，これらの元素はどちらも実現されなかった．しかし，最近指摘されていることであるが，メンデレーエフも大きい原子量をもつ元素で，似たような予言をし，実現に失敗している[19]．こ

表 3.3　1864年のニューランズの最初の表

最も低い当量をもつグループのメンバー		前の元素のすぐ上の元素*		差 H＝1	差 O＝16
マグネシウム	24	カルシウム	40	16	1
酸素	16	硫黄	32	16	1
リチウム	7	ナトリウム	23	16	1
炭素	12	ケイ素	28	16	1
フッ素	19	塩素	35.5	16.5	1.031
窒素	14	リン	31	17	1.062

J. A. R. Newlands, Relations Between Equivalents, *Chemical News*, **10**, 59–60, 1864, p. 59の表を改変.
*訳注：当量の大きい方の元素.

				Triad: Lowest Term	Triad: Mean	Triad: Highest Term	
I.			Li 7	+17 = Mg 24	Zn 65	Cd 112	
II.			B 11				Au 196
III.			C 12	+16 = Si 28		Sn 118	
IV.			N 14	+17 = P 31	As 75	Sb 122	+88 = Bi 210
V.			O 16	+16 = S 32	Se 79.5	Te 129	+70 = Os 199
VI.			F 19	+16.5 = Cl 35.5	Er 80	I 127	
VII.	Li 7	+16 =	Na 23	+16 = K 39	Rb 85	Cs 133	+70 = Tl 203
VIII.	Li 7	+17 =	Mg 24	+16 = Ca 40	Sr 87.5	Ba 137	+70 = Pb 207
IX.				Mo 96	V 137	W 184	
X.				Pd 106.5		Pt 197	

図 3.3　1864年のニューランズの周期系
J. A. R. Newlands, Relations between Equivalents, *Chemical News*, **10**, 59–60, 1864, p. 59.
訳注：Triadは三つ組，Lowest Termは最も低い項，Highest Termは最も高い項，Meanは平均.

れらの失敗は，現代の用語でいう第二遷移元素と第三遷移元素のあいだにあるランタノイド元素の存在による．ランタノイドは，すべての周期系の発見者にとって問題であったろう．それは，初期の周期系が発展していた1860年代には，14種のランタノイドのうち6種しか，みつかっていなかったからである[20]．

1864年，ニューランズは元素の分類についての彼の2番目の論文を発表した(表3.3，図3.3)．今回は，彼は，より正確なカールスルーエ以後の原子量を利用した．その改訂版は，イギリスで，アレクサンダー・ウィリアムソンによって出版されていた．今度はニューランズは，類似した元素の族間の第一と第二のメンバーの6組の原子量のあいだの差に，8でなく，16またはこれにごく近い値を見出した．重ねていうと，この発見は，彼が原子番号でなく，原子量で作業していることを考えれば，思いがけず正確なものと思われる．類似元素の族の第一および第二メンバーのあいだの原子量の差を比較した，よく似た表がオドリングによって独立に発見され，同じ年に出版された（後述）．オドリングは，ニューランズの6組に対して，10組の関係を認めた点でニューランズより優っている．この事実は，周期系の歴史で日の目をみることはなく，時には，オドリングは発見者の一人として名をあげられることすらなかった．

ニューランズの2番目のシステムが1864年に現れて1か月もたたないうちに，彼は同年，第三のシステムを公表している．(図3.4)．しかし，この表にはより少ない元素（24プラス新元素一つのスペース）しか含まれておらず，原子量には言及していない．この論文は，しかし，ニューランズが各元素に序数（ordinal number）を割り当てたゆえにかなり価値がある．つまり，ある意味で原子番号の現代の観念を予期するものである．初期の研究者を混乱させた原子量の算術数列を捨てて，ニューランズは単純に，原子量の値を気にかけずに，原子量増加の順に元素を一列に並べた．にもかかわらず，現代の原子量の概念を予期することは，元素の順序が厳密にはニューランズの序数に従わないいくつかの場合があることによって，損なわれる．原子番号に基づく現代の順序はそのような例外を示さない．

		No.		No.		No.		No.		No.
Group *a*	N	6	P	13	As	26	Sb	40	Bi	54
„ *b*	O	7	S	14	Se	27	Te	42	Os	50
„ *c*	Fl	8	Cl	15	Br	28	I	41	—	—
„ *d*	Na	9	K	16	Rb	29	Cs	43	Tl	52
„ *e*	Mg	10	Ca	17	Sr	30	Ba	44	Pb	53

図3.4 1864年のニューランズの新しい周期系

J. A. R. Newlands, On Relations among Equivalents, *Chemical News*, **10**, 94-95, 1864, p. 94.

訳注：Groupは族，No.は序数，Flはフッ素．

ニューランズの元素分類に関しての第三の出版で，彼がなした最も重要なことは，周期“系”を示したこと，すなわち，元素の性質が，ある一定の間隔ごとに繰り返されるというパターンを示したことである．このことはもちろん周期律の本質であり，ニューランズは，ド・シャンクールトワとともに，この事実をこれほど早く認めたことに対し賞賛に値する．1864 年のニューランズの新しい周期系のもう一つの改革は，ほとんど一般にはメンデレーエフの作とされ，オドリングによってもなされているが，ヨウ素とテルルの位置を原子量のみかけの順序よりも化学的性質を優先させて，逆転させた手法である[21]．ニューランズは，三人の発見者の中で，いわゆる原子量逆転ペアをつくった最初の人として卓越している[22]．しかし，化学的性質に重点をおきながら，ニューランズがリチウムとナトリウムのような明らかに関連深いいくつかの元素のあいだに類似性を示さなかったことは，やや驚きである[23]．

オクターブ則　1865 年，ニューランズは，もう一つの周期系を開発した．これは，原子量増加の順で，ここでも原子量の実際値ではなく，序数を使うことによって，65 の元素を含むという点で前年のシステムを大幅に改良するものであった．このシステムは彼の有名な「オクターブ則」の上にたてられており，元素は 8 元素の間隔で，化学的性質の繰り返しを示している[24]．ニューランズは，元素の周期と音楽のオクターブとのあいだの類似までも引用した．すなわち，音程は 8 音の間隔で（たとえば一つのド音からつぎのド音を含めて）反復を示す．ニューランズ自身の言葉：

> 元素をつぎの表のように，二，三の置き換えはあるが，当量の順に並べると，同族の元素は通常同じ水平線上に現れる．また，類似した元素の数は 7 または 7 の倍数だけ異なることがわかるだろう．言い換えると，同じ族のメンバーは，一つまたはそれ以上の音楽のオクターブの末端と互いに同じ関係である……ある元素から出発して 8 番目の元素は最初の元素の一種の繰り返しである．この特定の関係を私は「オクターブ則」[25] と呼ぶことを提案する．

この声明は，周期系の進化における重要なステップを印するものである．それは，一続きの元素の中で，ある間隔をおいて元素の性質が繰り返されることに関する自然の法則を初めて明白に公表したからである．前に述べたように，周期“律”（現今ではあまり当世風の用語ではないが）はおそらく周期表の最も重要な面であろう．周期表には多くの形式があるが，結局，この法則を図表的に示すための試みである．

ド・シャンクールトワが周期律の存在を認めた最初ではないかという以前に起きた疑問が残る．ウェンデル・テーラーが示唆したように，ニューランズは，周期律を一つの可能性といったド・シャンクールトワよりも周期律の存在についてはるかに明示的であった[26]．オドリングは周期系の存在を認めたけれども，彼もまた基本的な法則の存在を認めなかったことはほとんど疑いない．オドリングは，類似した元素の原子量のあいだの数値的差異を詳細に調べ，これらの関係が「あまりに多すぎて，これまで認められていない法則には依存できない」と決断したと明確に主張した[27]．

1865 年のニューランズの周期系に戻る．それは，初期のリスト，すなわち元素の族と比べて正真正銘の“周期”系だったが，ニューランズは，メンデレーエフが後年，主族の中にある元素に段をつけることによって行ったようには，元素を亜属に分ける必要を認めなかった．現代の用語では，彼は現在の長周期型周期表で行われているような，遷移元素を分離する必要を認めなかった．（短周期型および長周期型周期表の図解については第 1 章を見よ）．オクターブ則は，はじめの 2 周期には完全に当てはまる（まだ発見されていなかった貴（希）ガスを除いて）．それを超すと，ニューランズの周期性は困難に立ち向かう．遷移元素を含めることが，後の周期を 8 よりもずっと長くしてしまうから．彼の仲間でロンドンの化学者，オドリングだけが後に述べるように，この問題を予期していた．

ニューランズははじめ，彼のオクターブ則を 1866 年，ロンドン化学会に送った論文中で発表している．しかし，不運にも，彼の洞察はひどい受け入れられ方をした．この出来事は，おそらく周期系の歴史で最もよく知られたニューランズの遺産であろうし，教科書や大衆記事に「うんざりするほど」繰り返された．ニューランズが学会に提出したのは，彼の 1865 年の周期系の改訂版であった．その中には，厳密に彼の序数に従って，前より多くの元素が並べられた．彼の 1865 年のはじめの表では，事情は異なり，序数 50 を超す元素では，厳密に序数で並べられていたわけではなかった．学会に出された新しい表（表 3.4）にはまた，いくつかの化学的な改良点もあった．

表 3.4 1866 年の化学会に提出された，オクターブ則を示すニューランズの表

	No.		No.		No.		No.		No.		No.		No.		No.
H	1	F	8	Cl	15	Co&Ni	22	Br&Ni	22	Pd	36	I	42	Pt&Ir	50
Li	2	Na	9	K	16	Cu	23	Rb	30	Ag	37	Cs	44	Os	51
G	3	Mg	10	Ca	17	Zn	24	Sr	31	Cd	38	Ba&V	45	Hg	52
Bo	4	Al	11	Cr	19	Y	25	Ce&La	33	U	40	Ta	46	Tl	53
C	5	Si	12	Ti	18	In	26	Zr	32	Sn	39	W	47	Pb	54
N	6	P	13	Mn	20	As	27	Di&Mo	34	Sb	41	Nb	48	Bi	55
O	7	S	14	Fe	21	Se	28	Ro&Ru	35	Te	43	Au	49	Th	56

現在の視点からは，多くの慣習に合わない記号があることに注意．G はグルシニウムで，後にベリリウムと呼ばれた．Bo はホウ素．Di はジジム．ジジムは後に二つの希土類元素の混合物と判明．Ro はロジウム．

J. A. R. Newlands, *Chemical News*, **13**, 113–114, 1866, p. 113 の表．

元素鉛は炭素, ケイ素, スズと同じ族におかれていたが, これは1865年の表にはなかったものである.

通俗的な物語が続くが, ニューランズは発表の中でオクターブ則に言及し, 音楽のスケールとの類似を引き出し続けた. 彼が真剣に化学と音楽の関係を示唆するつもりであったかどうかは定かでない. いずれにせよ, 彼の奇抜な類推法が, 参加した化学者によってニューランズの案が直ちに退けられた理由ではおそらくないであろう. 聴衆の敵意は, おそらく, 当時一般に理論的着想に懐疑的なイギリス人の傾向によるものであったろう. 最もよく知られているニューランズへの応答は, よく引用されるジョージ・カレイ・フォスターのもので, 「元素の名前の最初の文字を, アルファベット順に並べれば, ニューランズはもっと優れた分類表を作ることができただろうに」という言葉だった.

何人かの現代の論評者は, ニューランズが不運にも, 貴(希)ガスが発見される前の時期に仕事をしたと述べることで, 彼を非難から免れさせようとしている. もし彼がこの族が加わることを知っていたら, 化学的反復が「ノネット則(九つ一組の法則)」に従い, オクテット則(八つ一組の法則)ではないと気づいたろうと, 論評者はいう. その場合には, 彼は音楽スケールとの類似を示そうとしなかったろうし, ロンドン化学会に集まった化学者たちの餌食にもならなかったであろう. これらのニューランズ免責のくわだては事実あまり必要ではない. それは, ニューランズは, 下に述べるように, 8より大きい周期の繰り返しの可能性をはっきり予期していたからである.

ニューランズ神話のもう一つの側面は, ロンドン化学会の会議に集まった化学者たちが, ニューランズの論文を会報に発表することを許さなかった事実に関係する. これはその通りであるが, ニューランズが元素の分類についてのアイデアを公表するのを妨げられたと思うべきではない. 事実, 彼はすでに数編の論文を, 非常に却下率の高い *Chemical News* に載せているし, またこの雑誌に, 2, 3か月後, ロンドン化学会への発表の内容を公表するのに差し支えはなかった. ニューランズの不運な講演がロンドン化学会による公表を拒否された理由は, 事件の7か月後明らかとなった. そのとき, オドリングは, 会議の座長をしていたが, 学会が純粋に理論的な性格の論文を, 論争を起こしやすいという理由で, 出版しないというルールとしたと書いている. 周期系の構築について, オドリングとニューランズとのあいだに, ある対抗意識があった可能性は排除できない. そしてこれがオドリングの見解に影響したのかもしれない. しかしこれは, やや根拠薄弱で, それはニューランズが, 大学化学者のあいだでは, いわば部外者であり, オドリングが彼を脅威とみなしていたことはありそうもない. オドリングは, より円満な化学者であり, 彼の主たる興味は, 原子量と当量のあいだの関係のより広い問題や，原子と分子の違いという関連問題にあった．ニューランズの場合と違い，元素の分類はオドリングにとっては副業に過ぎなかった．

1866年に出版した論文で，ニューランズはロンドン化学会での彼の宿命的な発表の過程で彼を標的にした批評に答えることを試みている．ニューランズによって公表された付属の表は，初めて化学の族を縦の列に並べて示している．そして再び，元素の順序は，数の順序に従う．例外は3か所の逆転（Ce・LaとZr，UとSn，TeとI）であった．ニューランズは，彼が一つも空所を残さなかったこと，そしてこれは将来の元素が発見されたときの問題になるだろう，という批判に答えている．

> このような簡単な関係（オクターブ則）が存在する事実は，たとえ何百という新元素が発見されたとしても，それが存在し続けるという推定に基づく強い証拠を与える．その場合，類似した元素の数の差は，7から7の倍数，8, 9, 10, 20または想像できる数の倍数と変わるかもしれないが，元素間の簡単な関係の存在は，それでもなお明らかである[28]．

ニューランズはもちろん正しい[29]．事実彼は，その後の貴（希）ガスの発見によって嫌疑を晴らした．このことは，反復のパターンを壊すことなく，単に継続的周期のあいだの距離を7から8に増加させるだけであった[30]．1878年の新しいシステムでは，ニューランズは10元素を含む周期をつくることによってそのような拡張を行おうとしている．ただし，この最終結果は，その後新しい元素で埋められなかった．あまりに多くの空所をつくってしまったのである（図3.5）．

TABLE II.

HORIZONTAL ARRANGEMENT IN SEVENS. AT. WT. ÷ 2·3, OR Na = 10·00.

No.	No.	No.	No.	No.	No.	No.	No.
	2. Li 3·04	9. Na 10·00	16. K 17·00	23. — —	30. Cu 27·57	37. Rb 37·13	44. — —
	3. Be 4·09	10. Mg 10·43	17. Ca 17·39	24. — —	31. Zn 28·35	38. Sr 38·09	45. — —
	4. B 4·80	11. Al 11·91	18. — —	25. Fe 24·35	32. Ga 30·39	39. Y 38·26	46. — —
	5. C 5·22	12. Si 12·20	19. Ti 21·74	26. — —	33. — —	40. Zr 38·96	47. Rh 45·39
	6. N 6·09	13. P 13·48	20. V 22·26	27. — —	34. As 32·61	41. Nb 40·87	48. Ru 45·39
	7. O 6·96	14. S 13·91	21. Cr 22·70	28. Ni 25·57	35. Se 34·52	42. Mo 41·74	49. Pd 46·35
1. H 0·435	8. F 8·26	15. Cl 15·43	22. Mn 23·91	29. Co 25·57	36. Br 34·78	43. — —	50. — —

TABLE II. (continued.)

No.	No.	No.	No.	No.	No.	No.	No.
51. Ag 46·96	58. Cs 57·83	65. — —	72. — —	79. — —	86. Au 85·65	93. — —	100. — —
52. Cd 48·70	59. Ba 59·57	66. — —	73. — —	80. — —	87. Hg 86·96	94. — —	101. — —
53. In 49·30	60. Di 60·00	67. — —	74. Er 77·39	81. — —	88. Tl 88·52	95. — —	102. — —
54. Sn 51·30	61. Ce 60·87	68. — —	75. La 78·26	82. Pt 85·83	89. Pb 90·00	96. — —	103. Th 102·17
55. Sb 53·04	62. — —	69. — —	76. Ta 79·13	83. Ir 86·09	90. Bi 91·30	97. — —	104. — —
56. Te 55·65	63. — —	70. — —	77. W 80·00	84. Os 86·61	91. — —	98. — —	105. U 104·35
57. I 55·22	64. — —	71. — —	78. — —	85. — —	92. — —	99. — —	106. — —

図3.5　1878年のニューランズの表

J. A. R. Newlands, On Relations among the Atomic Weights of the Elements, *Chemical News*, **37**, 255–258, 1878, pp. 256-257.

訳注：Horizontal Arrangement in Sevensは七つごとの水平配列．

1869年のメンデレーエフの周期系の出版に続いて，ニューランズは一連のレターを公表しはじめ，その中で最初の成功した周期系に到達した彼の優先権を立証することに努めた．そのうちに，ニューランズにとって非常に残念なことに，1882年デーヴィーメダルが周期系の発見に対してメンデレーエフとマイヤーに，共同で与えられた．ニューランズは，1882年に彼自身の業績のさらなる要約を，さらに1884年には，本の形で出版し，さらに努力を重ねた[31]．彼の粘り強さは少なくとも一部報われ，1887年には，ついにデーヴィーメダルが彼に授与された．1890年ごろになって，ニューランズはメンデレーエフが2年前のファラデー講演会で表明した批評に対する返答を出版した．この批評にもかかわらず，メンデレーエフが，ニューランズの仕事をマイヤーの仕事よりも高く評価していることはまた，注目に値する．

1863年から1890年のあいだ，ニューランズは全部で16の論文を公表し，その中で，元素の分類について多くの異なる体系を試みている．これらは，科学的見地および認識の点の両方で，さまざまな程度の成功を経験した．疑いなくニューランズは現代の周期系の真の先駆者の中に位置づけられ，とくに多くの点で事の核心である周期律の存在を明らかに認めた最初の人である．

3.5 ウィリアム・オドリング

周期系の発見者の多くは，それ以外では化学の歴史の中で，あまり重要とはいえない人々であったが，オドリングは卓越した化学者であり，その経歴の中でいくつかの非常に重要な地位を得た科学者であった．最も顕著なものは，マイケル・ファラデーを継いでロンドン王立協会の会長となったことである．また，オドリングはカールスルーエ会議に出席したという有利な点があり，そこで原子量の統一システムを採用する必要性を説く講演を行った．ニューランズの周期系における最初の試みが，カニッツァロの推薦した原子量を知らずに行われたのと異なり，オドリングは元素の表をつくる彼のはじめの試みからこれらを利用することができた．事実，カールスルーエの後，オドリングは急速にイギリスにおけるカニッツァロやアボガドロの見解の主導者となった．オドリングはそれゆえ，とりわけ新しい原子量の値の重要性を認識していたのであろう．

オドリングの周期系についてのおもな論文は，1864年に出版された．そのとき彼は，ロンドンの聖バーソロミュー病院の講師であった．同年のニューランズの周期系が60の既知元素のうち，24を含むのに過ぎないのに対し，オドリングは57種を含めることができた（図3.6）．さらにオドリングの論文は，わずかあとの1865年に行われたニューランズのロンドン化学会への周期性の報告に先んじた．しかし二人の化学者

			Ro 104	Pt 197
			Ru 104	Ir 197
			Pd 106·5	Os 199
H 1	"	"	Ag 108	Au 196·5
"	"	Zn 65	Cd 112	Hg 200
L 7	"	"	"	Tl 203
G 9	"	"	"	Pb 207
B 11	Al 27·5	"	U 120	"
C 12	Si 28	"	Sn 118	"
N 14	P 31	As 75	Sb 122	Bi 210
O 16	S 32	Se 79·5	Te 129	"
F 19	Cl 35·5	Br 80	I 127	"
Na 23	K 39	Rb 85	Cs 133	"
Mg 24	Ca 40	Sr 87·5	Ba 137	"
	Ti 50	Zr 89·5	Ta 138	Th 231·5
	"	Ce 92	"	
	Cr 52·5	Mo 96	V 137	
	Mn 55		W 184	
	Fe 56			
	Co 59			
	Ni 59			
	Cu 63·5			

図 3.6 1864 年のオドリングの表
W. Odling, On the Proportional Number of the Elements, *Quarterly Journal of Science*, **1**, 642–648, 1864, p. 643.

は，互いにまったく独立に研究をしたと思われる．

オドリングは論文を始めるにあたって述べている．「60 そこそこの認められた元素の原子量または比例する数を，それらいくつかの大きさの順序に並べると，結果として出てくる算術級数に明白な連続性がみられる[32]」．そして彼は，この規則性への二，三の例外を指摘している．それから彼は，周期系の独立の発見に達する所見を行う．

表 3.5　「差」についてのオドリングの最初の表

I-Cl	すなわち	127-35.5=91.5
Au-Ag		196.5-108=88.5
Ag-Na		108-23=85
Cs-K		133-39=97

W. Odling, On the Proportional Numbers of the Elements, *Quarterly Journal of Science*, **1**, 642-648, 1864 に基づく．p. 644 の表.

表 3.6　「差」についてのオドリングの第三の表

Cl-F	すなわち	35.5-19=16.5
K-Na		39-23=16
Na-Li		23-7=16
Mo-Se		96-80=16
S-O		32-16=16
Ca-Mg		40-24=16
Mg-G		24-9=15
P-N		31-14=17
Al-B		27.5-11=16.5
Si-C		28-12=16

W. Odling, On the Proportional Numbers of the Elements, *Quarterly Journal of Science*, **1**, 642-648, 1864. p. 645 の表.

> いかに容易に，この純粋に算術的な配列が，通常受け入れられている族分けに従った元素の水平配列に一致するかがつぎの表に示されている．はじめの3列では数値の順序は完全である．他の2列では不規則性はわずかで些細なものである[33)].

オドリングが化学的性質の周期性を認識したことは，この表の中で，彼が編成した水平の族分けの中に明瞭にみられる．

オドリングは化学的に類似した元素のペアに，かなりの数があり，実際，すべての既知の元素の半分は原子量の差が 84.5 から 97 のあいだにあることに注目した．これらのペアのいくつかを表 3.5 に示す．つぎに彼は，これらの場合の約半分は以前から知られた三つ組元素の1番目と3番目を含むことに気づいた．彼はつぎのようにいって，真ん中のメンバーが残りの半分の場合にもみられるかもしれないと示唆した．「中間の元素の発見は，いくつかのまたはすべての他のペアの場合，ことによると起こりうる[34)]」．これは明らかに周期系に基づいて行われた予言の例である．ただし衆目の認めるように，いわば仮説的なもので，特定の例をもってそれ以上発展することはなかった.

つぎに，17ほどの元素についての表があり，そのメンバーは原子量で40～48ほど異なっている．これについで，さらに3番目の元素のペアが全部で10例あり，「だいたい似ている元素」で，原子量が16単位またはこれに近い値だけ異なるものである(表3.6)．10例のうち7例では，ペアのうち原子量の低い方の元素が，両元素の属する類似化学元素の族のはじめのメンバーであることは注目する価値があるであろう.

これらの間隔を確認することで，オドリングは初期の三つ組を超えると思われるすばらしい観察をしていた．それは，16単位の隔たりがオドリングの元素対の三つのセットの多くで，近似的な一貫性をもって現れるからである．この観察こそが周期性を認識するものといえるかもしれない．オドリングが特に最後の元素のセットで気づいたと思われることは，10程度の重要なケースで16またはこの値に近い原子量差に従うこれらの元素の性質に，ほぼ正確な反復があることである．彼が原子番号の値のほぼ2倍の原子量を用いたことを考えれば，これもまたオクターブ則の認識に非常に近い．言い換えると，オドリングは原子量の差16に相当する原子番号の8ユニットの差ごとに反復が起こることに気づいていたと思われる.

オドリングは，カドミウムと亜鉛のような原子量で約48の差だけ離れている元素間の化学的類似性は，他の数値の間隔，この場合41の亜鉛とマグネシウムのような元素ペアの類似性より大きいと，さらなる主張を行っている．つまり彼は，ある元素群（やがて遷移元素として知られるようになるもの）を表の主体から離す必要を認めているようである．このようにして，大多数の元素の性質において，現在の長周期型周期表におけるように，周期性が保たれた[35]．もし，遷移元素が短周期型周期表から切り離されるなら，主族元素間の主要な周期的関係が強調され，周期の長さが変動するという事実が自然な形で適応する.

この点でオドリングは，たまたま正しかったといえる．現代の周期表の観点からは，カドミウムと亜鉛は両方とも遷移元素で（訳注：日本の高校教科書では，亜鉛とカドミウムは同族ではあるが，典型元素として扱う），第一義的な類似性を示し，一方，亜鉛とマグネシウムは遷移元素と主族元素に属し，第二義的な類似を示すに過ぎない．オドリングは亜鉛とマグネシウムを異なる族に，実際は，異なるブロック（訳注：マグネシウムはs-ブロック，亜鉛はd-ブロックに分類される）に分ける現代の趨勢を予期していたかもしれない.

しかし，オドリングがここで重要な予想をしているという主張は，同じパラグラフで，この挙動の他の例として彼が考えていることが全部間違いだった事実によって価値を落としてしまう．彼は，（原子量）の差が18（訳注：実際は16）に過ぎないカリウムとナトリウムよりも，最も近いメンバー間でも約 48 という共通の差を示すルビジウム，セシウム，カリウム，ならびにバリウム，ストロンチウム，カルシウムの方に，より大きな化学的類似性があると主張する．これは単純に間違いである．

これらの示唆を現代の周期表の観点から判断すれば，オドリングがマグネシウムは亜鉛やカドミウムという遷移元素と一緒の族でないということで，最初の区別をしたことは正しい．しかし，第二の例でカリウムとナトリウムのあいだにそれほど差がないことがわかってきた．両者は，現在 I 族の主族元素に分類されている．いずれにせよ，表の主体部分から遷移元素を分離することは，すべて主族元素で構成されることになるから，これらの族分けには影響を与えないであろう．

数値的関係に関する限り，問題を面倒にしていることは，まさに，成熟した周期表では連続的な周期がすべて同じ長さとは限らないという事実である．オドリングはいくつかの元素を表の主体から慎重に分離したけれども，異なる周期が異なる長さをもつということに気づいているとは思われない．したがって，オドリングが周期性を維持するために，周期表の中に遷移元素グループの存在を予想したという提案は，やや議論の余地がある[36]．

3.6 グスタフ・ヒンリックス

ヒンリックスの場合は，周期系の発見者の中ではやや風変わりである．これは，彼の科学的興味がそれまでに変動し，彼が元素の分類をつくり出すために精力を集中する証拠が多様すぎるためで，何人かの論評者が彼を単なるつむじ曲がりとみなしたほどである．はじめはアイオワ大学，後にミズーリ大学（セントルイス）と多くの大学の任用を受けたが，ヒンリックスはわざと道をはずれて奇抜さを磨いているように思われた．加えて，彼は滅多に他の著者を参照しなかったので，彼の貢献の均衡のとれた評価をより難しくしている．

ヒンリックスは，1836 年，当時デンマークの一部で，後にドイツの州となったホルスタインで生まれた．ヒンリックスは彼の最初の本をコペンハーゲン大学にいた 20 歳のときに出版した．彼は政治的迫害を逃れるため，1861 年にアメリカに移住し，高校で 1 年教えた後，アイオワ大学の現代言語の長に指名された．ほんの 1 年後，彼は自然哲学，化学，および現代言語の教授となった．彼はまた，1875 年，アメリカで初めての測候所を創立して名声を博し，その長として 14 年間働いた．

ヒンリックスは多作の著者であり，デンマーク語，フランス語，ドイツ語，英語で 3000 もの論文を発表し，その上，英語とドイツ語でいろいろの長さの約 25 の著書を出版した．この中には，1867 年のドイツ語のひどく風変わりな著作 *Atomechanik* がある．この本の中でヒンリックスは元素の分類についての彼の決定的な見解を述べている．彼の論文の大部分が英語以外の言語で出版されたことに注目すると興味深い．彼はアメリカの雑誌が嫌いらしく，彼の作品を訂正することを強要して出版がひどく遅れることに不平を漏らした．カール・ザップフェはヒンリックスの作品の詳細な分析をした著者であるが，ヒンリックスのアメリカ雑誌についての不満は，すべてアメリカの事物への彼の嫌悪の一部だったかもしれないといっている．このことが，アメリカ人の同僚をも巻き込み，1885 年，アイオワ大学をついに解雇されるに至ったのかもしれない[37]．

ザップフェは以下のように書いている．

> ヒンリックスの多くの出版物を深読みして，信頼できない奇抜さで彼の貢献の多くを損なうような自己中心的な熱心さの表れと認める必要はない．ただ近頃になって，真実だった天来の（彼をたちまち夢中にさせた）妙想を，彼自身の学習の過程でとらえられた背後材料から分離することが可能になった．源は何であれ，ヒンリックスは通常それに多数の国語を用いた虚飾の服を着せていたが，ギリシア哲学を彼自身のものとみなすようになるほどの変装の域に達していた[38]．

陪審員団はヒンリックスについては未だに離れた状態である．ヤン・ファン・スプロンセンは，周期系の六人の正真正銘の発見者のリストにヒンリックスを含める一方，化学者でシンシナチ大学の化学教育者，ウィリアム・イェンセンは，ヒンリックスを科学の異端者であり，風変わりな人とみなす人々の仲間である[39]．これはまた，カッセバウムやジョージ・カウフマンの結論のようでもある．彼らは周期系の共同発見者についての論文の中で，ヒンリックスについて 6 行をかけ，また彼の因習にとらわれない科学的態度を指摘する脚注にかなりのスペースを割いている[40]．しかし，ヒンリックスの仕事を注意深く考察してみると，彼の研究の種々の要素を調べるために時間をかける用意があれば，多くの有用な科学を含んでいたことがわかる．

ヒンリックスは，数値的な関係に魅惑された点で科学にピタゴラス的アプローチを入れた．きわめて多様な現象を含むような数値的関係においてすらそうである．ピタゴラス主義はすでに「三つ組」やプラウトの仮説についての初期の研究で現れていたが，ヒンリックス自身のピタゴラス主義の品質ははるかに極端であった．独創的な議論によって（すぐ下に述べる），彼は，原子スペクトルが原子の大きさについての知見を与えるという観念を仮定するに至った．これは現代の観点から，本質的に正しい

表 3.7 惑星の距離に関するヒンリックスの 1864 年の表

	太陽までの距離
水星	60
金星	80
地球	120
火星	200
小惑星	360
木星	680
土星	1320
天王星	2600
海王星	5160

G. D. Hinrichs, The Density, Rotation and Relative Age of the Planets, *American Journal of Science and Arts*, **2**(37), 36–56, 1864, p. 43 の表.

着想である[41]. ヒンリックスのアイデアは，周期系の進化のこれまでの記述には明確な形で残されていないし，少なくとも彼の仕事に言及するにしてもわずかである．そこで私はここに記述することにする．

ヒンリックスの広範な関心は天文学にまでおよぶ．はるかプラトンにまでさかのぼる彼以前の多くの著者のように，ヒンリックスは惑星の軌道のサイズに関するいくつかの数値的規則性に注目した．1864 年に出版された論文において，ヒンリックスは彼が解釈を進めた表（表 3.7）を示した．ヒンリックスはこれらの距離の差を $2^x \times n$ という式で表した．ここで n は金星と水星の太陽からの距離の差，すなわち 20 ユニットである．それゆえ，x の値に依存して，式はつぎのような距離を与える[42].

$$2^0 \times 20 = 20$$
$$2^1 \times 20 = 40$$
$$2^2 \times 20 = 80$$
$$2^3 \times 20 = 160$$
$$2^4 \times 20 = 320 \quad \text{etc.}$$

数年前の 1859 年に，ドイツのグスタフ・ローベルト・キルヒホッフとローベルト・ブンゼンは，元素に発光させることができることを見出した．つぎに光はガラスのプリズムで分散され，定量的に解析された[43]．また彼らが見出したことは，個々の単一元素が一組の特異的なスペクトル線を構成する独特のスペクトルを与えることだった．これらを彼らは測定し，手の込んだ表に発表することに着手した．著者によっては，これらのスペクトル線は，それを生み出す種々の元素についての知見を与えるだろうと示唆した．ところがこれらの示唆は発見者の一人，ブンゼンからの手厳しい批判を浴びた．事実ブンゼンは，原子を研究するためにスペクトルを研究したり，なん

表 3.8 ヒンリックスの主張の図式

天文学から	軌道のサイズ比	→	整数比
スペクトルから	整数比の観察	→	原子の大きさのサイズ比

らかの方法で元素を分類するというアイデアに反対し続けた[44].

しかしヒンリックスは，スペクトルと元素の原子を関連させることにためらわなかった．特に，特定の元素において，スペクトル線の振動数が常に最小差の整数倍になることに興味をもちはじめた．たとえばカルシウムの場合，そのスペクトルの振動数のあいだに1：2：4の比が観察された．ヒンリックスのこの事実に対する解釈は大胆かつ優美であった．惑星の軌道の大きさが一定の整数の数列をつくるならば，そしてもし，スペクトル線の差のあいだの比も整数比になるならば，後者の原因は種々の元素の原子の大きさの比にあるであろう（表3.8）．これはまさしくピタゴラス主義であるが，周期系に好結果の，非常に新しい元素分類の手段をヒンリックスに与えたことで実り多いことがわかった．

キルヒホッフとブンゼンの仕事を綿密に調べることによって，ヒンリックスは「暗線」と呼ばれるスペクトル線の振動数が，原子量を通して，元素の化学に，また，仮定された原子の大きさに関連することを見出した．スペクトル線の振動数のあいだの差は，問題としている元素の原子量に反比例するように思われた．ヒンリックスは振動数の差が4.8単位のカルシウムの値および化学的に類似しているが原子量の大きいバリウムが4.4単位の振動数の差を示すことを引用している[45].

つぎに，ヒンリックスは各元素の原子量と原子の大きさをつなぐつぎの式を提案した．

$$A = a \times b \times c$$

A は原子量，a, b, c は原子の形状を示す四角柱プリズムの各面の長さである．

寸法 a とした四角柱の底面は，特定の化学の族に属するすべての元素について同じ大きさであろう．もし，特定の族が正方四角柱を含むならば，それらの式は，

$$A = a^2 \times b$$

となる．他の場合，プリズムの底面が一つ三角形（訳注：三角錐状の突起と思われる）をとるならば，その式は，

$$A = (a \times b \times c) + k$$

のように表される．ここで k は定数である．この全体的アプローチがいかにもありそうもないと思われるが，ヒンリックスが元素の原子量を正当化するために用いたとき，それがどんなに役立つかわかったことはまったくすばらしい[46]．たとえば，どの元素

表 3.9　いくつかの族の元素に対する，原子量と原子の大きさに関するヒンリックスの表

	n	A	計算値	実測値	差
酸素族：四角柱の式			$A=n\times4^2$		
酸素	1	1×4^2	$=16$	16	0.0
硫黄	2	2×4^2	$=32$	32	0.0
セレン	5	5×4^2	$=80$	80	0.0
テルル	8	8×4^2	$=128$	128	0.0
アルカリ金属族：角錐をもった四角柱			$A=7+(n\times4^2)$		
リチウム	0	7	7	0.0	
ナトリウム	1	$7+(1\times4^2)$	$=23$	23	0.0
カリウム	2	$7+(2\times4^2)$	$=39$	39	0.0
ルビジウム	5	$7+(5\times4^2)$	$=87$	85.4	−1.6
セシウム	8	$7+(8\times4^2)$	$=135$	133	−2.0
塩素族：四角柱の式			$A=(n\times3^2)\pm1$		
フッ素	2	$(2\times3^2)+1$	$=19$	19	0.0
塩素	4	$(4\times3^2)-1$	$=35$	35.5	+0.5
臭素	9	$(9\times3^2)-1$	$=80$	80	0.0
ヨウ素	14	$(14\times3^2)+1$	$=127$	127	0.0
アルカリ土類族：四角柱の式			$A=n\times2^2$		
マグネシウム	3	3×2^2	$=12$	12	0.0
カルシウム	5	5×2^2	$=20$	20	0.0
ストロンチウム	11	11×2^2	$=44$	43.8	−0.2
バリウム	17	17×2^2	$=68$	68.5	+0.5

G. D. Hinrichs, On the Spectra and Composition of the Elements, *American Journal of Science and Arts*, **92**, 350–368, 1866, p. 365 の表を改変.

が彼の周期系の中で同族になるかを決める根拠として，これはきわめて有効に働いた．表 3.9 は，彼の族のいくつかを示す．それぞれの場合に，上にあげた式の一つが，かなり正確に，提案された族における各元素の原子量を収容できるかを示している．もちろんこれは，ヒンリックスが元素を同じ族とした唯一の理由ではなかった．多くの族分けは，ヒンリックスが彼の化学知識を通してよく知っている化学的類似性に基づき，おもになされたことを示している．

この研究の過程で，ヒンリックスは半世紀昔のプラウトの仮説の基礎であった根元物質の観念に対する支持を表明している．ヒンリックスは，元素の原子量が整数であると確信していた．塩素の値がカニッツァロの原子量によれば 35.5 であったため，ヒンリックスは根源原子が水素の値の半分の重量をもつと結論し，H/2 を他の（原子）量を示す基本単位にとった．塩素の（原子）量はそれゆえ 71 の値と考えられ，他のすべての元素のカニッツァロの原子量も同様に 2 倍にされた．これらはヒンリックスの元素分類の仕事の最高点である図 3.7 に示すらせん型の周期系にみられる値である．

この車のようなシステムの，中央から放射されている 11 の「スポーク」は，三つ

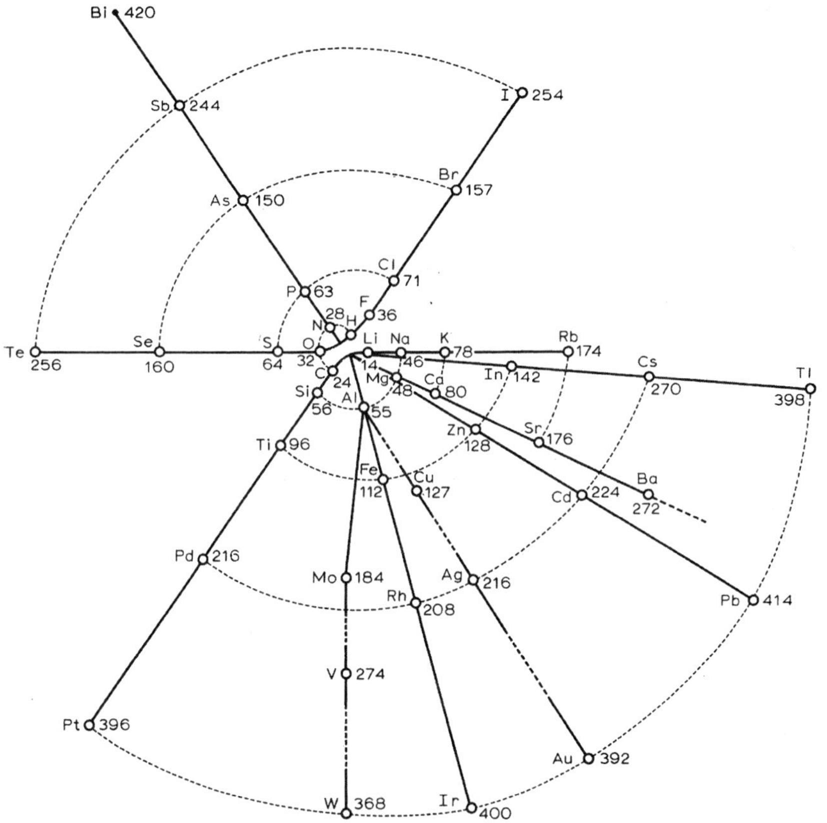

図 3.7　ヒンリックスの 1867 年のらせん型周期系
G. D. Hinrichs, *Programm der Atommechanik oder die Chemie einer Mechanik de Pantome*, Augustus Hageboek, Iowa City, IA, 1867. J. van Spronsen, *The Periodic System of the Chemical Elements, the First One Hundred Years*, Elsevier, Amsterdam, 1969 により単純化．Elsevier の許可を得て掲載．

の主として非金属のグループと八つの金属を含むグループからなっている．現代の見方からいえば，非金属グループは不正確な順序に並べられていると思われる．それは，らせんの頂上で左から右へ進むとき，順序がⅥ，Ⅴ，Ⅶになっているからである．炭素とケイ素を含むグループは，おそらくそれが金属のニッケル，パラジウム，白金（訳注：ニッケル，パラジウム，白金は現在，同族であるが，ヒンリックスの周期系をみる限り，ニッケルではなくチタンとなっている）を含むので金属的グループに組み入れられる．これら三つの金属は事実同族になるが，炭素やケイ素とは同族ではない（訳注：チタンは，パラジウムおよび白金と同族ではない．また，炭素とケイ素は典型元素だが，チタンは遷移元素である）．炭素とケイ素はゲルマニウム，スズ，鉛とともにⅣ族に属する．

しかし，全体としては，ヒンリックスの周期系は，多くの重要な元素を族分けするのに成功している．その主たる長所の一つは，たとえば，1864年と1865年のニューランズの，より手の込んだ，しかしあまり成功していない周期系に比べて，その族分けの明快なことである．たとえば，ヒンリックスは酸素，硫黄，セレン，テルルを同族としている．ニューランズもこれらの元素を同族としているが，それらにオスミウム（Os）を含めている．ヒンリックスは窒素，リン，ヒ素，アンチモン，ビスマスを同族としている．同様にニューランズもそうしているが，間違ってマンガン，ジジム[47]，モリブデンを1か所に入れた．ヒンリックスはリチウム，ナトリウム，カリウム，ルビジウムを同族としている．ニューランズもこれらの元素を同族としているが，また誤って，銅，銀，金，テルルを含めている[48]．

ヒンリックスの分類は，長周期型として並べられてはいないが，現代の周期表にみられる主要な周期性の関係の多くをとらえていると思われる．そして，ニューランズの表の多くと異なり，二次的な類似関係を示す試みによって混乱していない．たとえばヒンリックスは銅，銀，金を同族としている．ニューランズの場合，これらの元素は1865年の一つの表を除き，別々に分類されている．この1865年の表は，この3元素を一緒に分類しているが，また，カリウム，ルビジウム，セシウムのような他の元素を点在させている[49]．

彼の著書から明らかなことは，ヒンリックスは化学の深い知識をもち，同様に鉱物学に熟達していた[50]．しかし，元素の分類への彼のアプローチは，ごく部分的に化学的である．彼はおそらく周期系のすべての発見者の中で最も学際的であった．実際，ヒンリックスが他とは異なる方向から彼のシステムに到達した事実は，ちょうどマイヤーの物理的周期性の研究（下記）もそうであるように，周期系自身に，独立の支持を与えると考えられるだろう．

1869年に *The Pharmacists*[51] に発表した論文の中で，ヒンリックスは過去の不成功に終わった元素分類の試みを議論しているが，その中で同等の発見者であるド・シャンクールトワ，ニューランズ，オドリング，マイヤー，メンデレーエフなどに言及していない．ヒンリックスは，個性的に，元素の分類を直接，原子量に基づくとする他人の試みを完全に無視したように思われる（彼の外国語の知識からすれば，それらのことを知っていたと考えられるのだが）．このことは彼の分類が原子量とはつながらないといっているのではない．ただ，アプローチの基礎と思われる天文学的議論に照らして，つながりがやや間接的であるというに過ぎない．

最後にヒンリックスは，元素のスペクトルの解析に大きな重要性をおくことにおいて，また，これらの事実を周期性の分類に関連づけることの試みにおいて，時代に先んじていたと思われる．しかし，彼のスペクトルの研究は決して一般に受け入れられない．クラウス・ヘンチェルを含む同時代の歴史家の何人かは，ヒンリックスの仕事を批判し，彼が計算にどのデータを入れるか，いくぶん選択的であったと主張している[52]．

この本で議論した他の科学者のだれよりも，ヒンリックスの仕事は非常に特有であり，入り組んでいるので，その真価について判断を下す以前に，より完全な研究が，必要であろう．

3.7 ユリウス・ロータル・マイヤー

ユリウス・ロータル・マイヤー（図 3.8）は，1830 年，ドイツのハイルブロンで生まれた．彼は，内科医の父と，父親が内科医だった母とのあいだに生まれた七人の子の 4 番目だった．ユリウスと彼の兄弟の一人オスカーは，この家族の医学的伝統を続ける意図をもって研究を始めたが，両者とも他の分野に転向するまで長くはなかった．オスカーは物理学者になり，ユリウスは彼の時代の最も有力な化学者の一人となった．

メンデレーエフに常により多くの名声が与えられるが，マイヤーは，周期系の独立

図 3.8 ユリウス・ロータル・マイヤー
Edgar Fahs Smith Collection の掲載許可を得て，著者の所有している写真を使用．

した発見で最もよく記憶されている．二人の化学者は，ついには激しい優先権の論争に引き込まれ，これはどうやらメンデレーエフの勝利になったが，このどれほどがメンデレーエフの強い個性によるものかどうかを完全に確かめることは難しい．確かにメンデレーエフはより完全なシステムをもち，そのシステムに基づいてさらに進んで予言をした．彼はまた，マイヤーよりもはるかに周期律の主張の擁護者として働いた．しかし，もしだれが成熟した周期系に最初に到達したかを問われれば，多くの重要な細部において，マイヤーのシステムが最初であるばかりでなく，より正確であるという強い論拠がある．

マイヤーは1860年にカールスルーエ会議に参加し，カニッツァロの元素の原子量についての開拓的な仕事をじかに学んだ[53]．彼はつぎに *Klassiker der Wissenschaften* のタイトルで，ウィリアム・オストワルド・シリーズでドイツにおいて出たカニッツァロの論文の訳文を編集した．マイヤーは，カニッツァロの論文が彼に与えた影響についてつぎのようにいって，記述している．「私は目を覚まされ，私の疑いは消えて，静かな確信の感情に置き換えられた[54]」．1864年，マイヤーは化学の教科書，*Die Modernen Theorie der Chemie* の初版を出版した．これはカニッツァロの仕事に深く影響を受けていた．この著書は5版を重ね，英語，フランス語，ロシア語に訳され，やがては1800年代の終わりに物理化学が出現する以前では，化学の理論的原理についての最も権威あるものとされた．

マイヤーが1862年に彼の著書のための原稿を書くときまでに，彼は原子量増加の順に並べた28元素の表をつくった．さらに22元素を含んだ隣接した表もその著書に現れるが，これは原子量順に並べられていない．これらすべてはカールスルーエ会議の2年後に行われた．ちなみに，メンデレーエフが同じ会議に参加したときから，彼も原子量増加の順に並べた元素の表をつくるまでに9年ほどかかっていることを注目しておくべきであろう．

マイヤーもまた，デーベライナーとペッテンコッファーの仕事に強く影響を受けている．これら二人は，第2章で述べたように元素の三つ組の存在についての論文を発表した．三つ組では，中央のメンバーの（原子）量が両側面の元素のそれの近似的な平均となる．さらに，ペッテンコッファーは，デュマによっても注目されたことだが，有機化学における同族体系列の連続メンバーの重量の規則的増加と，三つ組の中の類似元素の原子量のほとんど規則的な増加のあいだの類似を指摘した．

大部分の有機化合物は，それらが属する同族体系列によって分類される．そのような系列は，アルカンの場合，CH_2 のような化学単位が繰り返し追加されることで反復してつくられる[55]．この規則性はペッテンコッファーやデュマにそのような系列の分

	4 werthig	3 werthig	2 werthig	1 werthig	1 werthig	2 werthig
	--	--	--	--	Li = 7.03	(Be = 9.3?)
Differenz =	--	--	--	--	16.02	(14.7)
	C = 12.0	N = 14.04	O = 16.00	Fl = 19.0	Na = 23.05	Mg = 24.0
Differenz =	16.5	16.96	16.07	16.46	16.08	16.0
	Si = 28.5	P = 31.0	S = 32.07	Cl = 35.46	K = 39.13	Ca = 40.0
Differenz =	$\frac{89.1}{2}$ = 44.55	44.0	46.7	44.51	46.3	47.6
	--	As = 75.0	Se = 78.8	Br = 79.97	Rb = 85.4	Sr = 87.6
Differenz =	$\frac{89.1}{2}$ = 44.55	45.6	49.5	46.8	47.6	49.5
	Sn = 117.6	Sb = 120.6	Te = 128.3	I = 126.8	Cs = 133.0	Ba = 137.1
Differenz =	89.4 = 2 x 44.7	87.4 = 2 x 43.7	--	--	(71 = 2 x 35.5)	--
	Pb = 207.0	Bi = 208.0	--	--	(Tl = 204?)	--

図 3.9　1864 年のマイヤーの表

J. Lothar Meyer, *Die modernen Theorien und ihre Bedeutung für die chemische Statistik*, Breslau（Wroclaw）, 1864, p. 135.

訳注：werthig は原子価，Differenz は原子量の差．なお，左端の行の 89.1 は，$\frac{117.6-28.5}{2}$を示す．空白があるので，$\frac{89.1}{2}$ずつ割り振っている．

子が規則的な単位からなるに違いないと示唆した．

もし，これらの有機化合物のあいだの類似が無機の原子にも応用できるとするならば，原子も同様に部品から成り立つことを示す．言い換えると，同族系列の中の分子量の増加の規則性は，そのメンバーがその系列に共通の構成物を含むことを示すように，三つ組メンバーの原子量の間隔にみられる規則性もそれらのメンバーの原子が組み立てユニット的であることを示すだろう．マイヤーは，まさにそのような根拠を，無機原子の複合物としての性質を指摘するものとみなした[56]．これはメンデレーエフが生涯受け入れなかったことである[57]．

マイヤーは 1864 年に初めて，彼の 28 元素の表を発表した（図 3.9）．彼の原子量増加順の元素配列およびこれらの元素間の水平関係のはっきりした確立は，マイヤーがメンデレーエフに数年先んじた他の例である[58]．メンデレーエフの仕事の詳細に触れる第 4 章で述べるように，原子量増加の順に元素を並べる必要性の認識，とくに水平関係の認識は，誤ってメンデレーエフが最初とみなされてきた．しかし，1864 年にマイヤーは両方のアイデアを同時に発表している（多くの場合，同時代人からも，また後の論評者からもこれらの進歩を相応に認識されることなく）．

また，マイヤーの 1864 年の表は，初めて明確に元素の原子価の規則的変化を示した．表を左から右へ動くと 4 から 1 へ変わる．つぎに原子価 1 そして 2 の元素への増加の

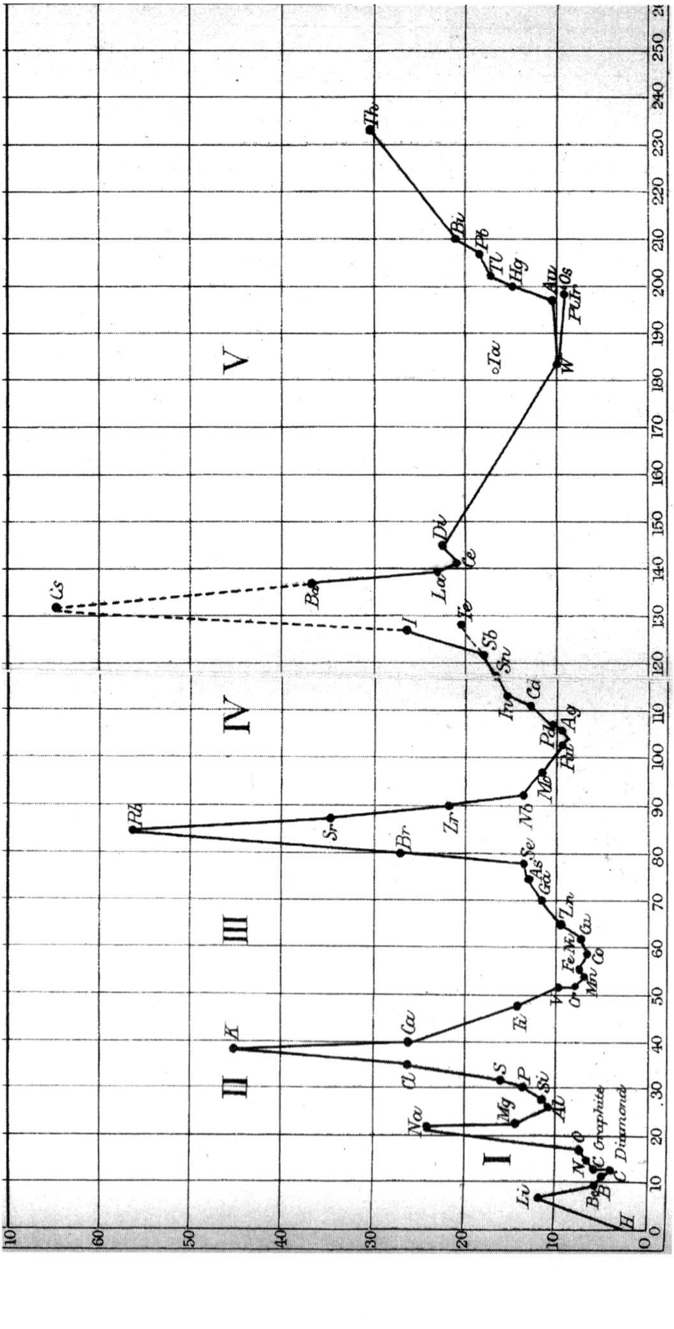

図 3.10 原子量に対する原子容のプロット

J. Lothar Meyer, Die Natur der Chemischen Elemente als Function ihrer Atomgewichte, *Annalen der Chemie, Supplementband*, **7**, 354–364, 1870.
T. Bayley, *Philosophical Magazine*, **13**, 26–37, 1882, p. 26 から再引用.
訳注：縦軸は原子容，横軸は原子量.

繰り返しである[59]．この表はマイヤーが，原子量および化学的性質によって，苦労して元素を整理したことを示している．ある場合には，彼は厳格な原子量順よりも化学的性質に重きをおく決断をしたと思われる．この一例は，原子量による序列によらず，テルルを酸素や硫黄のような元素と同族にしたこと，一方，ヨウ素をハロゲンと同族にしたことである．マイヤーはまた，我々が現代の主族元素を現代の遷移元素から分離することに相当する仕方で，元素を二つの表に分離した．先にオドリングの場合に述べたように，そのような分離は現代の長周期型周期表の特長となっている．

マイヤーの1862年の表（1864年出版）のもう一つの非常に注目すべき特長は，未知の元素を示す多くの空白の存在である．もう一度いうが，空白を残すことはメンデレーエフに始まったことではないようである．メンデレーエフは周期系の出版を敢行するまでに，また彼がその後有名になった詳細な予言をするまでに，さらに5年待たねばならなかった．マイヤーの表には，隣り合う元素とのあいだに内挿がある．たとえば，元素ケイ素の下のスペースに，彼はケイ素の原子量より44.55の差ほど大きい原子量の元素があるべきだとしている．これは，この未知元素に対して73.1の原子量を意味する．これが発見されたとき，72.3の原子量をもつことがわかった．1886年に初めて単離された元素ゲルマニウムの予言は，通常メンデレーエフによるとされているが，この早い1864年の表でマイヤーによってはっきりと予想されていた．

マイヤーが1864年の表では，明白に原子量に言及しなかったという批判がある[60]．しかし，この異議は少し過剰であると思われる．それは，28元素の表に関しては，配列は明白に原子量順に基づいている．マイヤーは，このむしろ明白な特長についてコメントする必要を感じなかっただろう．もちろん，22元素からなる小さい表に関しては同じことはいえない．しかし，これらの元素が他の28元素から分離された事実はマイヤーが，これらの場合，原子量増加の概念が，彼が採用することにした分類に厳密には当てはまらない，と気づいたことを示すだろう[61]．それでも，各列を垂直に下がると原子量は増加する．そして表を横切ると，原子量の増加には六つの不一致があるに過ぎない．マイヤーが全部で50の元素を分類し，わずか六つの原子量の誤った逆転を出しただけで，そのすべてが問題のある遷移元素（現代用語）[62]で起こったことを考えれば，このことは彼の側の重大な落ち度とは考えられない．原子量増加で彼が犯した唯一の深刻な誤置は，モリブデンとバナジウムの2元素に関するものだけである．他の逆転のすべては，測定された原子量の，まったくありうる誤差の範囲内である．

おそらくマイヤーの最大の強みは，彼の物理的性質の付加知識とそれらを周期系の表現の構築に用いたことにある．たとえば彼は，元素の原子容，密度，可融性に周到な注意を払った．彼が発表した元素の原子容（原子量を比重で除したもの）のあいだの周期性を示す図は特に周期系の普遍的受け入れに有利に寄与したと一般に考えられている(図3.10). たしかに, この図からほとんど一目で元素間の周期性がみてとれる. メンデレーエフもまた原子容の重要性を知っていた. 事実彼は, 1869年の最初の論文に始まる原子容に関するいくつかの予言をしている. しかし彼は, 原子の物理的性質の周期性を強調していないし, その傾向を暗示する図を展示することもなかった.

3.8 レメレ-ソイベルト挿話：1868年の未発表の表

メンデレーエフとマイヤーがそれぞれの周期系を発表したのに続いて, 二人のあいだの論争の過程で, 少なくとも科学界に関する限り, メンデレーエフが勝利者であったということは, 公正なことと思われる. しかし, ずっと後まで日の目をみなかった好奇心をそそるエピソードがある. このエピソードが前に知られていたら, この論争に重要な違いが出ていたかもしれない. 1868年, マイヤーがその著書の第2版を準備していたとき, 彼はさらに24元素と九つの新しい元素の縦の族を含む広く拡大した周期系をつくった (図3.11). この周期系は, 後にすべての栄光を獲得した1869年のメンデレーエフの有名な表に先行している. さらに, マイヤーの周期系はメンデレーエフのものより正確であった. たとえば, マイヤーは水銀とカドミウム, 鉛とスズを正しく配置した. これら二つの場合で, メンデレーエフの表はこの関係をとることに失敗している[63].

何か理由があって, マイヤーの1868年の表は出版されなかった. 優に25年の後, エーベルスワルデの化学の教授としてマイヤーを継いだアドルフ・レメレは, その表をマイヤーにみせた. マイヤーはそれまでその存在についてすっかり忘れていたようである. 1895年, マイヤーの死後, 彼の同僚の一人カール・ソイベルトは最終的に忘れ

MEYER'S TABLE OF 1868.

1	2	3	4	5	6	7	8
		Al=27.3 [illegible]=14.8	Al=27.3				C=12.00 16.5 Si=28.5 [illegible]=44.5
Cr=52.6	Mn=55.1 49.2 Ru=104.3 92.8=2.46.4 Pt=197.1	Fe=56.0 48.9 Rh=103.4 92.8=2.46.4 Ir=197.1	Co=58.7 47.8 Pd=106.0 93=2.465 Os=199.	Ni=58.7	Cu=63.5 44.4 Ag=107.9 88.8=2.44.4 Au=196.7	Zn=65.0 46.9 Cd=111.9 88.3=2.44.5 Hg=200.2	[illegible]=44.5 Sn=117.6 89.4=2.41.7 Pb=207.0
9	**10**	**11**	**12**	**13**	**14**	**15**	
			Li=7.03 16.02	Be=9.3 14.7			
N=14.4 16.96 P=31.0 44.0 As=75.0 45.6 Sb=120.6 87.4=2.43.7 Bi=208.0	O=16.00 16.07 S=32.07 46.7 Se=78.8 49.5 Te=128.3	F=19.0 16.46 Cl=35.46 44.5 Br=79.9 46.8 I=126.8	Na=23.05 16.08 K=39.13 46.3 Rb=85.4 47.6 Cs=133.0 71=2.35.5 Te=204.0	Mg=24.0 16.0 Ca=40.0 47.6 Sr=87.6 49.5 Ba=137.1	Ti=48 42.0 Zr=90.0 47.6 Ta=137.6	Mo.=92.0 45.0 Vd=137.0 47.0 W=184.0	

図3.11　マイヤーの1868年の未発表周期系

られた表を出版した．残念ながら，マイヤーに優先権の装いを復させる試みは，ほとんど滑稽なほどの時の遅れの後，顧みられることはなかった．

3.9 結 論

私が本章で示したかったように，周期系は，特にカニッツァロが原子量の正確なセットを出版して以来，革命的でなく，徐々の進化の過程を経て発展した．その発見は，専門知識の分野とアプローチの仕方が非常に異なる六人の多様な科学者によって，基本的に独立になされた．フランスの化学者，ド・シャンクールトワは，複雑な3次元の画像をつくって，不運にも出版社のせいで損害を被った．しかし，彼が周期性を初めて発見したという事実は残る．加えて，多くの化学的な誤りが彼のシステムをほとんど忘れられた状態にしてしまった．イギリスの糖化学者，ニューランズは，化学的周期性の法則的地位を認めたが，中でも周期性と音階を対比させたのでいくぶん無視された．より定評のあるイギリスの化学者，オドリングも成功した周期系をデザインした．しかし意外にも，化学周期性の法則性を否定した．アメリカで研究した博学者，ヒンリックスはピタゴラス主義の，突飛な形を用いてらせん型の周期系を展開した．その中で彼は太陽系の大きさと原子の内の大きさを比較している．つぎにマイヤーとメンデレーエフの完全に成熟した周期系がくる．二人はドイツとロシアにおける権威ある化学教授で，両人とも化学教科書を著述することに従事していた．マイヤーは原子の物理的性質により重きをおいたようだが，予言することをためらった．そうこうするうちに，メンデレーエフは，すべての既知元素の詳細な化学的挙動に詳しい有能な化学者であったが，第4章に述べるように，まだ発見されていない元素についての大胆な予測を行った．

■注

1) このことをいうに当たって，私は基本的に，ヤン・ファン・スプロンセンが（周期系の）発展を解析したことと同意見である（第5章）．私は六人の発見者がいたということで，むしろ忠実にファン・スプロンセンに従っている．しかし，ファン・スプロンセンが好むように，周期系の発見の歴史の中の決定的な時期がいつかを強調することを私はしない．にもかかわらず，私はファン・スプロンセンの「先駆者」と「発見者」という用語を，より首尾一貫した形で，資料を提出する方策として部分的に受け入れている．これは，いわば慣例尊重主義者の戦略であって，あまり文字通りに受け取られるべきことではない．

2) L. M. Ampère, Lettre de Ampère à M. le comte Berthollet, sur la détermination des proportions dans lesquelles les corps se combinent d'après le nombre et la disposition respective des molécules dont leurs particles intégrantes sont composées, *Annales de Chimie*, **90**, 43-86, 1814.

3) C. Gerhardt, Recherches sur la Classification Chimique des Substances Organiques, *Comptes Rendus*, **15**, 498-500, 1842.

4) 原子量の正当化と分子の概念に関するカールスルーエ会議の重要性は歴史家アラン・ロックによって論じられている．彼は，この会議がなくても，変化はきわめて急速に起きたであろうと主張している．A. Rocke, *Chemical Atomism in the Nineteenth Century*, Ohio State Press, Columbus, 1984.

5) カニッツァロが化学的または物理的原子論にかかわったかどうかの問題は，アラン・チャルマーズの主題である．Cannizzaro's Course of Chemical Philosophy Revised（近刊）を見よ．チャルマーズはカニッツァロが前者にかかわっただけと信じる．

6) カニッツァロの方法の詳細な解説については，J. Bradley, *Before and after Cannizzaro*, Whittles Publishing Services, North Humberside, UK, 1992 を見よ．

7) S. Cannizzaro, *Il Nuovo Cimento*, **7**, 321-366, 1858（英訳, Alembic Club Reprints, No. 18, Edinburgh, 1923）p. 11 より引用．

8) A. Naquet, *Principes de Chimie*, F. Savy, Paris, 1867.

9) この族にウランを入れることは，現在の知識からは不適当である．

10) 現代の長周期型周期表は，同じ原子価 4 を示してもジルコニウムやチタンのように遷移金属を分離している．

11) これら六人の研究者による同時発見とすることも可能であろう．

12) Inquirer, Numerical Relations of Equivalent Numbers, *Chemical News*, **10**, 156, 1864；Studiosus, Numerical Relations of Equivalent Numbers, *Chemical News*, **10**, 11, 1864；Studiosus, Numerical Relations of Equivalent Numbers, *Chemical News*, **10**, 95, 1864.

13) P. J. Hartog, A First Foreshadowing of the Periodic Law, *Nature*, **41**, 186-188, 1889；P. E. Lecoq De Boibaudran, A. Lapparent, A Reclamation of Priority on Behalf of M. De Chancourtois Referring to the Numerical Relations of Atomic Weights, *Chemical News*, **63**, 51-52, 1891.

14) A. E. Béguyer De Chancourtois, *Comptes Rendus de l'Académie des Sciences*, **54**, 1862, 757, 840, 967.

15) ド・シャンクールトワの私的に発表したシステムの受領者の中にナポレオン王子がいた（訳注：ナポレオン 3 世の息子，ウジェーヌ皇太子のことと思われる）．

16) A. E. Béguyer De Chancourtois, Mémoire sur un Classement Naturel des Corps Simples ou Radicaux Appelé Vis Tellurique, *Comptes Rendus de l'Académie des Sciences*, **54**, 757-761, 840-843, and 967-971, 1862.

17) P. J. Hartog, A First Foreshadowing of the Periodic Law, *Nature*, **41**, 186-188, 1889, p. 187 から引用．

18) J. A. R. Newlands, *Journal of the Chemical Society*, **15**, 36, 1862.

19) C. J. Giunta, J. A. R. Newlands' Classification of the Elements：Periodicity, but No System (1), *Bulletin for the History of Chemistry*, **24**, 24-31, 1999.

20) 以下に述べるように，メンデレーエフは，170 あたりの原子量をもつ元素について，はじめのニューランズの誤った予言を繰り返した．彼自身，他の失敗した予言も多い．

21) テルルの硫黄，セレンとの化学的関連性や，ヨウ素とハロゲン元素との関連性は，定性的な化学的根拠からよく知られている．

22) ニューランズは，出版の日付でオドリングを 4 か月ほど負かしている．オドリングの 1864 年 10 月に対しニューランズ 1864 年 7 月．私はカルメン・ジュンタのこの予言の否定に同意しない．特に，彼がこの態度をとる理由に不同意である．C. Giunta, J. A. R. Newlands' Classification of the Elements：Periodicity But No System, *Bulletin for the History of Chemistry*, **24**, 24-31, 1999. この論文に対する応答は．E. R. Scerri, A Philosophical Commentary on Giunta's Critique of Newlands' Classification of the Elements, *Bulletin for the History of Chemistry*, **26**, 124-129, 2001.

23) グメリンとナッケの定性的基礎に基づく族のシステムは，本章のはじめに述べたが，両者ともリチウムとナトリウムを同族としている．

24) 8 という周期性は，当時知られていた化学では正しい．第 1 章で議論したように，現在では，最初の元素から最初の類似元素までを含めて周期性は実際は9である（たとえば，リチウムからナトリウム）．

25) J. A. R. Newlands, On the Law of Octaves, *Chemical News*, **12**, 83, August 18, 1865. emphasis original（訳注：原文では，Law of Octaves をイタリック体で強調している）．

26) Wendell H. Taylor, J. A. R. Newlands : A Pioneer in Atomic Numbers, *Journal of Chemical Education*, **26**, 152-157, 1949.

27) W. Odling, On the Proportional Numbers of the Elements, *Quarterly Journal of Science*, **1**, 642-648, October 1864, p. 648 から引用．

28) J. A. R. Newlands, On the Law of Octaves, *Chemical News*, **13**, 130, 1866.

29) 他方においてニューランズは，メンデレーエフが後に行ったように，未発見の元素に対して空き間をつくることを省いたことを非難されてよい．

30) ここでは私は，ニューランズの引用に一致すべく，連続する類似元素の数の間隔を考えている．この本の他の部分ではそうでなく，ある元素をその類似元素まで含めて考える．

31) J. A. R. Newlands, *On the Discovery of the Periodic System and on Relation among the Atomic Weights*, Spon, E&FN, London, 1884. この本は数多く発行されている．また，ロンドンの科学博物館所有のものは開放棚に展示され，ニューランズ自身がサインしている．

32) W. Odling, On the Proportional Numbers of the Elements, *Quarterly Journal of Science*, **1**, 642-648, October 1864. p. 642 から引用．

33) 同上． p. 643 から引用．

34) 同上． p. 644 から引用．

35) 私の考えでは，この特徴を認めた最初であることに対して，ファン・スプロンセンは正しくオドリングを賞賛している（J. van Spronsen, The Periodic System of the Chemical Elements, the First One Hundred Years, Elsevier, Amsterdam, 1969［島原健三訳,『周期系の歴史 上, 下』（三共出版，1978）］）．ただ，詳細については私は意見を異にする（本文で議論する）．

36) オドリングが現代の周期表の遷移金属の分離を予想していたというファン・スプロンセンの主張は，それゆえいくぶん修正する必要がある．

37) Carl A. Zapffe, G. Hinrichs, Precursor of Mendeleev, *Isis*, **60**, 461-476, 1969.

38) 同上，p. 464.

39) あるひどい雨の夕方，著者の車がサウスカロライナの会議へいく途中で故障したため立ち寄ったシンシナチのレストランで，ビル・イェンセンとの会話から（ビルはウィリアムの愛称）．

40) H. Cassebaum, G. Kauffman, The Periodic System of the Chemical Elements : The Search for Its Discoverer, *Isis*, **62**, 314-327, 1971.

41) しかし，関連の内容は，ヒンリックスが仮定したことと完全に異なっている．

42) 明らかに，天文学的距離との一致は近似的に過ぎない．

43) アイザーク・ニュートンは日光を用いて類似の実験を行った最初であると信じられている．

44) ブンゼンは，彼の昔の教え子であるメンデレーエフやマイヤーの研究について，著書でも講演でも一度も参照したことはないといわれる．これは，これらのかつての学生の両方が，元素を分類するそれぞれのシステムで，かなりの名声を得た事実にもかかわらず，である．

45) ヒンリックスが用いた原子量は，カルシウムが 40，バリウムは 68.5 である．

46) 彼が既知の事実に合うように，彼のシステムをデザインした可能性は排除できない．

47) 元素ジジム（Di）は，メンデレーエフのいくつかの表を含め，多くのシステムに入れられている．それはやがて，希土類元素のプラセオジムとネオジムの混合物であることがわかった．

48) 多くの点で，1863 年出版のニューランズの初期の表は，族分けの面でヒンリックスのそれに似ている．オドリングの 1864 年の表もまた，ヒンリックスのらせん型の表と酷似の族分けをしている．

49) 疑いなく，ニューランズがこれらの元素すべてを一緒にしたのは，多くの短周期型周期表に含まれるような 2 次周期性の関係の見地から意味がある．たとえば，これらの元素それぞれは原子価 1 を示す．

50) G. Hinrichs, *The Elements of Chemistry and Mineralogy*, Davenport, Iowa ; Day, Egbert &

Fidlar, 1871；G. Hinrichs, *The Principles of Chemistry and Molecular Mechanics*, Davenport, Iowa, Day, Egbert & Fidlar, 1874.

51) G. Hinrichs, *The Pharmacist*, **2**, 10, 1869.

52) K. Hentschel, Why Not One More Imponderable? John William Draper's Tithonic Rays, *Foundations of Chemistry*, **4**, 5-59, 2002.

53) 原子量についてのカニッツァロの研究の動機の一部は，上述のようにアボガドロの初期の仕事にある．

54) オズワルドの，*Klassiker der exakten Wissenschaften*, vol. 30, Abriss eines Lehrganges der theoretischen Chemie, vorgetragen von Prof. S. Cannizzaro, Leipzig, 1891 中のカニッツァロの論文についてのマイヤーの論説．

55) 同族体の系列の中の化合物は式で定義できる．そしてその系列の連続的なメンバーの分子量は，特徴的な一定値で変動する．たとえば，化合物，CH_4, C_2H_6, C_3H_8, C_4H_{10} などはアルカン同族体のメンバーであり，すべて一般式 C_nH_{2n+2} に従う．これらの系列の基は，$CH_3=15$, $C_2H_5=29$, $C_3H_7=43$, $C_4H_9=57$ で，それらの化合物同様，14 の間隔で重量が増加する．

56) 後の原子構造の発見からすると，この見解はマイヤーの考えがメンデレーエフのそれよりも進歩していた例証の一つと考えられよう．

57) 現在の原子は，陽子，中性子や電子などの小部品からなるという意味で，複合物といえるだろう．

58) 「水平の関係」という用語は，表によっては，化学の族を垂直に，他の表では水平に示すので，少し曖昧かもしれない．私はここではこの用語をエルンスト・レンセン（第 2 章を見よ）との関連でいった意味で用いている．すなわち，化学的に類似しているのではない元素の関係，つまり原子量が順次増加する元素の関係を意味する．これらの関係は，現代の表では周期として水平に現れる．また，実際，全部ではないが，多くのマイヤー-メンデレーエフの周期表で現れる．

59) 現代の周期表では，原子価ははじめ 1 から 4 まで増加し，つぎに減少してハロゲンに達して 1 になる．マイヤーの表は，単に彼が現在の 14 族から始めることを選んだ点で，現代の表と異なる．さらに，1864 年には貴（希）ガスは発見されていなかった．また，現在の 13 族は独立した族と認識されていなかった．

60) たとえば，ファン・スプロンセンがこの批判を行っている．

61) これらの元素を分けたおもな理由は，それらのあいだの原子価の関係ならびに，より特異的な化学的類似性があったからに違いない．

62) 「遷移金属」という用語の元々の意味は，短周期型周期表における連続的周期のあいだの「遷移」を示す鉄，コバルト，ニッケルのような元素を指した．現在ではこの用語は，長周期型でも，超長周期型でも，長周期型周期表での s-および p-ブロックのあいだの遷移を意味する．現在では，112 番元素まで含めて 54 の遷移金属がある（訳注：日本の高校教科書の分類では，111 番元素までに 64 の遷移金属がある．d-ブロックの亜鉛族を除き，f-ブロックのランタノイド，アクチノイドを含める）．

63) メンデレーエフの有名な 1869 年の表では，彼は間違って，銅や銀と一緒に水銀をおいた．また，鉛をカルシウム，ストロンチウム，バリウムと一緒に誤っておいた．また彼は，タリウムをアルカリ金属の中に誤置した．より詳細な比較対象については，J. van Spronsen, *The Periodic System of the Chemical Elements, the First One Hundred Years*, Elsevier, Amsterdam, 1969, pp. 127-131 を見よ．水銀と銀の誤置はたぶんそれほど驚くべきことではない．ラテン語の水銀名，*hydrargyrym* は「液体の銀」を意味するから．

4

メンデレーエフ

Mendeleev

ディミトリー・イヴァノヴィッチ・メンデレーエフ（図 4.1）は，少なくとも二つの意味で，周期系発見レースの優勝者であることに異論の余地がない．まず第一に，彼は周期系の発見者として抜きん出ていた．周期系を展開した最初の人ではなかったが，彼の提案した表は当時のみならず後世まで，科学の世界に最大のインパクトを与

図 4.1　ディミトリー・イヴァノヴィッチ・メンデレーエフ
写真提供と掲載許可：Emilio Segrè Collection.

えることになった．ダーウィンの名前が進化論と同義語であったり，アインシュタインといえば相対性理論というように，彼の名は常に周期表と一体となっていて，それに異議を差しはさむものはいない．

彼の研究のある種の優先権について，いろいろ口をはさむことは可能かもしれないが，メンデレーエフが文字通り周期系を広め，その有効性を擁護し，精密化に時間を費やした点で，周期系のチャンピオンだったことを否定する人はいないであろう[1)]．第3章で議論したように，周期系についての重要な仕事をした人はほかにもいた．しかし，それらの人々の多くは，アレクサンドル・エミール・ベギュイエ・ド・シャンクールトワやウィリアム・オドリングやグスタフ・ヒンリックスのように，他の科学研究に移っていった．これらの人々は，いったん自分の考えを発表すると違った分野に関心をもち，この分野に舞い戻ってメンデレーエフが行ったような周期系の効力検証のための研究はしなかった．

だからといって，メンデレーエフが周期系だけの仕事をしていたといいたいわけではない．彼はまた他の多くの科学関連分野でも知られ，いくつかの応用分野，たとえばロシアの油脂工業でも仕事をしていた．ロシア度量衡研究所の所長も務めた．しかし，周期系は生涯を通じてメンデレーエフの誇りであり喜びであった．晩年になっても執筆意欲は衰えず，周期系に立ち帰っていろいろ思考をめぐらせ，物理学者が追い求めていたエーテルを化学元素の一つとして表の中に入れるなどという話を盛り込んだ興味深い随筆を出版した．

メンデレーエフについては多くの記事が書かれているので，数ページの中で彼の貢献を公正に評価することはできない[2)]．本章では，他の章と同様に，周期系を下支えした基礎科学的・哲学的理念に話を集中しよう[3)]．ここでの重要な部分は，化学元素の本性をメンデレーエフがどのように考えていたかを理解することにある．この論点は周期系の最も哲学的な側面の基であり，メンデレーエフと周期系一般に関する書物や論文などで，これまでほとんど完全に無視されてきたものである[4)]．

4.1 青年期と科学研究

メンデレーエフは1834年，シベリアのトボルスクで生まれた．彼は十四人の子供のうち一番の年下だった．父は彼が子供のときに亡くなり，ディミトリーの科学の勉強を熱心に励ました母は，彼が約15歳のときに亡くなった．母は生前，すべてを犠牲にして息子をサンクト・ペテルブルグの教育大学に入学させる手配をした．事実，彼はここで化学，生物学，物理学，教育学を修めた．この中の最後の科目は，特に彼の科学研究に大きな影響を与えた．実は，メンデレーエフが彼の周期系を展開したのは無機化学の授業用の教科書を書いているときだったからである．

メンデレーエフの初期の科学研究は，多数の物質の化学的性質と比容の詳細な吟味であった．1859〜61年のあいだに，彼はハイデルベルクのローベルト・ブンゼンの研究室に滞在し，気体の挙動と，その完全気体からのずれに関する研究を行った．1860年までに，彼は一人前の化学者になりカールスルーエ会議に招かれた．そこで彼はアレクサンドル・デュマ，シャルル・アドルフ・ヴュルツ，スタニスラオ・カニッツァロなどの人物とめぐり合う．翌年，彼は有機化学の教科書を出版するが，これが母国ロシアで大きな成功を収め，名誉あるデミドフ賞を受賞した．

メンデレーエフが博士論文を提出したのは1865年になってからで，アルコールと水の相互作用に関する研究に基づいていた．このころ，有機化学を体系化する書物を仕上げていたので，彼はさらに無機化学を体系化する書物を目指して熟考しはじめた．この努力がついには，いま彼の名前と同義語になっている周期系の発見につながるのである．

彼が教科書『化学原論』を書いているときにメンデレーエフ周期系を思いついたのは明らかだが，周期系の発見を彼の仕事の広い文脈の中で位置づけるためには，発見を知らせる短い報告や初期の記録をみることが必要である．メンデレーエフ周期系の起源をめぐっては多くの神話や伝説が広がっている．最も普及しているのは，夢の中でアイデアが浮かんだとか，元素記号が記入してあるカードで一人トランプをしていたときにひらめいたとかいう話である．実際にはアイデアが熟成するのに多年を要したし，思考そのものは，たぶんカールスルーエ会議のころに始まったと思われる．有名な1869年の表が発表される10年も前のことである．

1868年の年末，メンデレーエフは彼の無機化学の教科書の第1巻を完成していた．その中で，彼はさまざまな種類の元素と化合物を体系的に考察し，最も一般的な元素である水素・酸素・窒素を扱っている．はじめは元素を，水素と結合するときに示す原子価の順にグループ分けした．これによりなんらかの組織化の手掛かりができたことになるが，この段階では組織化の原理とか分類のシステムの兆候とかはみられない．第1巻をハロゲン元素の概説で締めくくりにし，第2巻をアルカリ金属の概説で始めている．ここで彼は，つぎにどの元素を取り上げるかという問題に直面する．伝説によると，彼はその日，近くのチーズ工場を視察するという義務を放棄し，狂ったように新しい元素の図式に取り組み，1日のうちに問題を解決したという．

組織化の原理を真剣に考えなければならなかったが，周期系のことはよくわかっていたので，他の先駆者のように三つ組元素の概念や始原物質の存在に振り回されることはなかった．メンデレーエフはベルギーの化学者ジャン・セルヴェー・スタースの仕事を知っていた．スタースは，はじめプラウトの仮説の支持者だったが，第2章で述べたように，自分で精密な原子量測定を行ってからは強い批判者になった．メンデレーエフは教科書第1巻に特にスタースを引用し，プラウトの仮説へ距離をおくことを表明している．三つ組元素の概念に対してメンデレーエフが反対意見だったことは，彼が同じく第1巻に，ルビジウム・セシウム・タリウムはリチウム・ナトリウム・カリウムという三つ組元素と同じようにアルカリ金属に属する，と強調していることからうかがい知ることができる．彼はこのようにして，以前には三つのグループと考えられていたアルカリ金属が2倍の数，すなわち6種類はあると拡大して考えていた．さらに，フッ素がハロゲンに属し，塩素・臭素・ヨウ素の三つ組に加わるので4メンバーになることを述べている．この考えは厳密な三つ組元素の概念に反するので，他の研究者の抵抗にあった．メンデレーエフはこのようにして，すでに浸透していた一般概念から自分を解き放ち，自分の新しい概念が先入観なく判断されて，その独創性が十分に認められるようにしていたことは明らかである．

他方，メンデレーエフは原子量の大切なことをはじめのころから把握していたが，教科書を書きはじめたときには，元素を特徴づけるこの道具を十分に考えていなかった．彼の原子量に関する考えを研究した歴史家のドナルド・ローソンは，サンクト・ペテルブルグ教育大学時代の1855～56年に，メンデレーエフがまだヤコブ・ベルセリウスの原子量を使っていたことを発見した[5]．その後まもなく書かれた修士論文で，メンデレーエフはシャルル・ゲルハルトの原子量に乗り換えている．この原子量は，多くの元素についてベルセリウスの数値を半分にしている．ところがそのため，これらの数値はまた誤りを含むことになる．たとえば，酸素と炭素を半分にしたために，水とベンゼンの分子式がそれぞれ H_2O_2 と $C_{12}H_6$ になってしまった．これらの式は，いまわかっている H_2O と C_6H_6 からみると，まったく不正確である．幸いなことに，メンデレーエフはカールスルーエ会議に出席すると直ちにゲルハルトの数値を放棄した[6]．

しかしながら，メンデレーエフが完全にカニッツァロの原子量に切り替えるまでにはさらに若干の時間が必要であった．たとえば，1864年から1865年にかけて書いた講義録に，彼は53元素をリストアップしている．しかしそのうち13元素については時代遅れの当量を使い続けている．教科書の第2巻を執筆した1868年までに，22元素をリストにあげ，カニッツァロの新しい原子量をあてている．これがたまたまのことにせよ，メンデレーエフが元素の分類を真面目に取り組むころまでには，現在に近い原子量を使用していたことは確かで，それは彼の発見に不可欠のものだった．

メンデレーエフが原子量順という考えにたどり着いたのは，単に元素に順番をつけるときの量的な正当性を求めていたために過ぎないという主張がある[7]. 彼はアイデアが生まれたときのことをある程度の長さで書いているが, アイデアの動機とそれが熟成していく過程を明快かつ正確に描くことは難しい. 後に彼が書いた記事の中で, 周期系の他の発見者たち, つまり, ド・シャンクールトワ, オドリング, ニューランズ, ヒンリックス, マイヤーの五人が提案した周期系をまったくみていないと記している. これは少し奇妙にみえる. 彼は周期系の初期のパイオニアたち, 特にペーテル・クレマーズ, ジョサイア・クック, マックス・ペッテンコッファー, アレクサンドル・デュマ, エルンスト・レンセンに, 繰り返し自分の研究の助けになったと謝辞を述べている. 五人の周期表をみていない理由が, 彼が孤立していたためとも考えられない. 当時, ロシアの化学は進んでいた方であり, メンデレーエフはヨーロッパを旅行し, いくつもの言語で書かれた文献に通暁していたからである[8].

もう一つ謎なのは, メンデレーエフ自身と後の解説者たちが,「周期系の展開の中で最も大胆で独創的な段階は, 原子量の順に並べる必要を実感したときであった」とほのめかしていることである. たとえメンデレーエフが五人の発見者の仕事を知らなかったことを認めるとしても, 彼があからさまに謝辞を表明している先駆者たちは, 元素を並べるための基準として原子量を使っていたのである. これらの事情を合理的に説明するためには, メンデレーエフこそは原子量の概念の意味を「完全に」認識した最初の人である, ということに重要な意義を認めることしかない. メンデレーエフの発見の話と彼がつくった周期表の話の後で, この問題を取り上げよう.

4.2 発見の重要段階

ここで, メンデレーエフが原子量を使って, 元素を水平方向に並べて（現在の周期表の方式で）比較するに至った重要な段階をみることにしよう[9]. メンデレーエフ・アーカイブスの中に1869年2月17日付の一通の手紙が残っている. この日は彼が有名な最初の表をつくり上げた日でもある[10]. 手紙は, サンクト・ペテルブルグ自由経済協会秘書アレクセイ・イヴァノヴィッチ・コードネフという人からのもので, メンデレーエフが査察を実施することになっているチーズ工場の時間調整に関するものである. 手紙の背面にメンデレーエフはつぎの元素の原子量の比較を書いている.

Na	K	Rb	Cs
Be	Mg	Zn	Cd

ここでメンデレーエフはおそらく執筆中の教科書の中で, アルカリ金属のつぎにどの元素を扱うかを決めようとしていたのであろう. それは亜鉛か, カドミウムか, あるいはアルカリ土類元素か, さらにあるいは上記手書きの周期表の断片にあるこれら

全部か．いずれにしても，この断片は，元素の原子量の水平比較が注意深く実施された最初の例である[11]．

メンデレーエフが残した，もう一つの初期の断片的周期表は，3元素のグループの比較を含んでいる．

F	Cl	Br	I				
Na	K	Rb	Cs			Cu	Ag
Mg	Ca	Sr	Ba	Zn	Cd		

同じ日，メンデレーエフは他のグループの元素も水平に比較する必要があると実感したようである．そして図4.2に示すような手書きの表に初めて到達した．

このように，1869年2月17日の一日のうちに，メンデレーエフは元素の水平比較を行っただけでなく，当時の既知元素のほとんどを含む周期表の初版をつくり上げた．それゆえ，背景にあるアイデアは10年という時間幅で発展してきたかもしれないが，突然決定的なステップが実際にやってきたことは疑いない．

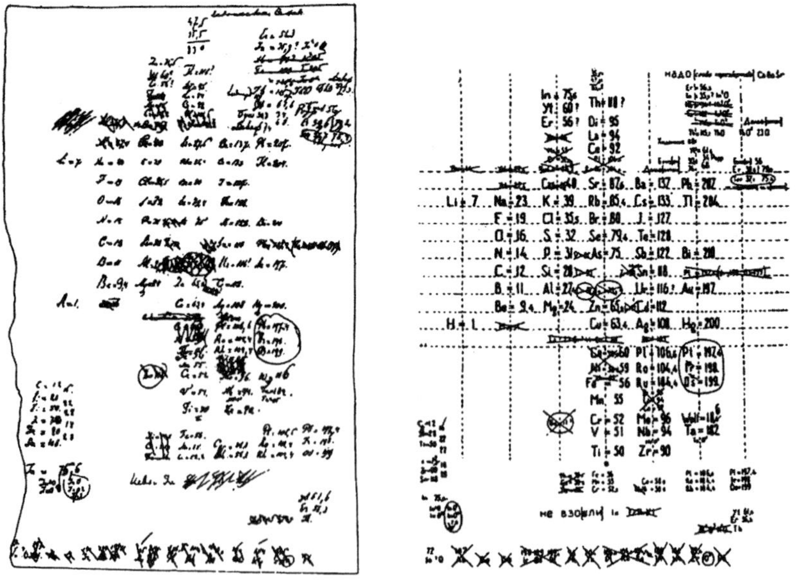

図4.2　メンデレーエフの最初の周期表（原稿）

最初の手稿（左）と浄書稿（右）．D. I. Mendeleev, *Periodicheskii Zakon*：*Klassiki Nauki*, B. M. Kedrov（ed.），Izdatel' stvo Akademii nauk Soyuz sovietskikh sotsial' stichekikh respublik, Moscow, 1958. J. van Spronsen, *The Periodic System of the Chemical Elements, the First One Hundred Years*, Elsevier, Amsterdam, 1969 より Elsevier の許可を得て転載．

преимущественно найдти общую систему элементовъ. Вотъ этотъ опытъ:

			Ti=50	Zr=90	?=180.
			V=51	Nb=94	Ta=182.
			Cr=52	Mo=96	W=186.
			Mn=55	Rh=104,4	Pt=197,4
			Fe=56	Ru=104,4	Ir=198.
			Ni=Co=59	Pl=106,6,	Os=199.
H=1			Cu=63,4	Ag=108	Hg=200.
	Be=9,4	Mg=24	Zn=65,2	Cd=112	
	B=11	Al=27,4	?=68	Ur=116	Au=197?
	C=12	Si=28	?=70	Sn=118	
	N=14	P=31	As=75	Sb=122	Bi=210
	O=16	S=32	Se=79,4	Te=128?	
	F=19	Cl=35,5	Br=80	I=127	
Li=7	Na=23	K=39	Rb=85,4	Cs=133	Tl=204
		Ca=40	Sr=87,6	Ba=137	Pb=207.
		?=45	Ce=92		
		?Er=56	La=94		
		?Yt=60	Di=95		
		?In=75,6	Th=118?		

図 4.3　メンデレーエフが発表した 1869 年の周期系
D. I. Mendeleev, Sootnoshenie svoistv s atomnym vesom elementov, *Zhurnal Russkeo Fiziko-Khimicheskoe Obshchestv*, **1**, 60-77, 1869, p. 70.

そこで，メンデレーエフが発見を公表する話に移ろう．いよいよ首尾一貫した周期系に到達したので，メンデレーエフはできた表を 200 部印刷し，ロシアおよび他のヨーロッパ地域の化学者に送った．ニコライ・アレクサンドロヴィッチ・メンシュトキンは 3 月 6 日に，最初の発見をロシア化学会に伝えた．同月の後半，その内容は新しく発足したロシア化学会の機関誌第 1 巻にロシア語で印刷された[12]．論文は数種類の周期表を含み，数週間後，要約がドイツ語で出版された[13]．

発表されたメンデレーエフの周期表（図 4.3）は主族と副族に分割されていた．たとえば，第 1 欄の元素はすべて原子価 1 であるが，二つに分けられていて，一方はリチウム，ナトリウム，カリウムのようなアルカリ金属（主族），もう一方は銅，銀，金を含む貴金属（副族）であった．顕著なのは，表のところどころに見受けられる空白で，メンデレーエフはすでにこの最初の論文で，未発見の元素があるとして，いくつかの予見を述べている．たとえば，「原子量 65～75 でアルミニウムとケイ素に似た元素」という予言はその一例である（訳注:図 4.3 は上記の説明に合致しない．図 4.4 を参照すると理解できる）．

メンデレーエフの最も有名な予言は，後のスカンジウム，ガリウム，ゲルマニウムについてのもので，1869 年発刊の周期表の中であげている．彼は，これらのうち二つについては，アルミニウムとケイ素を含む欄に属し，「？ =68」および「？ =70」という形でそれぞれの原子量を正確に記載している（後にガリウム=69.2，ゲルマニウム＝72となった）．さらに，1869年の「一つの系の試み」には，「？＝45」という記載がある．これは原子量44.6のスカンジウムに相当することがわかった．もっとも，スカンジウムが厳密にメンデレーエフの初期の予言のものに当てはまるかどうかについては論議の対象になっているという事実はある．

メンデレーエフは，1869年という早い時期に有名な3元素の原子量を予言しただけでなく，それらの性質についても予言している．同年に開かれたモスクワ会議でも，自分の周期系に欠けている2元素はアルミニウムおよびケイ素に似ていて，原子容が10または15，比重が約6であろう，と言及している．翌年の1870年には，後のスカンジウム，ガリウム，ゲルマニウムの原子容としてそれぞれ15，11.5，13を表示している[14]．

この周期系のもう一つの明らかな特色はテルルとヨウ素の逆転である．第3章で述べたように，メンデレーエフが気づいていたかどうかは別として，オドリングとマイヤーによって取り上げられたテーマである．テルルをヨウ素の前におくことによって，メンデレーエフは原子量順に並べるという彼の一般ルールから離れている．第3章で述べたように，テルルはヨウ素よりも原子量が大きい．しかし，原子価からすると元素の順番としてテルルはヨウ素の前にくるべきである．この特殊例を除いて，メンデレーエフは，たとえばマイヤーが使ったようには元素分類の基準に原子価を使わない．なぜなら，多くの元素が複数の原子価をもつためと，つぎに説明するように明瞭な化学的性質としてよりも基本物質として元素をとらえようとする彼の哲学的選択のためである．このような姿勢は，残された手記からも読み取ることができる．

> 正確な測定ができないために，上記の化学的性質は化学の知識を一般化するのには役立たない．つまり，化学的性質だけでは化学の本質を考える基本要件として十分でない．しかし，それは多くの化学現象を説明してくれるので，完全に無視するべきではない[15]．

したがって，メンデレーエフは，原子量によって元素を並べるという新しく見出した基準に，より多くの信頼を寄せていた．最初の論文とドイツ語要約を洗練させようとする考えを，彼が論文などの末尾に記した8か条から読み取ることができる（下線部はメンデレーエフがイタリックにした部分である）．

1. 元素は，原子量順に並べれば，明瞭にある種の性質の<u>周期性</u>を示す．
2. 化学的性質が類似する元素同士は，原子量がほぼ同じ（例：白金，イリジウム，オスミウム）か，あるいは規則的に上昇する（例：カリウム，ルビジウム，セシウム）かである．

3. 元素あるいは元素群を原子量順に並べると，いわゆる原子価の順に相当するのと同時に，特に，リチウム，ベリリウム，ホウ素，炭素，窒素，酸素，フッ素の例で明らかなように，ある程度は化学的性質の順に相当する．
4. 最も広く分布している元素は，原子量が小さい．
5. 原子量の大きさは元素の性格を決定する．あたかも分子の大きさが化合物の性格を決定するように．
6. 未知の多くの元素が発見されるのを待っている．たとえば，原子量65と71で，アルミニウムとケイ素にそれぞれ似た元素たちである．
7. 元素の原子量は，連続する元素についての知識によって，ときには補正されることがある．たとえば，テルルの原子量は123から126のあいだにくるべきであって，128ではありえない．
8. 元素のある種の特性はその元素の原子量から予知できる．

メンデレーエフがこのようなポイントをあげる姿勢と明快さは格別である．他の周期系の発見者たちがぼかしてヒントだけ書いていた点をズバリと書いている．8か条はまた，メンデレーエフの化学知識の深さを明確に示している．この点は第5章で，少し深く掘り下げて，彼が特定の元素をどのような考えで自分の周期系に繰り入れていったかをみることにしよう．

同年の1869年，メンデレーエフはもう一つの周期系を発表しているが，それはあまり知られていない．その系では主族元素と副族元素の分離はまったく現れない（表4.1）．たとえば，リチウム，ナトリウム，カリウム，銅，ルビジウム，銀，セシウム，タリウムは，表の第1行に水平に並んでいる．この発表は，周期表に関する2番目の主要論文で，ロシア人化学者の会に1869年8月23日付の報文として出ている．

表4.1　メンデレーエフの1869年のらせん型周期表

Li	Na	K	Cu	Rb	Ag	Cs	—	Tl
7	23	39	63.4	85.4	108	133	—	204
Be	Mg	Ca	Zn	Sr	Cd	Ba	—	Pb
B	Al	—	—	—	Ur	—	—	Bi?
C	Si	Ti	—	Zr	Sn	—	—	—
N	P	V	As	Nb	Sb	—	Ta	—
O	S	—	Se	—	Te	—	W	—
F	Cl	—	Br	—	J	—	—	—
19	35.5	58	80	100	127	160	190	220

D. I. Mendeleev, *Zhurnal Russkeo Fiziko-Khimicheskoe Obshchetvo*, **1**, 60-77, 1869より転載．表は脚注の部分にあり，p.69に始まりp.70で終わる．

MENDELÉEFF'S TABLE I.—1871.

Series.	GROUP I. R_2O.	GROUP II. RO.	GROUP III. R_2O_3.	GROUP IV. RH_4. RO_2.	GROUP V. RH_3. R_2O_5.	GROUP VI. RH_2. RO_3.	GROUP VII. RH. R_2O_7.	GROUP VIII. RO_4.
1	H=1							
2	Li=7	Be=9.4	B=11	C=12	N=14	O=16	F=19	
3	Na=23	Mg=24	Al=27.3	Si=28	P=31	S=32	Cl=35.5	
4	K=39	Ca=40	—=44	Ti=48	V=51	Cr=52	Mn=55	Fe=56, Ce=59 Ni=59, Cu=63
5	(Cu=63)	Zn=65	—=68	—=72	As=75	Se=78	Br=80	
6	Rb=85	Sr=87	? Y=88	Zr=90	Nb=94	Mo=96	—=100	Ru=194, Rh=104 Pd=106, Ag=108
7	(Ag=108)	Cd=112	In=113	Sn=118	Sb=122	Te=125	I=127	
8	Cs=133	Ba=137	? Di=138	? Ce=140	....	....	....	....
9	....	....	....	....	....	....	....	....
10	....	....	? Er=178	? La=180	Ta=182	W=184	....	Os=195, In=197 Pt=198, Au=199
11	(Au=199)	Hg=200	Tl=204	Pb=207	Bi=208	....	....	
12	....	....	....	Th=231	....	U=240	....	....

図 4.4 メンデレーエフの 1871 年の周期表

English version of a table that appeared in Die periodische Gesetzmässigkeit der chemischen Elemente, *Annalen der Chemie und Pharmacie*, **8** (Supplementband), 133–229, 1871.

表 4.2 メンデレーエフの 1879 年の長周期型周期表

										偶数元素						
										I	II	III	IV	V	VI	VII
										H						
										Li	Be	B	C	N	O	F
										Na						
偶数元素										奇数元素						
I	II	III	IV	V	VI	VII	VIII			I	II	III	IV	V	VI	VII
										—	—	—	—	—	—	—
—	—	—	—	—	—	—				—	Mg	Al	Si	P	S	Cl
K	Ca	—	Ti	V	Cr	Mn	Fe	Co	Ni	Cu	Zn	Ga	—	—	—	—
Rb	Sr	Yt	Zr	Nb	Mo	—	Ru	Rh	Pd	Ag	Cd	In	Sn	Sb	Te	J
Cs	Ba	La	Ce	—	—	—	—	—	—	—	—	—	—	—	—	—
—	—	Er	Di ?	Ta	W	—	Os	Ir	Pt	Au	Hg	Tl	Pb	Bi	—	—
—	—	—	Th	—	U	—	—	—	—	—	—	—	—	—	—	—

D. I. Mendeleev, *Chemical News*, vol. XI, 231–232, table on p. 231 より転載.

訳注：偶数元素および奇数元素とは，図 4.4 の表の左端にある「Series」欄の数字についての偶数・奇数を指すと思われる.

3番目の1870年の論文で，メンデレーエフは少なくとも原理的には，自分の系が完成に達している可能性を考えている[16]．この論文の目玉はウランの場所の再考で，ホウ素グループに入れていたのをクロムグループに移し，それに伴って原子量を116から240に変えようというものであった[17]．さらに，インジウムの原子量を75から113に変え，それに伴って，1869年の表（訳注：図4.2の右図）では上部に遊離しておいていたのをホウ素グループに入れた[18]．他の変更はセリウムで，新しい原子量が与えられ，場所が移動した．タリウムも新しい原子量が与えられた．ウランの原子量を除いては，これらの変更は現在の知見からみても基本的に正しい[19]．

1871年，メンデレーエフはドイツ語で96ページにおよぶ長大な論文を発表した．ここに記載された表は，横だけでなく縦にもグループ分けされている（図4.4）．彼はこの論文で，予言について詳細に解説し，それが後に確認されてその名が有名になったのである．

総括すると，メンデレーエフはおよそ30種類の周期表を発表し，さらに手書きでしか残っていない30種類の表を計画していた．これらは，水平型，垂直型，らせん型に加えて長周期型まで含まれている．長周期型はふつう，化学に量子力学が導入されてから始まったと思われているが，表4.2に示す通り，1879年のメンデレーエフ表に例がある．

4.3 元素の本性

前節で要約したメンデレーエフ周期表の熟成過程をみると，周期系の中心部に哲学的概念の核があることに気づく．その核は哲学的に非常に豊かで，最近まで学者・研究者がなかなか取り組めなかったのが実情である．それはもしかすると，周期系についていままで回答が得られなかった多くの疑問，たとえば，他の学者が既存の実験データに「弱気になって」いたのに，なぜメンデレーエフが大胆に予言をすることができたのか，という問いの答えを引き出すカギになるかもしれない．

周期系を発展させる過程で，メンデレーエフは，元素が化合物の中にあるとき，どのようにして変化しないでいられるのか，という疑問を認識していた．ありふれた例として塩化ナトリウムを考えてみる．灰色で毒性のある金属ナトリウムと，緑色の有毒ガスである塩素は，化学反応の後にはみかけ上は消失し，白色の結晶性化合物である塩化ナトリウムになる．

この質問に答えるために，メンデレーエフは，化学の哲学において懸案になっている観念をアリストテレスにまでさかのぼって訴えている．アリストテレスにとって元素とは，たとえそれが物理的諸様相として観測されようとも，それ自身は抽象的なものであった．4元素（地・水・火・空気）そのものは観測にかからないけれども，知覚できるもろもろの性質の担い手であった[20)]．元素とは分化されていない根源物質の上に刻印された無形の質で，すべての物体に存在するものだった．だから，特定の物体の性質は，そこに存在する4元素の割合に応じて定まっていた．

この考えに対しては，18世紀の化学革命の過程で，特にアントワンヌ・ラボアジエによって異議が出された．そして，アリストテレスの伝統の上に立って重要な修正が加えられ，「新化学」が生まれた．新化学は「単体」および「物体の物質成分」という概念を導入した．単体とは既知の手段では分解されないものであるが，ここに挿入した「既知」という言葉は非常に重要である．単体は，未来の分析技術の進歩によって状況が変わるかもしれない，暫定的なものとみなされるからである．アリストテレスの体系と主として違うところは，必ずしもすべての物体があらゆる単体を含む必要がないことである．もはや未分化の根源物質を考える必要はなく，代わりに，観測にかかる諸性質を有する多数の基本的構成物質，つまり単体を考えればよい．

ラボアジエの研究の結果，話の中心はどの物体が単体でどの物体がそうでないかという比較的簡単な実験的課題になった．そして第1章で述べたように，ラボアジエおよび同時代人は当時知られていた33種類の単体の表を作成した．しかしながら，ラボアジエの体系の一つの結果は，抽象元素は必ずしも既知の単体に相当しないということだった．歴史上のある段階で単体と思われていたものが分解可能になることもありうるので，単体と抽象元素の対応関係を確実にするためには，分析技術に万全の自信をもつ必要があった．ラボアジエの偉かったのは，彼だけがたとえ暫定的にしても，分離された単体を次々と抽象元素と同定していったことである．そのような注意深さは，19世紀の終わりになると次第に薄れていき，単体が元素の唯一の形状とみなされ，単体の相手役（元素）の抽象的側面は大幅に忘れられてしまった．

とはいっても，元素の抽象的（形而上学的）側面が完全に無視されたわけではない．それは，必ずしも微視的説明という意味ではないが，19世紀化学において解説役の機能を果たし続けた[21)]．19世紀の化学者は原子論的解釈にまだ懐疑的であった．それはメンデレーエフや他の人々をみてもわかる．しかし，彼らは化学現象の形而上学的解釈には納得していたのである．事実，元素を形而上学的に位置づけする利点は，みかけのパラドックスから逃れる道を提供してくれることである．メンデレーエフが，化合物の中で縛りつけられた元素の本性の説明のために訴えようとしたのはこの形而上学的側面であった．再び塩化ナトリウムの話だが，元素であるナトリウムと塩素はどのような意味で食塩の中に存在するのであろうか．明らかに，それらは文字通り「生き残っていない」ようにみえる．そうでなければ，それらは検出できるからである．

また，両元素の性質を示すナトリウムと塩素の混合物がありうることになるからである．19世紀化学の元素観から出てくる答えは，単体は化合物の中では存在できないが，抽象元素だけが存在できる，というものであった[22]．

19世紀の体系によると，これら抽象元素は恒久的なもので，単体や化合物の諸性質が観測できるのは抽象元素のためと考えられていた[23]．しかし，アリストテレス哲学とのおもな違いは，抽象元素がまた同時に単体や化合物の「物質的成分」ともみなされていたことである．この物質的成分という概念が，抽象元素の形而上学的世界と単体の観測可能な物質領域をリンクするのであった．たとえば，化学変化で認められる化学量論的関係は，物質的成分の働きで反応する物質の中に存在する抽象元素の量，と説明される．

このように，19世紀にまでもち越された元素に関する三つの重要な概念がある．まず，抽象元素は属性の担い手で，アリストテレス体系の継承である[24]．第二に，属性の担い手の他に，抽象元素は物体の不滅の物質的成分で，ラボアジエの質量保存の法則に従って行動する．第三に，抽象元素は観測できないことである．観測できるのは，ナトリウム，塩素，酸素のような単体である．現代の化学では，3番目の概念だけが残っているようにみえる．ただし，「元素」という語が19世紀の化学者たちが「単体」と呼んでいたものに限られるという違いがある[25]．

19世紀の化学は，周期系を発見し，ラボアジエへの賛辞をもって著作を始めたメンデレーエフの仕事をもって頂点に達した[26]．他の発見者のだれよりも，メンデレーエフは元素の哲学的位置づけにこだわった．彼が注意深く，「単体」と「元素」という自分がつけた名称を区別していたことは，メンデレーエフの周期系に対する重要だが見逃されていた側面である[27]．メンデレーエフが第1巻執筆の末尾に達し，考えが実ったときに書かれた周期律そのものと違って[28]，単体と抽象元素の議論は第1巻のまさにはじめの部分に現れ，そして，本の途中で何回も言及されている[29]．

> この意味で，一つの元素でも，遊離した均一な物体としての元素と，化合物の中の材質ではあるが目にみえない部分としての元素を，区別することは有用である．酸化水銀は，金属と気体という2種類の単体を含んでいないが，水銀と酸素という2種類の元素を含んでいる．水銀と酸素は，自由になれば金属と気体になる．しかし，酸化水銀には金属としての水銀も気体としての酸素も含まれていない．それはただ元素という材質が含まれているだけである．あたかも，蒸気が氷の材質を含むが氷そのものを含まず，穀物が種の材質を含むが種そのものを含まないのと同じである[30]．

メンデレーエフにとって，元素とは，基本的には観測できないが，単体の内的存在を形成する実在物であった．ある特定の元素を取り上げてみると，それは不変と考えられる．しかしその元素に対応する単体の姿は，炭素でいえば木炭，ダイアモンド，黒鉛といくつもの形をとる．この点で，メンデレーエフは元素の本性を諸性質の担い手とみなした古代哲学の継承者と考えてもよい[31)]．メンデレーエフの天才的なところは，化合物生成の過程で無傷で生き残ったのが「元素」だったように，測定可能な属性のうち唯一生き残った量が原子量だったと認識していたことである．それゆえ，彼はこれら二つの特性を組み合わせる段階に入った．つまり，元素（基本物質）は原子量によって決まるということである．ある意味で，抽象元素が，化学結合のときにも不変で，測定可能な属性を獲得したといえる．ここには原子量を元素の分類の基礎に使おうと正当化する深い意図がある．そして，ここが周期系の他の発見者や先駆者と違うところである．原子量順に並べることだけならば，他にも何人もが彼より前に試みていた．だから，メンデレーエフが原子量順に並べる必要を実感したという，どちらかというと素朴に響く主張を意義づけるには，上記のこと以外にはないのではなかろうか．要は，自分が正しい研究の道を歩んでいるという詳しい理由を彼が用意していたことにつきる[32)]．

メンデレーエフの周期系は，無機化学についての彼の教科書2巻のうちの第1巻の終わりのところに載っている．彼の本はまずロシアで出版された．そして英語，フランス語，ドイツ語に訳された．英語の初版はロシア語第5版の翻訳で，1891年，つまりロシア語初版から約20年後に現れた[33)]．もちろん，ヨーロッパの最先端の化学者は書物よりも先に発表論文でメンデレーエフの研究を知ったであろう．彼は教科書の重版のときに十分な改訂を行わなかったが，原子量と元素の順番について思考が次第に進んでいったことは，ことあるごとに多くのページにつけ加えられた多量の脚注からうかがい知ることができる．

日本の科学史家である梶雅範は，ロシア語原著の全8版を詳細に検討した[34)]．他国語に翻訳されなかったロシア語初版を研究して，梶は，メンデレーエフが教科書を書きはじめたときには，元素の順番を原子価で決める考えだったと議論している．このことは，メンデレーエフが，水素，酸素，窒素，炭素の順に元素を考えていたことからわかることである．これらは，原子価がそれぞれ1, 2, 3, 4だからである．

つぎに，メンデレーエフはハロゲン族を扱う．これも原子価は1である[35)]．それに続いて，やはり原子価1のアルカリ金属を論じ，そのあと2価のアルカリ土類金属に移る．さきに述べたように，彼が周期系をつくる決定的な発見をしたのは，アルカリ金属からアルカリ土類金属へ移るところだったと考えられる．実質的には，彼は元素分類のカギが原子価ではなく，原子量だということに気づいていた．もちろん，発表・未発表は別として，彼より前にこのことに気づいた化学者たちがいた．彼らは三つ組元素や原子量を基にして表をつくっていた．それにもかかわらず，メンデレーエフが優れていたのは新しい要素を加えたからである．その要素とは，化学的に異なる元素を比較する可能性，あるいは，後追いの知恵だが，いまの周期表のように水平に並べた元素を比較する可能性である[36]．メンデレーエフはつぎのように書いている．

> もし私が研究者の関心を，似ていない元素の原子量の大きさの関係に向けられれば，私の論文の目的は完全に達成されたことになる．私の知る限り，この関係はいままで完全に無視されてきた[37]．

梶によると，メンデレーエフが教科書重版のとき改訂しなかった理由について，少なくとも三人の周期表の権威[38] が誤ったことを書いているという．権威たちは，メンデレーエフが時とともに考えが変わるのを示すことになるために改訂するのを熟慮して控えたと書き，また，ある権威は，メンデレーエフが書いている初期の話は無視すべきで，教科書そのものから順を追って思考の展開を探るべきだと述べる．しかし，このような話は説得力がない．メンデレーエフは，興味が多方面に広がっていたことから，単に忙しすぎて教科書を徹底改訂する余裕がなかったのかもしれない．また，我々は彼がどのようにして周期系にたどり着いたかを，もっと彼自身の言葉から学び取るべきであろう．この話題が，メンデレーエフ研究者によってまだ研究される余地のあることは明らかである．

まだ解明されていないことは，なぜ彼が新発見の周期系の元素の並び順に合わせて第1巻を完全に書き直さなかったのか，ということである．第3版では，第2巻の方が再編成されて，元素の各論が周期系で並ぶ順番に従っている．確かにこれについては，大きな再編成と考えるかどうかで意見が分かれるが，第3版の中に周期系発見のしるしが含まれていることは明らかである．実際，もしも教科書の後の方の重版の中に，まったく周期系発見の余波がみられないとしたら，それこそ驚くべきことである．

『化学原論』第5版は1889年に出版されたが，英語，フランス語，ドイツ語に訳された初めての版であるため，ヨーロッパの学者にとって特に重要である．先行の版と比べて，若干の変更はあるが，本質的なものではなく大きな改訂はない．さらに発刊された第6, 7, 8版はいくらかの変更を含んでいる．たとえば，1903年の第7版には，発見されたばかりのアルゴンが周期系の中に記載されているが，窒素と空気の章で論じられている．おそらく，はじめアルゴンは窒素から少量だけ単離されたためと思われる．メンデレーエフはまた，新たに単離された元素，ラジウムに触れている．ただし，元素の変換の可能性を否定し，放射能の現象をエーテルによって説明しようと試みている．さらに，メンデレーエフは，長い年月苦しんだ希土類元素の入り場所についてはチェコの化学者ボフスラフ・ブラウナーにすべての試論を譲った．ブラウナーはメンデレーエフの書物の最終版の中で希土類元素の章を受けもっている．メンデレーエフ生存中の第8版と最終版では，すべての脚注が主文から分離され，巻の後半におかれている．

4.4 予言する

マイヤーおよびその他，メンデレーエフより前に未知元素の予言をした人々がいた．しかし，メンデレーエフが当時の周期系発見者のだれよりも広範な予言をしたことには異論がない．彼は新元素の存在を予言して成功したのみならず，多くの既知元素の原子量を修正し，テルルとヨウ素の位置を正しい順に逆転させた．そのような驚くべき予言をしたのが，なぜメンデレーエフで，マイヤーあるいはその他の人ではなかったのだろうか．多くの科学史家がいっているように，それは単に他の人々に予言するだけの勇気がなかっただけのことだろうか[39)]．メンデレーエフの強みは化学に対して哲学的接近をしたことにある，と私は思う．あまり哲学する心のない同時代の同業者が享受できなかった一種の洞察に，彼はたどり着いたのだと思う．

メンデレーエフは，抽象元素が単体よりも基本的と考えていた．なぜ「元素」が化合物の中で存在し続けるかのカギは抽象元素にあって単体にはない．それゆえに，もし周期系が根源的に重要なものならば，抽象元素こそ，まず分類の対象にする必要があった．メンデレーエフの予言はこのように抽象元素を心に描いていた．単体についての観測データがある方向を指していても，これらの特徴は部分的に無視してもよい．もっと基本的な抽象元素の性質が，特定の「単体」の形で観測されるものとは違っているだろうという信念があるからである．もちろん，微妙な意味合いをもつ「元素」は観測できないものなので，いかなる元素に関する予言も最終的にはそれに相当する単体を単離して，現実化する必要があった．しかし，この必要条件はメンデレーエフにとってなんらの問題にもならなかった．元素は一つの重要で測定可能な属性，すなわち原子量をもっていたからである．換言すると，抽象元素についての彼の予言は，その原子量という形の材質成分によって実証的に成就されたのである[40)]．すでに述べたように，メンデレーエフは，単体の他の諸性質は化学的に結合すると根本的に変化するのに，原子量の方は元素が結合して化合物になっても変わらない一つの性質だ，と信じていた．

単体ではなく，抽象元素を分類することに努めたため，メンデレーエフは非本質的な化学的性質に惑わされなかった．たとえば，ハロゲン族元素のフッ素，塩素，臭素，ヨウ素は，分離した単体に焦点を合わせると，それぞれ気体，気体，液体，固体と互いに違ったものにみえる．ところが，たとえばナトリウムとの化合物をみれば，すべて結晶性の白色粉末であって，ハロゲン族相互の類似性がよくわかる．要点は，これらの化合物の中で，フッ素，塩素，臭素，ヨウ素が単体として存在するのではなく，基本物質として潜在的・本質的形態で存在することである[41]．

観測結果が周期律に反するような場合があっても，メンデレーエフは自分の元素観に従って周期律の有効性を疑わなかった[42]．このような図太さは，周期律が基本物質としての抽象元素に適用され，基本的で力学におけるニュートンの法則に等しい地位をもつという深い信念からきていたのかもしれない．もし彼がもっと実証主義的だったならば，周期律の重要性を簡単に見失っていただろうし，自分の予言のいくつかについて疑念を抱いていたかもしれない．

メンデレーエフが自分の哲学的考えを表明するのは滅多にないことだったが，あるとき,「物, 力, 霊」の相互関係について書いたことがある．彼はつぎのようにいう．「現在の哲学の問題は一つの統一原理を求める傾向から派生している．しかし，私は自然の三つの基本成分を大切にする．物（物質），力（エネルギー），霊（魂）である．すべてのものはこれら3成分からなり, どの成分も他の成分に還元されない.」マイケル・ゴーディンによると，メンデレーエフの「霊」の使い方は，本質主義のいまの考え方に等しい, あるいは対象物に固有に存在するものに等しいという．ゴーディンはまた，メンデレーエフの立場は形而上学的だという．だから「実証主義者の仲間」からは離れていて，いまの私の立場と一致している[43]．

4.5　メンデレーエフは物理還元主義者か

メンデレーエフは元素の予言については明らかに競争者に一歩先んじていたが，化学の物理還元に関しては肯定的ではなかった．教科書類はしばしば，「周期系はいまでは原子の電子構造に依存すると信じられているが，メンデレーエフは化学的性質だけを考えていた」という調子で満足している．ときには，メンデレーエフが化学的性質だけを考えて周期系をつくり上げた事実に驚き感心する．教科書の説明は，彼が明らかに大まかなデータから周期系を推測できたことに驚きを表す．しかしこれまで論じてきたように，メンデレーエフは第一に化学的性質に沿って元素を分類したわけではなかった．

もっと正確にいえば，メンデレーエフが化学の物理還元を否定したのは，後に放射能や原子構造が発見されたことからみると，誤りだったと一般に考えられている．科学史家がそのような結論に達したのは，特にメンデレーエフ自身のこの主題についての発言をみれば，まったく驚くにあたらない．ロンドン王立協会の金曜講演で，彼は話している．

> 周期律は……元素の本性についてのいかなる概念からも影響を受けずに進化した．それは決して根源物質という考えから出たものではない．それは古典的思考の苦悩の遺産とは歴史的関連をもっていない[44]．

ここで，メンデレーエフは一種の還元主義，すなわちプラウトの仮説のように，すべての物質を一つの物質形態に還元するという還元主義に対して反対意見を表明している．

他の機会で，メンデレーエフはまったく違った形の還元主義について見解を述べている．それは，元素，あるいは現代用語で元素の原子が分解されるという考えについてである．

> 実験と理論の両者に基礎をおいた多くの方法によって，元素の本性が複合物であることの証明が試みられている．この方向でのすべての労力はまだ実っていない．そして，人がかつて元素をみつけて急速に普遍化した興奮の中で望んだほどには元素が均一（単一）ではない，という確信が年々強くなっていくのである[45]．

メンデレーエフは，すべての元素が物質の1形態に，すなわちプラウトがいうような水素に，還元されることを否定するのみならず，さまざまな元素がもっと普遍的な建築部材から構成されていることをも否定した．しかし，現代物理学はすべての元素の原子が実際には「複合」性をもっていて，陽子，中性子，電子で構成されることを明らかにした．さらに，原子核は簡単にいえば陽子と中性子を含んでいるだけだが，300余という信じがたい数の微小粒子を生むことがわかっている．いうまでもなく，メンデレーエフはこれらの進歩を知る由もなかった．

原子量を元素配列の重要な基準と強調しながらも，メンデレーエフはある程度までは化学的性質にも頼っている．どれだけの重要度をこの面におくかによって，メンデレーエフが現代化学における物理還元主義的傾向の直系の先駆者とみなされるかどうかが決まる．物理還元主義的傾向は量子力学の導入によって1920年代から30年代にかけてピークに達し，今日まで続いている．とりわけ，彼が原子量に重きをおいたことは物理還元主義の古典的範例と考えてよい．その点で，彼は，一部の人々が信じているように古典化学の後尾についているのではなく，20世紀の科学研究の先駆だったということになる．

還元主義にはいろいろある．メンデレーエフはすべての物質が一つの物質に統一されるとは信じていなかっただろうが，別の意味，すなわち元素に関する物理データ，特に原子量を重要視したという意味で，化学を物理に還元する提案者として影響力があった．実際に，彼が原子量による元素の順序づけを律（法則）の位置まで引き上げたことは，彼の業績の中心であった．このようにして，次第に世に現れていく彼の周期系が，当時の不確実な化学知識の中に埋没するのを防いだのである．同時に，個々の元素とその化合物の化学的性格に関してメンデレーエフは深い理解をもっていた．この理解があったからこそ，元素をどのようにグループ分けするかの直観的センスが生まれたのであった．事実，元素とその原子の複雑な性格についての彼の考えが不正確とわかったときでも，メンデレーエフは今日の知識からみて，その地位が変わるということはないと論じられている．フリッツ・パネットは書いている．

> それでも私は，彼（メンデレーエフ）の基本的な哲学的教義の中の非常に重要なあるものが，物理学の進歩があっても変わらず，今日でも十分に護られていると信じている．この「我々の科学の哲学的原理」こそが，彼の教科書の主要内容だと彼は思っていたのである[46]．

この見解は，メンデレーエフが実在論と物理還元主義との中間の立場をとっていたことを知るとよくわかる．たとえ物理学がいろいろな元素の原子が分解されることを明らかにしても，なお場合によっては，化学者は化学固有の目的でこの奥深い原子構造を無視することができる[47]．これがメンデレーエフの中間的立場の真髄である．その立場では，元素は他と区別できる実体をもちながら，しかも現代用語で陽子や電子と呼ばれる基本的微粒子に分解されるものと考えるのが有効である．あらゆる科学はその作業のレベルを自分で設定することができる．そして，最も深い基礎が必ずしもあらゆる目的にベストだとは限らない．

フランスの哲学者ガストン・バシュラールはまず物理化学者として出発した経歴をもつが，つぎのように書いている．

> 化学者の思考は，一方では多元主義，他方では多元論の還元主義と，両者の

あいだで揺れる[48].

元素の周期系の創造者メンデレーエフは，基本物質（抽象元素）と単体を哲学的に区別した．それゆえ，彼を純朴な実在論者とみなすことはできない．しかしながら，抽象元素を強調して周期分類に到達し，すでに普及していた根源物質を想定する還元主義的傾向に抵抗した．彼は元素を明確な個体とみなし，実在論と物理還元主義の中間の位置をとった[49]．これがメンデレーエフの真の遺産である．おそらくそれは，いつの世にも価値をもちながら大いに忘れられてきた，本当の「化学の哲学」の基礎をなすものであろう[50].

■注

1) 私はかつて *Scientific American* の論文で，メンデレーエフが余生を周期表の改良に費やしたと書いた．この見解はマイケル・ゴーディンによって訂正されている．M. Gordin, *A Well-Ordered Thing*, Basic Books, New York, 2004.

2) M. Gordin, *Historical Studies in the Physical Sciences*, **32**, 183-196, 2001；M. Gordin, *A Well-Ordered Thing*, Basic Books, New York, 2004；N. M. Brookes, *Dimitri Mendeleev's Principles of Chemistry and the Periodic Law of the Elements*, in B. Bensaude Vincent, A. Lundgren (eds.), *Communicating Chemistry：Textbooks and Their Audiences 1789-1939*, Science History-Publications, Canton, MA, 2000, pp. 295-309.

3) 私はロシア語を読みこなすことができないので，現代のメンデレーエフ学者のように1次文献に当たることはしていない．

4) 元素の本性に関する問題はつぎの著書に述べられている．Jan van Spronsen, *The Periodic System of the Chemical Elements, the First One Hundred Years*, Elsevier, Amsterdam, 1969［島原健三訳，『周期系の歴史 上，下』（三共出版，1978)］．この論題を扱った数少ない論文の中で吟味すべきものの一つは，つぎの文献の2部分からなる．F. A. Paneth, The Epistemological Status of the Chemical Concept of Element, *British Journal for the Philosophy of Science*, **13**, 1-14, 144-160, 1962. 別の分析がフランス語で書かれた未公刊の Ph. D 論文にある．Bernadette Vincent-Bensaude, *Les Pièges de l'Elémentaire*, Université de Paris, 1981（コピーをお送りいただいた著者に感謝します)．

5) D. C. Rawson, The Process of Discovery：Mendeleev and the Periodic Law, *Annals of Science*, **31**, 181-193, 1974.

6) ローソンはメンデレーエフが指導教授のアレクサンドル・フォスクレセンスキーにあてた手紙を引用している．その手紙には，メンデレーエフが，アマデオ・アボガドロの仮説を基にしたカニッツァロの周期系にいかに感銘を受けたかをしたためている．

7) ロシアの周期表の専門家，ボニファティー・ケドロフの主張である．

8) メンデレーエフが意識的に彼の直接の先駆者や競争相手のことを語るのを避けていたとする見解さえある．私にはこの見解を支持する証拠がない．

9) もっと詳しい説明は最近出たつぎの書物に譲る．M. Gordin, *A Well-Ordered Thing*, Basic Books, New York, 2004.

10) この日付の時代，ロシアはローマ帝国のユリウス暦を使っていた．ヨーロッパの他の諸国はすでにグレゴリオ暦つまり新暦に切り替えていたので，換算するとその日は3月1日になる．

11) 第2章で述べたように，クレマースもこの種の比較をしている．しかし，意識して比較したわけではないようである．

12) D. I. Mendeleev, Sootnoshenie svoistv s atomnym vesom elementov, *Zhurnal Russkeo Fiziko-*

Khimicheskoe Obshchestvo, **1**, 60–77, 1869.

13) 周期系に関するメンデレーエフの有名な最初の論文のドイツ語要旨は，*Journal für praktische Chemie*, **1**, 251, 1869 に現れた．最初の論文を要約した長い論文は，*Berichte der deutschen chemischen Gesellschaft*, **2**, 553, 1869 に掲載された．

14) メンデレーエフ，1870 年夏〜初秋の手稿の表 19（M13）（この数字は，13 番目の手稿の全 65 表のうち 19 番目の表を意味する）．

15) 引用は，D. I. Mendeleev, The Periodic Law of the Chemical Elements, *Chemical News*, **40**, 243–244, November 21, 1879 の 243 ページから．メンデレーエフは特に酸素と水素との結合について述べている．この引用文は *Chemical News* に現れたつぎの 18 編におよぶシリーズ論文の一つにある．*Chemical News*, 1879, **40**, 231–232, 243–244, 255–256, 267–268, 279–280, 291–292, 303–304；同上，1880, **41**, 2–3, 27–28, 39–40, 49–50, 61–62, 71–72, 83–84, 93–94, 106–108, 113–114, 125–126.

16) D. I. Mendeleev, Über die Stellung des Ceriums in dem System der Elemente, *Bulletin of the Academy of Imperial Science* (*St. Petersburg*)，**16**, 45–51, 1870.

17) メンデレーエフがこの変更をした根拠は第 5 章で分析する．

18) マイヤーもこのようにインジウムを移動させている．

19) メンデレーエフがこれらの変更をした根拠は非常に多様である．たとえば，元素ウランをホウ素グループからクロムグループへ移動させたことについては，第 5 章で詳しく論じる．

20) つぎの文献をご覧いただきたい. E. R. Scerri, Realism, Reduction and the Intermediate Position, in N. Bhushan, S. Rosenfeld (eds.)，*Of Minds and Molecules*, Oxford University Press, 2000, pp. 51–72.

21) 「形而上学」という言葉を使うとき，私はこの問題に関するフリッツ・パネットの研究に従っている．現代の化学哲学者の何人か，たとえばポール・ニーダムやロビン・ヘンドリーは，基本物質の問題を論じるときには，いかなる形而上学的な概念も否定する．

22) 現在の化学によるもっと平凡な説明は，各元素の生き残っているものは陽子の数，つまりナトリウム原子・塩素原子の核電荷だというものである．極端な場合には，それはたとえば Na^{11+} と Cl^{17+} だというものだろう．この答えは正しいかもしれないが，問題が化学元素だということを考えると，少し不満足感が残る．というのは，元素のすべての化学的性質が原子核の周りの電子配置や電子の交換で決定するのに，化学元素の個性が原子核そのものに依存するというからである．

23) おそらくこの理由で, 19 世紀の元素概念の擁護者であったメンデレーエフが, 20 世紀初頭にアーネスト・ラザフォードによって発見された元素変換の概念を受け入れるのを拒んだのであろう．

24) この用語（抽象元素）は，アリストテレスや近年のスピノザ，カントが論じた哲学的意味での物質のことである．ただし，これら哲学者はこのテーマについてそれぞれ独自の考えをもっていたので，まったく同じ内容ではない．

25) 現在の元素の概念は，パネットが抽象元素と単体の区別を強く主張したことからたどり着いたという面もあるのだが，それにもかかわらず現在の元素は 19 世紀の単体に限られている．

26) ここには若干の皮肉な面がある．メンデレーエフはラボアジエが不毛の概念だとした基本物質としての元素の重要性を支持して，ラボアジエとは袂を分かっていたからである．

27) この点の議論についてはつぎを参照のこと．F. A. Paneth, The Epistemological Status of the Chemical Concept of Element, *British Journal for the Philosophy of Science*, **13**, 1–14, 144–160, 1962. また，メンデレーエフおよび，はるかに後のパネットが，元素の二重性（抽象元素と単体）を保持し続けたという単なる事実は，化学革命が元素の形而上学的考えを一掃しなかったという証である．

28) 私のこのコメントはメンデレーエフ本の最初の英訳本，またはロシア語第 5 版についてのことである．

29) フランス語訳は元素と単体を容易に区別できるようになっている．ところが英訳の「element」はしばしば単体を意味するように使われている．したがって，この区別について唯一の大がかりな哲学的分析がフランスの哲学者・歴史家のベルナデット・バンソード-ヴァンサンによって行われたのも驚くにあたらない．現代でこのような分析を行っているのはパネットである．彼は，メンデレーエフ本のドイツ語訳を使っているが，この本では，元素という言葉を無差別に使うよりも単体と表現し，区別の精神を保っている．

30) D. I. Mendeleev, *The Principles of Chemistry*, 5th Russian ed., vol. 1, 1889（最初の英訳は，G. Kemensky, Collier, New York, 1891），p. 23.

31) 元素の本性のことを「element as principles」（根本原理としての元素）と呼ぶこともしばしば文献にみられる．

32) この問題，すなわちすべての元素（実際には単体の意味）が原子量あるいは原子番号で定義されるということが，今日の化学ではむしろ当然のようになっていることは注目に値する．

33) メンデレーエフの生存中に出版された八つの版の出版年はつぎの通りである．初版 1868～1871 年；第 2 版 1872～1873 年；第 3 版 1877 年；第 4 版 1881～1882 年；第 5 版 1889 年；第 6 版 1895 年；第 7 版 1903 年；第 8 版 1906 年．さらに没後，五つのロシア語の出版があり，そこには新しい発見も盛り込まれている．メンデレーエフの著作の翻訳はつぎの通りである：英訳初版 1891 年（ロシア語第 5 版より）；英訳第 2 版 1897 年（ロシア語第 6 版より）；英訳第 3 版 1905 年（ロシア語第 7 版より）．その他に，ロシア語第 5 版は 1890 年にドイツ語に翻訳され，ロシア語第 6 版は 1895 年にフランス語に翻訳された．

34) M. Kaji, Mendeleev's Conception of the Chemical Elements and the Principles of Chemistry, *Bulletin for the History of Chemistry*, **27**, 4-16, 2002；M. Kaji, Mendeleev's Discovery of the Periodic Law：The Origin and the Reception, *Foundations of Chemistry*, **5**, 189-214, 2003. もちろん，梶雅範よりも前に多くのロシアの学者がこのような概説を出していると思うが，私はそれらの中で英訳されたものを知らない．

35) 興味深い点は，彼の本の中のここで初めて（つまり第 11 章で），メンデレーエフが同グループの元素を一つの章の中で扱っていることである．

36) 第 2 章で述べたように，この点でも先駆者がいた．元素の水平関係とでもいうべきものを考え出したのはクレマースである．

37) メンデレーエフ（1869）で，つぎの文献の英訳．H. M. Leicester and H. S. Klickstein, Dimitrii Ivanovich Mendeleev, *A Sourcebook in Chemistry, 1400-1900*, Harvard University Press, Cambridge, MA, 1952, pp. 439-444 の p. 442.

38) 梶雅範はヘンリー・レイチェスター，ウィリアム・ブルック，ベルナデット・バンソード-ヴァンサンを引用している．

39) E. R. Scerri, J. W. Worrall, Prediction and the Periodic Table, *Studies in History and Philosophy of Science*, **32**, 407-452, 2001.

40) 私は個々の原子の重さが直接測定されうるといっているのではない．私は化学者のセンスで考えて，化学量論的反応が，関与する元素の原子量によって合理的に説明されるといいたいのである．

41) 実際のこととして，ハロゲン族元素がみかけ上は互いに異なっていたにしても，それらを一つにまとめることは化学の立場から予見されていた．私はこれを，単に単体に基づいた分類では一般的には信頼できないことの例としてあげる．メンデレーエフの考えの底流に横たわる仮説の分析を試みた数少ない哲学者の一人であるクルトゲンは，私が強調している一般的な哲学的接近をいくつかの点で支持している．J. H. Kultgen, Philosophical Conceptions in Mendeleev's Principles of Chemistry, *Philosophy of Science*, **25**, 177-183, 1958.

42) 他の多くの化学者たちも，塩素，臭素，ヨウ素が同一グループになることをすでに実感していた．

43) M. Gordin, *A Well-Ordered Thing*, Basic Books, New York, 2004, p. 228.

44) D. I. Mendeleev, The Periodic Law of the Chemical Elements, *Journal of the Chemical Society*, **55**, 634-658, 1889. 644 ページから引用．

45) D. I. Mendeleev, *The Principles of Chemistry*（1905 年のロシア語第 7 版の英訳第 3 版，vol. 1, Longmans, London, p. 20）．

46) E. A. Paneth, Chemical Elements and Primordial Matter, in H. Dingle, G. R. Martin（eds.）, *Chemistry and Beyond*, Wiley, New York, 1965, pp. 53-72. 56-57 ページから引用．

47) もちろん，現代の化学者はいつでも陽子，中性子，電子を使ってものごとを考える．私がここでいっているのは，ふつう化学者が無視するもっと下部の核構造に付随する一般的な点である．
48) G. Bachelard, *Le Plurarisme Cohérent de la Chimie Moderne*, Vrin, Paris, 1932（この引用文の英訳は著者による）．
49) これらの問題の詳細な議論についてはつぎの文献を参照のこと．E. R. Scerri, Realism, Reduction and the Intermediate Position, in N. Bhushan, S. Rosenfeld (eds.), *Of Minds and Molecules*, Oxford University Press, New York, 2000, pp. 51–72.
50) E. R. Scerri, Response to Vollmer's Review of Minds and Molecules, *Philosophy of Science*, **70**, 391–398, 2003.

5

予言と配置：メンデレーエフの周期系の受け入れ

Prediction and Accommodation－The Acceptance of Mendeleev's Periodic System

周期表は，六人の共同発見者によって，10年ほどのあいだに独立につくられたが，ディミトリー・イヴァノヴィッチ・メンデレーエフの周期系は，断然最大のインパクトをもっていた．メンデレーエフの周期系は，他のものより完全であるばかりでなく，彼はその受け入れのために，より熱心に，また，より長く努力した．彼は彼の周期系を用いて，多くのこれまで未知の元素の存在を予言し，彼の周期系の妥当性を公に示すことにおいて他の発見者たちよりもはるかに先んじていた．

世に普及している物語では，メンデレーエフの多くの成功した予言が，周期系が広く受け入れられた直接の原因であるが，一方で，彼の競争者は予言に失敗したか，または，やや内容に乏しいやり方でしかしなかった[1)]，ということになっている．メンデレーエフの予言のいくつか，特にゲルマニウム，ガリウム，スカンジウムなどの元素の予言は，事実広く世に知られ，多くの歴史家はそれが目覚ましい偉業であり，科学社会におけるメンデレーエフの周期系の受け入れを保証したと主張した．

科学の理論は，第一に予言がうまくいくならば受け入れられるという考えが，科学的文化によく浸透していると思われる．そして，周期表の歴史は，予言によってこの考えが普及するエピソードの一つであった．しかし，哲学者や何人かの科学者は，予言が科学理論の受け入れにどの程度影響するかを長く議論してきた．そして，成功した予言が他の因子よりも有効であるという先の結論には決してなっていない．

本章におけるメンデレーエフの予言の大部分をよくみると，せいぜいその半分が正しいとわかった，といえることが明らかである．これは多くの問題を提起する．第一に，歴史は予言の作者としてのメンデレーエフにかくも優しいのはなぜか？　化学の歴史家，ウィリアム・ブロックは，「メンデレーエフの予言のすべてが成功したわけではない．占星術師の失敗のように，それらは通例忘れ去られる」と指摘する[2)]．この疑問を別様にとれば，なぜメンデレーエフの成功した予言が彼のシステムの妥当性を支持する一方で，不成功だった予言がそれを傷つけなかったのだろう?

メンデレーエフの周期表の受け入れに，最も重きをなすのが彼の予言だと認めると，この質問に答えるのに困ってしまう．しかし，何人かが論じているように，予言が新しい科学的着想の妥当性を示す唯一の最も重要な因子だとは決して確定したものではない[3)]．事実，予言の価値を証明するよりむしろ，周期表が展開し受け入れられていること自体が，周期表内での元素配置の重要さ，すなわち，すでに知られている事実を説明する新しい科学理論の能力の重要さを，強力に例証してくれている．

1869 年に彼が初めて成熟した周期系を出版したときから，メンデレーエフは，特定の未知元素を予言しはじめ，また，既知の原子の原子量の値を訂正することを始めた．この予言の両形態とも，彼のシステムの改善には必須であり，本章の流れの中で検証する．新元素の予言と，存在する元素の原子量の訂正はともに予言の形をとるものの，いくぶん性格が異なっており，これはこれから探究する側面である．歴史家のシュテフェン・ブラッシュは，既知元素の修正を記述するのに「逆予言(contrapredictions)」という適切ないい方をしている[4)]．彼もまた，これがこれまで未知であった元素の予言とは違うカテゴリーを示すと信じている．

本章で調べる問題は，①一般に普及した記述がそうであるように，新元素の予言がそれ自身，メンデレーエフのシステムの受け入れに決定的な因子であったかどうか，②成功した予言が一般に（新元素および逆予言），成功した配置（周期表の中への元素の適合）よりもインパクトが著しく強いかどうかである[5)]．

メンデレーエフの化学者としての並はずれた熟達と，原子量が元素間の最上の秩序づけ原理という確固とした信念が結びついて，彼を周期系の展開へと導いた．彼の天才は，これまでに蓄積された正確，不正確な元素の知識の集団を通して，あるシステムを直観的に選別する能力にあった．そこには優雅かつ永続的なアイデアが働いていて，その導入によって，化学的，物理的発見が生まれたのである．

5.1　メンデレーエフの取り組み方

メンデレーエフは，元素の化学的特性の深い知識に相伴った元素の個性に対する献身と愛によって，その競争者と区別される．たとえば，ユリウス·ロータル·マイヤーが，周期性の分類に到達するのに，彼の探求において，物理的性質に，より関心があったのに対し，メンデレーエフのアプローチは元素の「自然史」と記述されよう[6]．メンデレーエフがもつ元素の知識の深さは，大部分の現代の化学者が太刀打ちできないようなものである[7]．

メンデレーエフがトランプをうまくやりくりしたり，原子量の値をいじくりまわして周期系に到達したと思わせるような神話や伝説に反して，これは物語の小さな部分に過ぎなかった[8]．真の仕事は，周期表がつくり上げられるべき基礎的要素の化学的・物理的性質に精通していることにあった．メンデレーエフは，そのような事柄の熟達者であり，すべての元素がどんな塩をつくるか，どの試薬がそれらの塩から沈殿を得るのに用いうるかを知っていた．これらや，数え切れない他の細目が合成され，彼がある特定元素をどこにおくべきかを決断する際に証拠として注意深く斟酌された．

メンデレーエフが原子量の多くを訂正したこと，また未知元素の予言をしたことへの動機を知るためには，周期表における元素の配置に関するメンデレーエフのやり方を理解することが重要である．メンデレーエフは，原子量の順に加えて，元素間の族類似性，周期表における空所の元素の単一占有の概念など，多くの判断基準を考えた．しかし，これらのすべての基準は，個々のケースが現れると，覆えされうるもので，実際しばしば覆された．

同族元素間の類似はメンデレーエフにとって非常に重要であった．彼は，他の元素との反応，塩の性質，沈殿反応，元素の酸–塩基の化学によって示されるような化学的類似性を探し求めた．マイヤーのアプローチとは対照的に，メンデレーエフは，化学的性質が物理的基準に優先すると信じた（もちろん，原子量は例外として）．マイヤーは，原子容，密度，可融性のような性質の物理的類似性におもに集中して，彼自身の周期系を確立した[9]．メンデレーエフにとっては，化学的に類似した元素が一緒に族分けされることが非常に重要なので，周期表の各か所は単一の元素を含む，という単一占有の概念を乱すこともいとわなかった．これは，彼の表でⅧ族[10]と名づけたものの場合で，3元素のセット，たとえば鉄，コバルト，ニッケルがいくつかの単一のスペースであるべきところを占めている[11]．

メンデレーエフが用いた最も厳密な基準は，原子量の増加の順で元素を並べることであった．第4章で述べたように，彼は原子量の基本的役割について主張することにおいて，他の周期系の発見者よりも，強い哲学的理由をもっていた．それほどまでに強かったので，彼は，彼の壮大な哲学的体系に合うように，自然を曲げることもいとわなかった．しかし，彼はときおり，元素の化学的性格がそれを求めると思われる場合には，この原理すらも犯したように思われる．その例は，テルルの原子量がヨウ素よりも，高い値をもつのに，ヨウ素の前にテルルをおいたことである．しかし，この逆転をさせた一方で，メンデレーエフは，原子量の問題を無視したわけではなくて，むしろ，少なくともこれらの元素の一つの原子量が，不正確に決定された，そして，将来の実験が結局は彼がヨウ素の前にテルルをおいたことに従う原子量順を示すだろうと主張した．彼の独創的なシステム，または他の人のシステムの中の元素のみかけ上の誤配置は，主としてその元素に不正確な原子量が与えられた結果というのがメンデレーエフの指導原理であった．

ある場合にはメンデレーエフは，誤配置された元素の原子量を訂正したが，また，問題の原子量を変えずに，ある族の類似性をより忠実に反映させるために，元素を移動することで十分と考える場合もあった．これは，水銀の場合で，彼の最も初期の表でしたことだが，水銀を銅や銀でなく，亜鉛やカドミウムの類似物とみなした[12)]．

メンデレーエフがかなりの期間にわたって，熟考し，数編の論文を出した元素が数多くある．これらは，インジウム，エルビウムおよびランタンを含む．それらはすべて原子量についてなされなければならない微妙な議論を含む．いくつかを以下に検証する．

5.2 原子量の訂正

ある元素の原子量を訂正するには，しばしば当量から原子量を得るために用いられる倍数を変更することも可能だった．原子量変更のこの方法による元素の再配置は，メンデレーエフにとって特に成果のあるものだった．当量の二者択一の倍数を採用する場合，メンデレーエフが行っていたことは，つぎの関係によって，ある元素の二者択一の原子価を採用することだった．

$$\text{原子量} = \text{原子価} \times \text{当量}$$

ある場合には，元素の原子価は，族の類似性によって，間接的にのみ決定された．このアプローチは，メンデレーエフによって，中でもベリリウム，ウラン，インジウムおよびトリウムの場合に用いられた．族の類似性のいかなる提案された変化も，原子価の変化の結果，すなわち原子量の変化が本当に正当なものかどうか，を決めるために注意深く考慮されなければならなかった．たとえばウランの場合，この元素は水素と化合物をつくらなかった．したがって，最も直接的な仕方では，その原子価に到達する可能性がない[13)]．ウランは他の元素とは，2, 3, 4, 5, 6，さらに 8 の原子価を示す．変動する原子価は，遷移金属の共通の特性である．メンデレーエフは，ウランの族を決めるために，ウランの他の形の化学的挙動に頼らねばならなかった．そして主原子価 4 を与えた．

他の場合では，メンデレーエフは，当量のわずかな調整を必要とするだけだったが，それは順次，適当な原子価による掛け算で，原子量の値の対応する小さな変化になった．この種の例は，チタン，テルル，ヨウ素，白金，金，コバルト，ニッケルおよびカリウムである．チタンの場合は興味深い．それはこの元素が，原子量の順番により，また他の元素との類似性により，すでに周期表の中で安全な場所にあった．にもかかわらず，メンデレーエフは，原子量によって順序づけられた，連続する元素の値の差の規則性をよくするために，その原子量を50から48に変えることにした．彼は，この場合に限ってそれを用いているので，このような規則性がメンデレーエフのもう一つの判定基準とみなされるかどうかは疑問である．しかし，チタンに対する現在の値が，50よりも実際48に近いので，メンデレーエフは正しかったという事実は残る．メンデレーエフの原子量訂正に対する超人的感覚，それは，しばしば論理的な再構築を無視するものと思われるが，いろいろな場面で彼に役立っている[14)]．

5.3 ベリリウム

金属ベリリウムの配置は，メンデレーエフのシステムに対する最も厳しい試練の一つであった．このケースは，かなりの期間続いた論争を含み，メンデレーエフの立場が正当であることの完全な立証に終わったということで，歴史的に意義があった．問題は，この元素が原子価2あるいは3を割り当てられるべきかどうかであり，これはその原子量に影響し，つぎに周期表中でとる位置を決める．

スタニスラオ・カニッツァロの原子量の決定法は，揮発性の化合物を必要とするので，金属元素に応用するのは容易でない．代わって，他の方法が金属に対しては用いられ続けた．原子量を得る一つの重要な方法は，ピエール・ルイ・デュロンとアレクシス・テレーズ・プティの1819年の法則によるものだった．第2章で議論したように，これらの著者は固体の比熱と原子量のあいだの近似的関係がつぎのようであることを見出していた[15)]．

$$\text{原子量} \times \text{比熱} = \text{定数} = 5.96$$

ベリリウムに対して測定された比熱0.4079は，原子量14.6を示した．これはこの元素を3価のアルミニウムと同じ族におくであろう[16)]．

原子量の他に，ベリリウムをアルミニウムと一緒におく理由があった．ベリリウムの原子価への手がかりは，酸素と結合させて酸化物をつくることによって得られる．金属酸化物や水酸化物は水に溶けて塩基をつくる．一方，非金属酸化物または水酸化物は水に溶けて酸をつくる．さらに，酸化物の化学的特性は，一般に，あるルールによって，関与する金属の原子価を近似的に表示する．これらのルールは，一般的にMで示す金属に対してつぎのように要約される．

低原子価酸化物	MO, M_2O	強塩基性
中間的な原子価の酸化物	M_2O_3	弱塩基性
高原子価酸化物	M_2O_5, MO_3	酸性

酸化ベリリウムは弱塩基性で，マグネシウムとは異なる金属構造をもつ．また，塩化ベリリウムは揮発性で，塩化アルミニウムに似ている．これらの事実を一緒にして，ベリリウムとアルミニウムの関連は，有無をいわせぬものと思われた．

これらすべての証拠にもかかわらず，メンデレーエフは，純粋に化学的な議論であるとともに，周期系に基づいた議論を用いて，ベリリウムは2価であるという見解を支持した．彼は，硫酸ベリリウムが，硫酸アルミニウムよりも硫酸マグネシウムに，より大きな類似性をもつことを指摘した．一方，アルミニウムに似た元素はミョウバンをつくるのに，ベリリウムはつくらない．彼はまた，もしベリリウムの原子量が約14であるなら，周期表中で場所がみつからないだろうと論じた．メンデレーエフは，そのような原子量は，周期表の右側の方に，窒素に近くベリリウムをおくだろうと述べた．周期表の右側は明らかに酸性を示すべきだし，Be_2O_5やBeO_3タイプの高酸化物をもつはずである．この場合そうではない．その代わりメンデレーエフは，ベリリウムの原子量が約9ではないかと論じた．これは周期表でリチウム(7)とホウ素(11)のあいだにくる．それでII族においた．

1885年，この問題は高温でのベリリウムの比熱の測定によって，メンデレーエフに有利な形で最終的に決着した．元素の比熱は高温とともに増加し，その結果，デュロン-プティの法則に現れる定数は，高温で測定を行ったときにのみ成り立つ．このことはデュロン-プティの法則の発見の直後に認識され，より正確な原子量の測定が可能となった．さらなるベリリウムの実験は，原子量9を示し，デュロン-プティの法則とよく一致し，メンデレーエフが論じたように，この元素の2価を支持した[17)]．

5.4 ウ　ラ　ン

メンデレーエフの原子量の変更の最も大胆なものの一つは，ウランの場合で，ここでは，原子量は整数の倍数で変更された．元素ウランは，1841年，フランスのユージェーヌ・ペリゴによって初めて単離された．1869年の有名なはじめの周期表で，メンデレーエフは，仮定された原子量116で，この元素をカドミウム(112)とスズ(118)のあいだにおいた．そしてそれを表のIII族のホウ素やアルミニウムの類似体とした．

メンデレーエフは，カニッツァロのウランに対する原子量120を用いることを避けた．その値は周期表の中にその値をおくことを彼に許さなかったからである．もし，ウランが原子量120をもつと，スズ（118）とアンチモン（122）のあいだにおかねばならない．これら二つの元素は，原子価それぞれ4および3を示す．したがって，それらのあいだにウランを入れると，Ⅳ族からⅦ族の間での原子価の漸減が乱されるであろう[18]．さらに，スズとアンチモンの配置はまったく確実で，ほとんど疑いがないと思われた．スズはケイ素や鉛と同族で，両者は原子価4を示す．また，アンチモンは，リン，ヒ素，ビスマスと同族で，すべて3価を示す．

初期の表の原稿で，メンデレーエフは，ウランを“U120”と示し，ページの下の表の外においた．その後，彼は線を引いて消し，“U116？”に置き換えた．これを表の主体の中でカドミウムとスズのあいだにおいた．この場所は元素インジウムで占められるべきであったが，メンデレーエフもまた，当初その原子量を75.6と誤って想定したため，この元素を誤置した．

1869年の春，メンデレーエフは個人的に，ウランの問題を解決する目的で，ウランの原子容の実験研究に着手した．彼はこの元素が事実，カドミウムとスズのあいだには適応しないと決め，カニッツァロの120という値が正しいかもしれないと考えた．ここで彼は，表中にウランの場所がないという出発点に戻り，再び，その原子量の決定におそらく誤りがあったと示唆した．このとき，彼は，ウランの高い密度（18.4）が白金（197）やオスミウム（197），イリジウム（198）（訳注：これらの数値は当時知られていた原子量であろう）のような重原子量元素に典型的なものであるので，原子量を2倍にすべきと提案した．それから彼は，助手のボフスラフ・ブラウナーにウランの比熱の測定を課したが，結果はいくぶん確定的でないので，実験的証拠の支持がないまま，原子量の変更を表明した．

概念上では，カニッツァロの値の倍増というのは，思われるほど大きな飛躍ではない．原子量は，原子価と当量の積であるから，ウランの原子量を倍にすることで求められることは，原子価が以前考えられていたものの倍，つまり3ではなくて6とみなされることであった．4価化合物をつくることに基づき，メンデレーエフは，UO_3をつくるウランが，CrO_3をつくるクロムと同類であると論じた．彼はそれゆえ，ウランをクロムとともに族分けすることを始めた．

1870年の終わり，メンデレーエフは，初めて“U＝240”を周期表に実際に配置した．ウランの訂正された原子量の実験的支持は，1874年，イギリスのヘンリー・ロスコーによってもたらされた．それは，クロム，モリブデンやタングステンの高い化学的類似物としてその位置を占めた．その位置はメンデレーエフの残りの生涯を通して，また，実際20世紀の半ばまでそこに留まった．やがて，アメリカの化学者グレン・シーボーグのアクチノイド系列（訳注：原文 the actinide series．アクチノイドまたはアクチニドを指す．天然放射性系列のアクチニウム系列ではない）の発見が周期表の主な再調整を促した．これはウランの再配置を含んでいた[19]．

5.5 テルルとヨウ素

テルルとヨウ素の場合は，周期系におけるわずか四つの逆転ペアの一つであり，それらのうちでは最もよく知られている．いかに明敏なメンデレーエフが，これらの元素の位置を逆にしたか，化学的性質を原子量による順番の上位においたか，多くの歴史的記述が決まって物語る．そうする中でこれらの記述はいくつかの点で誤りを犯している．第一に，メンデレーエフは，この特定の逆転を行った最初の化学者ではない．第3章で述べたように，ウィリアム・オドリング，ジョン・ニューランズ，そしてユリウス・ロータル・マイヤーらすべてがメンデレーエフの論文が現れる前に，テルルとヨウ素の位置が逆になった表を公表している．第二に，メンデレーエフは，事実この場合，原子量の順よりも化学的性質に，より大きな重点をおいたのではない．メンデレーエフは，原子量の増加による順序という彼の基準を固守し，繰り返し，この原理が例外を大目にみないと言明した．メンデレーエフのテルルとヨウ素についての考えは，むしろ一つまたは両方の元素の原子量が，不正確に決められており，将来の研究が，原子量の順序に基づいてもテルルがヨウ素の前におかれるべきであると示すだろう，ということであった．この点では，あまり語られない多くの例におけると同様，メンデレーエフは誤っていた．

ところで，テルルとヨウ素に関する歴史的連続事象を調べてみよう．それは，読者がメンデレーエフや他の周期系の先駆者たちが従事した仕事の性質を明瞭に理解できるのは，状況を綿密に調べることによってのみ可能だからである．メンデレーエフが彼の最初の周期表を提案したとき，テルルとヨウ素の原子量は，それぞれ128と127であった．原子量が基本的な順序づけであるとのメンデレーエフの信念は，彼に選択の余地はなく，これら二つの値の正確さを問題にすることを意味した．これは，化学的類似性に関しては，テルルはⅥ族元素とともに族分けされるべきであり，ヨウ素はⅦ族元素とされるべき，言い換えれば，この元素ペアは，「逆転」されるべきことが明らかであったからである．メンデレーエフは，生涯，これらの原子量の信頼性に疑問をもち続けた．これは彼が解くことのできなかった一つの問題であった．

はじめ，彼はヨウ素の原子量が基本的に正しいと信じ，テルルのそれを疑った．メンデレーエフは，その後の彼の周期表のいくつかにテルルが原子量125をもつと載せはじめた．一時，彼はふつう報じられている128という値が，テルルと，彼がエカ・テルルと呼んだ新元素の混合物についてなされた測定の結果だと力説した[20]．これらの宣言に刺激されて，ボフスラフ・ブラウナーは，テルルの原子量の再決定を目的として，1880年代はじめに，一連の実験を始めた．1883年までに，テルルの値が125であるべきであると報告できた．メンデレーエフは，ブラウナーがこの報告をした会合に出席していた他の参加者から，祝福の電報を正式に送られた．これに応じて，メンデレーエフは，1886年，周期表の四人の「強化者」の一人としてブラウナーを載せるに至った．ブラウナーは，テルルの原子量が125であるという以前の発見をさらに強めると思われる新しい結果を得た．

ところが1895年，ブラウナー自身が，ヨウ素の値よりも大きいテルルの値を報告しはじめたため，事情ははじめの出発点に戻ってしまい，すべてが変わってしまった．メンデレーエフの対応は，いまやテルルでなくヨウ素に対して受け入れられている原子量の正確さを疑いはじめることだった．今度は，ヨウ素の原子量の再決定を要求し，その値が結局，より大きいとわかることを望んだ．彼の，後のいくつかの周期表には，メンデレーエフは，テルルとヨウ素が両方とも127の原子量をもつと載せている．明らかに，真のストーリーは，通常いわれるよりずっと複雑であり，最終的な分析では，テルルの原子量は，実際ヨウ素のそれより大きいので，メンデレーエフの評判を高めるとは思われない．この問題は，ヘンリー・モーズリーが，元素は原子量よりも原子番号によって順序づけられるべきであることを示した1913年および1914年まで解決されなかった．テルルはヨウ素より大きい原子量をもつが，ヨウ素より低い原子番号をもつ．これが，その化学的挙動に一致して，ヨウ素の前におかれるべき理由である．

5.6 メンデレーエフの予言

よく知られているように，メンデレーエフは，いくつかの未知元素の存在を予言し，成功した．彼は，おもに原子量間の内挿，ならびに他の化学的・物理的性質間の内挿を通して，結論に到達した．二，三の場合には彼は外挿という方式のもつ，より不確実な根拠を警戒しながら，用いている．それは，測定されたデータポイントの中で示された傾向が，測定がなされていない領域にまで延長される保証はないからである．

内挿の場合には，メンデレーエフは，すでに配置されている，また多くの場合，よく特徴づけられた元素間にある表中の定められた空白を塞ぐべく努めていた．彼の1869年のはじめの周期表には，これらの未知元素は，ダッシュ「－」，または予言された原子量に「？」をつけて示された．メンデレーエフには，これらの空白を埋めるべき元素があるに違いないということが明らかだったのである．以下に少し詳しく述べるように，メンデレーエフは，これらの未知元素の多くの特徴を，非常に見事に予言することができた．対照的に，未知元素の存在を外挿することは，より薄弱なプロセスで，請け合える保証はなかった．メンデレーエフは，後に，このような外挿を用いたけれど，意外なことではないが，これらの場合にはあまりうまくいっていなかった．

メンデレーエフは，はじめ，周期表中の二つの空白に焦点を合わせた．一つはアルミニウムの下，そして一つはケイ素の下で，新元素で空白を埋めることを提案した．これらの空白は，それらを取り囲む既知元素の縦の族分けから，多かれ少なかれ要請されていた．既知元素は，化学的類似性によって，位置が定められていくから，勝手に動き回ることはできない．原子量増加の水平の連鎖の中の空白もまた，みつからない元素の存在を示唆するかもしれない．完全に連続した既知元素の中ですら，原子量の増加は完全に均一ではないので，それほど信頼できるものではないけれど[21]．

これらの著名な予言のはじめの兆候は，1869 年の彼の初めての周期表に伴って公表された．そこでメンデレーエフは，つぎのように宣言した．「我々はまだ知られていない元素の発見を期待しなければならない．たとえば，原子量 65～75 あたりの元素を[22]」．数か月後，ロシア科学者・医師のモスクワ会議での演説で，メンデレーエフはいった．「この系からまだみつからない二つの元素，アルミニウムとケイ素に類似した元素，そして約 70 という原子量をもつ元素は，原子容 10 または 15 をもつであろう．すなわち，比重約 6 をもつであろう[23]」．ただし，彼はこれら二つのうち，軽い元素は，既知元素のインジウムかもしれない，と思っていた．

1870 年の秋，メンデレーエフは，また，ホウ素に類似した元素を探しはじめた．そして，これら 3 元素の原子容をつぎのように表示した[24]．

エカ・ホウ素	エカ・アルミニウム	エカ・ケイ素
15	11.5	13

それに続く原稿では，これら 3 元素の原子量を 44，68，74 と載せている．少し後に 44，68，72 とした．

1871 年はじめ，メンデレーエフは，初めて，各元素についての詳細な予言の表を公表した．この論文の中で，また，彼はそれらを暫定的にエカ・ホウ素（スカンジウム），エカ・アルミニウム（ガリウム），そしてエカ・ケイ素（ゲルマニウム）と呼んだ．これが彼の最も有名なケースであって，彼はそれらの化学的・物理的性質を，驚くべきほどに予言することができた．これら新元素の三つすべてが単離され，特徴づけられるまで，これらの詳細な予言のときから 15 年を要したが，ついにメンデレーエフは，ほとんど完全に，その正当性を立証された．

メンデレーエフは，みつかっていない元素の両脇の元素の性質を考えることによって，また，中央の元素の性質が二つの隣りの元素の中間であると仮定して，彼の予言した元素の性質の多くを内挿した．ときには，彼は四つのすべての側面の元素（予言される元素の左右と上下）の平均をとった．この2方向の内挿法は，少なくとも原理的には，彼の表の空白を占める元素の原子量を計算する常套法であった．

彼の教科書の種々の版や，彼の予言を特に扱った印刷物で，メンデレーエフは，一例として既知元素セレンを用いて，繰り返し彼の方法を説明している．セレンの原子量は当時知られており，彼の方法の信頼性を試すのに用いられた．セレンの位置とその四つの側面の元素の原子量を示すと

	S(32)	
As(75)	Se(？)	Br(80)
	Te(127.5)	

側面の元素の原子量を平均して，セレンの原子量のほぼ正確な値を得る．

$$\frac{32+75+80+127.5}{4}=79$$

しかし，メンデレーエフは，彼の最も著名な予言のいくつかの場合でさえ，この明白な過程に従って，作業するとは限らなかった．たとえば，ガリウム，ゲルマニウム，スカンジウムの原子量，原子容，密度や他の性質を予言するために彼の方法を応用すると，メンデレーエフが実際に出版した値とかなり違う値になる．ガリウムの周りの側面の4元素の原子量を平均する上述のメンデレーエフの方法を用い，当時利用できた原子量を使うと，予言は70.9になる．実際には，メンデレーエフは，あるドイツ

表5.1　エカ・アルミニウム（ガリウム）の予言された性質と観測された性質

エカ・アルミニウム	ガリウム
一般的性質：性質は一方で，亜鉛のそれとエカ・ホウ素の平均で，他方，アルミニウムとインジウムの性質の平均．	多くの性質が，実際，亜鉛の性質からゲルマニウムの性質への遷移を示す一方，他方ではアルミニウムの性質からインジウムの性質への遷移を示す．
エカ・ホウ素より酸性が強い．	スカンジウムより酸性が強い．
原子量：約68（H＝1）	**原子量測定値**：69.2（H＝1）
遊離元素：炭素またはナトリウムを用いて還元で比較的容易に得られる金属．その性質は，すべての点で金属アルミニウムの性質から金属インジウムの性質への遷移を示す．たとえば，金属アルミニウムより揮発しやすく，金属インジウムより揮発しにくい．	**融点**：29.78（インジウム157℃，アルミニウム660℃の両方より低い．この点後述） 沸点は高い．おそらく2000℃より高い．おそらくアルミニウムとインジウムの間に入る．しかし記録された数値は一致せず，確かなことはいえない．
比重：約6.0（原子容：約11.5）	**比重**：5.9（原子容：11.8）

表 5.1 つづき

エカ・アルミニウム	ガリウム
(1875 年のさらなる予言) 金属は還元で容易に得られる．かなり低い温度で融けるだろう．ほとんど不揮発性．空気に接しても酸化されない．赤熱すると水を分解する．純粋な融解した金属はゆっくりとしか，酸・塩基の作用を受けない．	金属は常温で空気中で酸化されない．水蒸気の作用は未知．ガリウム金属は酸・塩基にゆっくり溶解．
酸化物と水酸化物：酸化物の式 Ea_2O_3. 含水酸化物は KOH 溶液に溶解．1871 年の原稿の表は，酸化物の比容積「33？」を与える． (1875 年のさらなる予言) 酸化物の比重：約 5.5．塩基性は Al_2O_3 より明瞭．ZnO に対して低い．したがって，$BaCO_3$ によって沈殿すると期待される． 強酸に可溶．水に不溶だが，酸・塩基に溶ける無定形水和物をつくる．	安定な酸化物は Ga_2O_3，酸化ガリウム (III)．これは HCl, H_2SO_4 に可溶．また水酸化アルカリ水溶液，アンモニアに可溶．しかし，あらかじめ強熱すると，これらの媒質にきわめてゆっくりとしか溶けない．炭酸バリウムはガリウム塩の水溶液から水酸化物を沈殿. 水酸化物は酸・アルカリの水溶液に溶ける．
ハロゲン化物：揮発性の無水塩化物を与える．これはアルミニウム塩より可溶．エカ・アルミニウムは明らかにミョウバンをつくる．硫化物 Ea_2S_3 は水に不溶．また, おそらく硫化アンモニウムで沈殿．揮発性の有機金属化合物を与える． (1875 年のさらなる予言) エカ・アルミニウムは，中性および塩基性塩 $Ea_2(OH, X)_6$ をつくる．酸性塩はつくらない． ミョウバン $EaK(SO_4)_2 \cdot 12H_2O$ は，相当するアルミニウム塩より可溶性．また結晶化の傾向は低い．硫化物 Ea_2S_3 またはオキシ硫化物 Ea_2SO_3 は H_2S によって沈殿．また硫化アンモニウムに不溶．	無水塩化ガリウムは湿った空気中で発煙. 水によってスー音をたてて加水分解. ただし，塩化アルミニウムほど激しくない．沸点：200℃．$ZnCl_2$ は 730℃ で沸騰．ガリウム (III) 塩はアルミニウム塩よりも溶液中で，より強く加水分解する． ガリウムはミョウバンをつくる．Ga_2S_3 は溶液中，他の金属不在で $(NH_4)_2S$ または H_2S によって沈殿しない．しかし，アルカリ性または酢酸酸性溶液から H_2S によって沈殿させると他の多くの金属硫化物 (たとえば ZnS) とともに定量的に共沈する．同様に $(NH_4)_2S$ によって ZnS や他の金属硫化物とともに沈殿する． ガリウムは中性硫酸塩の他に塩基性硫酸塩をつくる．酸性塩はつくらない．ガリウムは揮発性の有機金属化合物を与える．
発見についてのポイント：エカ・アルミニウムはインジウムやタリウムのように，分光学的に発見される可能性がある (その期待される揮発性のため)．	ガリウムは事実, 分光学的に発見された．

J. R. Smith, *Persistence and Periodicity*, 未出版 Ph. D 論文．University of London, 1975, 357-359 より表を再製．

語の出版物の中で，ごく簡単に説明している，より複雑な平均方法によって，この値を「約 69」と修正している[25]．発見された当時のガリウムの原子量の採択された値は，69.35 であった．

表 5.1 は，後にガリウムと命名されたエカ・アルミニウムについてメンデレーエフが予言した性質，ならびにその元素の観測された性質である[26]．

5.7 ガリウムの発見

エカ・アルミニウム，すなわちその後ガリウムと呼ばれる元素は，フランスの化学者ポール・エミール・ルコック・ド・ボアボードランによって 1875 年に発見された．ド・ボアボードランは，元素のスペクトルを，発見に先立つ 15 年のあいだ研究していた．彼は，同族の元素が同様な一般的スペクトルの特徴を示すという事実を知っていた．しかし，ド・ボアボードランは，メンデレーエフの予言をテストした結果，ガリウムを発見したのではない．それよりも，彼はメンデレーエフの予言を知らずに，実験的手法により，まったく独立に作業した．そして新元素を分光学的に特徴づけることを進めた．59 kg の閃亜鉛鉱を 18 か月のあいだ扱って，ド・ボアボードランは，かつて観測されたことのない二，三のスペクトル線を観察することができた（元素の単離はできなかったが）．しかし，さらに 3 か月の作業により，同じ鉱石のさらに数百 kg を用いて，約 1g の新元素を単離し，この発見を *Comptes Rendus de l'Académie des Sciences* に報告した[27]．

この論文のロシア語訳を読んで，メンデレーエフは，この雑誌にノート（小論文）を送り，これが彼が予言し，仮にエカ・アルミニウムと名付けた元素であると主張した．ド・ボアボードランは，はじめ，メンデレーエフが，この元素の発見の優先権を主張したと信じて，この主張に疑い深く反応した．彼ははじめ，彼自身の元素がメンデレーエフが予言したものとかなり違う性質をもつと主張した（後に彼は，この点に関しては意見を変えたけれども）[28]．ド・ボアボードランは，彼のガリウムの発見がメンデレーエフの研究に関連した何物ともまったく別の実験法を含み，また，もし，メンデレーエフの研究のなんらかを予め知っていたら，新元素の発見を妨げたであろう，と主張を続けた．彼は，新元素をフランスのラテン名に因んで，ガリウムと名づけた[29]．結局のところ，メンデレーエフの三つの有名な予言の残りの二つもまた，他のヨーロッパの国から名づけられた新元素に落ち着いた．すなわち，エカ・ホウ素はスカンジウムとなり，エカ・ケイ素はゲルマニウムと名づけられた．

フランスの雑誌へのノートの中に[30]，メンデレーエフは，彼の以前のいくつかの予言を繰り返し，また，いくつかの新しい予言をしている．面白いことに，この新しい

郵便はがき

恐縮ですが切手を貼付して下さい

162-8707

東京都新宿区新小川町6-29

株式会社 朝倉書店

愛読者カード係 行

●本書をご購入ありがとうございます。今後の出版企画・編集案内などに活用させていただきますので，本書のご感想また小社出版物へのご意見などご記入下さい。

フリガナ お名前	男・女　年齢　歳
ご自宅	〒　電話
E-mailアドレス	
ご勤務先 学校名	(所属部署・学部)
同上所在地	
ご所属の学会・協会名	
ご購読新聞	・朝日　・毎日　・読売　・日経　・その他(　　)
ご購読雑誌	(　　)

書名（ご記入下さい）

本書を何によりお知りになりましたか

1．広告をみて（新聞・雑誌名　　　　　　　　　　）
2．弊社のご案内
（●図書目録●内容見本●宣伝はがき●E-mail●インターネット●他）
3．書評・紹介記事（　　　　　　　　　　）
4．知人の紹介
5．書店でみて

お買い求めの書店名（　　　　市・区　町・村　　　　書店）

本書についてのご意見

今後希望される企画・出版テーマについて

図書目録，案内等の送付を希望されますか？　・要　・不要
・図書目録を希望する

ご送付先　・ご自宅　・勤務先

E-mailでの新刊ご案内を希望されますか？
・希望する　・希望しない　・登録済み

ご協力ありがとうございます。ご記入いただきました個人情報については、目的以外の利用ならびに第三者への提供はいたしません。

予言の一つは疑わしく，メンデレーエフがそれを予言として主張したのは驚きである．彼は，エカ・アルミニウムの酸化物が，エカ・アルミニウム塩の水溶液から炭酸バリウムによって沈殿すると予言した．実際には，メンデレーエフは，そのことがすでにド・ボアボードランによって報告されているという単純な理由で，これが事実と知っていた．なお悪いことに，出版されたノートで，$BaCO_3$ による沈殿のこの観察を彼自身認めていたのだ！

まったく別の出版物で，メンデレーエフは，1871 年，エカ・アルミニウムすなわちガリウムが，「すべての点で」その上下の元素，すなわちアルミニウムとインジウムの中間の性質を示すと予言していた．しかし，ガリウムの融点（30℃）は，アルミニウム（660℃）とインジウム（155℃）の融点の中間にはまったく接近していない．1879 年，メンデレーエフは，ガリウムの異常に低い融点の場当たり的な正当化と思われることを提案した．彼はまず，ガリウムが異常に低い融点をもち，手のひらでさえ溶けることを強調した．つぎに彼は，ガリウムを含む族の両側の元素族のあいだでの傾向をみることによって，このことが正当化されるので，これが予期せぬことではなかったと主張した．この点で，メンデレーエフはつぎの断片的な表を与える．

Mg	Al	Si	P	S	Cl
Zn	Ga	…	As	Se	Br
Cd	In	Sn	Sb	Te	J

そして，マグネシウム，亜鉛，カドミウムを含む族に対して，原子量最小の元素マグネシウムが最も高い融点をもつと主張した．他方，断片表の右側の族の場合，最も高い融点をもつのは，元素ヨウ素（J）と述べている．

メンデレーエフは，つぎに，この二つの族のあいだにある元素は，（最も低い融点を示すのは，族の真ん中の元素であるべきであるということで）中間的な挙動をとるはずであるという，ほとんど滑稽な主張をしている．これは，アルミニウムとインジウムが側面にあり中央の列にあるガリウムが，三つのうちで最低の融点を示すことが「期待される」理由を説明したことになっている．

彼の言葉：

アルミニウム，ガリウム，インジウムのような過渡的な族では，中間的な現象を予期しなければならない．最も重いもの（In）と最も軽いもの（Al）は，中央のものより融けにくいはずである．実際そうである[31]．

このような場当たり的な議論は，メンデレーエフによって諸性質の傾向を予言する手段として用いられただけではなく，彼が他の多くの例で見事に用いた簡単な内挿の手法の精神にも反するものであった．この議論の場当たり的な性格は，インジウムやアルミニウムの小さい可融性が，ここであげられた他の族に関して「中間的現象」を正しく示すことが決して明白でないという事実によってひどさを増している．さらに，このいくぶん不自然な傾向が，周期表のこの特定の場所でなぜ始まるのかも明瞭でない．彼が「予期しなければならない」という言葉を使ったにもかかわらず，メンデレーエフの議論には，少しも注目せずにはいられないようなものがない．このような無思慮のゆえに，メンデレーエフの勝利を否定することを考える人はいないだろうが，歴史的記述はメンデレーエフの華々しい成功に集中するばかりでなく，彼の欠点についていくらか述べてもあまり差し支えはないであろう．

5.8　スカンジウム

スカンジウムは，1879 年，スウェーデンの化学者ラルス・フレデリック・ニルソンによって，ユークセン石と呼ばれる鉱石中に発見された．それは，スウェーデンの化学者ペール・クレーヴェによって，メンデレーエフが予言したエカ・ホウ素と確認された．発見者ニルソンは，鉱石が初めて発見されたスカンジナビアに因んで，新元素を直ちにスカンジウムと命名した．

それは，メンデレーエフの予言に反して，分光学的に見出されたのではないが，新元素の性質は，メンデレーエフがエカ・ホウ素に対して表示したものに非常に近かった（表 5.2）．

5.9　ゲルマニウム

メンデレーエフのもう一つの最もすばらしい予言，エカ・ケイ素は，1886 年，クレメンス・ヴィンクラーによって発見され，ゲルマニウムと命名された．ヴィンクラーおよび周期系の確認者たちを図 5.1 に示す．ゲルマニウムがメンデレーエフのエカ・ケイ素の予言と関連づけられる仕方は興味深い．それは，しばしば出会う浄化された歴史的記述と比較して，このような場合によく起こる混乱を示したからである．

ゲルマニウムは，メンデレーエフのエカ・ケイ素と直ちに同定されたわけではない．ヴィンクラーは，メンデレーエフの別の予言，スティビウム（アンチモン）とビスマスのあいだに位置する元素，エカ・スティビウムを発見したと信じた．この主張に対して，メンデレーエフは論文を出して応えた[32]．その中で，ヴィンクラーが実際，この元素を発見したのではないと論じるために，エカ・スティビウムについて期待される性質の改訂の記事を書いた．メンデレーエフは，新元素が彼の他の予言，カドミウ

表 5.2 エカ・ホウ素（スカンジウム）の予言された性質と観測された性質

メンデレーエフによってエカ・ホウ素（Eb）に対して予言された性質	ニルソンのスカンジウム（Sc）に対して見出された性質
原子量：44	原子量：44
比熱 3.5 の酸化物 Eb_2O_3 を生じる．アルミナより塩基性強い．イットリアやマグネシアより塩基性弱い．アルカリに不溶．塩化アンモニウムを分解するかどうか疑問．	酸化スカンジウム Sc_2O_3 は比熱 3.86 をもつ．アルミナより塩基性強い．イットリアやマグネシアより塩基性弱い．アルカリに不溶．塩化アンモニウムを分解しない．
塩は無色で，KOH や Na_2CO_3 によってゼラチン状の沈殿を与える．塩類はあまりよく結晶化しない．	スカンジウム塩は無色で，KOH や Na_2CO_3 でゼラチン状の沈殿を与える．硫酸塩はあまりよく結晶化しない．
炭酸塩は水に不溶．おそらく塩基性塩として沈殿．	炭酸スカンジウムは水に不溶．
硫酸アルカリ複塩はおそらくミョウバンではない．	硫酸アルカリ複塩はミョウバンではない．
無水塩化物 $EbCl_3$ は $AlCl_3$ ほど揮発性ではない．その水浴液は $MgCl_2$ の水溶液よりも容易に加水分解する．	塩化スカンジウム $ScC1_3$ は 850℃で昇華しはじめる．$AlCl_3$ は 100℃より高温で昇華しはじめる．水浴液中では塩は加水分解する．
エカ・ホウ素はおそらく分光学的に発見されるだろう．	スカンジウムは分光学的には発見されなかった．

P. Clève, Sur le Scandium, *Comptes Rendus de l'Académie des Sciences*, **89**, 419-422, 1879. pp. 421-422 の表から改作.

ムと水銀のあいだにあると彼が信じるエカ・カドミウムとして同定されると信じた．ドイツ，ブレスラウのヴィクトール・フォン・リヒターは，ヴィンクラーに手紙を送り，新元素が実際はメンデレーエフのエカ・ケイ素であるかもしれない，と示唆した．ほぼ同じころ，マイヤーは，フォン・リヒターに同意し，さらに，この元素が，彼自身の新元素に対する予言とも一致すると指摘した．ヴィンクラーは，より多量の元素の単離の作業に戻り，さらなるキャラクタリゼーションによって，それが実際メンデレーエフの予言したエカ・ケイ素であると発表することができた．表 5.3 は，おもな予言と，この元素についての知見を要約する．

表 5.3 に示すように，メンデレーエフは，多くの性質を予知していたが，この元素が液化しにくく，蒸発もしにくい，と考えたところが誤っていた．一方，この点についてのマイヤーの予言は正しかった．明らかにメンデレーエフは，これらの予言でめ

図 5.1　周期律の確認者たち
左から時計回りに，ニルソン，ド・ボアボードラン，ヴィンクラー，ブラウナー．
写真提供と掲載許可：Gordon Woods.

表 5.3　エカ・ケイ素（ゲルマニウム）の予言された性質と観測された性質

性質	エカ・ケイ素（1871 年予言）	ゲルマニウム（1886 年発見）
相対的原子質量	72	72.32
比重	5.5	5.47
比熱	0.073	0.076
原子容	13 cm^3	13.22 cm^3
色	暗灰色	灰白色
二酸化物の比重	4.7	4.703
四塩化物の沸点	100℃	86℃
四塩化物の比重	1.9	1.887
テトラエチル誘導体の沸点	160℃	160℃

ざましい成功を収めたが，おそらく，化学の教科書や，化学の歴史にすら，いつものように現れる，より精選した比較の表によって示されるほど目覚ましい成功ではなかったであろう．

5.10　メンデレーエフのあまり成功しなかった予言

後年，メンデレーエフは，周期表で水素の前にある元素にかなりの関心を傾けた．彼は，そのような可能性を真剣に考えるに至った多くの理由をあげている．まず何よりも，19 世紀の終わりの年に，元素のまったく新しい系列，貴（希）ガスの発見があったため，メンデレーエフは，この系列が最初の二つの貴（希）ガス，ヘリウムとネオンより前の類似物へ上方に延長されうると考えた．第二に，光物理学におけるエーテル理論の外見上の成功により，エーテルが新元素として同定されると彼には思えた（彼はそれをニュートニウムと呼ぶことにした）[33]．第三に，エーテルはすべての物質を透過すると信じられたので，化学結合の能力に欠けているであろう．さらに，まったく反応しない元素という概念が，非反応性の貴（希）ガスの発見後，非常にもっともらしくなった．

メンデレーエフは，水素より軽い2元素の存在を予言した．それらをxとyと呼んだ．これは，彼が1904年に考案した周期表の中の原子量の比のあいだの数値的関係に基づいている（表5.4）．

エーテル（ニュートニウム）すなわち元素xの原子量を予言するために，メンデレーエフは，知られた貴（希）ガス元素の原子量比を考えた．

$$\mathrm{Xe}:\mathrm{Kr}=1.56,\quad \mathrm{Kr}:\mathrm{Ar}=2.15,\quad \mathrm{Ar}:\mathrm{He}=9.5$$

これらの数値から，彼は，He：Newt＝23.6を外挿した．そしてニュートニウムに原子量の最大値0.17を与えた[34]．

彼がyと指名した元素の原子量を評価するために，メンデレーエフは，周期表中の隣り合う族のはじめの二つのメンバーの原子量比を考えた．彼はこの比の値が，左から右へスムーズに減少することに気づいた．

Ne：He	Na：Li	Mg：Be	Al：B	Si：C	P：N	S：O	Cl：F
4.98	3.28	2.67	2.45	2.37	2.21	2.00	1.86

ニュートニウムの原子量とLi:H＝6.97というもう一つの比から外挿して，メンデレーエフは，He：yの比が少なくとも10と見積もった．これから彼は元素yに対して，

表5.4 予言された元素x，yの位置を示す1904年のメンデレーエフの周期表の一部

x	
y	H＝1.008
He＝4.0	Li＝7.03
Ne＝19.9	Na＝23.05
Ar＝38	K＝39.1
	Cu＝63.3
Kr＝81.8	Rb＝85.4

D. I. Mendeleev, *An Attempt Toward a Chemical Conception of the Ether*, Longmans, Green & Co., London, 1904, p. 26の表.

少なくとも 0.4 という値を推測した．メンデレーエフは，かつて三つ組に関して，数値的関係への関与を避けていたのだが，いまや，数秘学という非常に類似した形式に屈したのである[35]．実際，彼はこの主張を可能な最も強い言葉で力説している．

> 水素を含む I 族がその元素より小さい原子量の元素を含む 0 族に先行されることに，わずかな疑いも残っていない現在，水素よりも軽い元素の存在を否定することは「不可能」と思われる（訳注：短周期型周期表で貴（希）ガスは 0 族と表記）[36]．

しかし，メンデレーエフの元素，x と y は発見されることは決してないであろう．

20 世紀の変わり目における貴（希）ガスの発見はまた，1904 年の彼の周期表に示されたように，水素とリチウムのあいだに六つの新しい元素の存在の可能性をメンデレーエフに示唆した．これらのケースの一つでは，メンデレーエフは，より明快である．すなわち，ハロゲンのフッ素の類似物を予言している．彼は新元素が，五つの既知のアルカリ金属と一致するように，ハロゲンの数を 5 とすることによって表に対称性を復元させるのに役立つと主張した．六つの元素のどれもその後発見されなかったので，我々は再度，メンデレーエフがこれらの予言に関して誤っていたと結論せざるをえない．

メンデレーエフは，他の多くの不成功に終わった予言をしている．1869 年付の二つの未発表の表には，彼が発見されると考えた元素を示す二つの記入がある（？＝8 および，？＝22）．新元素の原子量についての他の予言のいくつかと同様，メンデレーエフは，なぜ彼がこれらの予言値に到達したかを示していない．これらは，その後除かれ，再び出版された形で現れることはなかった．メンデレーエフはまた，原子量 2, 20，および 36 をもつ元素の存在を予言したが，これらも見出されることはなかった．

これに加えて，彼はカルシウムより軽いカルシウムの類似物を予言し，ベリリウムとマグネシウムがこれらの場所を占めることをはっきりと排した[37]．実際には，ベリリウムとマグネシウムの両方とも，彼が探していたカルシウムの類似物で，これをメンデレーエフは彼の元の表のどこかに誤置したという，もう一つの誤りとなった．

これらの不運なケースの原因について推測しないわけにいかない．メンデレーエフは，原子量の計算にもっぱら頼って，成功裏に終わったケースで彼の思考の指標になった微妙な化学的な手がかりの多くを無視したように思われる．ヤン・ファン・スプロンセンが適切に述べているように，これらの不成功のケースにおけるメンデレーエフのアプローチは，「演繹的な科学的方法だけを用いている研究者への警告となる[38)]」.

物理学におけるのと違い，化学的な推論は，一般的原理から明瞭に進まないのがふつうである．化学は帰納的な科学であり，そこでは多量の観察データが，結論を出すまでに注意深く熟考されなければならない（メンデレーエフが，かつて原子量を修正したり，既知元素のあいだの内挿によって，新しい性質を予言したときに行ったように）．いま述べたケースは，年をとって何も失うもののない確立した科学者の推測を示しているように思われる．この場合，メンデレーエフは，過去において非常に役に立った化学的直感によって導かれるのではなく，大胆にも，推論によって新元素を創り出そうとする，あまりなじみのない分野に入った．

メンデレーエフの不成功の予言が，周期系の受け入れに不利になったようにみえないのは不思議である[39)]．メンデレーエフには10ほどの失敗した予言があったと思われる．事実，メンデレーエフの予言のすべてを考えると，それらの半分しか成功していない．学者たちは彼の劇的な成功に印象づけられているのが普通だが，この事実はあまり考慮されていない．

表5.5には，メンデレーエフの確固とした予言のすべてを表示してある．それは，彼が仮の名称を与えた元素のみを含む[40)]．したがって，彼が予言には成功したが，名づけていないアスタチンやアクチニウムのような元素を含んでいない．また，メンデ

表5.5　メンデレーエフのおもな予言，成功例その他

メンデレーエフ予言の元素	予言原子量	測定原子量	名称
コロニウム	0.4	発見されず	発見されず
エーテル*	0.17	発見されず	発見されず
エカ・ホウ素	44	44.6	スカンジウム
エカ・セリウム	54	発見されず	発見されず
エカ・アルミニウム	68	69.2	ガリウム
エカ・ケイ素	72	72.0	ゲルマニウム
エカ・マンガン	100	99	テクネチウム（1925年）
エカ・モリブデン	140	発見されず	発見されず
エカ・ニオブ	146	発見されず	発見されず
エカ・カドミウム	155	発見されず	発見されず
エカ・ヨウ素	170	発見されず	発見されず
エカ・セシウム	175	発見されず	発見されず
トリ・マンガン	190	186	レニウム（1925年）
ドヴィ・テルル	212	210	ポロニウム（1898年）
ドヴィ・セシウム	220	223	フランシウム（1937年）
エカ・タンタル	235	231	プロトアクチニウム（1917年）

著者による編集.

*訳注：いわゆるニュートニウム（p.157参照）.

レーエフの周期系で，ダッシュによってだけ示された予言も含まれていない．表に含まれていない他の失敗例の中にバリウムとタンタルのあいだに，メンデレーエフはいっていないが，エカ・キセノンと呼ばれたであろう不活性ガス元素がある．

半分という成功率は，どんなに想像をたくましくしても，傑出したものではない．メンデレーエフが成功した予言と同じくらいの失敗をしている事実は，メンデレーエフの成功した予言が周期系の受け入れに重きをなす，という考えを裏切るように思われる．

5.11 メンデレーエフの周期系の受け入れ

第4章で述べたように，メンデレーエフの完成した周期系は，はじめ1869年にロシアの化学文献に印刷され，論文のドイツ語の要約が同年出版された．1871年には彼の論文の多くのドイツ語訳が続いた．メンデレーエフによるはじめの英語の論文発表は，1871年，雑誌 *Chemical News* に現れた[41]．フランス語の訳は1875年に出はじめた．彼の教科書『化学原論』はドイツでは1890年，英語では1891年，フランス語では1895年まで出なかったが，ほとんどのヨーロッパの化学者は，メンデレーエフの種々の雑誌への論文を通して，ずっと早く新しいシステムについて知っていたであろう．

多くの歴史家は，主要なヨーロッパの言語での素早い出版にもかかわらず，メンデレーエフの（周期）系は，1875年のド・ボアボードランによるガリウムの発見まで多くの注目を引かなかった，と論じている．何人か（の歴史家）は，この遅れを指摘し，彼の周期系の受け入れへの道を開いたのは，メンデレーエフの成功した予言であると示唆した[42]．彼のガリウム，ゲルマニウム，スカンジウムの予言が特に注目を引いたのは疑いないが，問題は，これらの予言などが，（周期系の）受け入れをもたらすために，系の多くの成功した（元素の）配置より勝るかどうかということである．事実，1869年に周期表が初めて出現して以来の出来事を注意深く調べてみると，そうでもないことを示している．

メンデレーエフは，ゲルマニウムとスカンジウムが発見された後，1882年に名声あるデーヴィーメダルを贈られている．哲学者パトリック・マヘルとピーター・リプトンは，最近，この授賞がメンデレーエフの予言した元素が発見されはじめたことで，ようやく彼のシステムが受けるに足る承認を受けた証拠と指摘した．彼らはこのことを，周期系の受け入れにおいて，予言（prediction）が配置（accommodation）よりもはるかに重視されていることを示すと考えている．実際，リプトンは，「60の配置（既知元素の配置）は，二つの予言より見劣りする」とまでいっている[43]．

マヘルとリプトン両者とも，メンデレーエフの周期系の構築において，既知元素の配置と三つの未知元素の予言のあいだに時間の遅れがあったとほのめかしている．そのような時間の遅れの存在は，彼らの議論では重要である．このことが起こらず，配置と予言が同じ論文でなされていたら，メンデレーエフの体系の受け入れをおもに配置の能力におくか，予言の能力におくかを確かめることは，たいへん困難であろう．

事実，リプトンは，マヘルを言い換えて，メンデレーエフが 60 の既知元素を（62 だが）配置したとき，「科学社会は控え目な印象を受けただけだった」[44] と明確に主張し，はじめの配置と，後の予言のあいだの時間の遅れを明白に示している．マヘルは，予言が 1871 年と年代を定めることによって，配置と予言の時間の遅れを示している．しかし，これらの著者は，中心的問題に関して歴史的な誤信を犯している．つまり，メンデレーエフが 1869 年の有名な論文で，彼の周期系を初めて報告したとき，彼は 1871 年まで名称は与えなかったが，エカ・ホウ素，エカ・アルミニウム，またエカ・ケイ素のための空所を残し，原子量を予言している．また，1869 年，1870 年には，それらの原子容や比重を予言している．したがって，マヘルやリプトンが示す時間の遅れは実際起きていなかったことになる．

1871 年の論文に重点をおくことに対するマヘルとリプトンのもつ唯一の正当性は，それがメンデレーエフの詳細な予言の初めてのセットを含むことである．他の因子としては，メンデレーエフが，この論文で初めて予言した元素に仮の名を与えたことである．しかし，メンデレーエフがそのとき初めて元素に名称，それも仮の名を与えたという単なる事実から，マヘルとリプトンが，1871 年の予言が 1869 年の予言より決定的だと主張するとは想像しがたい．予言の問題すべてが，難問をはらんでいる．たとえば，未発表の原稿や，学会の講演でなされた予言を我々は考慮に入れるべきだろうか？　同様に，予言がいかに詳細であっても，真の予言とみなされるべきかが問われる．

いずれにせよ，メンデレーエフの周期系の最初の報告と，未知元素の予言のあいだに時間の遅れがあったことを示唆したのは，マヘルとリプトンがはじめではない．他の歴史家も，周期表の受け入れにメンデレーエフの予言が決定的であったという印象を伝えている．しかし，彼らはこの見解を支持したそのときの化学者たちの反応を引用することを一様にしていない[45]．科学社会が，すでに知られている事実の説明より予言を高く評価し，後年の歴史家が報告することを評価しないかどうかは，もちろん重大な問題である．これらの歴史家は，予言に関するよく知られた神話を組み入れながら，出来事の過程を再構築しているに過ぎないように思われる．そして，マヘルとリプトンは，最近，哲学の文献にこの見解を復活させた．もちろん，メンデレーエフの配置と予言が同時に出版された事実は，科学者が予言に重要性をおくというマヘルとリプトンの姿勢を排除するものではない．しかし，彼らの主張を維持するためには，これらの著者は，科学者が事実，周期系の予言的側面を選ぶという効果に対する歴史的証拠を引用する必要があろう．

5.12 デーヴィーメダル引用文

二人の高名な科学哲学者がメンデレーエフに対するロンドン王立協会のデーヴィーメダルの授与を，周期系の受け入れにおける予言の優越性の証拠として言及しているので，この授与についての引用文を略さずに考察する必要がある．

> デーヴィーメダルをディミトリー・イヴァノヴィッチ・メンデレーエフとユリウス・ロータル・マイヤーに授与した．
>
> 化学者の関心は長年のあいだ，元素の原子量とそれら個々の物理的・化学的性質のあいだの関係に向けられてきた．そして多くの顕著な事実が，この研究分野において，先人研究者によって確立された．
>
> メンデレーエフおよびマイヤーの労苦は，これらの関係の知識を一般化し，拡張した．また，元素の分類の一般的体系の基礎を築いた．彼らは，原子量の経験的順序に元素を配列した．最も軽いものから始め，最も重い既知の元素原子まで一歩一歩進めていった．水素の後のこの系列のはじめの 15 種はつぎのようである．すなわち，

リチウム	7	ナトリウム	23
ベリリウム	9.4	マグネシウム	24
ホウ素	11	アルミニウム	27.4
炭素	12	ケイ素	28
窒素	14	リン	31
酸素	16	硫黄	31
フッ素	19	塩素	35.5
カリウム	39		

> これらの元素の基礎的性質に精通する人は，系列のはじめの 7 種のそれぞれを隣りの種から区別する性質の相違が，つぎの 7 種で再現される驚くべき規則性を必ず認識する．
>
> 元素の系列における類似した性質のこのような周期的再現が，これらの物理的性質（融点や原子容のような）に関して，きわめて印象的に図式的に示さ

> れた．原子容と原子量の関係を示す曲線の中で，類似元素はきわめて似た位置を占める．また，融点と原子量の関係を示す曲線に関しても，同じことが印象的な仕方で当てはまる．
> 自然の秩序についての我々の認識におけるそれぞれの偉大なステップと同様，この周期系列は我々が以前知りえなかった多くを我々に知らしめた．また，それは新しい困難を提起し，我々が探求を必要とする多くの問題を指摘する．それは，化学という学問への確実に最も重要な伸長である[46]．

この引用文を調べて，まず現れる第一の事項は，メダルがメンデレーエフとマイヤーに共同で授与されたことである．この特色は予言を配置に優先させるマヘルとリプトンによって都合よく省かれている[47]．授賞が周期系のこれらの先駆者の両者になされたというその事実が，すでに予言主義者の命題に強く反論している．それは，通説によれば，メンデレーエフは後に確認された予言を行ったので正確に優先権を与えられるのに対し，マイヤーは，これといった予言をしていない，という命題である．

第二に，全体の引用文は元素の化学的および物理的現象の配置に関するもので，マヘルとリプトンがいうような新元素の予言に関係していない．メンデレーエフによるガリウムとスカンジウムの予言に遠隔的につながるかもしれない引用文の唯一の部分は，「我々が以前知りえなかった多くを我々に知らしめた」に言及する最後のパラグラフのフレーズである．しかし，このコメントはそう（予言と）解釈するにはあまりに曖昧である．また，もしそれが二つの新元素の予言に対するベールをかけた言及だとしても，明らかにその結果としておもにメダルが与えられたといっているのではない．したがって，おそらくマヘルとリプトンは，王立協会が予言を高く顧慮したことを示すものとしてデーヴィーメダルの授与を引用したことにおいて誤っている．それは，デーヴィー賞の全引用文が新元素の予言についてなんら言及していないからである．

5.13　周期表に対する同時代の反応

さて，歴史のこの時期に，化学者一般がメンデレーエフの周期系の導入にどう反応したか，彼らが周期表に関連した予言を既知元素の配置より厚意的に眺めたかどうか，という幅広い問題を検討しよう．

メンデレーエフによる第二の成功した予言は，元素スカンジウムに関連する．そしてこの事項は，他の科学者の反応を得るのによい機会を与えた．それは，新しく発見された元素の確認は第三者によって行われたからで，元素の発見者でもメンデレーエフによってでもなかった．この第三者はスウェーデンの化学者クレーヴェで，彼はつぎのように書いている.

> スカンジウムについての大きな興味は，その存在が予言されていたということである．メンデレーエフは，周期律についての論文の中で，彼が命名したエカ・ホウ素という金属の存在を予見していた．その特性はスカンジウムのそれとかなりよく一致する[48].

クレーヴェが，メンデレーエフの周期系の全体像がこの発見によって強められたとみなしている兆候はなかったが，明らかにこの予言にある種の重要性をおいていた.

1879年，このクレーヴェの論文の翻訳がイギリスの雑誌 *Chemical News* に出版されたすぐ後，同誌は周期律に関するメンデレーエフの1871年の論文の連載に着手した．メンデレーエフによって特別に書かれた序文とともに，つぎのような興味深い論説が載せられた.

> 新しく発見された元素，ガリウムとスカンジウムが，二つの予言された元素エカ・アルミニウム，エカ・ホウ素と，みたところ同一であるという結果として，メンデレーエフの論文「化学元素の周期律について」に特別な関心が寄せられており，*Chemical News* に全論文を再録することが望ましいと考えられた……[49].

この論文の週刊の連載は17回続いた．このことは，メンデレーエフの予言が，実際，当時真面目に取り上げられたことを示す強い証拠の一つであろう．にもかかわらず，上記の論説は，成功した予言が周期系の地位を高める何かをなしたかどうかは示していない.

1881年，メンデレーエフの論文の連載が出た一年後，メンデレーエフとマイヤーのあいだの有名な優先権の論争が，同じ雑誌 *Chemical News* の紙面で始まった．雑誌へのノートで，メンデレーエフは初期の論文の出版に関して詳細を述べた後，優先権の問題の本質と彼が信ずることに関してつぎのような，より一般的意見を加えている.

> その人は，特定の科学的アイデアの創始者として正当にみなされている．彼は，その哲学的側面ばかりでなく，現実の側面を理解し，だれもがその真実を確信できるように，物事を図解することを知っている．そしてアイデア単独で，物質のように，不滅となる[50].

興味あることに，メンデレーエフは，マイヤーに対する自分の優先権の議論の中で，予言について特に言及していない[51]．彼のノートのつぎに，マイヤーのノートが続く．その中でマイヤーは，今度は周期系の発見に関して優先権を主張している．このノートのつぎに著名な有機化学者シャルル・アドルフ・ヴュルツの第三の文が続く．ヴュルツは，メンデレーエフの予言はもちろんのこと，周期系にはまったく感動していないが，メンデレーエフの提案が「強力な一般化であり，将来我々が化学の事実を高邁な，また包括的な観点から眺めるときにはいつでも考慮しなければならない」[52]と認めている．しかし彼は，そのシステムが希土類について（当時）知りうる知識を反映させる方法に，多くの欠点を含むと指摘している．彼は，原子量の順序が化学的性質と一致しないテルルとヨウ素の問題を論じている．ヴュルツは，原子量がほとんど同じという観点で，性質が一致すべきコバルトとニッケルについての類似の問題に言及する[53]．ヴュルツはさらに，その原子量が綿密に関連し，したがって化学的に類似していると期待されるバナジウムと臭素のような元素間の大きな化学的相違を指摘した．彼は，強く主張されている性質の漸次的移行が，実際は，メンデレーエフが我々に信じさせようとしているようにはスムーズに規則的には進まない，とつけ加える．

ヴュルツはつぎにメンデレーエフの予言に矛先を向ける．

> メンデレーエフの表において，二つの元素間の空白に衝撃を受ける．それらは原子量 2〜3 単位の大きな差を示し，原子量の進行に中断を示す．亜鉛（64.9）とヒ素（74.9）のあいだに二つの空白がある．その一つはガリウムの発見で埋められた．しかし，ルコック・ド・ボアボードランによるガリウムの探索で導かれた考察は，メンデレーエフの概念と共通する何者もない．ガリウムは亜鉛とヒ素のあいだの空白をみたしたが，また，他の空白も将来みたされるかもしれないが，そのような新元素の原子量が，この分類の原理によって当然与えられたものになるわけではない．ガリウムの原子量は，メンデレーエフによって予言されたものとはかなり異なる．また，原子量が，コバルトとニッケルの原子量のように，既知元素と非常に近い新しい元素が将来発見される可能性がある．そのような発見はいかなる予知された空白も埋めることはない．もし，コバルトが未知であったら，それはメンデレーエフの分類の結果では発見されないであろう[54]．

このむしろ厳しい批判を入れたことは，17 回の連載になったメンデレーエフの周期系に対する *Chemical News* 編集者の初期の情熱がやわらいだための試みとみられる．

そう考えないと，なぜ，編集者がこのノートに続いて，優先権の論争を追求することを選ばなかったかが理解できない．

メンデレーエフの予言の成功が決して彼の周期系に対する一般的な受け入れにつながらなかった事実は，また化学者マルセラン・ベルテロのような人たちによって表明されたさらなる批判からもみることができる．1885年，メンデレーエフの二つの予言が非常にうまくいった後でさえ，ベルテロはメンデレーエフや他の人々によって導入された周期系に非常に批判的な攻撃を始めた．ベルテロは，メンデレーエフの予言に感動しないばかりか，周期系が元素についてすでに知られている事柄を組み込む能力をもっていることに誘惑されることすら拒否した[55]．ベルテロは，原子量，原子容，物理的・化学的性質のあいだの関係は元素が周期系に組み込まれる以前に知られていることを指摘することから始めた．彼は，これらの関係が原子量の関係から結果として出るので，周期表という環境の中で考慮されるとき，再び現れるのは同じ事象であると主張した．ベルテロにとっては，したがって，これは周期的な系列の存在の証明ではなかった．彼はつぎに予言に移り，周期系は，この点では興味深いと認めた．ベルテロは，また，いくつかの元素がみつかっていないようだと認め，しかしこれは原子量の連鎖における空白から明らかだと強調した．彼は，周期系の著者たちは，そのような空白を埋めることを焦って，セレンとテルルのあいだにモリブデンを入れるような誤りを犯していると主張した．

同様にベルテロは，メンデレーエフが行った水素とリチウムを族の一端に，また，銅，銀，金を同じ族の他端に共通に族分けしたことを「空想的」とあざけった．彼はさらに，周期系の著者たちを，周期系の至るところで，わずか2単位だけ異なる元素を入れることが弾力的すぎると非難した．彼は，もしそうならば，どんな将来の発見も適応させられるだろうと示唆した．ベルテロは，周期系から新元素を組織的に予言したり，また元素を合成的につくる手段，つまり仮説的な元素変換の手段はないと主張した．最後に，錬金術師のそれに似たいわゆる神秘主義的狂信に陥る危険について警告している．

この点までは，ベルテロの批判はきわめて合理的だったと思われる．しかし，最後の意見で彼はメンデレーエフに安易な応答の道を与えた[56]．メンデレーエフは，特にベルテロの「神秘主義的狂信」の言及に対して，ベルテロが周期性の法則のアイデアとウィリアム・プラウトのアイデアならびに錬金術師や根源物質についてのデモクリトスのアイデアを混同していると非難することによって応えた．メンデレーエフがまた，後世よく引用され，また第4章ですでに引用した言葉を発したのは，ベルテロによるこれらの批判への応答の中であった．すなわち，彼は周期系が「根源物質」のアイデアに負うところはないし，「古典的思考の苦悩の遺産」とかかわりがないと主張したのであった．

歴史的な記録を一見すると，メンデレーエフのシステムの受け入れが簡単なことではなく，また，確かに彼の（元素）配置や成功した予言のどちらかで保証されたわけではないことがわかる．メンデレーエフの同時代人の多くは彼のシステムが成し遂げた元素配置に強い印象をもった．他は，ベルテロのように，予言にも配置にも，感銘を受けなかったと思われる．かくて，メンデレーエフの周期系がその導入後の何十年かのあいだにまさに急速に定着し，いかに現在なお保っている化学の中心的位置を占めるようになったか，その仕方に関する疑問はなおも残っている．

5.14 アイデアの力

メンデレーエフの化学知識は幅広かったが，彼は本来システムづくりの人と考えられた．彼は，一つのアイデアである周期系を生み出し，その中で化学現象は体系化された．彼はこのアイデアを使って，当時手に入る化学的データの大部分を分類し，常に正しくはなかったものの，真の事実を重要でないものから分離する超人的な能力を示した．彼が新元素の存在を予言するばかりでなく，それらの化学的・物理的特性を予言できたのは，元素の性質の中のパターンをみることができたからである．化学の歴史家ブロックは，ロシアの化学史家ボニファティー・ケドロフの言葉を引用している．「科学界は，理論家メンデレーエフが新元素の性質を，それを発見した化学者よりはっきりと見ていたことを知って仰天した[57)]」．一方，科学史家ブラッシュは，理論家は観察者よりも信頼できないと考えられるかどうかという興味ある質問を提出した．配置より予言に，より信頼を与える傾向がある理由は，おそらく，理論家は事実に合うように理論を考案したかもしれないと我々が思うからである．しかし，ブラッシュは問う，観察者は，実験事実の報告において，理論に影響されるということが等しくありうるのではないか？　と．もしそうなら，おそらく我々は，理論に応えてつくられた観察よりも理論が報告される前に得られた観察に，より大きな考慮を払うべきであろう．

メンデレーエフは，ときおり場当たり的な議論に訴えることはあったが（ガリウムの融点についての彼の議論でみられた），彼の原子量の改訂に関しては，当時それらの多くがそう思われたのと異なり，場当たり的なものは何もなかった．これらの原子量に与えられた新しい値に対しては，独立した実験的証拠であることがわかったということを強調する必要がある．化学者たちは，元素をメンデレーエフの表に，よりよく合うようにしたので，彼らが新しい値を簡単に受け入れたというわけではなかった．

たとえば，ベリリウムの原子量の改訂した値は，ラルス・フレデリック・ニルソンとO.ペターセンが，その化合物，塩化ベリリウムを発見したことにより，いかなる表のそれの位置を考慮することもなく独立に確認された．この発見は，ベリリウムの原子量の評価が，すでに受け入れられていた基礎的知識によってなされたことを意味する．

元素を順序づけることにおいて，メンデレーエフは，劇的な予言ができることに加えて，彼の時代までにそれらについて知られているすべてのこと，それらの原子量，物理的特性，化学的特性，を適応させている．メンデレーエフは，発見されるであろう個々の元素を正しく予言する必要はなかった．そして，実験家は，システムが示す元素だけを探す制約もなかった．希土類や貴（希）ガスの首尾よい導入が，周期系の妥当性を証明するために，多大の貢献をするであろう．さらに，システムは，同位体，原子番号，さらには後に量子論の発見という来たるべき一般的発展によって強化されるだろう．

5.15 不活性気体

不活性気体，すなわち貴（希）ガスの場合は，メンデレーエフを含むほとんどだれも，新しい元素の全部そろった族の存在を予言したり，怪しんだりしなかったという意味で，予言主義者の命題に興味ある反例になる[58]．いったんそれが発見されはじめると，不活性気体の存在は周期系に大きな脅威を与えるかもしれない，と直ちに理解された．実際，それらを取り込めなければ，初期に成し遂げられた予言の成功にかかわらず，周期系を見捨てることになったかもしれない．結局のところ，貴（希）ガスの正しい配置は，周期系に何の不都合も起こさず，それを大きく高めることになった．

はじめに発見された貴（希）ガス，アルゴンは，周期系に配置することがきわめて困難だった．それは，周期系から予言されなかったばかりか，物理的測定で気体が単原子的であることを示したというさらなる困難があった．当時知られていた他の単原子気体は蒸発した水銀だけだったので，このことは，ある疑いをもってみられた．

アルゴンの分子中に含まれる原子数（atomicity）は，その原子量の決定に重要であった．これはつぎに周期系への配置に必要だった．メンデレーエフが繰り返し強調したように，原子量は，周期律がよって立つ本質的基準であると考えられた．アルゴンの原子量に関するさらにやっかいな問題は，気体の純度についての疑いによって起きた．それが気体混合物からなるかどうか，そして，測定されているのが実際，いくつかの成分の相対比によって決まる平均原子量かどうか，というかなりの論争があった．分子中に含まれる原子数と混合物の可能性という相互依存性の問題が議論されているあいだに，この問題を混乱させる，より深い，思いもよらない複雑化の因子が作用した．

図 5.2 ウィリアム・ラムゼー
写真提供と掲載許可：Edgar Fahs Smith Collection.

元素アルゴンとつぎの元素カリウムが，周期表の中で，「逆転ペア」の稀な例の一つになることである[59].

アルゴンは，1894 年，窒素を研究していたレイリー卿とウィリアム・ラムゼー（図 5.2）によって発見された．彼らは新元素を手中にした分光学的証拠に確信をもち，その性質を測定しはじめた．気体は完全に不活性なので，その原子量決定には物理的測定に頼るしかなかった．アルゴンの比熱の測定が，定圧と定容での気体の比熱容量，C_p および C_v それぞれの測定によって行われた[60].

これらの測定から，レイリー卿とラムゼーは，並進エネルギーと運動エネルギーの比を決めることができた．このことは，今度は気体の（分子中の）原子数を示すであろう．一般に分子の運動エネルギーは，三つの寄与からなる．並進，回転，振動である．単原子系の場合，並進運動しかない．したがって，運動エネルギーは並進エネルギーに等しい．ルドルフ・クラウジウスは，1857 年，K を気体分子の並進エネルギーとし，H を全運動エネルギーとすると，次の式が成り立つことを示した．

$$\frac{K}{H}=\frac{3(C_p-C_v)}{2C_v}$$

もし，C_p/C_v が 1.66 であったなら，方程式に代入すれば $K=H$ となる．言い換えれば，分子の全運動エネルギーが並進の形で生じる．これは，分子が回転や振動エネルギーを示さない，つまり孤立した原子の存在すなわち単原子性を示すものである[61]．レイリー卿とラムゼーが得た実験結果は C_p/C_v がほとんど 1.66 で，これから彼らは，アルゴンが単原子的と推量した．このようなことは，後知恵の知識でいえることである．それは，アルゴンが実際に単原子的であることは，現在完全に確立しているからである．神秘的な気体が初めて発見された当時は，この結論に到達するのに，かなりの努力を要したのである．

アルゴン問題は，1895 年 1 月 31 日，ロンドン王立協会の特別に招集された会議で公表された．そして，当時の指導的な化学者や物理学者によって，かなりの討論がなされた．会議は，ラムゼーによって与えられた新物質の発見の説明から始まり，比熱比約 1.66 のことも含んでいた．ラムゼーとレイリー卿は，この結果が新しい成分は 1 元素または元素の混合物のどちらかで，おそらく単原子的であることを意味すると解釈した．彼らは，この結果がまた，二原子あるいは多原子分子で，その原子が相対的運動をせず，回転運動もしないこととも矛盾しないと認めた．しかし彼らは，あとの可能性は，そのような原子の複雑なグループが，球状であることを要するであろうということで，ありそうもないとつけ加えた．

レイリー卿とラムゼーは，新物質の純度の問題については，決定的な立場をとることができなかった．彼らは，同夕，読まれた論文で，ウィリアム・クルックスによって提供された分光学的証拠が，混合物を示唆したことを認めた．しかし，彼らはまた，重要なデータの測定を指摘した．それは，はっきりした沸点と融点を示し，また，沸騰中観察された一定圧力など単一の純物質の兆候を示していた．

彼らの総体的な結論は，「証拠を天秤にかけると単純性の方へ傾く」ので単一元素と思われるが，この事実と推測される単原子性をあわせて考えると，原子量が 39.9 になる，ということであった．このことから，このような元素は，周期表の中で場所がないと結論せざるをえなかった．一方で，ラムゼーとレイリー卿は，原子量 37 と 82 をもつ二つの元素の 93.3% と 6.7% の混合物，一つは塩素とカリウムのあいだ，他は臭素とルビジウムのあいだにあるとすると，観測された密度を説明できると推論を進めた．

当時の化学会長ヘンリー・アームストロングは，ラムゼーとレイリー卿の研究について，礼儀正しく彼らに祝いの言葉を述べたが，続いて批判を行った．彼は，新元素についてのありうる性質の記述は「むやみに推論的な性格」と示唆し，比熱のデータの解釈についてラムゼーとレイリー卿が述べた疑問に注意を促した．彼は続いて窒素とアルゴンの類似をあげた．窒素は分子形で空中に存在して非常に不活性だが，その成分の窒素原子は非常に反応性に富むと指摘した．同様に，明らかに窒素よりはるかに不活性なアルゴンがはるかに反応性に富む成分原子から成り立っているかもしれないと論じた．それらの極端な反応性が，非常に強い原子間結合をつくり，非常に強く結びつけられた二原子分子をつくるので，成分原子間のいかなる形の相対的運動もない並進運動を示すだろう，と．

アームストロングの見解へのさらなる支持が，アイルランドの物理学者ジョージ・フィッツジェラルド（相対性理論への貢献でよく知られる）からきた．彼の意見はそれ以前に手紙でレイリー卿に伝えられていた[62]．アームストロング同様，フィッツジェラルドは，二原子が非常に固く結合した，ほとんど内部運動を起こさない二原子分子を積極的に考えた．そしてこの見解は，新しい気体の化学的不活性と調和するとつけ加えた．

しかし，レイリー卿は，そのような二原子分子を想像することは困難と考え，つぎのようにいって，留保を表明した．

> その議論は疑いなく完全に堅実である．しかし，心の中でざっと図形に表して，結合した2分子をどう想像するのか困難が残る．私はある程度の確かさをもって，二つの球が結合し，相互に接しているようなものを想像する．どうしてそんな風変わりな形の原子がかなりの回転エネルギーを得ないで，動き回ることができるだろうかと思う[63]．

物理学会長ウィリアム・アーサー・リュッカーは，そのような二原子分子が観測された比熱比 1.66 を生じるには，実際上，球形でなければならないと指摘した．彼は，このことがなんらかの問題を表していることは認めた．しかしまた彼は，この元素を周期表に適合させる問題に関しては，あまり関心をもたなかった．それは，彼は，それを覆すと化学の根底を揺るがすほどにメンデレーエフの周期系が非常によく確立しているとは考えなかったからである．

最後に会議の座長ケルヴィン卿は，比熱比 1.66 の問題について彼自身のコメントをつけ加えた．また，二原子分子の可能性について留保を表明した．彼はいった，「球形の原子がその条件を満たすとは認めない」「球形の原子は完全になめらかではないであろう」．ケルヴィン卿はまた，固く結合した二原子分子の考えを論じた．彼は少なくとも，ある相対的振動運動がそのような機械的システムから検出されるだろうと感じたからである[64]．

約2か月後，アルゴンの配置についてのメンデレーエフの見解が *Nature* に載った[65]．ここでメンデレーエフは，アルゴンが混合物という推定は「すべての可能性の外にある」と述べている．彼はまた，気体がその不活性のゆえに元素である可能性があると考えた．それから彼は，つぎのような可能性のある分子を示して，その元素の原子量の組織的考察に進んだ.

$$A_1,\ A_2,\ A_3,\ \cdots\cdots,\ A_n$$

それぞれの，ありうる（分子中の）原子数を取り上げて，彼はまず，単原子分子性を議論した．メンデレーエフは，分子の運動エネルギーへの化学的寄与があるかもしれないという理由で，比熱の測定から得られた単原子分子性の証拠を受け入れることを渋った．彼は塩素の場合に，C_p/C_v の値が 1.3，窒素では 1.4 という差を指摘し，2 原子性のあいだにも変動があると強調し，アルゴンで観察された 1.6 という値でも二原子分子に属するかもしれないとほのめかした.

予期されたように，メンデレーエフは，彼の周期系に新元素を適合させる問題に最も関心があった．しかし，周期表中にそのような元素に対する場所がないという理由で，単原子分子性を退けた．彼は，単原子分子性はアルゴンに対する原子量が塩素とカリウムのあいだになることを示し，これは「第三のシリーズに 8 番目の族」が生まれることを意味するが，それは承認しがたいものとした．これは熟練化学者の側の驚くべき誤りで，事実，なぜ 8 番目の族が導入されるべきでないかという基本的な理由はない．実際，このことがやがて問題を正確に解決する基になったのである.

メンデレーエフは，2 原子のアルゴン分子の概念にも同様に反対した．可能性のある原子数についての彼の独創的なリストを続けながら，彼はつぎに三原子分子に落ち着いた．そしてアルゴンは，窒素の三原子分子形にほかならず，結局新元素ではないと結論した.

> アルゴン分子が 3 原子を含むと考えれば，その原子量は約 14 であろう，その場合，アルゴンは凝縮した窒素，N_3 と考えられる．この最後の仮説に有利なことはたくさんある[66].

この分子に有利な理由の中でメンデレーエフは，「天然に窒素とアルゴンの同時存在」を説明すると論じた．そして同様に，アルゴンの不活性は，窒素から誘導されるという事実に関連するだろうと，いっている．より高い原子数，すなわち 4 と 5 をもった分子は，原子量でそれぞれ 10 と 8 を必要とし，周期系に収容できないので除外された．6 原子数については，メンデレーエフは，これはありうると考え，実際 3 原子の N_3 に次いでありそうな原子数と考えた.

そうこうするうちに，議論はより大きい科学社会へと広まった．屈折率と分子構造のあいだの関係の先駆者の一人，ジョン・ホール・グラッドストーンは，原子量 20 をもつ元素が周期表に適合しない五つの理由を与えた．つぎに彼は，原子量 40 の元素が周期表にうまく配置される五つの理由を与えた．グラッドストーンは，総計10の点で誤っていると結論せざるをえない！

それから2年のあいだに地球上のヘリウムが発見された（訳注：ヘリウムは，分光学的に太陽紅炎中に見出され，ギリシア語の *helios*（太陽）に因んで命名されていた）．問題は2元素，つまりアルゴンとヘリウムを配置する問題となった．さらに3年が経過して，クリプトン，ネオン，キセノンが発見された．元素の新しい族すべては，予言されることなく発見された．そしてこれらの新元素の周期表への配置は，到底，些細なことではないことがはっきりしてきた．実際，それはメンデレーエフの系の生き残りをかけた厳しい脅威となった．

メンデレーエフは，1895年の暮れ，ロンドンを訪れ，アルゴン問題をラムゼーと議論した．彼はモスクワに帰る際，ロシア物理-化学会に「課題はほとんど進展していない．解決に向けてほとんど何もなく，事態は不明瞭に思われる」と報告した[67)]．2年後，彼はアルゴンとヘリウムから化合物がつくられないので，それらの原子量は疑わしいとみなすべきである，と書いている．メンデレーエフにとっては，化合物の研究が周期系に元素を組み入れるのに決定的な役割を演じた．彼は，元素が完全に不活性であるという可能性を考慮しなかったので，アルゴンとヘリウムを新元素として受け入れることを嫌った[68)]．

最後に，1900年の春，ベルリンにおける会議で，ラムゼーはメンデレーエフに，アルゴンおよびその類似体はハロゲンとアルカリ金属の間の新しい族におかれるべきであると示唆した．それらは周期表の右端に現れ，各周期の長さを1元素だけ延長する役をする[69)]．不活性気体についてのこれまでの見解にこだわらず，メンデレーエフは，この示唆を好意的に受け入れ，1902年に彼の応答について書いている．「これは彼（ラムゼー）にとって，新しく発見された元素の位置の確認としてきわめて重要である．そして私にとっては，周期律の一般的な適応性の栄誉ある確認である」[70)]．メンデレーエフは，また，この処置が「重大な試練」であった中で，周期系の「壮大な生き残り」を示す，とつけ加えた．事実，周期系はこの試練を大成功裏に切り抜けたのである．貴（希）ガスを周期表に結局は成功裏に導入したことは，メンデレーエフの名高い予言と同様に周期系の受け入れに有利に働いただろうか？　私自身の信念はイエスで，やがて希土類元素が成功裏に導入されたのと同様である．

5.16 結　　論

成功した予言が，既知の事実の適合よりも理論に信頼を与えるという主張がしばしばなされる．しかし，科学者の専門的な記述の中で，この主張への明快な証拠をみつけることは困難である[71]. 成功する予言は，理論に対する厚意的な世間の注目を生み出すだろうし，それに関して，他の科学者に真面目に考えさせるだろう．しかし，科学の文献におけるその後の理論の評価は，通常，既知の事実の説得力のある演繹的結論に比べて，新事実の予言には重きをおかない．

このことがメンデレーエフの周期系で起きたことであろう．それは，1869年に発表され，種々雑多な批評を受けたが，1875年のガリウムの発見以後は，より厚意的な扱いを受けた．新元素の予言が周期系の，最終的な受け入れに，圧倒的な因子であることを確認することよりも，ガリウム，スカンジウム，ゲルマニウムの発見は，系への科学社会の関心をもたらすのに単純に役立ったであろう．そこからその長所が評価されはじめたと思われる．新元素の予言に加えて，メンデレーエフは，多くの既存元素の正しい原子量を予言して成功させた．これらが彼の周期系の受け入れに貢献したであろう．

しかし，ベリリウムのような難しい元素の配置，新しくみつかった貴（希）ガスの収容，希土類を位置づけするための苦闘の連続などすべては，周期系を取り巻く生産的議論の雰囲気づくりに貢献した．彼の成功した予言に基づいて，メンデレーエフにほとんど独占的に大きな信用が与えられたというポピュラーな神話に反して，上述の因子が，系の結果的な受け入れに予言同様貢献しているだろう．1890年までに，メンデレーエフの系は，化学の風土における永久的な定着物となった．壮大な体系のほとんどすべての欠陥が探求され，その深遠な優美さが示された．そして，つぎの世紀に向けて化学のための，また物理学のための，研究計画を推進させている．

■注

1）すでに述べたように，メンデレーエフは，事実，未知元素を予言した最初ではない．彼の前に，ウィリアム・オドリング，ジョン・ニューランズ，ユリウス・ロータル・マイヤーが行っている．たとえばニューランズは，イットリウム，インジウム，ゲルマニウムに空所をつくった．ゲルマニウムに対しては，彼は，原子量73を予言した．現在の値72.59と比べてよく合っている．

2）W. Brock, *The Norton History of Chemistry*, Norton, New York, 1992, pp. 324-325.

3）予言／配置の議論の一般的参考文献としては，第2章の注73を見よ．

4）S. G. Brush, The Reception of Mendeleev's Periodic Law in America and Britain, *Isis*, **87**, 595-628, 1996.

5）こういう質問をもち出すのは，つぎの事実によって複雑となる．「いくつかの場合には，元素の成功した配置は，いくつかの元素の原子量をメンデレーエフが訂正することによった．」

6）これらのコメントはどれも，メンデレーエフが観察できない基本物質として，元素に，より力点をおいたことについてすでに述べたことと矛盾すると考えるべきではない．

7）今日では，化学者は単一の元素にかかわりうる．私がパデュー大学で化学を教えていたとき，私はブラウン・ビルディングで働いた．これは，ホウ素の化学での先駆的な研究に対して1979年，ノーベル賞を得たH. C. ブラウンに因んで名づけられた．彼は，2004年12月，（92歳で）亡くなるまで，ホウ素の化学を続けた．同様に，私がパデューにいたとき，化学の主任はリチャード・

ワトソンだった．彼はレニウムの化学の世界的なエキスパートである．すべての元素の化学についてエキスパートと考えられる人はいるとしても，非常に少ない．

8) 神話は，つぎの文献で詳しく調べられ，正体を暴露されている．M. Gordin, *A Well-Ordered Thing*, Basic Books, New York, 2004.

9) このことは，マイヤーのシステムに化学的側面が欠けているといっているのではない．たとえば，第3章で述べたように，彼のシステムの種々の族の見出しは，異なる原子価よりなる．

10) 現代の周期表のⅧ族，貴（希）ガスと混同しないように．貴（希）ガスは，メンデレーエフが周期系を見出したときには，発見されていなかった．これらの元素，たとえば，鉄，コバルト，ニッケルは，短周期型周期表で連続する周期のあいだの遷移を与えるという意味で遷移金属と名づけられた（訳注：日本では，貴（希）ガスは，18族として表示しているが，これは，1988年IUPAC勧告に基づく．1970年のIUPAC勧告では貴（希）ガスはⅧB族だった（短周期型周期表では0族）．鉄，コバルト，ニッケルなどの遷移元素はⅧA族とされていた）．

11) これらの元素は，元々遷移元素と呼ばれた．一方，現在この言葉は，長周期型周期表の中央部にある元素，ならびに脚注として表の下におかれている元素を意味するようになっている．現代の術語では，これらの元素は，それぞれd-ブロック，f-ブロックとなる（訳注：日本の高校教科書では，元素は典型元素，遷移元素に大別する．ただし，亜鉛族は典型元素に入れている）．

12) 彼は，すでにこの改良を取り入れていた1870年のマイヤーが出版したシステムをみた後，この結論に達したのかもしれない．

13) 実際，ウランは現在，水素と化合物をつくることが知られている．ただし，非化学量論的であり，化学式はUH_xと書かれる．xが変動する．

14) ガリウム，スカンジウム，ゲルマニウムの原子量を得るために，メンデレーエフが主張した内挿の場合のように，彼の予言した値は，正確には彼が説明のために定めた値と同じものではない．

15) 原バージョンがO=1標準に対して与えられていた第2章と異なり，ここで与えた形は，O=16に基づく，より共通的なものである．したがって，定数の差が各章にあげてある．

16) L. F. Nilson, O. Petterson, *Berichte*, **11**, 381-386, 1878.

17) T. S. Humpidge, On the atomic Weight of Glucinium (Beryllium) [Abstract], *Proceedings of the Royal Society*, **38**, 188-191, 1884；T. S. Humpidge, On the atomic Weight of Glucinum (Beryllium) Second Paper, *Proceedings of the Royal Society*, **39**, 1-19, 1885.

18) より一般的には，第二周期と第三周期を横切る原子価の変化は，1から4へのスムーズな増加を示す．これに続いて貴（希）ガスの0まで，等しく均一な減少を示す．

19) 1946年，シーボーグは，周期表に大きな変化が必要なことを見出した．4番目の遷移金属系列に属するとみられていたいくつかの元素が，周期表の主体から分離して，ランタノイドとアクチノイドを形成した．ウランは，これらの元素の中にあり，もはや遷移金属とはみなされない（訳注：日本の教科書では，ウランは遷移元素として扱われる．内遷移元素といわれることもある）．

20) 接頭語「エカ」は，数字1を示すサンスクリットである．メンデレーエフは，ときおり，特定の既知元素に似ている，または生き写しの第二の元素を記述するのに「ドヴィ」すなわち2を用いた．

21) もう一度いうと，この不規則性は，多くの元素が種々の同位体の混合物で成り立っているために起こる．そしてそれらの原子量は，同位体の原子量の値の平均値となる．

22) D. I. Mendeleev, Über die Beziehungen der Eigenschaften zu den Atomgewichten der Elemente, *Zeitschrift für Chemie*, **12**, 405-406, 1869, p. 406から引用．

23) 同上，p. 42, note 16.

24) 厳密にいうと，これらの仮の名は，翌年の1871年に造語された．

25) この情報に対して，私はマイケル・ゴーディンに感謝する．論文は，D. I. Mendeleev, Die periodische Gesetzmässigkeit der chemischen Elements, *Annalen der Chemie und Pharmacie*, supplement 8, 133-229, 1872.

26) メンデレーエフの予言に対して，このような比較の表を提出した最初の人物は，ペール-テオドール・クレーヴェである．

27) P. E. Lecoq De Boisbaudran, Charactères Chimiques et Spectroscopiques d'un Nouveau Métal,

le Gallium, Découvert Dans un Blende de la Mine de Pierrefitte, Valée d'Argèles (Pyrénées), *Comptes Rendus de l'Académie des Sciences, Paris*, **81**, 493-495, 1875.
28) ド・ボアボードランは，はじめ，その元素の密度が 4.7g/cm^3 と述べていた．メンデレーエフは，5.9g/cm^3 という値を予言し，ド・ボアボードランに手紙を書いて，値を再測定するよう頼んだ．ド・ボアボードランは，これを行い，現在の値 5.904g/cm^3 に近い値を得た．
29) ド・ボアボードランが，彼自身の名に含まれる「Lecoq」を考慮して，彼自身に因んだ名をつけたと，固執する人が他にいる．cock のラテン名は *gallus* である．
30) D. I. Mendeleev, Remarques à Propos de la Découverte du Gallium, *Comptes Rendus, de l'Académie des Sciences, Paris*, **81**, 969-972, 1876.
31) D. I. Mendeleev, La Loi Périodique des Éléments Chimiques, *Moniteur Scientifique*, **21**, 691-735, 1879, p. 692 より引用．
32) D. I. Mendeleev, The Periodic Law of the Chemical Elements, *Journal of the Chemical Society*, **55**, 634-656, 1889.
33) 光学的エーテルは，電磁力の担体として連想された媒体であった．実験的に検出されることはなかった．にもかかわらず，この概念は，アルバート・アインシュタインの 1905 年の特殊相対性理論によって，決定的に覆されるまで電磁気理論において，数学的目的に役立った．
34) 本書は，主として周期系の発展について扱い，メンデレーエフについてではないので，エーテルについての後者の見解については，ほとんど述べない．メンデレーエフのこの問題についての興味は，彼の経歴の初期から始まり，1870 年代に行われた気体の法則から逸脱して，彼の仕事の動機づけになった．彼はエーテルに対するいかなる証拠も明らかにできなかったが，理論的興味をもち続けた．これが，彼が 1907 年に死去するまで反対し続けた放射能や元素変換の発見に逆らうことを目的とした彼の推察の基礎を形成した．メンデレーエフおよびエーテルについてのさらなる情報は，ゴーディンの著書にみられる．*A Well-Ordered Thing*, Basic Books, New York, 2004.
35) D. C. Rawson, The Process of Discovery : Mendeleev and the Periodic Law, *Annals of Science*, **31**, 181-204, 1974.
36) D. I. Mendeleev, *Periodicheskii Zakon. Osnovye Stat' I, Compilation and Commentary of Articles on the Periodic Law*, by B. M. Kedrov, Klassiki Nauk, Soyuz sovietskikh sotsial' sticheskikh republik, Leningrad, 1958, p. 316, note 16（「 」で強調が加えられた）．
37) メンデレーエフのマグネシウムとベリリウムに関する，より充実した詳細については，つぎの文献を見よ．J. R. Smith, Persisistence and Periodicity, 未出版 Ph. D 論文，University of London, 1975.
38) J. van Spronsen, *The Periodic System of the Chemical Elements, the First One Hundred Years*, Elsevier, Amsterdam, 1969, p. 215.
39) 劇的な成功がはじめにきたことを認めなければならないが….
40) はるかに記載事項が少なく，メンデレーエフの後期の予言のみを含む同様の表が W. ブロックによって与えられている．W. Brock, *The Norton History of Chemistry*, Norton, New York, 1992, p. 325. この著者が述べていることに注目することも興味がある．「エカ・マンガン，トリ・マンガン，ドヴィ・テルル，ドヴィ・セシウム，エカ・タンタルについての彼の予言が，表の中の同族体の堅固な，正確な配置に基づく予言というよりは偶然の推量であった．」
41) Chemical Notices from Foreign Sources, *Chemical News*, **23**, 1871, p. 252 と題したセクションでの記載事項．ドイツ語で出版したメンデレーエフの論文を記述している．*Berichte der Deutschen Chemischen Gesellschaft zu Berlin*, **6**, 1871.
42) P. Lipton, Prediction and Prejudice, *International Studies in Philosophy of Science*, **4**, 51-60, 1990.
43) P. Lipton, *Inference to the Best Explanation*, Routledge, London, 1991.
44) P. Lipton, Prediction and Prejudice, *International Studies in Philosophy of Science*, **4**, 51-60, 1990 を見よ．
45) 当今の歴史家は，この不均衡を取り戻しはじめている．たとえば，S. J. Brush, The Reception

of Mendeleev's Periodic Law in America and Britain, *Isis*, **87**, 595–628, 1996.

46) W. Spottiswode, President's Address, *Proceedings of Royal Society of London*, **34**, 303–329, 1883, p. 392 から引用.

47) この問題については，申し立てられた時間の遅れ（私がそう呼んだ）とは異なり，マヘルは，化学の歴史について彼が引用した情報源，すなわち，アイドの著書によって報ぜられた誤りに基づいて（非難を）免れない．つまり，アイドは，デーヴィーメダル授賞について言及していない．A. J. Ihde, *The Development of Modern Chemistry*, Dover Publications, New York, 1984［藤井清久ほか訳,『現代化学史 1, 2, 3』（みすず書房，1972, 1973, 1977）］. chapter 6, note 37 で引用.

48) P. T. Clève, Sur le Scandium, *Comptes Rendus de l'Académie des Sciences*, **89**, 419–422, 1879, p. 421 から引用.

49) ウィリアム・クルックスによる論説．*Chemical News*, 1879.

50) D. I. Mendeleev, On the History of the Periodic Law, *Chemical News*, **43**, 15, 1881.

51) しかし，ゴーディンは，メンデレーエフが予言をきわめて深刻に考えている，と論じていることに私は注目する．M. Gordin, *A Well-Ordered Thing*, Basic Books, New York, 2004.

52) A. Wurtz, *The Atomic Theory*, translated by E. Cleminshaw, Appleton, New York, 1881.

53) 後者は，「逆転ペア」のもう一つの場合であることがわかった．

54) A. Wurtz, *The Atomic Theory*, translated by E. Cleminshaw, Appleton, New York, 1881, p. 16.

55) Marcellin Berthelot, *Les Origines de L'Alchimie*, Steinheil, Paris, 1885, p. 311.

56) D. Mendeleev, The Periodic Law of the Chemical Elements, *Journal of the Chemical Society*, **55**, 634–656, 1889. これは，メンデレーエフのファラデー講演である．p. 644 のコメントを見よ．

57) W. Brock, *The Norton History of Chemistry*, Norton, New York, 1992, p. 324–325［大野誠ほか訳,『化学の歴史 I，II』（朝倉書店，2003, 2006）］.

58) より正確にいうと，少なくとも二人の著者，ウィリアム・セジウィックとイェルゲン・ユリウス・トムセンが，独立に，完全に反応性のない元素の族の可能性を予言していた．W. Sedgwick, The Existence of an Atom Without Valency of Atomic Weight of "Argon" Anticipated Before the Discovery of "Argon" by Lord Rayleigh and Prof. Ramsay, *Chemical News*, **71**, 139–140, 1895；J. Thomsen, *Anorganische Chemie*, **9**, 282, 1895.

59) アルゴン問題が起きたとき，唯一の逆転ペア，ヨウ素とテルルのそれが明らかになっていただけだったことを思い出してほしい．そしてその説明は，ほとんど 20 年後の同位体の発見と，モーズリーの研究によるまで得られなかった．

60) W. Ramsay and Lord Rayleigh, Argon a New Constituent of the Atmosphere, *Chemical News*, **71**（1836），51–63, 1895.

61) 回転運動は，多原子系の質量の共通の中心について起こりうる．それが存在しないことは，気体中の分子が多原子的でないことを示す．孤立した原子は完全に球形で，それが示すかもしれない回転運動を検出できない．同様に振動運動は，多原子分子中の二つあるいはそれ以上の原子間にのみ存在する．したがって，それが存在しないことも単原子分子性に一致するだろう．

62) これは，アインシュタインの特殊相対性理論的な距離収縮を，ある程度期待した，その同じフィッツジェラルドである．

63) W. Ramsay and Lord Rayleigh, Argon a New Constituent of the Atmosphere, *Chemical News*, **71**（1836），51–63, 1895, p. 62 から引用.

64) Lord Kelvin, Argon a New Constituent of the Atmosphere, *Chemical News*, **71**（1836），51–63, 1895, p. 63 から引用.

65) Professor Mendeleev on Argon,（Report of the Russian Chemical Society Meeting），March 14, 1895, *Nature*, **51**, 543, 1895.

66) Professor Mendeleev on Argon,（Report of the Russian Chemical Society Meeting），March 14, 1895, *Nature*, **51**, 543, 1895.

67) J. R. Smith, *Persistence and Periodicity*, 未出版 Ph. D 論文，University of London, 1975, p. 456 により引用.

68) 1960 年代に始まった研究で，貴（希）ガスは事実，安定化合物をつくることが見出された．へリウムとネオンは例外で，なお完全に非反応性と思われる．

69) ニューランズでさえ，表中に残っている元素の周期性を決して壊すことがない，というこの可能性を予期していたことを思い出すべきである．

70) J. R. Smith, *Persistence and Periodicity,* 未出版 Ph. D 論文，University of London, 1975, p. 460 により引用．また，D. Mendeleev, *An Attempt Towards a Chemical Conception of the Ether* を見よ．この陳述は，1902 年のロシア語版の脚注にある．

71) S. J. Brush, Prediction and Theory Evaluation, *Science,* **246**, 1124-1129, 1989.

6

原子核と周期表：放射能，原子番号，同位体

The Nucleus and the Periodic Table－Radioactivity, Atomic Number, and Isotopy

原子論はジョン・ドルトンが科学の世界に再導入し，19 世紀の化学者たちが取り上げて討議した問題であった．前のいくつかの章で述べたように，原子量と当量が決められ，元素を分類する試みが摸索されはじめた．物理学者の多くは原子という概念を受け入れるのに乗り気ではなかった．ただルードヴィッヒ・ボルツマンは悲劇的な例外で，原子論に対する激しい批判の中を支持に回り，ついには自身の命を絶った[1]．しかし，20 世紀に入る曲がり角で，潮流は変わりはじめた．物理学者は原子の概念を採用しただけでなく，その構造を探るための多くの実験を行い，科学全体を転換させてしまった．彼らの研究は化学，特に本書に最も関係のある周期表の説明と表示法に大きな影響をおよぼした．

1897 年に発表された J. J. トムソンの電子発見に始まり，展開は急速だった[2]．1911 年にアーネスト・ラザフォードは原子の核構造を提案し，1920 年までには陽子と中性子の名称を用意していた．この仕事のすべては，1895 年に発見され原子を探る能力をもつ X 線と，1896 年に発見された放射能を使って行われた．放射能という現象によって，原子は変換できないという旧来の概念はきっぱりと打破され，一つの元素が別の元素に変わりうることが示された．ある意味で，錬金術師たちが目指してできなかったゴールに到達したともいえる．

もともとは不可分という考えから名づけられた原子（atom）が，実はもっと基本的な粒子である陽子・中性子・電子に細分されるという現実に導いたのは放射能の発見であった．ラザフォードは初めて「原子を分割する」ことを試みた人物で，そのと

き使った手段は,新たに発見された放射壊変のときに出てくるアルファ粒子であった.

相次ぐ新発見の中で初期にみつけられたX線は，周知の医学への応用の他に，物質の内部構造を解き明かす有力な手段を提供することになった.ヘンリー・モーズリーは，後にこの線を使って，周期系の並び順の原則は原子量ではなくて原子番号の方にあることを発見した．彼はいろいろな元素の試料をX線で照射してこのような結果を得たのである.

放射能とX線という一対の発見は，さらに，ラジウム，ポロニウムのような，いくつかの新元素の発見と同定を可能にした．新元素は周期系に組み込まれなければならず，必然的に周期系の堅牢さと変化への適合能力が試されることになった．本来，元素の化学的性質を決めるのは，おもに電子であることは確かだが，原子核に関連した諸発見は周期系の改良に大いに影響を与えた．X線と放射能の本性を探る研究と相まって行われた原子核の探索は，原子番号と同位体の発見を導いた．この両者の研究の進展によってディミトリー・イヴァノヴィッチ・メンデレーエフの周期系につきまとっていた不明確な諸点が解明されることになった.

同位体の存在がわかった当初は，周期系の危機がささやかれた．発見された多数の同位体は，各元素について予想以上に多数の「atom」(不可分ではなく，最小粒子の意味で）が存在することを暗示していた．化学者の中には,従来の周期表を廃棄して,すべての同位体に別々の場所を与える分類系を考えるべきだという人さえ現れた．幸いにもその後，同一元素の同位体は同じ化学的性質を示すことがわかり，このような考えは受け入れられなくなった[3)].

原子番号の発見は，それより100年あまり前にヨハン・ヴォルフガンク・デーベライナーのような人々が基礎を築いて以来，初めてといってもいいほどの明快な修正を周期系にもたらした.原子番号の概念が同位体の新しい解釈と結びついたとき初めて,なぜウィリアム・プラウトの仮説（すべての元素は水素の組み合わせでできているという）が初期の周期系の開拓者たちにとって気がかりな存在だったかがわかったのである．事実，プラウトの仮説は若干の修正を加えた形で,「周期表のすべての原子は,後に陽子と名づけられる原子番号の一単位を組み合わせてできている」と表現できる.また，三つ組元素がなぜ初期の周期系の展開にとって魅力的で有用だったかも理解できるのである.

本章では，X線，放射能，原子番号，同位体という四大発見を大まかな年代順に検討していく．これら4テーマのあいだには多くの事柄が重複することをお断りしておく.

6.1 X線とベクレル線

1895年のはじめまでにレントゲンは48の論文を書いた．しかし，それらはほとんど忘れられている．49番目の論文で彼は金的を射止めた．

エミリオ・セグレ『X線からクォークまで』より

これはイタリア生まれの物理学者セグレが，X線発見前のヴィルヘルム・コンラッド・レントゲンの経歴を記したものである．

1895年11月8日，ドイツの物理学教授であったレントゲンは，ヴュルツブルクにある暗室の研究室で仕事をしていた．彼は，クルックス管の名で知られる高真空のガラス管に電流を通す実験に集中していた．このとき予想もしないことに気づいた．ガラス管の一つに電流を流すと，部屋の反対側においてある物体が微光を発したのである．これは，離れておかれたシアノ白金酸バリウムを塗布したスクリーンがガラス管からくる陰極線に反応した結果と思われた．数日間，彼はさまざまに条件を変えて実験した結果，疑惑の現象は新しい形の発光かもしれないという思いに至った．まったく偶然だったが，新しい光線を試すためにガラス管とスクリーンの中間に材料を掲げたとき，彼はスクリーンに明らかに自分の手が映っているのに気づいた．肉のついた輪郭の中に骨がみえたのである．これは医学用のX線写真を人類がみた初めての出来事であった．レントゲンはこの奇怪な光線の本性を突き止めるために7週間，集中的に秘密の実験に没頭した．彼は一人の友人に，面白いことをみつけたけれども自分の観察が正しいかどうか自信がないと告げ，人を寄せつけずに仕事をした．

1895年12月28日，レントゲンはヴュルツブルクの物理医学会会長に，妻の手のX線写真を添付した予備的論文を提出した．この写真はいまも残っている．数日後，彼は印刷した論文をヨーロッパ中の物理学の友人に送った．年が明けて1月までには，世界中が「X線熱」に浮かされた．レントゲンは医学界における奇跡の発見者として賞賛された．彼は1901年に第1回ノーベル物理学賞を受けたが，X線について特許を申請したり使用権を請求したりはしないと決めていた．

レントゲンがX線写真を送った多くの科学者の中にアンリー・ポアンカレがいた．ポアンカレは1896年1月20日にパリの科学アカデミーの同僚にこれらの写真をみせた．自然史博物館教授で科学アカデミー会員であったアンリー・ベクレルは，ポアンカレがいった「X線とルミネセンスとのあいだには関連があるかもしれない」という言葉に注目していた．彼は自分の実験室に戻ると直ちに，X線とルミネセンスが関連ありとする仮説を検証する実験を始めた．リン光を発する物体がX線を出すかどうかを調べるために，彼は何年か前につくっておいたウランの水和塩を選んだ．2月20日，ベクレルは透明な塩の結晶を2枚の厚い黒紙に包んだ写真乾板の上におき，その実験セットを太陽光に数時間曝した．乾板を現像すると結晶の輪郭が黒く現れた．そこでベクレルは，黒紙を通す力のある透過性光線がリン光体から放出されたと結論した．

翌日，日照不足で実験を繰り返すことができなかったため，ベクレルは彼の結晶塩をたまたま未現像の写真乾板の上において引き出しに入れておいた．後に，彼はリン光の減衰量をみる目的で，その乾板を現像してみた．ところが驚いたことに，リン光は減るどころか最初の日よりも強くなっていた．乾板と結晶のあいだに挟んでおかれていた金属片の影に注目して，ベクレルは塩の発光能力が暗闇でも続いていたことを知った．明らかに，透過力のある光線を出すのに太陽光は必要でなかった．X線発見のまさに一年後に，別の新しい形の光線が姿を現しはじめたのだろうか？

ベクレルはまた，彼のウラン塩の光線の強さが数か月経過しても減衰しないことを知った．リン光を発しないウラン塩についても調べたが，結果は同じで新しい光線が認められた．まもなく彼は，この発光は元素ウランそのものによると結論した．彼が最初にこの実験を実施したときから約1年経っても，新光線の強さは衰えをみせなかった．しかし，ベクレルは別の科学に興味をもちはじめ，この光線を詳細に調べることを他の人々に譲ってしまった[4]．

6.2 放 射 能

ポーランド生まれの化学・物理学者，マリー・キュリー（図6.1），旧姓スクロドウスカはベクレルの研究を取り上げた最初の人である[5]．彼女は博士論文のテーマとして，ウラン以外にもベクレル線を出す元素があるかどうかを探索することにした．そして，周期表でウランの二つ手前に位置するトリウムにもこの新現象が観察されることを見出した．彼女はこのような物体のもつ新しい性質を表すために「radioactivity（放射能）」という言葉をつくり出した（訳注：マリー・キュリーが発表したのはフランス語であるから，厳密には radioactivité である）．

さらに彼女はウラン鉱物ピッチブレンドが純粋なウランよりも放射能のレベルが高いことに気づいた．鉱物の方が等量のウランの塩よりも強い放射能を示したのである．彼女は，未知の元素がピッチブレンドの中に存在するかもしれないという正当な推論をし，ピエール・キュリーと共同で，短時間のうちに，ウランの400倍の放射能をもつ物質を抽出することに成功した．1898年のことで，新物質はマリーの母国に因んでポロニウムと命名された．この元素は周期表のⅥ族に属し，テルル，セレンの下で，

図 6.1　マリー・キュリー
写真提供と掲載許可：Emilio Segrè Collection.

ウランの八つ手前に位置する．

ポロニウムを抽出したピッチブレンドの実験をさらに続けて，キュリー夫妻は別の微量の放射性物質が存在することを突き止めた．そして，分離精製を繰り返した結果，ウランの約 900 倍という高レベル放射能をもつ物質をみつけ出した．この元素も 1898 年に発見され，ラジウムと命名された．

このころ，他の物理学者たちもベクレル線の研究を始めていた．ニュージーランド生まれの物理学者ラザフォードは，ケンブリッジのトムソンの下で研究をした後，モントリオールのマギル大学に移った．そこで，彼はベクレル線の放射そのものの性質を追求する一連の研究を開始した．1899 年，彼は，たとえばウランについて，その放射能とは薄い金属面で容易に吸収される一種の線であることを示した．彼はその線をアルファ（α）線と名づけた．さらに彼はもっと透過力のある別の線をみつけ，ベータ（β）線と名づけた．ラザフォードは α 線の本性を研究し，最終的に，電子 2 個をはがされたヘリウムの原子と同定した．この粒子はその後，原子の構造を探る有力な武器になる．

1900 年から 1903 年にかけて，ラザフォードは放射性物質の化学を研究しはじめた．同僚の若い化学者であり，本章の後半に活躍する，フレデリック・ソディーと共同で，画期的な発見をする．その発見は化学元素の性格を理解するために特に大きなインパクトを与えるものであった．ラザフォードとソディーは，実験結果から，放射能の反応が起こっているあいだに，ある種の元素がまったく別の元素に変換されたと考えざるをえないと発表した．そのような考えが批判を浴びることは承知の上で，彼らは，これは新しい現象で，錬金術師たちの古来の夢を実現する化学元素の変換である，と記述した．

解説書の著者の中には，放射能の発見の結果，元素の性質についての解釈は化学から物理学へとバトンタッチされた，と書く人たちがいる．彼らは「メンデレーエフの化学元素を定義し直して，物理学専用のものにする」などという[6]．この考え方はあまりにも物理還元主義的に過ぎると思う．フリッツ・パネットもおそらく同じ思いだったのであろう．彼は元素の化学的解釈と周期系の完全性を擁護するために「中道の立場」を公式化したのである[7]．

6.3 原子核の発見

1911年，ラザフォードは，研究室の学生であったハンス・ガイガーとアーネスト・マースデンが行った実験をみて，電子が中心核の周りをまわるという惑星型原子の考えを復活させた．第7章で説明することだが，ジャン・ペランおよび，少し違う形で，長岡半太郎がそのような原子モデルを提唱した最初の人たちである[8]．しかし，トムソンが電子は原子の本体の中に埋め込まれているといい出してから，核のある原子の考えは萎んでしまっていた．

ガイガーとマースデンは，正に荷電した α 粒子束を薄い金箔にぶつけたとき，α 粒子の一部は散乱して非常に大きな角度に曲げられることを観測した．中には，入射方向に跳ね返るようにみえるものまであった．原子の正電荷が原子全体にまんべんなく分布しているというトムソン・モデルではこの観測は説明不可能だった．このモデルは，ほとんどすべての α 粒子が金箔を通り抜けるだろうと予言していた．ラザフォードは，箔の中の原子は高濃度の正の電荷をもっていて α 粒子の一部を曲折させたに違いないと結論した．このようにして，正電荷は原子の中心部の微小の体積に偏在し，負電荷は原子全体に拡散しているということを彼は発見した．

ガイガーとマースデンの α 粒子散乱実験の分析に基づいて，ラザフォードは，原子に乗っている電荷数が原子量の約半分であると結論した．ラザフォードと共同研究者は，散乱の度合がターゲット原子の原子量の二乗に比例することを見出し，この現象をアルミニウムから鉛までの多数の異なるターゲット元素についてチェックした．その結果，散乱は原子核の電荷数の二乗に比例するというように修正した．荷電した α 粒子の散乱を引き起こすのは原子量ではなくて電荷だから，当然の修正である．散乱実験のデータを詳しく分析することで，彼らは電荷Zと原子量Aのあいだにつぎのような近似式が成立することを知った.

$$Z = A/2$$

別のイギリスの物理学者チャールズ・バークラは，多種類の物質のX線散乱の解析からまったく同じ結論に達していた．これも1911年のことである．バークラは原子量に比例して重い元素の方が散乱を多く起こすことを見出し，「軽い元素の場合には，原子1個当たりの散乱電子の数は原子量の約半分である」と結論した[9]．中性原子の場合には，正電荷数は電子数と等しいので，ラザフォードとバークラの結論は同じである.

6.4 原子番号

原子の電荷についてのラザフォードとバークラの研究は原子番号の発見に貢献した．しかし，それは発見の前段階になる主要因ではなかった．原子番号の発見は，いかに科学の歴史が後の解説者によってしばしば書き換えられたり粛清されたりするか，という裏話のよい例である．真の発見者はアマチュア科学者アントン・ファン・デン・ブルック（図6.2）であるが，その貢献は無視される傾向にある．ファン・デン・ブルックは物理学者のラザフォードとバークラの仕事を要約しただけではないかと思われがちだが，本当の話はまったく違う．元素の順番を示す数字の発見に導いたのは，メンデレーエフの周期表を丹念に調べ上げ，長時間かけてそれを改良したファン・デ

図6.2 アントン・ファン・デン・ブルック
写真提供と掲載許可：ヤン・ファン・スプロンセン.

ン・ブルックの努力であった．それはまた，原子核の電荷と核外電子の数によって原子番号を同定するという話にまでつながるのである．

ファン・デン・ブルックは法律と計量経済学を学んだが，当時の主導的科学雑誌に多数の重要な論文を発表した．彼の最初の論文は「α 粒子と元素の周期系」という表題で1907年に出版された[10]．この論文の出発点は前年に出たラザフォードの論文であった．その論文の中で，ラザフォードは α 粒子の本性に関していくつかの事項を示唆していた．彼の示唆の一つで，ファン・デン・ブルックが気に入ったのは，この粒子がヘリウム原子の半分で，+1の電荷をもつということであった[11]．ファン・デン・ブルックはこの粒子にアルフォン（alphon）という名を与え，すべての元素は一つの基本粒子の組み合わせでできているというプラウトの理論に従って，アルフォンは水素原子の場所を占めると考えた．

ファン・デン・ブルックの理論では，特定数のアルフォンの集合体が一つの化学元素に相当することになる．ヘリウム原子の重さは4単位であることが知られていたから，アルフォンの重さは2単位となる．そこで，アルフォンが偶数個の集合体は既知の元素の重さに相当する．たとえば，原子量240のウラン原子は120個のアルフォンで構成されるという具合である．原子量は正確に互いの倍数というわけではないから，ファン・デン・ブルックは上記の図式が精密なものではないと思っていた．しかし先行するプラウトの思索のピタゴラス的精神からみて，ファン・デン・ブルックがこのような考えに関与したことは無理もないことである（訳注：すべての元素は水素で構成されるという仮説を立てたプラウトが，宇宙の秩序は数の比によって支配されるとするピタゴラス派の精神を受け継いでいるという意味であろう）．

もちろん，最も重い元素であるウランまでのあいだに合計120種類もあるとすれば，そのような周期系は当時知られていたものよりも非常に多い元素を必要とする．ファン・デン・ブルックはその不足分を当時発見されたばかりの新しい放射性元素で埋めていた．後に，これらは新元素ではなくて既知元素の同位体であることがわかるが，話を先取りしてしまうことになるのでそこには立ち入らない．ともかく，ファン・デン・ブルックは当時発表されはじめた放射能の研究成果をみて，自分の元素の表が埋められることを確信していた．さらに，希土類元素を周期表のどこにどのように入れるかの問題も解決していなかった．そこで，数種類の希土類元素がこれから発見されて埋められていくということは妥当な考えだと思っていた．

1907年の論文の中に，ファン・デン・ブルックは自分の理論に従ってつくり上げた周期表を掲載した．それは水素からウランまでのあいだに41か所の未発見元素の欠落があって，将来埋められるはずのものとした（図6.3）．表中の偶数はそれぞれ

TABLE 1

	VII	0	I	II	III	IV	V	VI
1	2* (α)	4 He	6 Li	8 Be	10 B	12 C	14 N	16 O
2	18 F	20 Ne	22 Na	24 Mg	26 Al	28 Si	30 P	32 S
3	34 Cl	36 Ar	38 K	40 Ca	42 Sc	44 Ti	46 V	48 Cr
4	50 Mn	52	54	56 Fe	58 Co	60 Ni	62	64
5	66	68	70 Cu	72 Zn	74 Ga	76 Ge	78 As	80 Se
6	82 Br	84 Kr	86 Rb	88 Sr	90 Y	92 Zr	94 Nb	96 Mo
7	98	100	102	104 Ru	106 Rh	108 Pd	110	112
8	114	116	118 Ag	120 Cd	122 Jn	124 Sn	126 Sb	128 Te
9	130 J	132 Xe	134 Cs	136 Ba	138 La	140 Ce	142 Nd	144 Pr
10	146	148	150 Sa	152	154 Gd	156	158 Tb	160
11	162	164	166 Er	168 Tu	170 Yb	172	174 Ta	176 W
12	178	180	182	184 Os	186 Ir	188 Pt	190	192
13	194	196	198 Au	200 Hg	202 Tl	204 Pb	206 Bi	208
14	210	212	214	216	218	220	222	224
15	226	228	230	232 Ra	234	236 Th	238	240 U

* Theoretical atomic weight.

図 6.3 ファン・デン・ブルックによる 1907 年の周期表
The α Particle and the Periodic System of the Elements, *Annalen der Physik*, **23**, 199–203, 1907, p. 201 より．ただし，この表はつぎの文献から転載．T. Hirosige（広重徹）, The Van den Broek Hypothesis, *Japanese Studies in the History of Science*, **10**, 143–162, 1971, p. 148．出版社の許可を得て掲載．
訳注：元素記号の左側の数字は理論的原子量を表す．

が化学元素に相当し，どの元素も隣りの元素と原子量が 2 単位だけ違うようになっている．

1911 年，ファン・デン・ブルックは 2 番目の論文を発表し，その中でメンデレーエフの表は元素の化学的周期性の要件を十分に満たしていないと主張した[12]．彼はまた，メンデレーエフが 3 次元の周期系を考案していたことを記し，それが出ていたならば事情は変わっていただろうから，いま改めてこれを取り上げるよう提案すると述べている．この主張にもかかわらず，ファン・デン・ブルックがこの論文に掲載した周期表は実際には 2 次元であった．もっとも，それは 3 次元に組み直すことができることを暗にほのめかしてはいるが（図 6.4）．第 3 番目の次元は一連の 3 元素ずつのまとまりで，2 次元周期表では斜め対角線方向に収められている．いずれにしても，ファン・デン・ブルックが新しい表から引き出した結論は彼が想定した 3 次元構想によるものではない．

1911 年の論文では，アルフォン粒子の概念は姿を消している．しかしファン・デン・ブルックは，隣接する元素の原子量が 2 単位だけ違うという考えは残している．メンデレーエフの表では，隣接する元素は平均して約 2 単位と 4 単位の差がかわるがわる

TABLE 2

		0	I	II	III	IV	V	VI	VII
		1 2 3	1 2 3	1 2 3	1 2 3	1 2 3	1 2 3	1 2 3	1 2 3
	1	He	Li	Be	B	C	N	O	F
A	2	Ne	Na	Mg	Al	Si	P	S	Cl
	3	Ar	K	Ca	Sc	Ti	V	Cr	Mn
	1	Fe	Co	Ni	Cu	—	—	—	Zn
B	2	—	—	—	Ga	Ge	As	Se	Br
	3	Kr	Rb	Sr	Y	Zr	Nb	Mo	Ru
	1	Rh	Pb	—	—	Ag	—	—	Cd
C	2	—	—	—	In	Sn	Sb	Te	J
	3	Xe	Cs	Ba	La	Ce	Nd	Pr	(Sm)
	1	(Eu)	(Gd$_1$)	(Gd$_2$)	(Gd$_3$)	(Tb$_1$)	(Tb$_2$)	(Dy$_1$)	(Dy$_2$)
D	2	(Dy$_3$)	(Ho)	(Er)	(Tu$_1$)	(Tu$_2$)	(Tu$_3$)	(Yb)	(Lu)
	3	—	—	—	—	—	Ta	W	Os
	1	Ir	Pt	Au	Hg	Tl	Bi	Pb	—
E	2	—	—	—	—	—	—	—	—
	3	—	—	Ra	—	Th	—	U	—

図 6.4 ファン・デン・ブルックによる 1911 年の周期表
Das Mendelejeffsche "kubische" periodische System der Elemente und die Einordnung der Radioelemente in dieses System, *Physikalische Zeitschrift*, **12**, 490–497, 1911, p. 491 より．ただし，この表はつぎの文献から転載．T. Hirosige（広重徹），The Van den Broek Hypothesis, *Japanese Studies in the History of Science*, **10**, 143–162, 1971, p. 149. 出版社の許可を得て掲載.

現れるようになっている．

同じ年，ファン・デン・ブルックは，学術雑誌 *Nature* に非常に短い 20 行の letter（訳注：論文投稿の形式の一つ）を発表した[13]．各元素に序数を割り振るというジョン・ニューランズの早期の提案が根拠薄弱であることを考えると（第 3 章参照），この letter は原子番号の概念を予期させる最初のものであった．ファン・デン・ブルックは，ラザフォードとバークラによる 2 種類の実験研究が，原子のもつ電荷が原子量のほぼ半分である，つまり上述の数式を繰り返すと $Z \approx A/2$ になる，という考えを支持しているという事実に注意を払いはじめた．この実験結果は原子量が重い方へ向かって隣接する元素のあいだでは約 2 単位ずつ増えていくという 1907 年の彼の推測を支持するものであった[14]．そこで彼は，新しい周期表を提示し，元素は全部で 120 種類存在するという予想に言及して，つぎの言葉で letter を結んでいる．

> もしこの立方体（3 次元）の周期系が正しいことになれば，存在しうる元素の番号は 1 原子当たりに存在する + または − の定常的な電荷の数に等しくなる．つまり，存在しうる元素はどれも，原子当たりの定常的な電荷（+ と −）に従属する．

ファン・デン・ブルックは，原子の核電荷は原子量の半分で，周期表で連続する元素の原子量は 2 単位ずつ階段式に増えていくのだから，核電荷が周期表での元素の場所を決めるのだということを示唆していた．換言すると，周期表で連続する元素はどれをとっても，直前の元素より核電荷が 1 単位だけ大きいということになる．この提案をしたとき，ファン・デン・ブルックはすでにラザフォードとバークラを凌駕していた．この二人は周期表の元素というものにそれほど関心を抱いていなかったからである．ラザフォードとバークラは $Z \approx A/2$ と考えていたが，ファン・デン・ブルックは $Z \approx A/2 =$ 原子番号 と考えていた．著名な物理学者で著書もあるエイブラハム・パイスはつぎのように述べている．「このように，不正確な周期表と不正確な関係式 ($Z \approx A/2$) に基づいて，周期表の順序の数としての Z の重要性が初めて物理学に導入されたのである[15]」．

しかし，ファン・デン・ブルックの大きな業績は原子番号の大ざっぱな予告にあったのではない．彼は 1913 年までには立方体（3 次元）の表を放棄し，精密な 2 次元

TABLE 3

0		I	II	III	IV	V	VI	VII	VIII		
2* He		3 Li	4 Be	5 B	6 C	7 N	8 O	9 F			
	10 Ne	11 Na	12 Mg	13 Al	14 Si	15 P	16 S	17 Cl			
18 —	19 Ar	20 K	21 Ca	22 23 Sc —	24 Ti	25 V	26 Cr	27 Mn	28 Fe	29 Co	30 Ni
		31 Cu	32 Zn	33 Ga	34 Ge	35 As	36 Se	37 Br	38 —	39 —	40 —
41 —	42 Kr	43 Rb	44 Sr	45 46 Y —	47 Zr	48 Nb	49 Mo	50 —	51 Ru	52 Rh	53 Pd
		54 Ag	55 Cd	56 In	57 Sn	58 Sb	59 Te	60 J	61 —	62 —	63 —
64 —	65 Xe	66 Cs	67 Ba	68 69 La —	70 Ce	71 Nd	72 Pr	73 —	74 Sa	75 Eu	76 Gd
		77 Tb	78 (Tb_2)	79 Dy	80 Ho	81 Er	82 Ad	83 AcC	84 TuI	85 TuII	86 AcA
87 —	88 AcEm	89 AcX	90 TuIII	91 92 RAc Cp	93 Ct	94 Ta	95 Wo	96 —	97 Os	98 Ir	99 Pt
		100 Au	101 Hg	102 Tl	103 Pb	104 Bi	105 RaF	106 ThC	107 RaC	108 ThA	109 RaA
110 ThEm	111 RaEm	112 ThX	113 Ra	114 115 RTh Io	116 Th	117 UII	118 U	119 —	120 —	121 —	122 —

* Atomic number.

図 6.5　ファン・デン・ブルックによる 1913 年の周期表
Die Radioelemente das Periodische System und die Konstitution der Atome, *Physikalische Zeitschrift*, **14**, 32–41, 1913, table on p. 37 より．ただし，この表はつぎの文献から転載．T. Hirosige（広重徹），The Van den Broek Hypothesis, *Japanese Studies in the History of Science*, **10**, 143–162, 1971, p. 152．出版社の許可を得て掲載．
訳注：元素記号の上の数字は原子番号を表す．

の表（図 6.5）に替えていた．そして，「原子量の増加する順に並べた元素のシリアル番号は原子量の半分に等しく，したがって原子内の電荷に等しい」という明快な法則を提案していた[16]．この段階で，元素のシリアル番号を述べていることは一歩前進だが，半分としてもなお原子量にこだわり続けている点で若干の不正確さを留めている．しかしながら，ファン・デン・ブルックの論文は，ほかならぬニールス・ボーアが原子に量子論を導入した有名な 1913 年出版の三部作論文にも引用されているのである[17]．

ファン・デン・ブルックの最も優れた貢献は，1913 年 *Nature* に発表した別の短報である．ここで彼はつぎのように述べて，はっきりとシリアル番号を原子の電荷と結びつけ，原子量から切り離している．「この(元素のシリアル番号が Z に等しいという)仮説はメンデレーエフ周期表にうまく当てはまるが，核電荷は原子量の半分ではない[18]」．ファン・デン・ブルックは，ガイガーとマースデンの散乱実験のさらなる結果を詳細に解析し，それに基づいてこの重要な飛躍の段階に移ることができた．この短報は *Nature* の次号の中でソディーによって称賛され，さらに一週間後に，アマチュアの介入を快く思っていなかったラザフォードによっても称賛された．ラザフォードが「原子番号」という名称をつくり出したのは実にこのときであった．

> 核の電荷が原子番号（すなわち，周期表のシリアル番号）に等しく，原子量の半分ではない，というファン・デン・ブルックの示唆は，私にはたいへん有望のように思える[19]．

6.5 ヘンリー・モーズリー

上述のように，元素の番号づけの基準として原子番号が重要であることを最初に感知し，プロのベテラン科学者たちを当惑させたのは，アマチュア科学者ファン・デン・ブルックであった．しかし，科学上の発見の場合よくあることだが，メンデレーエフと周期性の発見にみられるように，最大の名声が与えられたのは，その仕事を完成した人物に対してであった．

モーズリー（図 6.6）の場合がそれに該当する．彼は，当時まだ小サークルだった原子物理学者たちにしか知られておらず，サークル外の人々が名前を聞く前に，26 歳の若さで第一次世界大戦中に没した．後に有名になるのは二つの短い論文で，元素の順序を決める基準は原子量よりも原子番号の方であるということを確立した内容のものであった．さらに，彼は，自然界には 92 種の元素が存在し，周期表のどこに未

図 6.6 ヘンリー・モーズリー
Emilio Segrè Collection の掲載許可を得て著者の所有している写真を使用.

発見の穴があるかを他の科学者が決めるための下地を描くことができた[20].

モーズリーは当時マンチェスターにいたラザフォードのもとで研究生として仕事をした. そこでは, 放射能に関連するテーマが与えられていた[21]. 1911 年, モーズリーはポーランド生まれで化学の大学院生カジミール・ファヤンスと共著で, 元素アクチニウムから得られた放射性生成物の半減期測定についての論文を発表した[22].

その 1 年後, チューリッヒのマックス・フォン・ラウエは X 線の本性を調べていた. X 線はきわめて短波長の電磁波で, 干渉効果を示すものと信じていたフォン・ラウエは, 塩化ナトリウムのような結晶中の原子面で反射させて X 線を回折させようと試みた[23]. このころまでに, X 線は 2 種類の方法で発生することがわかっていた. 第一は, レントゲンが初めて発見したときの方法で, 真空にしたクルックス管のガラス壁のような, なんらかの手段で電子が停止させられるときに発生するタイプである. 第二のタイプは, チャールズ・バークラが発見した別種の X 線で, 電子が金属ターゲットに衝突するときに発生するものであった. ターゲットの金属の種類によって, 発生する X 線の固有振動数が決まる. モーズリーが自分の研究の中で開発したのは, 金属ターゲットから出てくるこの種の X 線で, 特に K_α 線と呼ばれるものであった[24].

モーズリーはその論文の中で, 彼の実験の目的は, 原子番号によって元素を識別しようとするファン・デン・ブルックの考えをテストすることにある, と述べている.

さらに，彼は若いボーアと何回も会っていたことが知られている．ボーアは1912～1913年に，マンチェスターのラザフォード研究室を訪問した．ボーアとモーズリーはニッケルとコバルトの順序の問題について議論している．これは原子量逆転ペアの例である．ボーアはコバルトをニッケルの前におくことを主張した．それに対して，モーズリーは「いまにわかるさ」と答えたと伝えられている[25]．モーズリーは巧妙な装置を考案した．それは多種類の金属が回転によって次々と電子ビームのターゲットになり，そこで発生する異なった K_α X線を連続的に測定するというものであった[26]．彼は最初に14元素を試みた．その中の9種類はチタンから亜鉛までの周期表で連続するものであった[27]．モーズリーは，各元素のKシリーズのスペクトル線の振動数が周期表の中の元素の位置を表す整数の二乗に正比例することを発見した．

すなわち，K_α X線の振動数 n は，

$$n \propto Q^2$$

となる．ここで，Q は元素が重い方へ向かうとき一定の数ずつ増加する数である．

モーズリーは，周期表の中で元素を軽い方からたどっていくと，規則的に増加する基本量があることをすでに発見していた．彼はすぐ，この基本量が原子核の正電荷，すなわちファン・デン・ブルックの原子番号であることを認識した．彼は述べている．

> 我々はここに，一つの元素からつぎの元素へと移るときに規則的階段状に増えていく一種の基本的な量が原子の中にあるという証拠をつかんでいる．この量はほかならぬ中心核の正電荷であって，その存在について我々は確固たる証拠をもっている[28]．

モーズリーは，自分の発見に先んじてなされたバークラとファン・デン・ブルックとボーアの研究に対して感謝の意を表している．彼はまた，$Q=N-1$ であることを示した．ここで N は核電荷の単位数，すなわち原子番号である．

モーズリーの2番目の有名な論文は1914年4月に印刷発行された．彼は，さらに30種類の元素の測定について報告している．アルミニウムから銀までのK系列スペクトルと亜鉛から金までのL系列スペクトルを吟味して，彼はつぎのような一般式を見出した．

$$n \propto A(N-b)^2$$

ここで，K系列に対しては $b=1$ で，

$$A \propto (1/1^2 - 1/2^2)$$

同様に，L系列に対しては $b=7.4$ で，

$$A \propto (1/2^2 - 1/3^2)$$

となる．

モーズリーは，原子番号の重要性を実験的に確立するとすぐに，これを応用していろいろな化学者から提出されていた新元素に関する問題解決をはかった．メンデレーエフ周期表の欠番16か所を埋めるのに約70の新元素発見の名乗りが競合していた．モーズリーはこれらの多くが誤りであることを示すのに成功し，また，いくつかの元素については優先権論争を解決することができた．

たとえば，日本の化学者・小川正孝は一つの元素を単離し，ニッポニウムと命名した．彼はそれがメンデレーエフのエカ・マンガンだと信じていた[29)]．モーズリーは，小川から提供された試料をスペクトル分析にかけ，該当する原子番号に何も出ないことから，小川の主張に根拠がないことを示した．同様に，初期の多くの周期表で，特に水素とリチウムのあいだに載っている，コロニウム，ネベリウム，カセオペイウム，アステリウムを誤りの元素として排除することができた[30)]．

モーズリーの研究は希土類元素の場所を定めるのにも用いられた．この問題は，メンデレーエフや他の周期表の初期のパイオニアたちが回避した仕事であった．メンデレーエフは，希土類元素の位置づけは周期律が直面する課題のうち最も困難なものだと述べている．希土類元素の化学分離は著しく困難であった．それらの元素は，原子量も化学的性質も，互いにほんのわずかしか違わないようにみえたので，周期表にうまく当てはめることのできる人はいなかった．ウィリアム・クルックスはいう，

> 希土類元素は我々の研究を混乱させ，我々の思索を挫折させ，我々の夢の中に亡霊のように出没する．それは未知の海のように我々の前に広がり，あざけり，当惑させ，奇妙な啓示と可能性をささやく[31)]．

フランスの化学者で希土類元素分離の研究で知られるジョルジュ・ユルバンは，モーズリーの革新的な研究を聞いて，彼に会うためにオックスフォードに旅行した．伝えられる話によると，ユルバンはモーズリーに希土類元素が混合した試料を渡し，この中に入っている元素を同定してごらん，と挑戦した．約1時間待たせた後，モーズリーは，試料にはエルビウム，ツリウム，イッテルビウム，ルテチウムが入っていると誤りなく答えてユルバンを驚かした．実は，この同定のために，ユルバンは化学的方法で数か月を費やしたのであった．そこでユルバンは，その試料中にどのような割合で各元素が存在するかを質問した．モーズリーの答えは再度ユルバンを驚かした．ユルバンが精力をつぎ込んで得た化学分析の結果とほとんど一致したからである．

モーズリーの研究は，周期表中の連続する元素の原子番号が1単位ずつ増加することを明らかに示していた．この事実から，モーズリーも他の研究者も，周期表の中でどこに埋めるべき欠番があるかを知ることができた．結局，総計7か所に発見の余地が残っていることになった．それ以前の欠番の表とは違って，今度のものは決定的であり，それらつかまえにくい元素の原子番号は43，61，72，75，85，87，91であった[32]．

モーズリーが周期表の内容を解明したことは，化学の分野に物理学の「還元」力が働いた見事な例である．メンデレーエフを最後まで悩ませたテルルとヨウ素のような原子量逆転ペアの長引く問題も，これによって解決した．さらに，放射能現象の研究によって現れた多数のみかけ上の新「元素」も容易に扱えるようになった．たとえ2種類の物質があっても，もしそれらがモーズリーの方法で測定して同じ原子番号を示すならば，それだけで十分に同じ元素とみなすことができるようになったのである．

6.6　残された欠番を埋める

モーズリーの原子番号法のような確実な方法があるにもかかわらず，論争が絶えることはなかった．しかし，周期表に残された7か所の欠番の空白は次第に埋められていった．最初に埋められた元素は91番で，1917年，オットー・ハーン[33]とリーゼ・マイトナーによる発見である[34]．この元素は，メンデレーエフが暫定的にエカ・タンタルと呼んで記載していたものとよく似た行動を示した．現在，プロトアクチニウムとして知られるが，元素として単離されたのは1934年で，ドイツのアリスティード・グロッセによる．

72番元素ハフニウムの発見についてはさまざまな論争の物語が残っている[35]．ユルバンを含む数名の研究者がそれぞれ独立に発見を主張した．しかし，後に誤りであることがわかる．1923年，ディルク・コスターとゲオルク・フォン・ヘヴェシーはコペンハーゲンのニールス・ボーア研究所で元素の単離に成功し，コペンハーゲンのラテン語名 *Hafnia* に因んでハフニウムと命名した．多くの記録によると，ボーアが最初に希土類元素ではなく遷移金属であろうと理論的予測をしたという．実際には，何人かの化学者がすでに同じ考えをもっていた．第8章で議論するが，チャールズ・ベリーはその元素が遷移金属であることを予測しただけでなく，ボーアよりも前にその電子配置にまで到達していた．

75番元素レニウムは1925年ベルリンで，ヴァルター・ノダック，イダ・ノダックの夫妻によって初めて発見された．彼らはそれを単離し，新元素の存在を確認するためにモーズリーのX線法を使った．ノダック夫妻は43番元素，すなわちメンデレーエフのエカ・マンガンも狙っていて，同じ鉱石の中からみつけ，プロイセンのノダックの生地に因んでマズリウムの名で報告した．ノダックはマズリウムのX線データも公表した．しかし他の研究者はいくつかの理由でこれを信用しなかった[36]（訳注：小川正孝は1908年にエカ・マンガンの候補ニッポニウムを発表し公認されなかったが，最近，吉原賢二は小川が残したX線データを再吟味し，そこに75番元素レニウムのスペクトルの存在を確認した．ノダック夫妻のレニウム単離よりも17年早かったことになる．H. K. Yoshihara, Discovery of a New Element "Nipponium"：Re-Evaluation of Pioneering Works of Masataka Ogawa and his Son Eijiro Ogawa. *Spectrochimica Acta, Part B, Atomic Spectroscopy,* **59**, 1305-1310, 2004）．

43番元素発見の栄誉は，12年後の1937年，カリフォルニア大学バークレー校でそれを確認したカルロ・ペリエとセグレに与えられた．彼らは新元素を，核反応の副産物として人工的に合成した事実を反映させて，テクネチウムと名づけた．

最近になって，テクネチウムは実はノダック夫妻とヴァルター・ベルクによって単離されていたかもしれない，ということが明るみに出てきた．この再評価はオランダの物理学者ピエテル・ファン・アスキーによって1980年代に行われた．彼は昔のドイツチームが残したX線データを注意深く再分析した．ファン・アスキーが整理した，ノダック夫妻らが最初に分離したものが天然に存在する43番元素だったという証拠は説得力がある．その発見が当時認められていれば，自然界に存在したのであるから，あえて「人工」を意味するテクネチウムと名づける必要はなかったことになる（訳注：アスキーは，B. T. ケンナと黒田和夫がピッチブレンドから抽出して1961に報告した半減期 2.11×10^5 年の ^{99}Tc に触発されてこのような再評価をしたらしい．この ^{99}Tc は ^{238}U の自発核分裂生成物で，ウランが含まれる地殻（つまり自然界）に存在することは理論的・実験的に間違いない．しかし，ノダック夫妻らの試料が当時のX線分析に感じるだけの ^{99}Tc および ^{98}Tc を含んでいたとは考えられないという意見がアスキー後の研究で大勢を占めている）．

1939年，87番元素がパリでマルグリット・ペレイによって発見され，フランシウムと名づけられた．1940年にはセグレが85番元素アスタチンを発見した．ジグソーパズルの最後の一枚は61番元素プロメチウムで，核反応の副産物としてみつけ出された．発見者はジェイコブ・マリンスキー，ローレンス・グレンデニン，チャールズ・コリエルであった[37]．

6.7　モーズリーが成し遂げなかったこと

科学の英雄によくあることだが，モーズリーが成し遂げようとしたことは，若年の死という事情もあって，真実をはるかに超えて喧伝されている．ときには話をわかりやすくするという真摯な試みからかもしれないが，モーズリーのいわば聖人伝ともいうべきものが科学の教科書に載って伝播している．それだけではない．詳細な歴史的記述にも類似の傾向がみられる．多くの解説記事とは逆に，モーズリーは個人的には自然界に何種類の元素が存在するかという問題に決着をつけなかった．自分の研究の範囲であったアルミニウム（13 番）から金（79 番）までのあいだに何種類の元素があるかの問題にさえも，決定的な答えを出さなかった．アルミニウムが 13 番目だと想定すると，金までで 79 元素が存在しうるだけだ，というのがモーズリーの見解だった．

元素を 79 番までに限ると，周期表の欠番は原子番号 43，61，75 のわずか 3 か所になる．しかしモーズリーは希土類元素を単離した純粋な試料をもっていなかったので，それを予言する自信がなかった．つまり，テルビウム（65 番），ジスプロシウム（66 番），ツリウム（69 番），イッテルビウム（70 番），ルテチウム（71 番）の X 線スペクトルが入手できなかった．このために彼はツリウムが，ツリウム，ツリウム I，ツリウム II の 3 形態をとるという誤った主張をすることになる．この誤った割り振りによって，イッテルビウムとルテチウムが 1 区画ずつ先に進むことになり，72 番元素の入る場所がなくなるという結果になった．モーズリーはユルバンが主張するケルチウムを周期表に収めることができなかった．しかしこれは，ユルバン自身が数年前に発見したルテチウムと同じものであることがわかり決着した．モーズリーが早世してから一件落着し，ツリウムは 1 形態が残り，イッテルビウムとルテチウムはそれぞれ 70 と 71 の原子番号であることがわかった．これによって，ルテチウムとタンタルのあいだの 72 に欠番があり，それが最終的に新元素ハフニウムと命名されることになる．

モーズリーの実験は原子番号 79 の金を超えなかったため，よくいわれる彼がウランを 92 番元素と定めたという話はありえないことである．その栄誉は 1916 年，スウェーデンで研究していた分光学のマンネ・ジーグバーンに与えられた．モーズリーについて最後に一言つけ加えると，間違いなく彼のものとして知られる，原子番号が核の正電荷の数に等しいという中心的業績でさえも，しばらく後までくすぶっていて，なかなか完全な決着に至らなかったという事実がある．

1920 年，ジェイムズ・チャドウィックはモーズリーの研究を再分析した．この人物は 12 年後に中性子を発見することになるのだが，このとき，モーズリーの経験式で L 系列についての定数 $b=7.4$ はモーズリーが主張するような絶対・不可避的ではないことを発見した．原理的には，原子番号が核の正電荷数と等しくないことがありうるということであった．ということは水素からアルミニウムまでのあいだに 13 種類以上の元素が存在できることになる．チャドウィックは，α 粒子を使うガイガーとマースデンの実験をもっと洗練された装置で実施し，多種類の核電荷を独自に測定した．この実験は成功し，多くの核電荷が明らかになっていった．その段階で初めて，チャドウィックはモーズリーの単純な考えが正しいことを公表した．原子番号は，間違いなく，どんな原子をとっても原子核の正電荷の数に等しいことが確立されたのである．

6.8 再燃した哲学論争

原子番号に関するファン・デン・ブルックの示唆とモーズリーの実験は，かつてもてはやされた，すべての元素は水素の組み合わせでできているというプラウトの仮説を復活させた．元素の原子番号は確かに水素の原子番号1の倍数である．もっと一般的ないい方をすると，ファン・デン・ブルックとモーズリーは，むかしメンデレーエフなどによって厳しく批判された，すべての物質の統一という哲学的概念を復活させたことになる．それまでに，トムソンは電子が全元素に共通して存在することを示し，ラザフォードは全元素の核に荷電粒子が存在することを確立した．モーズリーはすべての原子核が整数個の正電荷からなるという事実を加えた．そこには明らかに，なんらかの形の統一性が，一見ばらばらにみえる元素の陰に隠れて横たわっている．この見解は，ラザフォードが放射能の技術を使って元素の変換を発見したとき，さらに強力なものになった．それは全物質が基本的に一つだとする古代錬金術の概念をよみがえらせるものだったからである．

しかしながら，初期の形で表されたプラウトの仮説が破棄された原因は相変わらず解明されなかった．第2章で述べたように，ある種の元素，たとえば塩素（35.46）とか鉛（207.20）とかのように，整数でない原子量をもつものが存在するという事実である．このパズルの解明は，化学者ソディーの功績とされる同位体の存在の発見までお預けになった．

6.9 同位体の存在

一つの元素がいくつかの異種の原子からなることがあるという考えは，1886年にクルックスによって書かれたつぎの記述にまでさかのぼることができる．

> 我々がカルシウムの原子量は40だというとき，それはつぎの事実を指していると思う．カルシウム原子の「大部分」は実際に40の原子量をもっているが，いくらかの原子は39や41であり，もっと少数のものは38や42であり，そのような関係はさらに続く[38]．

しかし，同位体の存在を明確にしたのはもっと後のことで，イギリスの化学者ソディーによる．彼は原子の科学に重要な貢献をした多くの他の研究者と同様に，ラザフォードの共同研究者としてスタートした．オックスフォードで化学を学んだ後，1900年にモントリオールのマギル大学にいたラザフォードのもとに行き，放射能の半減期の概念や放射性の元素変換の実態を確定する多くの研究に携わった．

この間，他の科学者たちも放射能を追い求め，その過程で新元素を発見しつつあった．まず，ポロニウム，ラジウム，アクチニウム，ラドンであり，それに続いて30種類を超す疑わしい新元素が名乗りをあげた．疑わしい新元素の大部分は後に既知元素の同位体であることが明らかになる[39]．それらの科学者の中には，ファン・デン・ブルックのように，これらの新しい核種を周期表の中に強引に押し込めようという無駄な努力をする人たちもいた．一方では，スウェーデンのダニエル・ストレムホルムやテオドール・スヴェドベリーのように，これらの新核種の多くが大きな類似性をもっていることに気がついた人たちもいた．ヤン・ファン・スプロンセンが周期表についての著書[40]に書いているように，ストレムホルムとスヴェドベリーの二人も同位体を予測したとみなしてよいであろう．たとえば，彼らはラジウムエマナチオン，アクチニウムエマナチオン，トリウムエマナチオンをまとめて周期表の1か所に配置した（表6.1）．同様に，ラジウム，アクチニウムX，トリウムXも別の1か所に配置した[41]．その概念を述べて内容を十分に説明することはしていないが，ストレムホルムとスヴェドベリーはいくつかの核種が周期表の一つの場所を占有することを実感していた．この考え方は，まもなくソディーによって，ギリシア語の *iso*（同じ）と *topos*（場所）から isotopy（同位体の関係）と名づけられた．

もう一つの発展の道筋は，これらの新しい放射性元素を化学的に分離しようとする，結局は失敗に終わったいくつかの試みであった．まず1907年，ハーバート・マッコ

表 6.1 ストレムホルムとスヴェドベリーの表（断片）

	0列	1列	2列	3～4列
5周期	Xe	Cs	Ba	La−Yb
6周期	Ra−Em Akt−Em Th−Em	− − −	Ra Akt X Th X	イオニウム−(UX-Rad.U) Rad. Akt.−Akt. Rad. Th−Mes. Th-Th

Rad は radio（放射性）の省略で，radio-thorium のように，疑わしい新元素につけた接頭辞．これらの多くは同位体であることが判明した．Em はエマナチオンを表し，特定の元素から放出（emanate）される物質（気体）を示す．Akt は現在のアクチニウム（Ac）のドイツ式略語．D. Strömholm, T. Svedberg, Untersuchungen über die Chemie der radioaktiven Grundstoffe. II. Die Aktiniumreihe *Zeitschrift für Anorganische Chemie*, **63**, 197-206, 1909, p. 204 の表．

イとウィリアム・ロスはトリウムとラジオトリウムについてつぎのように結論を下した.「我々の実験は,ラジオトリウムが化学的方法によってはトリウムから分離されることのないことを強力に示している[42]」.このコメントをソディーは,同位体の化学的非分離性を明確に述べた最初のものとして評価している.ソディー自身は同じ年に,トリウムXをメソトリウムから分離する方法はないと書いている.事実,これらはトリウムの二つの同位体であった.類似の事例が相次いで報告された.ベルトラム・ボルトウードは,放射性元素イオニウムを発見したが,これがどうしてもトリウムから化学的に分離できないと書いていた.ヘヴェシーとパネットの例は有名である.彼らはラザフォードから放射性鉛と普通の鉛を分離するようにと命令された.彼らは手を変え品を変え,実に20種類もの異なる分離法を試みたが結局うまくいかなかった.しかし,彼らの努力が水泡に帰したわけではない.このような非分離性は,放射性トレーサーという現代の化学と生物化学に不可欠な道具を提供し,新しい分野への道を拓いたのである.

1911年,ソディーは発見されたばかりの何組もの非常に類似した放射性元素に関してつぎのコメントを残している.

> これらの試料の中に,単なる化学的類似ではなく化学的同一なものがある,という結論にはほとんど反論の余地がないであろう……化学的に均一だからといって,ある元素がいくつかの異なる原子量の(原子の)混合でないとはいえないし,一つの元素の原子量が単なる平均値ではないと断言することもできない.どのような原料から取っても原子量が一定であることだけでは,元素の均一性の完全な証左にはならない[43].

ソディーが実際にisotope(同位体)[44]という用語を初めて使ったのは1913年の論文中で,つぎのように記している.

> 原子核の,正電荷数と負電荷数の算術和(訳注:算術和は数の正負を考えない絶対値の和.代数和は考慮に入れる)が異なって,代数和が同じとき,それらは周期表で同じ場所を占めるから,私がisotope(同位体)あるいはisotopic element(同位元素)と呼ぶ関係にある.それらは化学的に同一であり,原子質量に直接依存する比較的少数の物理的性質を除いては,物理的にも同一である[45].

この引用文の前半は現在の知識からみると誤りである．原子核には負電荷がないためであるが，ソディーが頭に描いていたのはβ粒子であった．β粒子は電子だが原子核でつくられる．現代の用語解説では，「β崩壊においては，1個の中性子が1個の陽子に変換し，その際ベータ粒子が放出される」となる．面白いことに，β粒子が核でつくられるという考えを最初に出したのはアマチュアのファン・デン・ブルックであり，後にソディーなど他の科学者たちが追認したのであった．

分離できない元素（同位体）の多面的な問題が解明されたのは，ソディーとファヤンスが「グループ変位の法則」の名で知られるものを独立に提案してからである．一つの元素の原子からα粒子が放出されると周期表で左に2コマ戻った場所の元素が生まれ，β粒子が放出されると右に1コマ進んだ元素が生まれる．このことから詳しく調べると，周期表で鉛とウランのあいだにある元素には，質量は違うが化学的挙動が同じという，一種類以上の原子が存在するということになる．たとえば，ウラン-235の原子（$Z=92$）がα崩壊するとトリウム-231（$Z=90$）の原子が生まれる．一方，アクチニウム-230（$Z=89$）がβ壊変するとトリウム-230（$Z=90$）の原子が生まれる．放射壊変で生まれた両方の生成物は同じ元素トリウムの原子である．しかし原子量（訳注：正確には質量数）が異なる[46]．ファヤンスは，化学的に同じで原子質量が異なるグループにpleiad（訳注：ギリシア神話のプレイアデス，ヒアデスの異母姉妹）という語をつくり出した．しかしこの語は一般には受け入れられなかった[47]．

やっとこの段階になって，なぜテルルとヨウ素のような原子量逆転ペアが周期系のパイオニアたちを困らせたかがわかってきた．テルルはヨウ素よりも低い原子番号をもっている．だから，メンデレーエフなどが推測したようにヨウ素よりも前におかれるべきである．そのテルルの原子量がヨウ素よりも大きいのは，地球上の試料に含まれるテルル同位体の質量の平均値が大きいことによる．

同位体と周期表に関するエピソードの締めくくりは，1914年にあったハーバードの化学者セオドア・W. リチャーズの話である．同じ元素でも出所の違う鉱石を探せば，原子量の違うものがあるのではないかというアイデアは数年前から出ていたが，だれも検証しなかった．原子量測定の自他ともに認めるエキスパートであったリチャーズは，この研究を実行する最適の環境にいた．元素・鉛は，いくつかの放射壊変の終着点であることがわかったので，鉛に原子量の変動を期待するのは合理的であった．地球上の鉛は，自然界のいくつかの元素の放射壊変に伴う元素変換によって生成した鉛同位体の混合したものなので，そのような原子量の変動は鉱物に依存するであろう．

ファヤンスとソディーの独立した変位系列の研究によると，3種類の放射壊変系列の安定な最終生成物と普通の鉛とは化学的に区別できない，つまり新しい言葉でいうと，すべて鉛の同位体，ということである．リチャーズが発見を計画したことは，これらの同位体混合物の原子量が，産地の異なる場合に期待通りに違うかどうかであった．リチャーズと若いドイツ人学生マックス・レムベルトは，その報告の中で，実験結果は「amazing（驚嘆すべき）」と記している．彼らは，普通の鉛と比べて0.75原子質量単位も違いのある鉛をみつけたが，これは彼らの実験装置の測定誤差の7倍の大きさであった．いろいろな放射性起源の鉛試料について繰り返し精製を試みたが，結果は同じであった．この研究に励まされて，他の研究者はより大きい原子量の変動を求めて鉛鉱石の探索を行った．その結果，最終的に最低207.05，最高207.90というデータが得られている．

6.10　三つ組元素についての追記

本章で取り上げたいくつかの発見は，プラウトの仮説とそれに関連した物質の統一性という，第2章で扱った二つの哲学的概念をよみがえらせるのに有効であった．第2章では他の重要な理論的概念である三つ組元素も論じたが，これもある種の復活を果たした．三つ組元素の発見は，グループの3元素が相互に関連しているというヒントを与えた．これらの相互関係は単に化学的に似ているということだけでなく，数字の上でも1元素の原子量が他の2元素の算術平均に近いということにあった．

この考えは，いまの周期系誕生の目印とみなされるデーベライナーの仕事の根幹になっていた．しかし，三つ組元素の概念の応用性については限界があり，存在もしない三つ組を探すために他の研究者の多くの時間を浪費させたということをあえていわざるをえない．メンデレーエフを含めた初期のパイオニアたちは，このために，プラウトの仮説と三つ組元素の存在という二つの独創的な考えに背を向けたのである．そして，このような態度をとったメンデレーエフには，他の研究者ができなかった場所で進歩をもたらしたということで，いわば「配当金」が支払われたとみてよいであろう．

三つ組元素とプラウトの仮説にまつわる問題は，振り返って見直せば容易にわかることである．両概念が依拠していた原子量は，元素を系統的に整理するのに適した最も基本的な量ではないというだけのことである．さきに説明した鉛の例でも明らかなように，測定試料の地質学的起源によって原子量が変動することもある．さらに，測定される原子量は，その元素の同位体の質量の平均値である．他方，原子番号は，基本的で，現在知られている限りでは元素間の区別を正しく行う能力をもつ．プラウトの仮説の方は，すべての元素が原子番号（または電荷）1の水素を組み合わせたものということを考えると，生き返ってきている．

三つ組元素の場合，あまり議論されていないが，原子番号を導入すると面白い結果

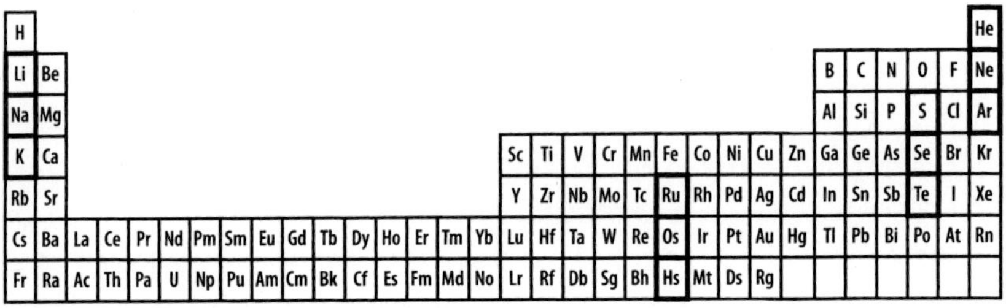

図 6.7　原子番号三つ組元素の約 50%が正確な三つ組であることを示す超長周期型周期表
太い黒枠内の 3 元素（He・Ne・Ar, Li・Na・K, Ru・Os・Hs）は完全な原子番号三つ組元素を示す.

が出てくる．周期表を縦に見た（つまり同族の）三つ組元素の約 50%が，原子量ではなく原子番号で計算すると完全に正しい！　この目覚ましい結果は，超長周期型周期表を使うとたいへん理解しやすい（図 6.7）.

第一，二，三周期の元素，たとえばヘリウム，ネオン，アルゴンを考えると，完全な原子番号三つ組が得られる.

He	2
Ne	10 = (2 + 18)/2
Ar	18

第三，四，五周期では，

P	15
As	33 = (15 + 51)/2
Sb	51

第五，六，七周期では，

Y	39
Lu	71 = (39 + 103)/2
Lr	103

その反面，第二，三，四周期あるいは第四，五，六周期などは，どの三つ組も完全にはならない.

たとえ 50%だけにしても，なぜこのようにうまくいくかというと，長周期型の周期の長さが，短い第一周期のほかは，2 周期ずつ同じだからである．周期の長さは 2, 8, 8, 18, 18, 32, 32 となっている．そこで，もしどれか一つの元素を選んだとすると，周期表でその元素と同族の上と下の元素への原子番号の距離が等しい確率は 50%ということになる．そのような場合には，当たり前だが，3 元素の 2 番目のものは 1 番目と 3 番目の正確に中間にくる．換言すれば，原子番号三つ組元素が完全に成立する.

それゆえ，真中にくる元素を選ぶとき，繰り返す同じ長さの周期の最初の方からにする必要がある．そうすれば,全元素の半分が完全三つ組元素の候補になるわけである．数学的にいうと，この現象は，どの周期も（第一周期を除いて）繰り返すことと，元素が整数で表せるということから出てくる．三つ組元素の最初の発見者たちが，たまたまつまずいたのは元素の周期が2回繰り返すということだったようにみえる．彼らを躊躇させたのは，これらの繰り返しの距離の長さが変わることと，もちろん，当てにならない原子量を操作していたことによるのだろう．

プラウトの仮説と三つ組元素が，最初は生産的で後に強く批判されたにもかかわらず，本質的には正しく，しかもその正しい理由がいまでは十分にわかっているということは，いささか興味深い．実際に，科学哲学者のイムレ・ラカトシュは，反証された後に「カムバック」する理論の説明にプラウトの仮説を使っているのである[48]．

6.11 結　　論

本章では，周期系の進化に貢献した原子核研究のいくつかの系譜を検証した．それは，物理学の研究が周期表の理解に大きなインパクトをもちはじめた初期の話が中心である．おそらくこれらの研究の中で最も重要なのは,ファン・デン・ブルックによって初めて論じられ，モーズリーによって初めて実験的に明らかにされた原子番号の概念であろう．この研究の重要性は，化学者が初めて，元素の存在する数を正確に知って周期系のどこに新元素発見の余地があるかを知るための明確な手段を獲得したということである．

■注

1) ボルツマンの生涯と仕事に関する半通俗的な興味深い本がある．D. Lindley, *Boltzmann's Atom*, Free Press, New York, 2001.
2) トムソンは電子を発見したのか否か，あるいはどの程度まで発見したといえるのか，は多くの歴史研究の焦点であった．つぎの文献中のいくつもの論文を参照するとよい．J. Buchwald, A. Warwick (eds.), *Histories of the Electron : The Birth of Microphysics*, MIT Press, Cambridge, MA, 2001.
3) これは厳密には正しくない．たとえば，水素の同位体は化学的に違いを示す化合物をつくる．しかし大部分の目的には，一つの元素の同位体同士の化学的差異は有意でないと考えられる．
4) ほとんどの解説やここで述べたことに反して，ベクレルが放射能の最初の発見者だったかどうかについては決して明瞭ではない．T. Rothman, *Everything's Relative*, Wiley, Hoboken, NJ, 2003, pp. 46-52 を参照のこと．ロスマンは,世界最初の写真撮影に成功したジョセフ・ニセフォール・ニエプスの兄弟であるアベル・ニエプス・ド・サンヴィクトールがベクレルよりも前に発見したという説を唱えている．
5) 彼女の初期の教育については繰り返し語られているが，19世紀も終わりに近づいたとき，大学での勉学を望んだ女性が舐めた艱難辛苦の物語はまことに英雄的である．マリー・キュリーがパリに行かざるをえなかったのは，単に当時ポーランドの大学が女性を受け入れなかったという理由だけからであった．約6年間，家庭教師と教員の仕事をして蓄えた貯金でパリへ旅し，1891年にソルボンヌに登録する．極貧の生活をしながら物理学を専攻し，わずか2年後にクラス1位で卒業する．その直後，すでに傑出した物理学者であったフランス人ピエール・キュリーの研究室で鋼の磁性に関する研究をするように差配される．そこで二人は結ばれる．この時期に，彼女は数学の専攻も始め，クラス2位で終了する．彼女はさらに博士の学位取得に登録する．全ヨーロッパで初めての女性による博士号の挑戦であった．この博士論文の研究が，彼女の2度のノーベル賞の1回目のものになった．キュリー夫人に関する詳細な歴史研究にはつぎのようなものがある．S. Quinn, *Marie Curie：A Life*, Simon & Schuster, New York, 1995［田中京子訳，『マリー・キュリー 1, 2』(みすず書房，1999)］.

6) B. Bensaude, I. Stengers, *A History of Chemistry*, Harvard University Press, Cambridge, MA, 1996. p. 227から引用.

7) いずれにしても，同じ著者たちがつぎのように書いたとき，確実に誤りを犯していたことになる．「メンデレーエフ周期表の各場所にはもはや1元素があるのではなく，すべて同じ化学的性質をもって原子量が違う別個の原子がある決まった数だけ存在するのである．それらの核の不安定さは……」．B. Bensaude, I. Stengers, *A History of Chemistry*, Harvard University Press, Cambridge, MA, 1996, p. 230.

8) J. Perrin, Le Movement Brownien de Rotation, *Comptes Rendus*, **149**, 549–551, 1909；H. Nagaoka, Motion of Particles in an Ideal Atom Illustrating the Line and Band Spectra and the Phenomena of Radioactivity, *Bulletin of the Mathematical and Physical Society of Tokyo*, **2**, 140–141, 1904.

9) C. G. Barkla, Note on the Energy of Scattered X-radiation, *Philosophical Magazine*, 21, 648–652, 1911. この関係は，原子量が32と等しいかそれ以下の元素の場合（$A \leq 32$）に成り立つ．原子番号でいうと，最初の16元素，つまり水素から硫黄までである．またこの時期までには，X線が電子によって発生することがわかっていたことも注意すべきである．

10) A. J. van den Broek, The α-Particle and the Periodic System of the Elements, *Annalen der Physik*, **23**, 199–203, 1907.

11) 実際には，α粒子はヘリウム原子がその軌道電子を2個ともはがされたものであり，質量数4，電荷+2をもつ．

12) A. J. van den Broek, Das Mendelejeffsche "kubische" periodische System der Elemente und Einordnung der Radioelemente in dieses System, *Physikalische Zeitschrift*, **12**, 490–497, 1911.

13) A. J. van den Broek, The Number of Possible Elements and Mendeléeff's "Cubic" Periodic System, *Nature*, **87**, 78, 1911.

14) ファン・デン・ブルックはこの関係を明らかにしなかった．そのため，周期表や科学史の著者たちが一般的に見落とすことになった．彼らの記述は単に，「ファン・デン・ブルックはラザフォードやバークラの研究に近づき，原子番号の概念のヒントを得た」というものである．重要な点は，ファン・デン・ブルックにラザフォードやバークラの研究を理解するための素養が予めあったということである．

15) A. Pais, *Inward Bound*, Oxford University Press, New York, 1986, p. 227.

16) A. van den Broek, *Physikalische Zeitschrift*, **14**, 32–41, 1913.

17) N. Bohr, On the Constitution of Atoms and Molecules, *Philosophical Magazine*, **26**, 1–25, 476–502, 857–875, 1913. これらの論文は三部作として知られる．ファン・デン・ブルックが14ページに引用されている．

18) A. J. van den Broek, Intra-atomic Charge, *Nature*, **92**, 372–373, 1913.

19) E. Rutherford, The Structure of Atom, *Nature*, **92**, 423, 1913.

20) モーズリーがこの業績を自分だけの力で成し遂げたと解説されることが多いが，誤っている．

21) モーズリーの先祖はみな著名な科学者だった．彼の父はオックスフォードで比較解剖学の教授だった．やはりヘンリーの名をもつ祖父は，ロンドン・キングスカレッジの数学・物理学者であった．若いほうのヘンリー・モーズリーは，パブリック・スクールのイートン校からオックスフォードのトリニティ・カレッジに進むという典型的な貴族階級の学歴をもっていた．モーズリーの激しい研究への意欲を証明するつぎのような逸話が残っている．進化論で有名なチャールズ・ダーウィンの孫で，同名のチャールズ・ダーウィンはマンチェスターでモーズリーの親友だった．その若いダーウィンがいった.「多才なモーズリーの才能の一つは，マンチェスターの街中の早朝3時に食事のできるレストランを知っていることだった」と．

22) ファヤンスは当時，ハイデルベルクからラザフォードの研究室を訪問していた．

23) 厳密にいうと，塩化ナトリウムのような物質の中の面は原子の面ではなく，イオンの面である．

24) バークラは事実上2種類の特性X線を区別していた．一方の種類の方がもう一つの種類よりも透過力が大きかった．彼はこれらをそれぞれK列，L列と呼称した．

25) 第7章で論ずるように，ボーアは，原子の電子配列を記載するのに量子論を使いはじめ，これらと周期表を関連づけたとき，周期系の説明を新しいレベルに引き上げたことになった．

26) モーズリーはこれらの実験の最終段階を，オックスフォードのジョン・シーリー・タウンゼンド教授の研究室で行った．タウンゼンド教授はモーズリーの学部時代の恩師であり，彼にスペースを提供することができた．

27) モーズリーが検査した一連の元素の最初と最後のあいだで3元素が欠けていた．リン，硫黄，スカンジウムである．

28) H. G. J. Moseley, Atomic Models and X-Ray Spectra, *Nature*, **92**, 554, 1913.

29) エカ・マンガンは最終的には発見され，テクネチウムと名づけられた．

30) いったん発見され，結局は誤りだったとわかった元素についてのもっと詳しい解説はつぎの文献を参照のこと．V. Karpenko, The Discovery of Supposed New Elements, *Ambix*, **27**, 77-102, 1980；E. Rancke-Madsen, The Discovery of an Element, *Centaurus*, **19**, 299-313, 1976.

31) つぎの文献から引用．B. Jaffe, *Crucibles：The Story of Chemistry from Ancient Alchemy to Nuclear Fission*, Simon & Schuster, New York, 1948.

32) 後にさらに強調することだが，モーズリー自身は7か所の欠番が残っているとは結論しなかった．実際，手持ちのデータによる彼の推論は3か所だった．

33) ハーンはこれよりあとで，同僚のハンス・シュトラスマンとリーゼ・マイトナーと共同で，たいへん重要な原子核分裂の発見へと進む．これによって原子兵器への道を用意し，後には核力を生み出す放射能の平和利用へと進むことになる．

34) 元素発見に関する最も権威のある書物，M. E. Weeks, H. M. Leicester, *Discovery of the Elements* (7th ed. Journal of Chemical Education, Easton, PA, 1968)［大沼正則監訳，『元素発見の歴史 1, 2, 3』(朝倉書店, 1988, 1989, 1990)］によると，プロトアクチニウムはファヤンスとソディーによって，またジョン・アーノルド・クランストンとアレクサンダー・フレックによって，それぞれ独立に同じ年に発見されたという．

35) E. R. Scerri, Prediction of Nature of Hafnium from Chemistry, Bohr's Theory and Quantum Theory, *Annals of Science*, **51**, 137-150, 1994.

36) P. H. M. van Assche, The Ignored Discovery of Element Z=43, *Nuclear Physics*, A480, 205-214, 1988.

37) 自然界に存在する61番元素を検出したとする早い時期のいくつかの主張はことごとく否定された．早い時期の主張に現れた元素名は，イリニウム（イリノイに因む），フロレンチウム（イタリア・フィレンツェの英語名フローレンスに因む），サイクロニウム（加速器サイクロトロンの使用に因む）などである．61番元素は最終的に粒子加速器実験で発見されたが，サイクロニウムを主張した実験も不正確だった．

38) W. Crookes, Address to the Chemical Section of the British Association, *Chemical News*, **56**, 115-126, 1886.

39) これらの放射性元素の完全なリストと同位体としての元素分類はつぎの書物の補遺に掲載されている．A. J. Ihde, *The Development of Modern Chemistry*, Dover Publication, New York, 1984.

40) J. W. van Spronsen, *The Periodic System of the Chemical Elements, the First One Hundred Years*, Elsevier, Amsterdam, 1969, p. 309.

41) これらが本当に新元素かどうかわからなかったので，数学の未知数の意味で記号Xが使われた．

42) H. N. McCoy, W. H. Ross, The Specific Radioactivity of Thorium and the Variation of the Activity with Chemical Treatment, *Journal of the American Chemical Society*, **29**, 1709-1718, 1907（1711 ページから引用）.
43) F. Soddy, *Annual Reports to the London Chemical Society*, 285, 1910
44) ソディーの昔の学生であったアレクサンダー・フレックによると，isotope（同位体）という用語は，家族の友人であったマーガレット・トッドによって提案されたという.
45) F. Soddy, Intra-atomic charge, *Nature*, **92**, 399-400, 1913.
46) この説明文は，同位体を指すのに質量数を使ってウラン-235 とかトリウム-231 としているが，それは非歴史的表現である（訳注：このときにはまだ質量数の概念が確立していなかった）.
47) 先回りして現在の知識でいうと，化学的性質は原子量ではなく原子の中の電子数によって決まる．同じ元素の 2 個あるいはそれ以上の数の同位体は，同じ原子番号（陽子数）をもち，同じ数の電子をもつが，質量は異なる．同じ元素の 2 個あるいはそれ以上の数の同位体が異なった質量を示すのは，陽子数が同じでも中性子数が異なるからである．一つの原子の質量は，近似的には陽子と中性子と電子の質量の和である．中性子は 1932 年まで発見されなかった.
48) I. Lakatos, *The Methodology of Scientific Research Programmes*, edited by J. Worrall, G. Currie, Cambridge University Press, Cambridge, 1978［村上陽一郎ほか訳，『方法の擁護——科学的研究プログラムの方法論』(新曜社，1986)］．プラウトの仮説を扱っているページは，43, 53-55，118-119，223 である.

7

電子と化学的周期性

The Electron and Chemical Periodicity

J. J. トムソンが電子を発見したことは，物理の歴史の中でも最も輝かしい出来事の一つである[1)]．あまり知られていないことであるが，トムソンは化学に強い興味をもっていた．なかんずく，このことが彼を突き動かして，電子に基づく周期表の説明を最初に提出することになった[2)]．今日では，電子が周期表の存在とその形を説明するカギであると一般的に信じられている．電子に基づく周期表の説明はいくつもの紆余曲折を経て今日に至っている．現在の説明がどの程度純粋に演繹的に導かれたのか，あるいは，いまの説明が半経験的なものなのかを調べるのが，本章の目的である．

ディミトリー・イヴァノヴィッチ・メンデレーエフが，原子構造に基づいて周期表の説明をしようとする試みには一貫して反対していたのに対して，ユリウス・ロータル・マイヤーは，周期表がもっと根源的なものに起因するという考えをそれほど嫌ってはいなかった．マイヤーは根源的な物質の存在を強く信じており，さらにウィリアム・プラウトの仮説を信じていた．そのために，マイヤーは原子の物性値を結びつけて曲線を引くことに何のためらいも感じなかったが，メンデレーエフはそんなことをするのは間違っていると信じていた．それは，メンデレーエフは元素の個々の独立性を信じていたからである．

以上が，20 世紀に入る 3 年前の電子が発見される直前の状況であった．原子の存在そのものがまだ盛んな議論の対象であり，また，原子の基本構造についても未発見であった．周期系を理論的に説明することなど何もできないように思われていた[3)]．

7.1 電子の発見と原子の初期のモデル

電子の存在と電子（electron）という名前を最初に提案したのがジョンストン・ストーニーで，1891 年のことである．もっとも，彼は電子が単独粒子として存在するとは考えていなかった．物理的な電子を発見した研究者は何人かいる．ケーニヒスベルクのエミール・ヴィーヒェルトもその一人で，彼は自分の発見を論文として発表している．これらの初期の研究者は研究成果をさらに深く追求しなかったので，イギリスの物理学者トムソンがこれらの最初の観察結果を利用して，電子の存在を確立することになる．これらの初期の失敗は，周期表の発見に至る初期のころと同じ状況になっているのは面白い．つまり，周期表の基本的アイデアはアレクサンドル・エミール・ベギュイエ・ド・シャンクールトワ，ジョン・ニューランズ，ウィリアム・オドリングを含めた多くの科学者の頭に浮かんだのに，だれも最初の洞察を進歩させて周期表の完成までもっていけなかった．

陰極線の実験からヴィルヘルム・コンラッド・レントゲンが X 線を発見したのを受けて，陰極線の本質の解明に乗り出した多くの物理学者の中にトムソンもいた．彼の実験は，長さが約 300 cm で幅（直径）が 3 cm のガラス管を使い，水銀柱 0.01 mm に相当する気圧で約 1000 V の電圧をかけて放電させるものである．メンデレーエフが有名な周期表を発表した 1869 年に，ドイツのヨハン・ヒットルフは上記の真空放電実験において，陰極から光る線が放出されることを観測した．彼より少し前から研究していたウィリアム・クルックスは，「陰極線（cathode rays）」は陰極から放出された粒子で構成されており，しかも，負に帯電しているという考えを支持していた．一方，ドイツの他の科学者，たとえば，ハインリッヒ・ヘルツは，陰極線は一種の放射線（電磁波）であると考えるようになっていた．1897 年には，ヴィーヒェルトは自分の実験結果に基づいて，「陰極線の質量は，一番軽い水素原子の 2000～4000 分の 1 なので，陰極線を構成している動く粒子は化学で考える原子ではない」との結論に達していた[4)]．同じ年に，ヴァルター・カウフマンは陰極線の電荷と質量の比を測定して，どの陰極線でも同じであることを見出した．彼はなぜ一定値を示すのだろうといろいろ考えたが，陰極線粒子はすべての物質を構成する基本粒子であるとの結論に達するまでには至らなかった．

このような背景の下にトムソンは彼の研究を開始したので，従来の説明に従えば，電子の発見へと導かれ，電子はあらゆる物質の構成粒子であることを見出したのである．彼が実験を開始したときには，すでに陰極線は負に荷電しており，多分に粒子であるようにみえることはわかっていた．しかし，未だ陰極線が粒子であるとの確認実験は行われてはいなかった．陰極線が電磁波でなく，粒子であるとの確認は電場で曲がることを確かめればすぐわかることであったが，なぜかそれまでだれも実験を行っていなかった．トムソンが，陰極線が電場で曲がることを確かめる実験に成功したのは，非常に高い電場を用い，ガラス管の真空を高い状態に保ったからである．このような条件下で実験を行い，陰極線が電場で曲がることを示したのは 1897 年である．

さらに，トムソンは陰極線の電荷と質量の比を測定して，水素原子から出る陰極線の値が 770 になることを見出した．この発見から三つの可能性が考えられた．陰極線を構成している粒子はきわめて高い電荷をもっている，あるいは，きわめて小さな質量をもっている，または，三番目の可能性として，両方（高い電荷と小さな質量）が効いて 770 という値になる，である．後になって，現在は電子と呼ばれている陰極線は，水素イオンと同じ量の電荷，ただし反対の符号の電荷をもっていて質量はきわめて小さいことが明らかになった[5)]．最後に，トムソンはいろいろな元素から出る陰極線を調べる実験を行い，エミール・ヴィーヒェルトをはるかに凌駕する結論，つまり，陰極線はいずれの元素から出るものも全部同じで，したがって，陰極線は物質を構成する基本粒子であるとの結論に達したのであった．トムソンは，ストーニーの名づけた電子（electron）というすでに広く採用されていた名前を嫌っていたようである．彼は陰極線を「コーパスル（corpuscle，微粒子）」と呼ぶように強く主張したが，人気のある電子という名前を最後はしぶしぶ受け入れることになった．

7.2 原子のモデル

新しく発見された電子は，原子のモデルを描くのに使われるようになった．フランスの物理学者ジャン・ペランもまた，イギリスのトムソンと同じように陰極線の研究を行っていた．実際のところ，電子が負電荷をもっていることの直接的証拠を得たのは，ペランが最初である．金属の筒を真空チューブの中に入れて電荷を集める実験を通して，電子が負電荷をもっていることが証明された．トムソンの実験的証拠と自分の発見に誘発されて，1901 年にペランは原子の形について太陽系に似た最初の着想を提案した．各原子は，一つまたはそれ以上の電荷をもった物体から構成されている，つまり，正電荷をもった太陽の周りを負電荷をもった惑星が回っているように，正電荷の物体の周囲を電子が回っているモデルを提案した．ペランはまた，現在の原子の構造概念を明らかに予言しているかのように，原子の中の負電荷の総和は正電荷の総和と正確に一致すると信じていた．以下に彼の仮説を引用する．

各原子は，一つまたはそれ以上の値の正電荷をもった物体，つまり，電荷量

> は「コーパスル（電子)」より明らかにたくさんもっている正電荷をもった太陽のようなものと，負電荷をもった複数の小さな惑星から構成されていると考えられる．これらの物体は静電力により引き合って動いており，負電荷の総和は正確に正電荷の総和に等しい，つまり，原子は電気的に中性である[6)].

同じ論文中でペランが行っている提案は，原子の構造とスペクトルの振動数を結びつける後の仕事を予言する内容になっている．「原子の異なる質量の引力の周期が放出スペクトル線の光の波長の違いに対応している可能性がある[7)]」．現代の解釈では，原子スペクトルに現れる光の波長は引力の周期とは関係なく，電子が存在できるいくつかの軌道のエネルギー準位間の遷移に関係していることがわかっている[8)]．1903年に日本の長岡半太郎が，ペランとは独立に中心の物体の周りの何本かの軌道の上を電子が回っている土星のような原子模型を提案した[9)]．長岡の講演の一つが翻訳されて1904年に *Philosophical Magazine*[10)] に発表され，当時の物理学を先導していたアーネスト・ラザフォードやアンリー・ポアンカレなどによって引用された．

同じ年（1904年）に，トムソンは原子の中で電子がどのように配置されているかを考察しはじめた．彼は，ペランや長岡の太陽系のようなモデルは不安定であると結論した．なぜならば軌道を周回する電子は常に光エネルギーを放射し続けることになるので，そのうちエネルギーを失って原子の中心に電子が落ちてしまうことになるからである．

彼は，電子は核に埋め込まれており，核の正電荷の中で巡回しているとする別の原子モデルを提案した．これは，原子の「ぶどうパン（plum pudding)」模型として知られている．1904年の論文では，トムソンは，今日では電子配置と呼ばれている，最初の一組の電子構造をも発表した[11)]．このようなことを行ったことは，電子が単に原子の周りを回っているだけでなく，ある構造をもって回っていることをトムソンが考えていたことによるが，この点でペランや長岡の先を行っていた．トムソンはアメリカの物理学者アルフレッド・メイヤーの仕事に基づいて電子の組み立てを行った．メイヤーは，水を入れた丸い容器にコルクをつけた磁石を浮かべ，その上に電気を流した金属コイルをおく装置を使って実験を行った（図7.1)．5個までの磁石では一つのリングを形成するが，6番目の磁石を加えると外側に新しいリングが形成されることを，メイヤーは見出した[12)]．さらに磁石を追加していくと新しいリングの形成が行われる繰り返しになった．つまり，中心の周りに磁石の数に応じていくつかのリングが形成された．トムソンは，原子の周りを回っている電子の場合にも同じような規律

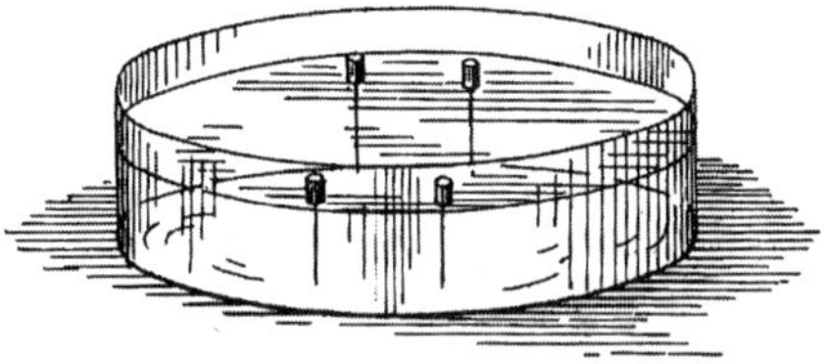

図 7.1 メイヤーの浮かぶ磁石
Alfred M. Mayer, On the Morphological Laws of the Configurations Formed by Magnets Floating Vertically and Subjected to the Attraction of a Superposed Magnet; With Notes on Some of Phenomena in Molecular Structure which these Experiments May Serve to Explain, *American Journal of Science*, **15**, 1878, 276-277. この図は J. J. トムソンのつぎのオリジナル文献より再現した. J. J. Thomson, *The Corpuscular Theory of Matter*, Archibald Constable, London, 1907, p. 111.

表 7.1 J. J. トムソンの電子リング

電子の数	リング	電子の数	リング
5	5	16	5+11
6	1+5	17	1+5+11
7	1+6	18	1+6+11
8	1+7	19	1+7+11
9	1+8	20	1+7+12
10	2+8	21	1+8+12

J. J. Thomson, *The Corpuscular Theory of Matter*, Archibald Constable, London, 1907, pp. 109-110 に基づく.

が成立すると信じた. そのために, 電子に基づく周期表の説明を試みるに際し, 上のアイデアを用いた.

多くの観点から, トムソンを, 電子の配置構造を考えはじめ, 電子の配置に基づいた周期表の説明の創始者であるとみなすことができる. 表 7.1 は, 電子リングがどのように形成されるかを示したトムソンの後の論文の一つからの抜粋である. メイヤーのコルクのリングと同じように, トムソンの説明に従えば, 原子の中に 5 個の電子が存在すれば, 電子の一つのリングが形成される. 電子の数が 6 個になると第二のリングの形成が始まる, ただその後は, 浮かんでいるコルクと磁石針のケースと同じように，新しい電子は第一リングの方につけ加わる．電子の数が17個に達すると第三のリングが形成されるようになる．いずれの場合にも，さらに電子をつけ加えると外側のリングではなく内側のリングに入る．

現在の視点でみると，これらの電子配置は化学的観点から価値がないに等しい．なぜならばこれらの電子配置は，ありもしない化学的類似性，たとえば，原子番号5のホウ素と原子番号16の硫黄の類似性を示唆しているからである．このスキームに従うと，これら二つの元素の最外殻電子配置は5個になり，ホウ素と硫黄は似たような化学的性質を示すことが期待されるが，事実はそうでない．トムソンをこの点で批判するのは正しくない．なぜならば，1904年当時，トムソンや多くの科学者は原子のもっている電子の数など全然知らなかったのである．10年後にヘンリー・モーズリーが原子番号の研究成果を発表するまで，周期表の原子の通し番号，つまり，原子番号は原子の中の正電荷の数に対応するなどとだれも知る由もなかったのである．トムソンは，彼の電子リングのスキームを提案するに際し，異なった元素間で電子構造が似ていれば周期性が説明できる可能性があることを示しただけであるが，このアイデアは現在まで生き残っている．

トムソンの原子模型は，ラザフォードが原子核の存在に基づくモデル[13]を提案すると，見捨てられることになったけれども，二つの重要な概念の確立に役立った．一つは，化学的周期性は電子がカギを握っていること．もう一つは，周期表において隣り合っている元素の違いは，電子が一個つけ加わることで引き起こされることを示したことである．これら二つのアイデアは，この後すぐに発表された周期性についてのニールス・ボーアの原子理論において，重要な骨格を形成することになる．

7.3 原子の量子論

ハンス・ガイガーとアーネスト・マースデンのα粒子散乱実験を受けて，ラザフォードがペランと長岡の惑星型原子模型を復活させたときに，モデルの安定性の問題は未解決のままに残された．ジェイムズ・クラーク・マクスウェルの電磁波理論によれば，電荷をもっている物体が円運動を行えば放射線（電磁波）を放出してエネルギーを失う．その結果として軌道上の電子は，中心核にスパイラルを描いて落ちてしまうと考えられていた．したがって，核モデルは，実験事実はともかくも，どの原子も，つまりあらゆる物体は不安定になることを示している．さらに，ラザフォードのモデルは，1859年に分光器が発達して以来，多くの新元素の確認[14]に用いられている原子のスペクトルの不連続性について，何の説明も与えなかった．

励起原子から放出された光を分散して観測されるスペクトルパターンは，白色光と

図 7.2 ニールス・ボーア
写真提供と掲載許可：
Emilio Segrè Collection.

はまったく異なる．白色光の場合の赤から紫への連続スペクトルに代わり，いろいろな色の不連続な線スペクトルが観測される．白色光に比べて，いくつかの色の線スペクトルは欠けている．原子の場合のスペクトルの不連続性については，これまでみてきたどの原子モデルでも説明できないことである．たとえば，ラザフォードのモデルにおいては，電子のエネルギーはある特定の値に拘束されることはないので，あらゆる遷移エネルギーが可能であると期待される．したがって，どの原子の分光スペクトルも，不連続でなく連続スペクトルになると考えられる．

これら二つの問題，つまり，原子の安定性と原子スペクトルの不連続性の問題は，デンマークの物理学者ボーア（図 7.2）によって解決された．彼はまた原子の中の電子の配置に基づき周期表の説明にも最初に成功したのであった[15]．彼は，金属の理論的研究で Ph. D を得てから，1 年の博士研究員のフェローシップを得てマンチェスターのラザフォードの下で働くことになった．他の物理学者が，すでに物理における量子論の確立を開始していたが，ボーアが初めて量子論のアイデアを原子物理に適用したのであった．

ボーアは，彼の水素原子の量子論を発表した 1913 年に初めて学会に登場した．量子あるいはエネルギーの束（packets）の概念は，マックス・プランクによって黒体輻射について観測されたことを詳細に説明するために導入された[16]．ボーアは，プランクの量子化の概念[17] を採用してそれを原子の物理に適用したのであった．惑星型原子模型において，トムソンの電子リングでは電子は内側のリングにつけ加わるが，ボーアは計算の結果，電子はすでにあるリングの外側に追加電子のリングが形成されると結論した．最も重要な点は，電子は量子化された軌道に留まっている限り安定で，一つの軌道からもっと安定な軌道に遷移するときにのみエネルギーを失うとの考えを提案したことである[18]．いくつかの分離した軌道上に存在する電子は，定常状態にありエネルギーを放出しないと考えた[19]．

> 系としての原子は，エネルギーの値がいくつかの不連続な状態にあるときにのみ永久に存在できる．それゆえに，電磁波の放出と吸収を含めた系としてのエネルギーの変化は，二つのエネルギー状態間の遷移に伴ってのみ起きる．これらの不連続なエネルギー状態を系の「定常状態」と名づける[20]．

ボーアは，古典的電磁波理論から離れるに際しプランクの先導に従ったのであった．プランクは，きわめて短い波長領域の黒体輻射の問題を研究するに際し，エネルギーの不連続性を説明するために新しい定数 h（作用量子とも呼ばれる）を導入する必要があることに気づいた．電磁波は，式 $h\nu$ で表される一つの塊，あるいは，量子ともいう形でのみ放出あるいは吸収が起きることになる．ここに，h はプランクの定数，ν は電磁波の振動数である．ボーアは，原子もまた古典力学では適切に記述できなくて，量子的記述が必要であるといい出したのである．

電子が一つの定常状態から別の定常状態にどのように移るかについては，ボーアはプランクのアイデアを適用して，原子が一つのエネルギー状態から別な状態へ遷移するに際し，$h\nu$ で表される量子が放出または吸収されると提案した．

> 二つの定常状態の遷移において吸収あるいは放出される電磁波は，振動数が一定で次式で表される振動数 ν をもつ．
>
> $$E' - E = h\nu$$
>
> ここで，h はプランクの定数，E' と E はそれぞれ二つの状態のエネルギーの値を表す[21]．

しかし，この理論は，水素のスペクトル，つまり一番単純なケースを説明できるだけであった[22]．もっとたくさんの電子を有している原子においては，電子は互いに影響し合うのでもっともっと複雑になる．それでも，ボーアは自分の量子論が正しいことに十分自信があり，近似的に多電子の原子に適用を試みた．

表 7.2 原子の電子配置に関するボーアの最初の案

1	H	1				
2	He	2				
3	Li	2	1			
4	Be	2	2			
5	B	2	3			
6	C	2	4			
7	N	4	3			
8	O	4	2	2		
9	F	4	4	1		
10	Ne	8	2			
11	Na	8	2	1		
12	Mg	8	2	2		
13	Al	8	2	3		
14	Si	8	2	4		
15	P	8	4	3		
16	S	8	4	2	2	
17	Cl	8	4	4	1	
18	Ar	8	8	2		
19	K	8	8	2	1	
20	Ca	8	8	2	2	
21	Sc	8	8	2	3	
22	Ti	8	8	2	4	
23	V	8	8	4	3	
24	Cr	8	8	4	2	2

原子核に近いところから始まる各エネルギー準位に存在する電子の数.
N. Bohr, On the Constitution of Atoms and Molecules, *Philosophical Magazine*, **26**, 476-502, 1913, p. 497.

ボーアは彼の原子の量子論を水素原子のスペクトルに適用したが，物理学史家のジョン・ハイルブロンとトーマス・クーンは，ボーアの理論の最初の動機づけはもっと包括的なものであったと断言している．ボーアは電子配置を通して周期表を理解しようと試みており[23]，トムソンが周期表の説明を試みた電子リングの安定性を調べている．1913 年の同じ論文の中で，ボーアは電子配置に基づく周期表の初版を提出している[24]．彼は各電子の主量子数に基づいていろいろな元素の電子配置を決めており，各元素の定常状態あるいは非放射状態を決めようとした（表 7.2）.

ボーアの構築原理（*Aufbauprinzip*，英語では building up principle と訳されている）と呼ばれる一般手法は，周期表で連続している元素について，前の元素に電子を 1 個つけ加えるとつぎの元素になるというものである．周期表で一つの元素からつぎの元素に移るときに，ボーアは，追加の電子は最外殻に入る，と提案した．もっとも，この原則には，後に述べるように例外があった．このプロセスの特別な過程として，一つの殻がいっぱいになると新しい殻に電子が詰まりはじめることである．彼が出版した論文から受ける印象と異なり，ボーアは各殻の最大電子数を決められなかった．したがって，理論に基づく計算ではなく，化学と分光学のデータに導かれて彼は数値を出したのであった．

ボーアがこれらの電子配置を生み出すにあたり，基本的に化学的考察に基づいて決めたことは，いくつかの元素の電子配置の決め方にはっきりと読み取ることができる．最外殻の電子の数は原子価に基づいて決められた．これらの電子は核に最も弱く結びついているので，たやすく他の原子と結合する．たとえば窒素の場合，ボーアは，窒素の原子価は3価なので最外殻の電子が3価になるように内殻電子の組み立てを変えた．このことは表7.2によく現れている．ヘリウムから炭素までは内殻電子数は2個で，外殻電子数はいろいろの値をとるが，窒素になったとたんに内殻電子数が2倍の4個になる．窒素が3個の化学結合をつくるのに合わせて最外殻電子数を3個にしたことを理解しないと，なぜ内殻電子数を4個にしたかは奇妙にみえるだけである．

実験的証拠に基づいてボーアは電子配置を変化させたが，なぜそのような配置の再配分が必要になったかについては，全然理論的理由づけを行わなかった[25]．このような突然の配列の変化は，表7.2に示した24個の電子配置だけをとっても窒素やリンのところなど，何か所にもみられる．これら二つの元素の原子は原子価3をとる，一方，酸素と硫黄の原子価は2であるし，また，フッ素と塩素は1価であるので，ボーアの選んだ電子配置と一致している．量子論から原子モデルを厳密に導く代わりに，ボーアは分光学と化学的考察に加え直観にも頼っていたのである[26]．

それでもボーアは理論に関して二つ偉業を成し遂げている．一つは，元素の違いを生じさせる電子は，トムソンが考えたのとは異なり，内殻でなく大体のケースで外殻に入るというアイデアを導入したこと．二番目の業績は，いくぶん独断的な面があるが，ボーアのスキームは電子配置と化学的周期性にはかなりの相関があることを示したことである．たとえばリチウムの電子配置は2, 1であり，化学的に同じグループに所属しているナトリウムのそれは8, 2, 1である．同じように，周期表で同じII族にあるベリリウムとマグネシウムは，外殻電子が2価をもつという共通性がある．このことが，元素が同じ外殻電子構造をもつと周期表で同族に属するという原子に関する現在の考え方の始まりである．これはまた，トムソンによりすでに示唆されていたことである[27]．

この仕事の後，ボーアは元素の周期性についての問題を10年ほど考えることを止めて，いろいろな化学者が周期表の電子配置について改良を加えるのに任せていた[28]．第8章で考察するように，化学者チャールズ・ベリーによって考えられた詳細な電子構造に，ボーアの後の表は大きく影響されているように見受けられる．また，電子構造に関してのパイオニアであるベリーの貢献は十分に評価されていないと思われる.

7.4 周期系に関するボーアの第二の理論

1921年ボーアは周期表の元素の電子配置の問題に戻ってきた. 1922年と1923年に彼は, 電子配置による周期表の新しい改良版を発表した[29]. 再び彼は, 周期表の連続する原子の電子配置に「構築原理」を適用したが, 今回は二つの量子数：主量子数 n と後に ℓ で表現されることになる第二量子数 k を使用した (表7.3). 第二量子数は, ミュンヘンの理論物理学者アルノルト・ゾンマーフェルトによってその少し前に発見されていた.

ボーアは水素の電子の軌道は円であると仮定していたが, ゾンマーフェルトは楕円であることに気づいた. 楕円軌道を動く電子の角運動量は常に変化するので, 楕円軌道にある電子の運動と無関係に軌道は歳差運動をする. そのために, 電子は二つの自由度をもつ. つまり, 電子の軌道運動と歳差運動である. 後者の動きを記述するために, ゾンマーフェルトは第二の量子数, 方位量子数 ℓ を導入した. この数は主量子数に依存し, 0から $(n-1)$ の整数値をとる.

ボーアはこの発見を知ると, これを多電子原子に適用し, 表7.3に示すような, もっ

表7.3 二つの量子数に基づく1923年のボーアの電子配置

H	1				
He	2				
Li	2	1			
Be	2	2			
B	2	3			
C	2	4			
N	2	4	1		
O	2	4	2		
F	2	4	3		
Ne	2	4	4		
Na	2	4	4	1	
Mg	2	4	4	2	
Al	2	4	4	2	1
Si	2	4	4	4	
P	2	4	4	4	1
S	2	4	4	4	2
Cl	2	4	4	4	3
Ar	2	4	4	4	4

原子核に近いところから数えた各エネルギー準位に入る電子の数.
N. Bohr, Linienspektren und Atombau, *Annalen der Physik*, **71**, 228–288, 1923, p. 260.

と詳細な電子配置の組をつくった．これらの量子数は，系が数学的な要求を満たすために生まれた量子化から生じるもので，ボーアの前の理論にもあった原子の定常状態を特徴づけるのに役立つものである．このスキームに従うと，たとえば7個の電子をもつ窒素原子は，2, 4, 1の電子構造をもつ．窒素のケースや他の元素についてもみることができるが，ボーアの1922年のもっと詳しい理論では彼の以前の理論より後退しているようにみえることは面白いことである．なぜならば，1913年の電子配置と異なり，窒素が3個の化学結合をもつ実験事実との一致は，新しい電子配置版では存在しないからである．この点に関して以下にもっと詳しく述べる．

水素原子の理論の初期の成功により，ボーアはゲッチンゲン大学で1922年に7回連続の講義をするよう招待された．これらの講演の聴衆として出席していてボーア学派として知られる物理学者の中に，ヴェルナー・ハイゼンベルク，ヴォルフガンク・パウリ，ゾンマーフェルト，マックス・ボルンとゲッチンゲンの指導的数理物理学者のダヴィット・ヒルベルトがいた．ボーアは生涯を通して，特別に数学的才能が優れているというより，原子物理学的洞察力があることと，アイデアをまとめ上げる才能に秀でていると，評価されていた．数学的才能はハイゼンベルク，エルヴィン・シュレーディンガー，パウリやポール・ディラックに委ねられた．ゲッチンゲンにおけるボーアの講義において，正式な数学的アプローチの欠如は明白で，ボーアが行っている研究に関しての数学的正当性はどうなっているかとの質問が聴講者の中から発せられた．多くの場合，数学的な証明がないようにみえた．

ボーア自身の講義で，これらのアイデアに接したゲッチンゲンの物理学者の何人かが，後になってコメントしているように，ボーアは量子論から導いているかのようには述べてはいるが，量子論の基本から導くことなく，仕事は化学的事実と特別な議論に基づいて成り立っていた．ドイツの物理学者ハイゼンベルクによると，

> ボーアは計算や証明に基づいたのではなく，インスピレーションと感情移入（思い入れ）から彼の成果を得たということは，非常に明確であるように感じられた．いまや，ゲッチンゲンの数学的に進歩している学者たちを前にして，ボーアは彼の成果の数学的正当性を擁護することが難しくなっていた[30]．

フリードリッヒ・フントはつぎのように書いている．

> ボーアが簡単なスペクトルを説明した後，周期表上の位置に関連した原子の構造についての重要なまとめを行う段になった．いくつかの点で，解説は曖

味で理解がなかなか難しいことが多かった[31].

構築原理に関するボーアの有名な1923年の論文が載っている本の中で，パウリは暴露的な書き込みを欄外に残している．閉殻の10個の電子に11番目の電子をつけ加えることの議論において，ボーアは「11番目の電子は第三の軌道に入ると期待される」という．パウリはこの言葉に明らかに困惑して，感嘆符とともに欄外に書き込みを入れている．「どうしてこうなるとわかるの？　自分が説明しようとしているスペクトルに基づいて結論しているだけでないか！[32]」　ボーアが量子論から周期表を導いたという考えは一つの誇張である．

ボーアは，多電子原子に彼の理論を適用する際に用いた彼の構築原理は，量子論において重要な原則である断熱定理に基づいていると主張した[33].

> 我々が最初に量子を導入した数例の運動を考えてみよう．いくつかのケースでは断熱不変性の仮定により，どの運動が許されるかを完全に決めることができる．既知の運動から断熱不変性を使って新しい運動を導くことができるときには量子化が起きる[34].

1917年にパウル・エーレンフェストによって導入された断熱定理（adiabatic principle）は，ある系に断熱的あるいはゆっくりした変化が起きるとき，量子化条件が成立するかをみつけてくれる[35]．しかし，既知の運動から断熱変換で新しい運動が導けるかどうかにかかっている．たとえば，ある特別な系の量子化された状態がわかっていると，電場や磁場などゆっくり変化させたときの新しい量子状態について計算することができる．このような変換の後にも保存される量のことを，断熱不変量（adiabatic invariant）と呼んでいる．エーレンフェストは，どのような周期性の運動においてもつぎのような量は断熱不変量であることを示した．

$$2T/n$$

ここに T は運動エネルギーの時間平均，n は運動の振動数である．

断熱定理を適用するには厳しい制限がある．エーレンフェストは，単純な周期性のある系には適用できることを示した[36]．これらの系はそれぞれが有理数の分数で表される二つ以上の振動数をもつ系である．このような系においてはある決まった時間間隔で繰り返す動き（周期性運動）をすることになる．後になって，エーレンフェストの学生であったJ. M. バーガースが，断熱定理を多周期系にも適用できることを証明した[37]．これらのもっと一般的な系においては，いろいろな振動数はもはや互いが有理数で表される分数関係にはなく，したがって，各運動で繰り返すこともなかった[38]．水素原子は，二つの自由度をもっているので，多周期系の例としてあげることができる．

もっと一般的な系は非周期系である．これまで知られている範囲で非周期系においては，断熱定理は適用できない．残念なことに，原子物理学の領域では水素より大きな原子は全部非周期系である．たとえば，ヘリウム原子において，軌道を回っている二つの電子の動きは（初期のボーアの理論に従えば）互いが離れている距離によって異なる相互作用を受けて変化する．したがって，どちらの電子についても，一定の周期があるとはいえないことになる．

ボーアは断熱定理の限界（制限）について十分知っていたが，上にあげたような非周期系においても断熱定理は成り立つのではないかと考えながら多電子原子にも適用し続けた．ボーアはこの点について書き物の中で，繰り返し述べている．

> 定常状態を明確にするために，これまでは単純または多周期系のみを考えてきた．しかし，方程式の一般解はもっと複雑である場合が多い．そのような場合には，これまでに考察したことは，多周期系と同じ正確さでエネルギーを固定した定常状態が，存在し安定であるという考えとは相容れない．しかし，元素の性質を説明するためには，原子は外部の力が働かない場合には，常に明確な定常状態をもっていると仮定しなければならない．もっとも，いくつかの電子をもった原子の運動方程式の一般解は，いままで述べてきたような単純な周期性を示すようなことはない[39]．

後に1923年の論文で彼はつぎのように述べている．

> 前提条件にある不確実性にもかかわらず，多電子原子に対して量子数を導入して，原子の運動を合理的に説明できるか試みてみよう．明確で安定した定常状態が存在する必要性は，量子論の言葉でいえば，量子数が存在し永続することが一般則であるといいかえることができる[40]．

これらの書物にみられるボーアの態度は，あまり正確さを尊ぶものではない．むしろ，彼の科学の仕事を特徴づける曖昧さに近いものがある[41]．上に引用した二つの文章は，彼自身が苦心して仕上げた問題を自分で無視して，もはや多周期系を扱っているのではないにもかかわらず，量子数はそのまま保存されるという希望を述べているに過ぎない.

上に述べたように，構築原理のプロセスの主要な点は，周期表のつぎの元素の原子に電子を1個付加してできるが，その原子にも定常状態が存在するとするボーアの仮定にある．ボーアのさらなる仮定は，ある元素のつぎの原子に移った場合，新しくつけ加わった電子に伴う新しい状態は別にして，これまでに存在した数の定常状態はそのまま保存される，と考えたことである．つまり，彼は電子と陽子が原子につけ加わってつぎの原子番号の原子になっても，明確な定常状態の存在と状態の保存を予見していたのである.

量子数の永続性に関するボーアの仮定は，磁場を加えたときのスペクトル線の分析からの攻撃を浴びることになった[42]．一般的なことであるが，原子に磁場を加えると分裂，つまり，無磁場の場合より多数のスペクトル線を与える．原子核と内殻電子から構成される原子は，磁場中で方位量子数 k の電子をつけ加えると，追加電子は（$2k-1$）状態と関係しているので，新しい系（原子）には $N(2k-1)$ の状態が存在すると期待される．しかし，実験はもっとたくさんのスペクトル線を与える．一般的に，エネルギー項は（$(N+1)(2k-1)$）結合と（$(N-1)(2k-1)$）個の二つの成分に分裂するので，全部で $2N(2k-1)$ の状態ができる．余計に電子を1個つけ加えると，原子の状態の数が2倍に増加することは，量子状態の考え方に対する規則違反になっているように見える．この証拠があるにもかかわらず，ボーアは，量子数は永続するという考えに固執するものであった．彼は量子数の考えを救う手段として，非力学的「束縛(constraint)」が存在するという不可思議な救済策をほのめかしていた.

ボーアの周期表の説明はまた化学的証拠からも攻撃された．たとえば，すでに述べたように窒素原子の電子配置は2, 4, 1である．この電子配置からは1個または5個の電子は，一番内側の電子より緩やかに原子核に結びついているので，原子価は1価または5価を取りやすいことを意味するが，実際は，窒素は圧倒的に3価になりやすい.

ボーアの量子論には問題があったが，彼の長い人生を通して原子物理学と量子力学に，たくさんの貢献をし続けた．確かに，ボーアはアルバート・アインシュタインには負けるけれど，20世紀で最も有名な物理学者である．1913年および1922～1923年のボーアの理論の発表後は，個々の発展段階ではハイゼンベルク，シュレーディンガーやパウリなどが主役になったが，ボーアは量子論の発展の中心にいた．この時代を通してボーアはコペンハーゲンに国際研究所を設置して長いあいだ量子論のゴッドファーザーの役割を果たし，研究所に世界の指導的物理学者を招待し，新しい量子力学を形づくることに貢献した．さらに，量子力学の本質に関しての討論の焦点にあって，論争に積極的に参加して彼の時代の多くの物理学者に深い影響を与えたのであった.

7.5 エドマンド・ストーナー

ボーアは，周期表に関する第二の理論を発表してまもなく，基本となる彼の仮定の基礎があやふやであると感じはじめた．しかし，パウリの仕事が発表されて事情が次第に明らかになるまで，もう少しの時間が必要であった．そのあいだに，別な物理学者エドマンド・ストーナーによって，周期表と量子数のパズルの解決に向けたつぎの糸口が提供された.

イギリス生まれのケンブリッジ大学卒業生であるストーナー（図 7.3）は，1924 年に周期表を説明する電子配置をつぎの段階に前進させた．彼のアプローチは，これまで知られていた二つの量子数に加えて，ごく最近ゾンマーフェルトによって導入された 3 番目の量子数も使うものであった[43]．3 番目の内部量子数 j は磁場中での軌道運動の歳差運動に対応するものである．3 番目の量子数 j は第二量子数 k とは，$-k$ から $+k$ までのあらゆる整数値をとるという点で結びついている[44].

第三の量子数の存在は，原子に追加の定常状態の存在を示すものであった．しかし，ボーアは彼の電子配置を拡張して合わせようとはしなかった．すでに述べたように，ボーアは，多電子原子の個々の電子に定常状態が存在するのではないかという，さらに根源的な問題に大きな興味をもつようになっていた．すなわち，彼は厳密には多電

図 7.3 エドマンド・ストーナー
写真提供と掲載許可：University of Leeds.

子原子の電子は定常状態にはないという事実により関心があった．つまり，原子が全体として定常状態を保持しているのである．この「全体論（holistic）」的視点からは，各電子が定常状態にありそれぞれが一組の量子数で規定されると考える各電子の独立性の近似は，否定されることになる[45]．

これらの理論的問題点にも臆することなく，若いストーナーは原子の分光学的スペクトルとX線スペクトルの実験的結果を再吟味した．彼はこれらの研究に基づき，それぞれの完成した準位にある電子の数は，各殻の内部量子数の2倍になると提案した．これにより，各殻に帰属する電子の配置は表7.4に示すようになる．

表7.4 電子配置の割り当てに対するストーナーの案

n	k	j	電子の数
1	1	1	2
2	1	1	2
2	2	1	2
2	2	2	4
3	1	1	2
3	2	1	2
3	2	2	4

E. Stoner, The Distribution of Electrons Among Atomic Levels, *Philosophical Magazine*, **48**, 719-736, 1924, p. 720 に基づく．

表7.5 三つの量子数に基づく1924年のストーナーの電子配置

原子核に近いところから始まる各エネルギー準位に存在する電子の数							
H	1						
He	2						
Li	2	1					
Be	2	2					
B	2	2	1				
C	2	2	2				
N	2	2	2	1			
O	2	2	2	2			
F	2	2	2	3			
Ne	2	2	2	4			
Na	2	2	2	4	1		
Mg	2	2	2	4	2		
Al	2	2	2	4	2	1	
Si	2	2	2	4	2	2	
P	2	2	2	4	2	2	1
S	2	2	2	4	2	2	2
Cl	2	2	2	4	2	2	3
Ar	2	2	2	4	2	2	4

E. Stoner, The Distribution of Electrons Among Atomic Levels, *Philosophical Magazine*, **48**, 719-736, 1924, p. 734 に基づく．

ストーナーはこの関係を三つの量子数に適用して，表 7.5 に示すような電子配置を導き出した，ストーナーのスキームによれば，窒素原子の電子配置は 2, 2, 2, 1 で最後の方の三つの数字は外殻電子を表す．この電子配置ならば，ボーアの電子配置ではうまくいかなかった窒素の原子価 3 をうまく説明できる．しかし，磁場の中でスペクトル線が分裂することにみられる，量子状態の数の問題は未解決のままであった．

ボーアの「古い量子論」として知られている理論の問題点が深まるにつれて，ハイゼンベルクやパウリなどの物理学者は，電子軌道の実在性に疑問を呈しはじめた．たとえば，パウリのボーアとの交信文の中につぎのようなことを述べている一節がある．「最も重要な疑問点はこのこと，すなわち，定常状態にある電子によって，どの程度まで明確に軌道が語れるか，にあると思われます[46]」．

7.6 パウリの排他律

1923 年，ボーアはパウリ（図 7.4）に手紙を書き，原子物理学がきわめて複雑な状態になっていることに秩序をもたらし，量子数を救ってくれるように頼んだ[47]．パウリは，これに応えて二つの論文を書き，物事を明確化したようである．この過程で，彼は近代物理学の中心の柱の一つになる排他律の原理を確立した．ここでもまた，この仕事の動機の一つには元素の周期表を説明しようとする試みがあった．

パウリの最初の主要な貢献は，当時原子のコア部分が角運動量をもっているという

図 7.4 ヴォルフガンク・パウリ
Emilio Segrè Collection の掲載許可を得て著者の所有している写真を使用．

意見に挑戦したことであった[48]．アルフレッド・ランデ[49]は原子核と内部電子からできている原子のコア部分が，原子スペクトルの複雑な構造の原因を説明できると提案した．パウリはこの仮説を退け，スペクトル線と磁場中でのスペクトル線のシフトは全部外殻電子に帰することができると主張した．彼は一歩進めて，各電子に第四の量子数 m_s を割り当てることを提案したのであった（表7.6）．この第四の量子数は，パウリによれば，光学的に活性な電子に量子論的に付与された性質で，古典論では説明できない重複性によるものであるとされた[50]．いまではスピン角運動量と呼ばれている．

四つの量子数で武装すると，パウリはストーナーの電子配置の分類が，つぎのような簡単な仮定から導かれることを見出した．「主量子数 n と他の三つの量子数 k，j と m_s も同じ値を同時にもつ電子が，二つ以上存在することは許されない」というもので，有名な排他律のオリジナルな形をなすものである[51]．排他律はつぎのように記述されることが多い．「一つの原子の中で，四つの量子数がまったく同じものを同時に二つ以上の電子がもつことはない」．一方で，パウリは各電子に四つの量子数を割り当てることの正しさをつぎのようなわかりやすい理屈で正当化してみせた．つまり，強い磁場をかけると，電子は相互作用をすることをやめ，結果としてそれぞれは定常状態になる．

表7.6　パウリの案に基づく電子殻への割り当て

n	ℓ	m_ℓ	m_s	電子の数
1	0	0	+1/2	
			−1/2	2
2	0	0	+1/2	
			−1/2	2
2	1	−1	+1/2	
			−1/2	2
2	1	0	+1/2	
			−1/2	2
2	1	1	+1/2	
			−1/2	2
3	0	0	+1/2	
			−1/2	2

k と j の代わりに，量子数には最近の符号を用いている．これにより内容に何の変化も生じない．

W. Pauli, On the Connexion between the Completion of Electron Groups in an Atom with the Complex Structure of Spectra, *Zeitschrift für Physik*, **31**, 765-783, 1925 に基づく．表では，4個の量子数に対して，パウリが使ったものではない最近使用されている符号を使用した．

もちろん周期表の電子配置は磁場がなくとも成立しなければならない．磁場がない状態でも各電子に四つの量子数を割り当てることの正当性を維持するために彼は，熱力学的論拠と呼ぶものに訴えた．彼は磁場の強さを各電子に付与された定常状態がそのまま保たれるようにゆっくりと弱くしていく，断熱変換を提案した．この論拠によれば，各電子に明確な定常状態が存在していることが保証されているようにみえる．

パウリは量子状態の数の違反と思われる実験事実に，彼の提案がどのように適用できるかを調べた．すでに述べたように，原子のコアに電子を一つつけ加えると，系は $N(2k-1)$ の状態ができると期待されたが，事実は二組の状態，つまり $(N+1)(2k-1)$ と $(N-1)(2k-1)$ ができ，全部で $2N(2k-1)$ になる問題である．

パウリはこの問題をいとも簡単に解決してしまった．彼の意見によれば，これまで考えられていたように追加電子は $(2k-1)$ 個の状態でなく，$2(2k-1)$ 個の状態をもっているのである．観測された状態が2倍になるのは，追加される電子が二重の状態をもっていることに起因する．原子のコア部分の状態の数は以前と同じく N のままである．パウリの議論はきわめて説得力があったので，原子物理学分野の学者仲間に歓迎されて受け入れられた．

当然ボーアもパウリの貢献を喜んだ．もっとも，二人ともパウリの説明は一時しのぎの手段とみなしていたようである．多くの人が見逃していたことに，パウリが断熱定理の適用に関して誤解していたことがある．多電子原子は非周期系なので，すでにボーアが強調していたように，断熱定理は適用できないのである．パウリは構築原理における電子を追加する問題を，磁場中で磁場をゆっくり減少させる問題にすり替えただけである．しかし，論点は何も変わらず系は非周期系である．それで断熱定理が厳密には適用できないのに，パウリはそれを使ったのである．しかし，科学の世界ではままあることであるが，厳密には正確ではないステップを踏んでも配当金にありつけることがあり，少なくともこの場合はそのケースであった．

たぶん理論的正確さが後回しになったのは，パウリの新しいスキームが大きな問題を解決したからである．第一に，ボーアが望んでいた量子数が存在し，永続的であるとする考えが，保持されたこと，第二に長いあいだの懸案であった原子の「電子殻の閉殻問題」に解が与えられたことがあげられる．元素の周期表における周期の長さを特徴づける2, 8, 18, 32などの一連の数字をどのように説明するかは長いあいだ謎であった．これらの数は各殻に入りうる電子の最大数に対応していた．各殻の閉殻は，パウリの排他律，つまり，同一原子内で四つの量子数が全部同じ電子が二つ存在することは許されない，それに，第四量子数が二つの値をもつ仮定からの，当然の帰結とみなすことができた．一方，第一量子数のある値に対して，第二，第三の量子数がと

表 7.7 量子数と軌道関数

n	ℓの可能な値	副殻名称	m_ℓの値	副殻中の可能な軌道関数の数
1	0	1s	0	1
2	0	2s	0	1
	1	2p	1, 0, −1	3
3	0	3s	0	1
	1	3p	1, 0, −1	3
	2	3d	2, 1, 0, −1, −2	5
4	0	4s	0	1
	1	4p	1, 0, −1	3
	2	4d	2, 1, 0, −1, −2	5
	3	4f	3, 2, 1, 0, −1, −2, −3	7

りうる値に関する規則はこれまでの規則をそのまま使用した.

第一の量子数nが1のときは,第二の量子数は0で第三の量子数も0である(表7.7).パウリの排他律に従えば,第一殻には第四の量子数が異なった値をもつ電子が2個だけ入ることができる.

$n=2$の殻になると,第二量子数は1と0をとれるので事情は複雑になる.上に述べたように,第二量子数が0の場合は第三量子数もまた0である.第四の量子数は二つの値をとりうるので,二つの電子が割り当てられる.第二量子数が1のときには,第三量子数は−1, 0, +1の3通りの値をとる.これらの値のそれぞれに対して第四の量子数は二つの値をもつので,全部で6個の電子が割り当てられる.第二殻全体を考えると,全部で8個の電子が入ることになり,これはよく知られた短周期の8個の元素の周期によい一致を示す.同じように,第三,第四殻について考察すると,それぞれ18個と32個の電子が入ることになり,これまた,周期表の元素の配置とよい一致を示す.

このスキームは現在でも周期表の説明として広く受け入れられており,多少の変更はあっても化学と物理の教科書に載っている.しかし,これはあくまで一部の説明にしかなっていない.このスキームの成功は,一連の元素のどの点である電子殻に電子が詰まりはじめるかを決めるのに,実験データによって決めているためである.パウリの説明,および多くの教科書に書かれている説明は,連続する電子殻に入ることのできる最大電子数についての説明に過ぎない.各周期が周期表のどこで始まるかについては,説明が行われていない.つまり,パウリの説明では,周期表で一番の重要な性質である周期の長さについては何も答えていない.

周期系におけるもっと重要な面,すなわち,周期の長さとその説明についての問題は，第9章で再び取り上げる．問題を少し先取りしていえば，今日の物理学においても，周期律の終わりについて演繹的な説明は与えられていないことが浮かび上がってくる．もっとも，いくつかの有望な説明はある．しかし，教科書はもちろん研究論文においても，このことに関して言及されることはめったにないのが現状である．教科書などの説明には，量子物理は，周期の終わり，つまり，各周期がどこで閉殻になるかを完全に演繹的に説明しているかのような印象を与えている．

■注

1) 第6章で言及したように，トムソンだけが電子を発見したという見方は科学史家のあいだで激しく議論されている．
2) M. Chayut, J. J. Thomson, The Discovery of the Electron and the Chemists, *Annals of Science*, **48**, 527-544, 1991.
3) ジョン・ドルトンの理論を出発点として，化学あるいは物理の原子論がさまざまな発達段階においてどの程度支持されたかの議論は，文献にある．たとえば，A. Chalmers（印刷中）を参照.
4) A. Pais, *Inward Bound*, Clarendon Press, Oxford, 1986, p. 82 に引用されている．
5) 水素イオンから発する陰極線に対する（電荷/質量）比＝770 というトムソンの最初の発見と異なり，電子は水素原子の 1836 分の 1 の質量しかないことが見出されている．
6) J. Perrin, Les Hypothèses Moléculaires, *Revue Scientifique*, **15**, 449-461, 1901.
7) 同上の p. 460 からの引用.
8) 電子の軌道関数あるいは初期の電子軌道の考え方は原子についてのニールス・ボーアの理論に始まる．第8〜10章で議論するように，現在，電子軌道関数は周期系を説明する際に最も重要な概念である．
9) H. Nagaoka, Motion of Particles in an Ideal Atom Illustrating the Line and Band Spectra and the Phenomena of Radioactivity, *Bulletin of the Mathematics and Physics Society of Tokyo*, **2**, 140-141, 1904.
10) H. Nagaoka, Kinetics of a System of Particles Illustrating the Line and Band Spectrum and the Phenomena of Radioactivity, *Philosophical Magazine*, **7**, 445-455, 1905.
11) J. J. Thomson, On the Structure of the Atom：An Investigation of the Stability and Periods of Oscillation of a Number of Corpuscles Arranged at Equal Intervals around the Circumference of a Circle；with the Application of the Results to the Theory of Atomic Structure, *Philosophical Magazine*, **7**, 237-265, 1904.
12) A. M. Meyer, A Note on Experiments with Floating Magnets, *American Journal of Physics*, **15**, 276-277, 1878.
13) ラザフォードは，トムソンのぶどうパン模型を，古いがらくたのようなもので，科学的に面白い物を集めた博物館にだけおいておくのにふさわしいといった．著者には出所不明.
14) 可視光線スペクトルは外部または価電子による．モーズリーがX線源を使って得たスペクトルと混同しないことが重要．X線は内部電子の励起が関係している．
15) この問題への貢献で評価が十分でない人物に，イギリスの物理学者ジョン・ニコルソンがいる．T. Rothman, *Everything's Relative*, Wiley, Hoboken, NJ, 2003 を参照.
16) 内部に光を完全に吸収する空洞をもつ白熱化された物体は，熱せられた物体の温度に応じたスペクトル分布を示す．古典力学による理論では，スペクトル分布の長波長領域しか説明できない．短波長領域では，古典力学では無限の強度を示すことになり実験に合わない．プランクは古典力学の考え方と異なり，加熱された物体から放出されるエネルギー粒子，つまり，このような実験で放出されるエネルギーは，連続ではなく不連続であると仮定してスペクトル分布曲線の説明に成功した．

17) 厳密にいえば，プランクの仕事は「作用」つまり「エネルギーを振動数で割った値」の量子化を明らかにした．この量はいまでは歴史的な興味しかない．いまではエネルギーの量子化を指していうことがふつうである．
18) 逆に電子はある一定量のエネルギー量子を吸収してより不安定な軌道へ遷移する．
19) 多くの著者が述べているように，ボーアが仮定した角運動量の量子化と定常状態にある電子は放射線を放出しないという考えは，少々特別であった．後にエルヴィン・シュレーディンガーが水素原子のエネルギーを計算して正しさが証明された．
20) N. Bohr, On the Constitution of Atoms and Molecules, Part Ⅲ. Systems Containing Several Nuclei, *Philosophical Magazine*, **26**, 857–875, 1913, p. 874 から引用．
21) 同上．p. 875 から引用．
22) ボーアの原子理論は，外殻に不対電子 1 個をもつアルカリ金属のスペクトルも近似的に説明を与える．
23) J. L. Heilbron, T. S. Kuhn, The Genesis of the Bohr Atom, *Historical Studies in the Physical Sciences*, **1**, 211–290, 1969.
24) N. Bohr, On the Constitution of Atoms and Molecules, *Philosophical Magazine*, **26**, 476–502, 1913（p. 497 の表）．
25) E. R. Scerri, Prediction of the Nature of Hafnium from Chemistry, Bohr's Theory and Quantum Theory, *Annals of Science*, **51**, 137–150, 1994.
26) 化学者として，ボーアがどのように議論しているかはつぎの文献を参照．H. Kragh, Chemical Aspects of Bohr's 1913 Theory, *Journal of Chemical Education*, **54**, 208–210, 1977.
27) この説は単純化したもので，周期表中の主族，典型元素に対してだけ正しい．遷移元素の場合，同じ族の元素は最後から 2 番目の殻に同じ数だけの電子が入る．希土類元素では，同じ族の元素は外殻から内側に 2 番目の殻に同じ数の電子が入っている．第 9 章で述べるように，さらに 20 個の元素は「異常な」電子配置をとる．
28) I. Langmuir, Arrangement of Electrons in Atoms and Molecules, *Journal of the American Chemical Society*, **41**, 868–934, 1919；C. R. Bury, Langumuir's Theory of the Arrangement of Electrons in Atoms and Molecules, *Journal of the American Chemical Society*, **43**, 1602–1609, 1921.
29) N. Bohr, Über die Anwendung der Quantumtheorie auf den Atombau. I. Die Grundpostulate der Quantumtheorie, *Zeitschrift für Physik*, **13**, 117–165, 1923. 英語の訳はつぎの本にある．*Collected Papers of Niels Bohr*, edited by J. Rud Nielsen, vol. 3, North-Holland Publishing, Amsterdam, 1981.
30) H. Kragh, The Theory of the Periodic System, in A. P. French, P. J. Kennedy（eds.）, *Niels Bohr, A Centenary Volume*, Harvard University Press, Cambridge, MA, 1985, 50–67 に引用されている．p. 61 から引用．
31) J. Mehra, H. Rechenberg, *The Discovery of Quantum Mechanics：Historical Development of Quantum Theory, 1925*, vol. 2, Springer-Verlag, New York, 1982 に引用されている．
32) Victor F. Weisskopf, *The Privilege of Being a Physicist*, W. H. Freeman, New York, 1970 に引用されている．p. 164 から引用．
33) N. Bohr, Über die Anwendung der Quantumtheorie auf den Atombau I, *Zeitschrift für Physik*, **13**, 117–165, 1923.
34) P. Ehrenfest, Adiabatic Invariants and the Theory of Quanta, *Philosophical Magazine*, **33**, 500–513, 1917. p. 501 から引用．
35) 学術用語，「adiabatic（断熱的）」は熱力学においては，量子力学で用いられるのとは異なった意味をもつ．熱力学では，変化が急激なので注目している系は何の熱交換も行わない．量子力学では，断熱変化はゆるやかで結果として系の量子状態は変化のあいだも一定に保たれる．
36) P. Ehrenfest, Adiabatic Invariants and the Theory of Quanta, *Philosophical Magazine*, **33**, 500–513, 1917.
37) J. M. Burgers, Adiabatic Invariants of Mechanical Systems, *Philosophical Magazine*, **33**,

514-520, 1917.
38) H. Goldstein, *Classical Mechanics*, 2nd ed., Addison-Wesley, Reading, MA, 1980.
39) N. Bohr, Über die Anwendung der Quantumtheorie auf den Atombau I, *Zeitschrift für Physik*, **13**, 117-165, 1923. p. 129 から引用.
40) 同上. p. 130 から引用.
41) J. Honner, Niels Bohr and the Mysticism of Nature, *Zygon*, **17**, 243-253, 1982.
42) A. Landé, Termstruktur und Zeemaneffekt der Multipletts, *Zeitschrift für Physik*, **15**, 189-205, 1923.
43) A. Sommerfeld, *Wave Mechanics*, E. P. Dutton & Co., New York, 1930.
44) E. Stoner, The Distribution of Electrons among Atomic Levels, *Philosophical Magazine*, **48**, 719-736, 1924.
45) 最近の命名では, 第三量子数は m_ℓ と名づけられ第二量子数は ℓ とおかれる. したがって, $\ell=2$ ならば, m_ℓ の値は, -2, -1, 0, $+1$, $+2$ をとる. 第二量子数 ℓ は逆に第一量子数 n と関連づけられ, $\ell=n-1$, $n-2$, …, 0 となる. たとえば $n=3$ ならば, ℓ は 2, 1, 0 をとる.
46) 原子軌道関数の性質についての哲学的な議論については, つぎの論文を見よ. E. R. Scerri, The Electronic Configuration Model, Quantum Mechanics and Reduction, *British Journal for the Philosophy of Science*, **42**, 309-325, 1991.
47) パウリのボーアへの手紙 (2月21日, 1924年), ボーアとパウリの往復書簡集に引用されている. *Collected Papers of Niels Bohr*, edited by J. Rud Nielsen, vol. 5, North-Holland Publishing, Amsterdam, 1981. p. 412-414 を訳した. この引用は特に注目に値する. 以下に議論するように, 個々の電子の定常状態の考え方を復権させたのは, 数か月後に完成したパウリ自身による排他律だからである. 個々の電子が定常状態にあるとする考え方は量子力学の発展により否定された. 原子が全体としてのみ定常状態にあるのである. この区別は多電子系の物理において重要である.
48) 複雑にしていることには, 半整数の量子数の存在, 異常ゼーマン効果の問題, 2重項の謎が含まれる. P. Forman, The Double Riddle and Atomic Physics *circa* 1924, *Isis*, **59**, 156-174, 1968.
49) W. Pauli, Über den Einfluss der Geschwindigkeitsabhängigkeit der Elektronmasse auf den Zeemaneffekt, *Zeitschrift für Physik*, **31**, 373-385, 1925.
50) A. Landé, Termstruktur und Zeemaneffekt der Multipletts, *Zeitschrift für Physik*, **15**, 189-205, 1923.
51) W. Pauli, Über den Zusammenhang des Abschlusses der Elektrongruppen in Atom mit Complexstruktur der Spektren, *Zeitschrift für Physik*, **31**, 765-783, 1925. p. 765 から引用.
52) 同上. p. 778 から引用.

8

化学者たちが発展させた周期系の電子論的解釈

Electronic Explanations of the Periodic System Developed by Chemists

20世紀の最初の四半世紀のあいだに物理学者が行った，周期表の説明の展開状況については，第7章で述べた．同じ期間に，化学者が周期表の説明にどのように貢献したかをみるのは興味あることである．物理学者と異なり，化学者は理論的論証に基づくのではなく，おもに元素に関する実験データから帰納的結論を導く方向で仕事をしていた．

往々にして化学者が提案した電子構造は，ニールス・ボーアやエドマンド・ストーナーなどの物理学者が提案した案より優れていた．これは，元素の性質について化学者の方がよく知っているので，特に驚くことではない．元素のバルクな挙動に基づく帰納的論証の方が，物理法則に基づく演繹的論証より，より実りある結果を生むことが多かった．さらに，すでに第7章でも述べたように，物理学者の電子配置への道も，彼らが主張しているほどには演繹的ではないことがしばしばであった．

いうまでもなく，電子の存在がなければ電子配置はありえないので，化学者が電子配置について考察しはじめた出発点は，当然ながら1897年のJ. J. トムソンの電子の発見までさかのぼることができる．1902年にアメリカの化学者ギルバート・ニュートン・ルイス（図8.1）は，原子の電子構造について思索しはじめた．もっとも，当時アメリカ化学会を支配していた，理論的アプローチを毛嫌いする経験主義的雰囲気のため，彼の意見を論文として発表することはなかった[1]．だいぶ後になって，ルイスは原子の構造に関する昔の考えを思い出して，つぎのように書いている．

図 8.1 ギルバート・ニュートン・ルイス
写真提供と掲載許可：Edgar Fahs Smith Collection.

> 1902 年，（周期表に含まれるアイデアのいくつかを初等化学のクラスで説明を試みているときに）私は新しい電子の理論に興味をもち，周期表の分類から暗示されたアイデアと電子に関する知識を結合させて，未熟ではあるが原子内の電子配置を表すとみなすことができる原子の内部構造についての新しい考えをまとめた．

彼の当時の仕事の古い断片が現在まで残っている．その中には，ルイスがヘリウムからフッ素までの元素の電子構造を図示したダイアグラムが含まれている（図 8.2）．ルイスは，電子は立方体の角に配置されると考えた．さらに 8 を超えると，元素の核の回りにできた立方体の外側に新たな立方体が層状にできると推論した．純粋に化学的証拠だけで，ルイスが周期表の最初の 12 個の元素について，一つ（ヘリウム）を除いて正しい電子の数を導き出すことに成功したことを考えると，第 7 章で述べたように，物理学者のトムソンには電子の数が大きな障害になっていたのとよい対比になっている[2)]．トムソンの周期表の電子構造の説明においては，同族の元素は同じような電子構造をもつという点で周期表と関連づけられる可能性を示すだけである．

ルイスは，極性，つまりもっと普遍的な言葉でいえば，イオン結合化合物の塩化ナトリウムなどを，彼の立方体原子の考え方（cubic atom concept）で説明することに成功した．彼のモデルによれば，立方体の一つの角に 1 個の電子をもつナトリウム原子は，この 1 個を失って立方体の角に電子をまったくもたない状態になり陽イオンに

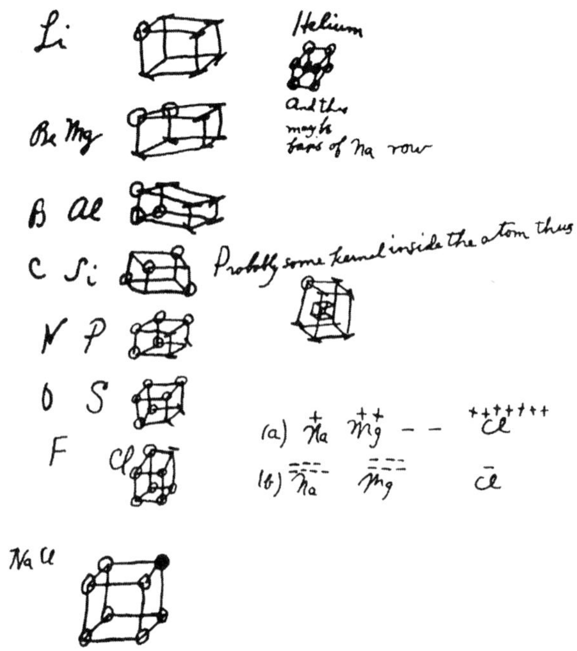

図 8.2　1902 年 3 月 28 日付のルイスの未発表メモランダム中のスケッチ
カリフォルニア大学バークレー校のルイスのアーカイブより．

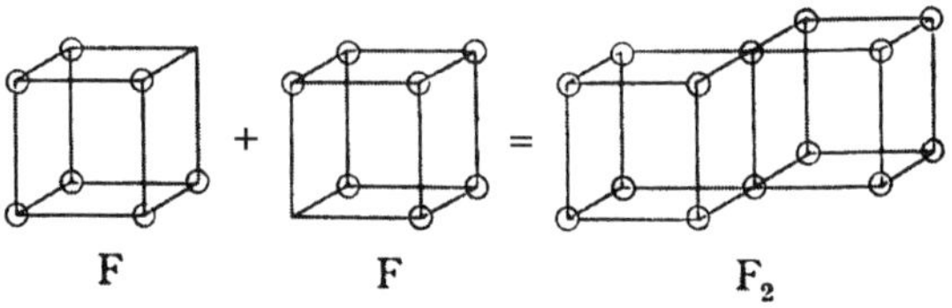

図 8.3　フッ素原子を表す立方体間の共有結合の形成
A. Stranges, *Electrons and Valence*, Texas A&M University Press, College Station, TX, 1982, p. 212 より出版社の許可を得て掲載．

なる．一方，塩素原子の立方体は 8 個の角のうち，7 個は電子が存在しているが，ナトリウムから 1 個を受け取る．このようにして，塩素原子は 8 個の角の全部に電子が存在する状態になって −1 価のイオンになり，陽イオンのナトリウムイオンに引きつけられて結合する．しかし，このモデルは極性化合物の形成については説明を与えることができたが，メタンなどの非極性有機化合物の形成については説明できなかった．この重大な制約が，ルイスが立方体原子に関する初期のアイデアを発表しなかったもう一つの理由かもしれない．ルイスは 1916 年になってようやく彼のアイデアを発表した．

立方体原子と電子の対形成に関するこれらのアイデアは，ルイスをして近代化学の全体に対して最も影響を及ぼした一つのアイデア，つまり，共有電子対による共有結合という考え方を生み出させることになった（図 8.3）．このときまでは化学結合は，電子の移動によってイオン結合ができる場合に限定されていた[3]．

近代科学の重要な事柄が，元素の周期表に関しての研究との関連で発達したように，共有結合の概念もこのような関連で始まったことは面白い．さらに，ルイスの 1916 年の「原子と分子（The Atom and the Molecule）」というタイトルの論文は，現代化学に最も大きな影響をおよぼした仕事の一つになった[4]．ルイスが示したことは，2 種類の結合は本質的に同じ挙動に基づくというものである．つまり，原子間での電子の共有という形で結合が行われる．極性化合物においては，電子の共有はきわめて不平等な形で行われるが，一方で非極性化合物においては，隣接する原子相互間で電子がほとんど平等に共有される．

本章においては，ルイスが周期表および原子構造について述べたことに話を絞ろう．ルイスは次第にドイツの化学者リヒャルト・アベッグが，1902 年に提案した原子価と反原子価（contravalence）の考えを高く評価するようになった．

> 一つの元素の負の原子価と正の原子価の和は 8 であることが多く，それ以上であることは決してない．

アベッグの最大正原子価は，周期表におけるその元素の族の数に対応している．通常の原子価は二つの原子価のどちらであっても 4 より小さく，一方，「反原子価（contravalence）」，あるいは「別な原子価（other valence）」は，あまり示されることはなく不安定な化合物をつくることが多い．周期表のⅣ族の元素は原子価に関して，どちらの原子価を示すかの優先性がないので，両性（amphoteric）と呼ばれた．この両性という言葉はアベッグが最初に命名したもので，現在でも化学の世界では使用されているが，当時とはだいぶ異なった意味で用いられている[5]．

アベッグは，原子価と反原子価の和がなぜ 8 になるかは，原子の電子が配置できるサイトの数に対応しているからであると考えて説明した．しかし，彼はなぜちょうど 8 個の電子がつくことができるかについては推論していない．なぜ 8 個かについてはルイスが行った．彼はアベッグの規則を基に立方体状の原子を考えたのである．立方体の 8 つの角に電子がつくことができる．つまり，アベッグは原子に 8 個の電子がついて安定性が得られると考えただけであるが，ルイスは彼の仮想的原子が立方体をしている結果であると考えた．歴史学者のアンソニー・ストレンジがいっているように，ルイスの立方体原子は，アベッグの算術的規則を幾何学的形状に表現しただけのことである[6]．

ルイスは一連の仮定を提出した．

1. すべての原子において基本となる中心核は，通常の化学変化では一定に保たれる．また，周期表でその元素が属している族の番号の数の原子価に相当する正電荷をもつ．
2. 原子は中心核と，外側原子あるいは殻と呼ばれるもので構成される．中性原子においては，中心核の正電荷数に等しい数の負電荷の電子をもっており，殻中の電子の数は化学変化に応じて 0 から 8 の値をとる．
3. 原子は殻の中に偶数の電子をもつ傾向があり，特に 8 個をもつ傾向があるが，そのときには立方体の 8 個の角に配置される．
4. 二つの原子殻は，互いに相手側に入り込むことがある．
5. 電子は，外殻にある場合には一つから他へ容易に移動できる．しかし，電子はそれらの位置にかなり制約を受けて縛りつけられており，その制約は原子の性質とその原子と結びつく他の原子の性質により影響を受ける．
6. 粒子間の電気力は，距離が近いときには，かなり離れているときの距離の二乗に反比例する力とは異なった力に支配される[7]．

仮定 3 の注釈として，ルイスは，何万とある既知の化合物のうち価電子殻にある電子の数が偶数でない化合物は数例に過ぎないと述べている．個々の化合物において，元素は最高か最低の原子価を使う結果として，原子価電子の総数は 8 の倍数になる．ルイスがあげた例として，アンモニア（NH_3），水（H_2O），水酸化カリウム（KOH）があり，これらは全部価電子総数が 8 個である．また，塩化マグネシウム（$MgCl_2$）では総数 16，硝酸ナトリウム（$NaNO_3$）では 24 になる．原子価電子数が偶数にならない数少ない例外としては NO（11），NO_2（17）や ClO_2（19）がある．しかし，ルイスはこれらの分子はきわめて反応性に富んでおり，反応してもっと安定な分子になると，そこでは偶数の原子価電子数になると述べている．この例として，NO_2 の二量体形成（N_2O_4）があげられる．

立方体原子が互いに浸透し合うとした仮定 4 は，電子の共有機構の基盤となる．このようにして，一つまたは複数の電子が片方から失われるか，あるいは，片方にだけつけ加わることなく二つの原子に共有されうるのである．この電子が，立方体の角に配置されるとする単純なアイデアから，現在ではきわめて一般的になった電子の共有

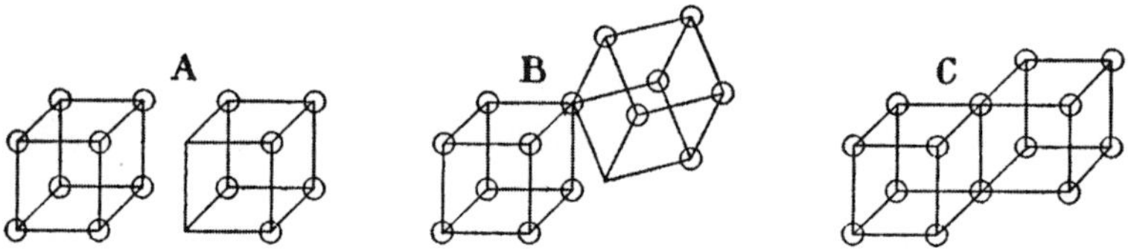

図 8.4　立方体間の単結合の形成
A. Stranges, *Electrons and Valence*, Texas A&M University Press, College Station, TX, 1982, p. 212 より出版社の許可を得て掲載.

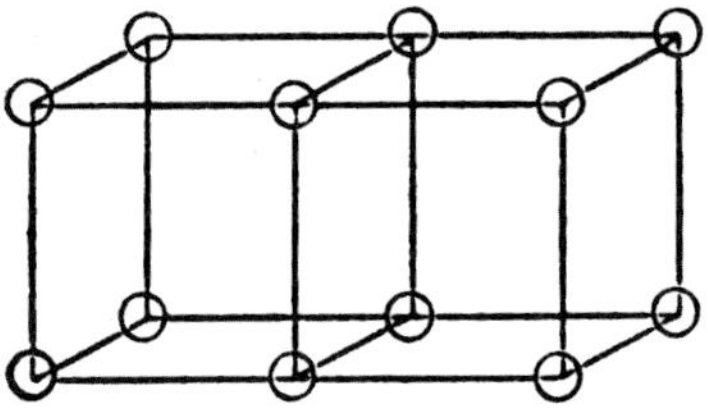

図 8.5　立方体間の二重結合の形成
A. Stranges, *Electrons and Valence*, Texas A&M University Press, College Station, TX, 1982, p. 213 より出版社の許可を得て掲載.

という概念が生まれたのである．ルイスは，単純結合で二原子分子ができる様子を立方体の相互浸透（interpenetration）で図示している（図 8.4）．この考え方は酸素分子のように二重結合ができる場合に拡張できることを，ルイスは二つの立方体が面を共有する図として示した（図 8.5）．

仮定 6 は，二つの電子がきわめて近接して存在するときにクーロン斥力が働くことがないと主張している．このことは，モデルの核心部分に相当する電子対の存在を想定するならば，不可欠なことである．ルイスはこの仮定を拡張して，電子は小さな磁石として働くことができ，正しい向きをもてば，電子対の安定性を説明できると主張しているが，たいへん興味深い[8]．この文章と彼の後の仕事は，電子のスピンの存在を予期させるものとして多くの科学者によって解釈されている．第 7 章で述べたように，電子スピンの概念が初めて導入されたのは 1925 年のことである[9]．

1916 年のこの論文で面白いことは，ルイスが彼の立方体原子について詳述している一方で，彼のモデルを乗り超えることの必要性も述べている点である．この簡単なモデルの欠点の一つは，分子式 H−C≡C−H で与えられるアセチレンや，窒素分子 N≡N にある三重結合については，説明を与えられないことである．二つの立方体に配置された電子が，三つの電子対を共有する方法はないようである．したがって，ルイスはこの問題を解決するために別な電子配置を考案しなければならないとの結論に達した．彼が提案した解決法は，彼の以前の立方体の中に重ね合わせた四面体の四角に電子のペアを配置する（図 8.6）．この四面体原子は，二つの隣接している原子が

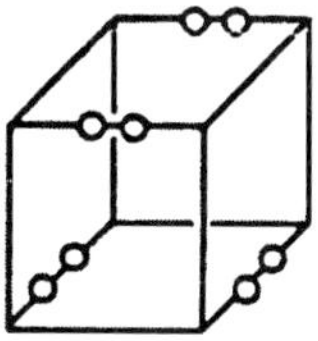

図 8.6 ルイスの四面体原子
これまで用いられてきた立方体に重ね合わせると，四面体の角に，電子対が存在する．

表 8.1 29 元素に対するルイスの外殻電子構造

1	2	3	4	5	6	7
H						
Li	Be	B	C	N	O	F
Na	Mg	Al	Si	P	S	Cl
K	Ca	Sc		As	Se	Br
Rb	Sr			Sb	Te	I
Cs	Ba			Bi		

各欄上部の数字は，原子核の正電荷の数であり，かつ各原子の外殻電子の数を表す．
G. N. Lewis, The Atom and the Molecule, *Journal of the American Chemical Society*, **38**, 762–785, 1916 から著者が編集した．ルイスは表をつくっていない．

四面体の一つの面を共有することで三重結合を形成できる．また，ルイスの論文は，共有されている電子対を表すために，下に示すように二つの点で表す記号法も導入している．この方法は現在でも使われている[10]．

H : Cl　　H : H　　Na : H

1902 年には，ルイスは，ヘリウムは 8 個の電子をもった立方体と考えていたが，1916 年の論文では二つだけの電子をもった構造に訂正している．これはヘンリー・モーズリーの仕事で明らかになったことを取り入れたためである[11]．同じ論文中でルイスが示したいくつかの元素の原子核の中の正電荷の数を示した（表 8.1）．

8.1 アーヴィング・ラングミュア

化学的根拠に基づいた電子構造の発展のつぎのステップは，もう一人のアメリカ人アーヴィング・ラングミュアが進めた．彼は一生，工業化学の世界で活躍したが，ルイスのアイデアが広く世に知られるようになったのは，彼の貢献に負うところが大きい[12]．1919 年にラングミュアは，周期表の発展における化学と物理の関係について，本書で提起した質問に関連するきわめて洞察力のあるコメントで始まる論文を発表した．

原子構造に関する問題は，これまでおもに物理学者が追求してきた．しかし，彼らは研究に際し，究極的には原子構造の理論で説明される化学的性質についてはほとんど考慮してこなかった．純粋に物理学の分野でみつかっている わずかな実験データに比べれば，化学的性質に関する膨大な知識の蓄積と周期表にまとめられている互いの関係は，原子構造の理論の構築に向けてもっと活用されるべきである[13]．

ラングミュアは，ルイスが当時知られていた88個の元素のうち35個だけしか考慮せず，ルイスの理論は残りの元素への適用に問題が多く，特に遷移元素には当てはまらない，と述べている．ラングミュアは，ヴァルター・コッセルの仕事についても簡単にレビューして，コッセルの理論もセリウムまでの元素（全部で57個）(訳注：当時テクネチウムは未発見であった）しか考えておらず，ルイスの理論同様に遷移金属を

TABLE I.

Classification of the Elements According to the Arrangement of Their Electrons.

Layer.	N	E = 0	1	2	3	4	5	6	7	8	9	10
I			H	He								
IIa	2	He	Li	Be	B	C	N	O	F	Ne		
IIb	10	Ne	Na	Mg	Al	Si	P	S	Cl	A		
IIIa	18	A	K	Ca	Sc	Ti	V	Cr	Mn	Fe	Co	Ni
			11	12	13	14	15	16	17	18		
IIIa	28	Niβ	Cu	Zn	Ga	Ge	As	Se	Br	Kr		
IIIb	36	Kr	Rb	Sr	Y	Zr	Cb	Mo	43	Ru	Rh	Pd
			11	12	13	14	15	16	17	18		
IIIb	46	Pdβ	Ag	Cd	In	Sn	Sb	Te	I	Xe		
IVa	54	Xe	Cs	Ba	La	Ce	Pr	Nd	61	Sa	Eu	Gd
			11	12	13	14	15	16	17	18		
IVa			Tb	Ho	Dy	Er	Tm	Tm_2	Yb	Lu		
		14	15	16	17	18	19	20	21	22	23	24
IVa	68	Erβ	Tmβ	$Tm_2β$	Ybβ	Luβ	Ta	W	75	Os	Ir	Pt
			25	26	27	28	29	30	31	32		
IVa	78	Ptβ	Au	Hg	Tl	Pb	Bi	RaF	85	Nt		
IVb	86	Nt	87	Ra	Ac	Th	Ux_2	U				

図 8.7 ラングミュアの電子配置の周期表

I. Langmuir, The Arrangement of Electrons in Atoms and Molecules, *Journal of the American Chemical Society*, **41**, 868–934, 1919, p. 874.

訳注：Classification of the Elements According to the Arrangement of Their Electrons は電子層の配列にそった元素のクラス分け．

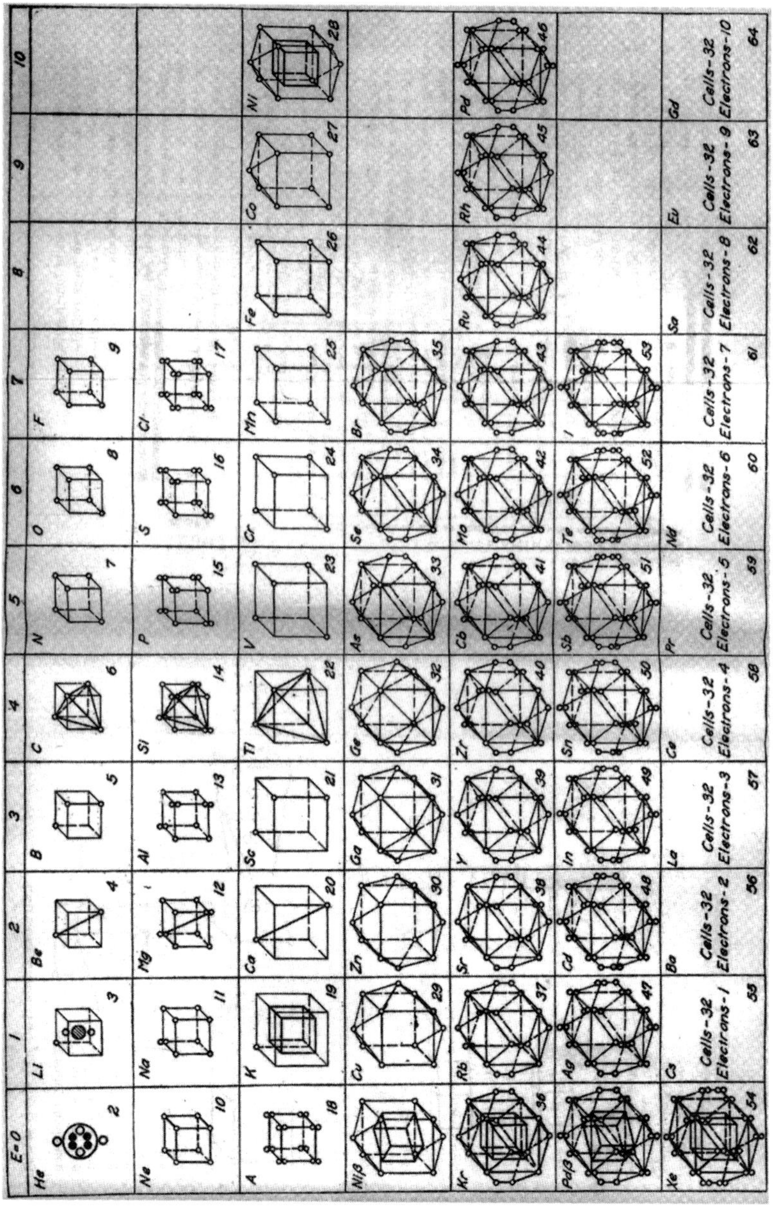

図 8.8 ラングミュアの拡張立方体原子模型

E. W. Washburn, *Introduction to the Principles of Physical Chemistry*, 2nd ed., McGraw–Hill, New York, 1921, p. 470.

取り扱うには無力であると述べている[14].

ラングミュアは貴（希）ガス原子の電子の数に彼の理論の根拠をおいた.

He＝2, Ne＝10, Ar＝18, Kr＝36, Xe＝54, Niton[15]＝86

常に周期表とそれぞれの元素の性質に照らし合わせ，ラングミュアは七つの仮定を打ちたて，$Z=92$ のウランまでの天然に存在する元素すべてについて電子構造を与えた．彼はさらに，電子配置に基づき，元素を分類したが，それは短周期型周期表に相当するもので，原子番号にそって外殻電子の数を示した（図 8.7）[16].

彼以前のルイスやコッセルと異なり，ラングミュアは，遷移元素についても躊躇せず電子構造を与える試みを行った．たとえば，第一遷移群についてはつぎのようになる.

Sc	Ti	V	Cr	Mn	Fe	Co	Ni	Cu	Zn
3	4	5	6	7	8	9	10	11	12

ここでの数字は最外殻電子の数である.

ラングミュアが出した 10 番目の仮定は，二つの理由で重要な意義をもつ．前半部分は，原子がもっている内部殻の中に電子が全部詰まってから初めて外側の殻に電子が入るというものである．さらに，彼は，2 番目の外殻電子は，それぞれのセルに電子が少なくとも 1 個入ってから，充満しはじめると述べた[17]．電子殻に電子が詰まっていく順序が厳密に順番どおりになるとするラングミュアの仮説の前半部分は，後に捨てられることになった．実際，近代物理学で周期系を説明する際に，主殻と副殻に電子が詰まる順序を決めることは重要な問題である[18].

現在の知識に基づけば，ラングミュアの仮説の前半の部分は不正確であるが，仮説の後半部分は，近代量子力学に基づく電子配置のあり方，つまりフントの規則を予見するものになっている．フントの規則によれば，同じエネルギー状態にある複数の軌道関数に電子が入るとき，最初に別々の軌道関数に電子が入っていき，全部の軌道関数に電子が 1 個入ったら，つぎに対形成をしながら電子が入る，というものである[19]．ラングミュアの電子配置は，数年後に図 8.8 に示すようにウォシュバーンが書いた化学の教科書に図表形式で載せられた[20].

8.2　チャールズ・ベリーの貢献

上述のように，ラングミュアは，厳密に順番通りに電子が電子殻に入っていくと考えた．この考え方に挑戦したのが，アベリストウィスのウェールズ単科大学で働いていたチャールズ・ベリーである[21]．彼は論文で[22]，ラングミュアの電子構造より，自分が提案したものの方が元素の化学的性質をよく説明できると主張した．彼はまた，

表 8.2 ベリーによるいくつかの第一遷移元素系列原子の電子配置

Ti	(2, 8, 8, 4)	(2, 8, 9, 3)	(2, 8, 10, 2)		
V	(2, 8, 8, 5)	(2, 8, 9, 4)	(2, 8, 10, 3)	(2, 8, 11, 2)	
Cr	(2, 8, 8, 6)	(2, 8, 11, 3)	(2, 8, 12, 2)		
Mn	(2, 8, 8, 7)	(2, 8, 9, 6)	(2, 8, 11, 4)	(2, 8, 12, 3)	(2, 8, 13, 2)
Fe	(2, 8, 10, 6)	(2, 8, 12, 4)	(2, 8, 13, 3)	(2, 8, 14, 2)	
Co	(2, 8, 13, 4)	(2, 8, 14, 3)	(2, 8, 15, 2)		
Ni	(2, 8, 14, 4)	(2, 8, 15, 3)	(2, 8, 16, 2)		
Cu	(2, 8, 17, 2)	(2, 8, 18, 1)			

C. R. Bury, Langmuir's Theory of the Arrangement of Electrons in Atoms and Molecules, *Journal of the American Chemical Society*, **43**, 1602-1609, 1921, p. 1603 の表.

ラングミュアが仮定したセルの必要性は，自分の電子構造には不必要であると述べている．

ラングミュアとは異なり，ベリーは外殻の電子の数は 8 以上にならないといっている．さらに，内側の 8 個の電子の安定グループが遷移元素の系列になると 18 個の安定グループまたは 32 個の安定グループに変化すると主張した（表 8.2）．

ベリーによれば，これら遷移元素は，化学結合の状態により複数の電子構造をとると考えた．ベリーの考え方は，最初の方の元素に関してはラングミュアの考え方と目立った差が生じなかったが，カリウムからクリプトンにわたる最初の長い周期において，違いが明確になってきた．

ベリーは，電子は順番通りには入っていくわけではないと明快に述べている．ベリーの言を引用すると「外殻の電子の最大数は 8 であるから，K, Ca と Sc は第四層を形成することになるが，第三層は不完全殻になる．電子殻は，2, 8, 8, 1, 2, 8, 8, 2, 2, 8, 8, 3 になる」．さらに，チタンから銅までの元素は「遷移元素の系列をつくり 8 個の電子が入る不完全殻の第三層は，18 個が入る完全殻に変化する」[23] とベリーは主張している．しかし，すでに述べたように，チタンから銅までの元素は，できる化合物によって異なる電子構造をとるとベリーは考えたが，この考え方は時の試練には耐えられなかった．

8.3 ハフニウム（72 番元素）の場合

72 番元素は希土類元素ではないと予言し，後になって確かめられたことは，周期表に関してのボーア理論の勝利と広くみなされてきた．この元素を，化学者たちは希土類元素と信じていたが，ボーアが量子論に基づき，そうではないといい出したとされている．

つまり，量子論（後の量子力学とは異なる）により化学が物理還元された初期のケースであるとみなされてきた．しかし，広く受け入れられているこの考え方は二つの面で部分的に正しくない．まず，ハフニウムが希土類元素であると思っていた化学者はきわめて少数であったということと，つぎにボーアの予言は，深い理論原理に基づくものではなく，きわめて経験則的な電子殻に関する理論から導いた，説得力に欠けるものであったからである．ボーアの理論によれば，希土類元素はNグループ，つまり核から第四層の電子殻が形成されることにより特徴づけられる．この考えに基づくと，希土類元素の最初はセリウムで第四殻はつぎのような構造をしている[24]．

セリウム（58）：$(4_1)^6$ $(4_2)^6$ $(4_3)^6$ $(4_4)^1$

それで，最後の希土類元素はルテチウムで，つぎのような電子構造になる．

ルテチウム（71）：$(4_1)^8$ $(4_2)^8$ $(4_3)^8$ $(4_4)^8$

第四層の殻に電子が全部入ることは，希土類系列の終わりを意味し，つぎの元素は未発見であるが，遷移元素になりジルコニウムの類縁元素なので4価の原子価をもつ．電子殻に電子を割り当てるとき，ボーアは当時知られていた周期表と全体的によい一致を示すように努力した．実際，ボーアも認めているように周期表の形に導かれてボーアは電子配置を決めていた．

72番元素が希土類元素ではないとする考え方は，多くの化学者に広く受け入れられていた．したがって，72番の元素は当時空席であったが，ボーアの理論が出る前の周期表においては，たとえば，ベリーの周期表では，希土類元素を超えたところにあった[25]．実際，ハフニウムが希土類でないことは簡単な計算から導かれるし，電子殻の存在を仮定する必要もない．このことはつぎのように説明できる．各周期の電子の数はつぎのように明確に決まっている：2, 8, 8, 18, 18, 32（つぎもたぶん32である）．したがって，はじめから6番目までの電子数を足すと，第六周期は原子番号86の貴（希）ガス元素で終わりになる．つまり逆算すると，72番元素は遷移元素になり，ジルコニウムの類縁元素なので原子価は4になることを導くことはたやすい．この手順は，第三遷移元素系列も第一，第二系列と同じように10個の元素から構成されていると仮定することから生じる．

72	73	74	75	76	77	78	79	80	81	82	83	84	85	86
…………10個の遷移金属…………										Ⅳ	Ⅴ	Ⅵ	Ⅶ	Ⅷ
1番	2番	3番	4番	5番	6番	7番	8番	9番	10番	主族（典型）元素				

72番元素が希土類元素と信じていた化学者は，スウェーデンでみつかった鉱物から元素を抽出するのにたいへん苦労していたごく少数の化学者だけである．1879年，シャルル・マリニャックは希土類のエルビアが二つの希土類，すなわちイッテルビアと後にホルミウムと呼ばれるようになった元素に分かれることを見出した（図8.9）[26]．1年

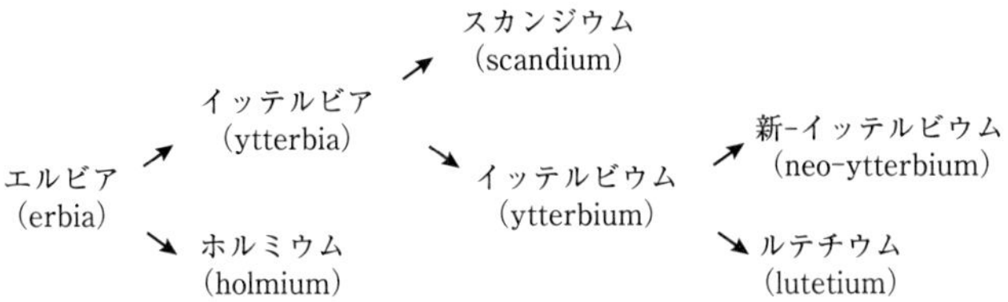

図 8.9 いくつかの希土類元素の発見の順序

後には，イッテルビアはさらに二つの元素スカンジウムとイッテルビウムに分かれることがわかった．つぎのステップは，ジョルジュ・ユルバンとアウアー・フォン・ヴェルスバッハが互いに独立に行い，イッテルビウムがさらに分離できて，新-イッテルビウムとルテチウムになった．これらの研究者が，同じ鉱物を繰り返し分離すると，さらに新しい元素がみつかるかもしれないと考えても，不思議ではない状態であった．

ユルバンとフォン・ヴェルスバッハは，イッテルビウムは少量の第三成分を含んでいて，それは 72 番元素として確認されることになるだろうと信じていた． 実際，ユルバンは，72 番元素であることを示すポジティブな分光学的証拠を得たと 1911 年に発表したが[27]，彼の主張はモーズリーの X 線分光法で否定されてしまった．ユルバンが自分の主張をとり下げたのは 11 年後のことである．その後もアレクサンドル・ドーヴィリエと共同でもっと正確な X 線実験を行い，モーズリーの法則に従えば，72 番元素のところに相当する二つの弱い X 線を検出したと発表した．しかし，この主張もまた根拠がないことがわかった．

8.4 ボーアに戻る

第 7 章で述べたように，ボーアが電子殻についての方法を提案したとき，多くの物理学者は，ボーアの結果の出し方に戸惑いを覚えた．雑誌 *Nature*[28] にボーアが周期表についての理論を発表した論文に対して，アーネスト・ラザフォードの手紙があり，つぎのような文が読み取れる．「君が対応原理に基づいて電子リングをつくったのか，化学的事実に頼ってそのような結論に達したのか，皆が知りたがっている[29]」．また，パウル・エーレンフェストからの手紙にはつぎのように書かれていた．「私は君の *Nature* の論文を非常に興味深く読みました．……もちろん私は，君が今回の仕事を対応原理とどのように一致させるかにより一層大きな興味を抱いております[30]」．数年後にヘンドリック・クラマースは以下のように書いている．

周期表に関するボーアの理論が発表されたとき，海外の多くの物理学者は，

> ボーアの理論は個々の原子の構造について十分考察して，未発表の膨大な計算に裏打ちされていると考えたが，本当のところは分光学の結果と化学的性質の結果をみて，神がかった勘に頼ってボーアがつくり出したものであった[31].

この言葉は72番元素に関してはよく当てはまる．なぜならば，72番元素の電子構造について，ボーアは計算に基づく議論の展開や，量子論に準拠する考察は全然行ってはいないのだから．希土類元素とハフニウムの電子配置についてのボーアの予想に関する推論はつぎのようなものである．

まずは，「調和相互作用（harmonic interaction）」の対応と対称に基づく漠然とした議論が以下のように展開される．

> 希土類元素族の発展を一歩一歩フォローすることは，これまでもできていないけれども，正確にこの数の電子をもった対称性のある構造をしていることを支持する理論的根拠をここで示すことができる．単純な3方対称構造の6電子からなる四つの副殻のあいだで軌道が一致することによる相互作用がなければ，このようなことは起きないとだけいっておく．したがって，軌道が軸対称の8個の電子をもった四つの副殻によって調和相互作用が起きていることは確かと考えられる[32].

さらに曖昧な形で，ボーアは上に述べたのとは異なる「数え上げ」の議論を展開して，72番元素は希土類ではないとの結論に達している．

> 第四周期の第三量子軌道の完成と変換，および，第五周期の第四量子軌道の部分的完成と同じように，第六周期の長さから第四量子軌道に全部電子が入ったときの電子の数が32であるとすぐに導き出せる．第三量子軌道に適用したのと同じようにして，四つの副殻のそれぞれには8個の電子が入ると予想される[33].

ボーアによれば，4量子グループの完成を示す元素，すなわち，希土類元素の最後の元素はルテチウムで，第四量子電子はつぎのようなグループを形成している．

$$\text{ルテチウム（71）：}(4_1)^8\ (4_2)^8\ (4_3)^8\ (4_4)^8$$

ボーアは以下のように記している．

> 第六周期の前半の同じような化学的性質をもった一連の元素の最後はルテチウムで，72 番元素のところにはジルコニウムとトリウムに類似の化学的・物理的性質をもった元素が入ると予想される[34].

彼はつぎのようにつけ加えている.「このことはすでにユリウス・トムセンの古い周期表に載っており，ベリーがすでに指摘している[35]」.

周期表についてのゲッチンゲン講演においては，ボーアは希土類元素について計算を行ったかのように話している．しかし，ボーアはこの種の計算についてはどこにも発表していないし，希土類に関する計算に類するものは，ボーアのアーカイブの中にも何もみつかっていない.

一方，ハフニウムは希土類元素ではないと予言したが，ボーアは自分の予言にかなり疑問を抱いていたことがわかる．上述したように，4 量子グループに電子が詰まる様子を説明した後に，彼はつぎのように述べている.「しかし，この電子配置についての根拠は 3 量子グループの場合より脆弱である，さらに，4 量子グループの暫定的な終わりは銀である[36]」.

ユルバンとドーヴィリエが 72 番元素を発見し，それは希土類元素であると主張したとき，ボーアの最初の反応は自分の予言，すなわち 72 番元素は希土類の外側にある，を疑うことであった．同僚に対する手紙や，原子構造に関する本の付録のところに彼の動揺が表れている[37]．彼はジェイムズ・フランクにつぎのように書いている.

> ゲッチンゲンでの私の講演で，一つ明確になっていることは，いくつかの点で講演内容に誤りがあったことです．一つは 72 番元素に関することで，ユルバンとドーヴィリエによって示されたように，私の予言とは異なり，希土類元素とわかったことです[38].

そしてディルク・コスターに対しては「問題はみたところはっきりしていますが，しかし，常に私たちは，実際は複雑であることに備えておかなければなりません．このようなことになったのは，二つの内部電子リングに同時に電子が入っていくため，起きたことによるのかもしれません」[39] と書いた.

ボーアはすぐに 72 番元素についての元の主張に戻った．元の主張に戻りながら，未発見元素に関しての彼の意見を述べる際に，化学的側面についていくつかの根拠を提示したのであった．ユルバンとドーヴィリエの主張に対して，ボーアは 72 番元素が希土類ならば，希土類元素の他のメンバーと同じように原子価は 3 でなければならないと指摘した．さらに73番元素のタンタルは原子価が5であることが知られていると述べ「周期表で元素が隣りに移ると原子価が1つだけ増加するという一般則に照らして，明らかな例外になることを意味する」[40]とボーアは述べている．

一方，ユルバンとドーヴィリエの主張に対して，コペンハーゲンのボーア研究所で働いていたゲオルク・フォン・ヘヴェシーとコスターは，これは根拠がないと考えて，ジルコニウム鉱物の中に72番元素をみつける研究を開始していた．思いがけず，すぐに72番元素はみつかった．新元素をさらに濃縮してから，二人は72番元素に対するモーズリーの法則にきわめてよい一致を示す振動数をもつ6個の明確なX線のスペクトル線を得た[41]．この新しい元素は，発見された場所のコペンハーゲンのラテン名ハフニア（*Hafnia*）に因み，ハフニウムと命名された．ボーアが同僚にジルコニウム鉱物中を探すように教え，その通りハフニウムが発見されたという，よく引用される物語はまったくウソである．新しい元素を探すためにジルコニウム鉱物を使用することを提案したのは，化学者フリッツ・パネットで，純粋に化学的根拠に基づくものであった．

確かにユルバンの主張とボーアの理論に関する論争が，72番元素の本当の発見を刺激したことは事実であるが，上述した事実をみると，この発見は量子論に基づく化学的予想の成功を象徴しているとみるのはおかしい．ボーアの理論が当時の化学者が信じているのとは異なった予想をして，その予想が的中すれば，ボーアの勝利はより大きいものになったはずであるが，事実はそうでなかったのである．

ハフニウムは希土類ではないとする多くの化学者の見解が，周期性に関するボーアのかなり経験則も取り込んだ量子論によって正当化されたとみるのがより正しい見方である．さらに，すでに述べたように，ベリーが純粋に化学的根拠に基づき，ハフニウムは遷移元素で希土類元素ではないとする正しい結論に達していたのであった．

8.5　ジョン・デイヴィッド・メイン＝スミス

ジョン・デイヴィッド・メイン＝スミスは，ボーアより周期表についてより詳細な電子配置を与え，もっと正確な説明をした化学者である．しかし，当時もまたその後も，周期表の発展の歴史の中で十分貢献が認められることはなかった．

1924年，メイン＝スミスは，当時イギリスのバーミンガム大学に勤めていたが，いくぶん評価の低い雑誌 *Chemistry and Industry* に論文を発表し，その中の第7章でボーアの電子配置について議論し，ボーアの誤りの重要な点を正した[42]．ボーアの1923年のスキームでは，電子の副殻は電子で全部満たされたとき，どの副殻にも同じ数の電子が入ると考えた．たとえば，第二殻は全部で8個の電子が入るが，二つの

表 8.3 電子数を等分割して入れるボーアの副殻

量子数	1	2	3	4
電子数	2	8	18	32
副殻	1_2	$2_1, 2_2$	$3_1, 3_2, 3_3$	$4_2, 4_2, 4_2, 4_2$

N. Bohr, *Theory of Spectra and Atomic Constitution*, Cambridge University Press, Cambridge, UK, 1924, p. 113 の表を基に作成.

副殻に別れそれぞれに 4 個の電子が入るとボーアは仮定した（表 8.3）. メイン=スミスは, 化学的および X 線解析の証拠を基にこの仮定は誤っていると主張した.

ここで立ち止まって, この本の全体的テーマの視点で化学的議論を考えよう. 1924 年にメイン=スミスは『化学と原子構造 (Chemistry and Atomic Structure)』という本の中で,「原子構造と元素の化学的性質」というタイトルの章から始め, 物理学者には必ずしも自明ではないが, 化学者にはわかりきったつぎのような言葉を述べている.

> ボーアの原子構造の理論は, 厳密には中性であれ, あるいはイオン化していても, 他の原子の影響から遠く切り離された単独原子の理論である. 周期表における元素の分類が, 大部分は化学結合している元素の性質に基づいているという事実は, 周期表の説明が化学結合している原子に対して正しくなくてはならないことを意味する. 少なくとも理論の大まかなアウトラインは化学結合している原子に適用できるものでないといけない[43].

メイン=スミスはつぎに, 多くの元素の化学的挙動を考慮していないとして, ボーアが決めた電子配置を執拗に攻撃しはじめた. メイン=スミスは, 周期表のⅢ族の元素は通常二つの異なる原子価を示し, これはボーアの電子配置では説明できないと指摘した. また, 彼は, Ⅳ族の元素ならびにⅤ, Ⅵ とⅦ族の元素もある程度, 通常異なる二つの原子価を示すと指摘した. メイン=スミスはつぎのように述べている.

> このことは, 二つ以上の原子価電子をもっている元素はすべて 2 種類の電子をもっており, 軌道で説明すれば, 原子の外殻構造にある電子は, 互いに異なるエネルギー状態にある軌道に存在している証拠と説明できる[44].

我々の現在の視点でいえば, メイン=スミスはすべての主殻は二つの電子をもつ軌道関数で始まることを発見した. しかし, もう一つの結論の方は, 同じく化学的事実に基づいて導かれたものであるが, 現在の電子配置に関する知識に基づけば誤りであ

表8.4 メイン＝スミスとボーアによる，第二周期の元素に対する第二主殻中の電子の副グループ

	ボーア	メイン＝スミス
リチウム	1	1
ベリリウム	2	2
ホウ素	3	2, 1
炭素	4	2, 2
窒素	4, 1	2, 2, 1
酸素	4, 2	2, 2, 2
フッ素	4, 3	2, 2, 3
ネオン	4, 4	2, 2, 4

著者による編集.

ることがわかる．メイン＝スミスは，V，VI，VII族の全部の元素は配位数4の化合物をつくる強い傾向をもっているが，このことから，4より大きい価電子は全部原子に弱く結合していると主張した．彼は，このような挙動は，4を超える価電子が全部同じような量子軌道に入っているためとして説明した．事実，2を超えた6個の電子は別な殻を構成する．現在の名称で呼べば，6個の電子は3本の等価なp軌道関数に入る，ということになる．

それはともかく，メイン＝スミスは，第二の主殻の副殻には核に近い方から2, 2, 4個の電子が入ると結論した（表8.4）．彼はさらに断定的につぎのように述べている．「二量子グループの各四つの電子を二つの副殻に分けるボーアのスキームは，この証拠から受けいれられない[45]」．

ボーアの電子配置表によれば，第三殻は三つの副殻から構成され，それぞれに6個の電子が入る．これが事実ならば，メイン＝スミスは推論して，これらの準位に電子をもつ元素のX線スペクトルは，3_1と3_2準位間の遷移に相当する一つのスペクトルが観測できると結論した．事実，ナトリウム原子のX線スペクトルは1本の線でなく，ナトリウム・ダブレットとして知られているように2本である．メイン＝スミスは，ボーアの3_1と3_2準位のほかにもう一つの準位が存在すると結論した．第二周期の元素の副殻の電子配置を，ボーアとメイン＝スミスのものについて表8.4に比較した．メイン＝スミスは電子配置の表（図8.10）を拡張し，ボーアの表よりはるかに詳しいものを，$Z=79$の金までの元素について発表した．

これらの電子配置は，時の試練に耐えることができなかったのは驚くに値しない．なぜならば，副殻に4または8個の電子が入る形は，現在の視点からは受け入れられない配置で，いまは2, 6, 10または14個入ることになっている[46]．しかし，メイン＝スミスのほとんど知られていないこれらの論文は，歴史的観点からみると非常に興

Total quantum number $n=$	1	2	3							
Azimuthal quantum number $k=$	1	112	112	23	23	23	23	23	23	23
Valency of ion	—	—	—	1	2	3	4	5	6	7
Sc (21)	2	224	224	—	—	00				
Ti (22)	2	224	224	—	02	01	00			
V (23)	2	224	224	—	03	02	01	00		
Cr (24)	2	224	224	—	04	03	—	01	00	
Mn (25)	2	224	224	—	14	13	12	—	10	00
Fe (26)	2	224	224	—	24	23	—	—	20	
Co (27)	2	224	224	—	25	24	23			
Ni (28)	2	224	224	—	26	—	24			
Cu (29)	2	224	224	46	45	44				

図 8.10　メイン＝スミスの，より完全な電子配置の表から抜き出したいくつかの遷移元素の電子配置

J. D. Main Smith, Chemistry and Atomic Structure, Ernest Benn Ltd., London, 1924, p. 196.
訳注：Total quantum number は主量子数，Azimuthal quantum number は方位量子数，Valency of ion はイオンの原子価．

味深い．つまり，化学者の中には，周期律のボーアの理論を理解していた上，その詳細つまりX線分光学の結果についても理解していた人がいたのである．さらに，メイン＝スミスのように，電子配置に基づいて周期表について詳しい説明をすることができる化学者がいたのである．

第7章に述べたように，ボーアの二つの量子数に基づく説明に続くつぎの大きな進歩は，ストーナーによって与えられた．ストーナーのスキームは，先に述べたメイン＝スミスのものとほとんど同じである．二人の化学者は独立にほとんど同じ結果に達したのであった．ただ，メイン＝スミスの方が自分の成果の発表が早かった．二人ともX線のスペクトルの詳細な分析に基づいて，彼らの電子の副殻の考えに到達したのであった．メイン＝スミスは，自分の貢献が正当に評価されていないことに気づき，*Philosophical Magazine* の編集者に公開書簡を出した．

> 原子の電子の配置が，副殻で表すと2；2, 2, 4；2, 2, 4, 4, 6；2, 2, 4, 4, 6, 6, 8になるとする説は，エドマンド・ストーナー氏にオリジナリティがあるように最近貴紙に発表されたいくつかの論文に記述されておりますが，それは誤りであることに注意してください[47]．

ストーナーは，メイン＝スミスに先取権があることを認め，数年後に書いた原子物理学の教科書に，つぎのように書いていることは喜ばしいことである．

> 私の電子の配置に関する提案は，化学的証拠に基づいた推論でメイン＝スミス氏によってすでに発表されていたことに気づきました．二つの異なった方法で探求して同じ結論に達したことにたいへん満足しています[48]．

これは，本章を締めくくるにふさわしい結論である．つまり，たびたびいわれているように，原子物理学の発見で化学がその陰に隠れてしまっていることは決してないといえる．メイン＝スミスとベリーのケースでいうと，化学者は，自分たちの役割を果たして，十分物理学者に匹敵する業績を上げているばかりでなく，物理学者ができる前にもっと詳しく電子構造を解くことができていたということである．

8.6 結　　論

数年間で，ルイス，ラングミュア，ベリーなどの化学者は，当時知られていた元素全部に，つまり複雑な遷移元素も含めて，詳しい電子配置構造を得たのであった．ベリーは，遷移元素では電子殻が順序通りに電子が入るとは限らず，72 番元素は遷移元素でジルコニウムに似た性質を示すことを予言した．これらの仕事は，すべて理論物理学，とりわけ，量子論の助けをまったく借りずに達成されたのである．化学者による電子配置の決定は，元素の化学的性質に基づいて帰納的に導かれたのである．周期表の歴史のこの面についてはめったに光が当てられず，もっぱら，ボーアのような理論物理学者の仕事に基づく電子配置にのみ光が当てられてきた．実際のところは，ボーア自身が，化学者が行ったように，化学的証拠に照らして彼の電子配置を帰納的に導いたことがたびたびあったのである．

ボーアの電子配置は，貴（希）ガス元素の閉殻電子構造に関するものに限られており，各周期の中間に属する元素のものに言及していないので，詳細さにおいて欠けることが多かった．

ボーアが，後にハフニウムと名づけられた 72 番元素の化学的性質を予言したとする有名な話も，この元素の発見にまつわる歴史的事情を調べた人たちによって批判され，歴史に耐えられなくなっている[49]．実際，ボーアは，化学的データや他の実験的証拠に基づいて電子配置を決め，彼特有の曖昧な書き方を通して量子論の言葉による衣を着せ，ドレス・アップをはかった形跡がある．

また，72 番元素は遷移元素であると予言したベリーの仕事に強く依存した可能性がある．72 番元素の件に関しては，ボーア自身もベリーの優先権を認めてはいるが，ベリーの予言を十分に評価していない．これはベリーの仕事が量子論では書いていないので評価を低くしているためかもしれない．さらに，ボーアは，最初貴（希）ガス元素の電子配置しかリストに載せていなかったが，中間の元素の電子配置も載せるようになったのは，ベリーの詳しい電子配置図が 1921 年に発表されてからである．

ボーアに対してベリーの方に優先権があると敢然といい出したのは，ベリーの学生であったマンセル・デーヴィーズである．彼はたくさんの論文を出してベリーの優先権について述べた[50)]．この主張は取り上げられ，優れた化学反応機構研究者で歴史家でもあったキース・レイドラーが宣伝してくれた[51)]．

ベリーの仕事はまったく評価されなかったが，もっと穏当な結論が妥当なのかもしれない．ベリーの仕事が無視された理由は，ボーアの仕事やボーアの支持者の仕事と重なったことによるのではなく，ベリーの電子配置が化学的考察に基づいているためである．つまり，当時の，より根源的なものを求める雰囲気は，量子力学こそが，周期表の最も基本的な説明を与えると暗に物語っていたからである[52)]．この問題に関しては，第 9 章で，周期表を量子力学に還元することに関する分析も含めて十分に議論する．

最後にもう一つつけ加えると，化学者メイン＝スミスは，原子物理学者ストーナーと同じく X 線のデータを利用する一方，化学的証拠にも基づいて，それぞれの副殻の電子の数は内部量子数の 2 倍になるとの結論に到達した． 彼は，ストーナーの副殻の分類と同じ仕方を数か月先んじて行っていたにもかかわらず，ストーナーの業績の方が科学史家からは高く評価されている．

■注

1） つぎの文章はルイスからの引用である．「中西部からハーバードに勉強をしに行ったのは，当時ハーバードでは最高の科学の理想が行われていると信じたからである．しかし，当時物理学科や化学科において研究を本当にしようとする気概に満ちていたかどうか，いまでは私は疑わしいと思っている．数年後（1902 年）私は原子と分子の構造に関して，いま私が抱いているのと同じアイデアを抱くに至り，そのアイデアを説明したいと強く思うようになった．しかし，私の理論に大いに興味をもって聞こうとする人をだれも見出すことができなかった．大学でたくさんの研究は行われていたが，いま私のみるところ，研究の精神は死んでいた」．ルイスからミリカンへの手紙（1919 年 10 月 28 日），ルイス・アーカイブス（カリフォルニア大学，バークレイ）からで，ルイスの研究の決定版であるつぎの論文に引用されている．R. E. Kohler, The Origin of G. N. Lewis's Theory of the Shared Pair Bond, *Historical Studies in the Physical Sciences*, **3**, 343-376, 1971.

2） さらに，トムソンは酸素のように簡単な原子でさえ，電子の正しい数を導くことができなかった．

3） 電子の共有電子対の考え方は，原子の量子力学的取り扱いでもある程度生き残っている．現在のモデルでは，同じ分子軌道中で電子スピンが反対向きの二つの電子により結合が形成されると考えている．

4) G. N. Lewis, The Atom and the Molecule, *Journal of the American Chemical Society*, **38**, 762–785, 1916.
5) 「両性（amphoteric）」という語句はいまでは酸化物または水酸化物が酸に溶けて塩を，さらに塩基に溶けて金属酸塩を形成する，つまり，酸性と塩基性の両方の性質をもつことを意味する．例として，アルミニウムと亜鉛の酸化物や水酸化物があげられる．
6) A. Stranges, *Electrons and Valence：Development of the Theory 1900–1925*, Texas A&M University Press, College Station, 1982, p. 204.
7) G. N. Lewis, The Atom and The Molecule, *Journal of the American Chemical Society*, **38**, 762–785, 1916. p. 768 から引用．
8) 電子の中の磁性の考え方は，ルイスに起源するのではなく，アルフレッド・パーソンズとウィリアム・ラムゼーによってすでに議論されていた．A. Parsons, A. Magneton, Theory of the Atom, *Smithsonian Miscellaneous Publications*, **65**, 1–80, 1915；W. Ramsey, A Hypothesis of Molecular Configuration, *Proceedings of the Royal Society A.*, **92**, 451–462, 1916.
9) たとえばつぎの本を参照．J. Servos, *Physical Chemistry from Ostwald to Pauling*, Princeton University Press, Princeton, NJ, 1990.
10) これが，今日まで化学科の学生を，与えられた分子のルイス電子構造を書く試みで苦しめるのに使用されている多くの例の基本である．
11) 第6章で議論したように，モーズリーは原子核の電荷つまり原子の中の電子数を決める手段を提供した．
12) このことは，たとえばオクテット則に当てはまる．ただ，ルイス自身はそれほど宣伝に熱心でなかった．
13) I. Langmuir, The Arrangement of Electrons in Atoms and Molecules, *Journal of the American Chemical Society*, **41**, 868–934, 1919. p. 868 から引用．
14) コッセルは1916年にイオン結合の理論を発表した物理学者である．W. Kossel, Über Molekülbildung als Frage des Atombaus, *Annalen der Physik*, **49**, 229–362, 1916.
15) ニトン（Niton）は現在ではラドンと呼ばれている．
16) ギリシア語がついた Niβ と他の元素を入れたことはいくぶん不可思議で，ラングミュアのテキスト中に説明されていない．彼は周期表に空欄が生じることを避けようとしたように見受けられるが，彼の周期表の後半部分では空欄が生じてしまっている．
17) 一つのセルに最大2個の電子が入ることができる．つまり，最大2個の電子が入ることができる現在の軌道関数と似た概念と考えることができる．
18) 電子配置に関する現代版では，前の殻が全部満たされないうちに外側の新しい殻に電子が入るケースが周期表に数か所ある．このような状況を説明する試みについては第9章で述べる．
19) この類似は，二つの電子が入れるラングミュアのセルを原子軌道関数に関する現在の考え方と同一視するかによる．
20) 今回，閉殻構造原子は表に2回出てくるだけである．つまりニッケルとパラジウムである．しかし，貴（希）ガス元素は閉殻構造をもたない．
21) 実際，ニューヨークのスケネクタディの，GE 会社でのラングミュアの同僚の一人であるソール・ドゥシュマンが，ラングミュア自身の助言に基づいて，遷移金属原子は不完全殻をもつアイデアを初めて発表した．S. Dushman, The Structure of the Atom, *General Electric Review*, **20**, 186–196, 397–411, 1917.
22) C. R. Bury, Langmuir's Theory on the Arrangement of Electrons in Atoms and Molecules, *Journal of the American Chemical Society*, **43**, 1602–1609, 1921.
23) 現在の電子配置は多少異なっており，遷移元素は原子番号が一つ早いところ，つまりスカンジウムから始まり第三殻への電子の充填を再開する．
24) 上つき数字は各量子準位における電子の数を示す．
25) C. R. Bury, Langmuir's Theory on the Arrangement of Electrons in Atoms and Molecules, *Journal of the American Chemical Society*, **43**, 1602–1609, 1921.
26) M. E. Weeks, H. M. Leicester, *Discovery of the Elements*, 6th ed., Easton, PA, 1956［大沼正則

監訳，『元素発見の歴史 1, 2, 3』（朝倉書店，1988, 1989, 1990）].
27) G. Urbain, Sur un Nouvel Élément qui Accompagne le lutécium et le scandium dans les terres de la gadolinite : le celtium, *Comptes Rendus*, **152**, 141–143, 1911.
28) N. Bohr, Atomic Structure, *Nature*, **107**, 104–107, 1921.
29) ラザフォードからボーアへの手紙(1921年9月26日). *Collected Papers of Niels Bohr*, edited by J. Rud Nielsen, vol. 4, North-Holland Publishing Company, Amsterdam, 1981 の中にある.
30) エーレンフェストからボーアへの手紙（1921 年 9 月 27 日）. *Collected Papers of Niels Bohr*, edited by J. Rud Nielsen, vol. 4, North-Holland Publishing Company, Amsterdam, 1981 の中にある.
31) A. P. French, P. J. Kennedy（eds.）, *Niels Bohr, A Centenary Volume*, Harvard University Press, Cambridge, MA, 1985, 50–67 の中の H. Kragh の論文「周期系の理論」の p. 60 に引用されているクラマースの文である.
32) N. Bohr, *The Theory of Spectra and Atomic Constitution*, 2nd ed., Cambridge University Press, Cambridge, 1924, p. 110.
33) 同上．p. 114 から引用.
34) 同上．p. 110 から引用.
35) 同上．p. 114 から引用.
36) 原子構造についての 7 回の講義の中の第 6 回（ゲッチンゲン，1922 年）, *Collected Papers of Niels Bohr*, edited by J. Rud Nielsen, vol. 4, North-Holland Publishing Company, Amsterdam, 1981, p. 397–406 の p. 404 から引用.
37) N. Bohr, *The Theory of Spectra and Atomic Constitution*, 2nd ed., Cambridge University Press, Cambridge, 1924, p. 110. appendix.
38) ボーアからフランクへの手紙（1922 年 7 月 15 日）. *Collected Papers of Niels Bohr*, edited by J. Rud Nielsen, vol. 4, North-Holland Publishing Company, Amsterdam, 1981, p. 675（訳は p. 676）.
39) ボーアからコスターへの手紙（1922 年 7 月 3 日）. *Collected Papers of Niels Bohr*, edited by J. Rud Nielsen, vol. 4, North-Holland Publishing Company, Amsterdam, 1981 の中の手紙が, H. Kragh, Niels Bohr's Second Atomic Theory, *Historical Studies in the Physical Sciences*, **10**, 123–186, 1979 に引用されている.
40) N. Bohr, *The Theory of Spectra and Atomic Constitution*, 2nd ed., Cambridge University Press, Cambridge, 1924, p. 114 から引用.
41) D. Coster, G. von Hevesy, On the Missing Element of Atomic Number 72, *Nature*, **111**, 79, 1923.
42) メイン＝スミスは，ボーアの電子配置をいろいろ批判した論文をすでに発表していたが，彼自身はその代替案は発表していない．J. D. Main Smith, The Bohr Atom, *Chemistry and Industry*, **42**, 1073–1078, 1923.
43) J. D. Main Smith, *Chemistry and Atomic Structure*, Ernest Benn Ltd., London, 1924, p. 189.
44) 同上．p. 190 から引用.
45) 同上．p. 192 から引用.
46) それぞれ s，p，d，f 副殻の意味になる.
47) J. D. Main Smith, The Distribution of Electrons in Atoms [letter dated September 8], *Philosophical Magazine*, **50**(6), 878–879, 1925, p. 878 から引用.
48) E. Stoner, *Magnetism and Atomic Structure*, Methuen & Co., London, 1925, p. 1296 の脚注.
49) H. Kragh, Niels Bohr's Second Atomic Theory, *Historical Studies in the Physical Sciences*, **10**, 123–186, 1979 ; H. Kragh, Chemical Aspects of Bohr's 1913 Theory, *Journal of Chemical Education*, **54**, 208–210, 1977.
50) M. Davies, Charles Rugeley Bury and his Contributions to Physical Chemistry, *Archives for the History of the Exact Sciences*, **36**, 75–90, 1986.
51) K. J. Laidler, *The World of Physical Chemistry*, Oxford University Press, New York, 1993.
52) 化学が量子力学に還元できるかの問題は，化学の哲学的観点から再び興味をもたれている中心課題である．L. McIntyre, The Emergence of the Philosophy of Chemistry, *Foundations of Chemistry*, **1**, 57–63, 1999；J. van Brakel, On the Neglect of the Philosophy, *Foundations of Chemistry*, **1**, 111–174, 1999；E. R. Scerri, L. McIntyre, The Case for the Philosophy of Chemistry, *Synthese*, **111**, 305–324, 1997.

9

量子力学と周期表

Quantum Mechanics and The Periodic Table

第７章で古い量子論の周期表への影響について検討した．古い量子論の発展により周期表を外殻電子の数で解釈する道が開けたが，化学に関しての理解を深めるような新しいものは何も生まれなかった．実際，いくつかのケースで，アーヴィング・ラングミュア，ジョン・デイヴィッド・メイン＝スミスやチャールズ・ベリーなどの化学者の方が，電子配置を決める際に物理学者の先を行くことがあった．これは第８章で述べたように，個々の元素の化学的性質については，化学者の方がよく知っていたからである．

さらに，ニールス・ボーアや他の学者によって大きく宣伝された量子論に有利な美辞麗句にもかかわらず，ハフニウムは遷移元素であって希土類元素ではないという発見は，量子論から演繹的に導かれたわけではなかった[1]．周期表を量子力学的に理解するということは，理解の中に化学的事実も入っていることになる．

古い量子論は周期表の内容を定量的に説明するには無力であった，なぜならば，2個以上の電子をもった原子の解を得るための式さえ立てることができなかったからである．原子の外殻電子の数に基づいて周期表に説明を与えることはできたが，それも事実に基づくことが先であった．しかし，原子に関しての定量的な話，たとえば，ヘリウム原子の基底状態のエネルギーを定量的に予想することに関しては，まったく無力であった．ある物理学者はつぎのように述べている．「我々は驚くことはない……天文学者たちは，何世紀にもわたって努力しても，三体問題を満足に解くことができないでいるのだから[2]」．ヘンドリック・クラマース，ヴェルナー・ハイゼンベルクやアルノルト・ゾンマーフェルトなど，物理学者の中でも最も優秀な学者たちの継続したいろいろな試みにもかかわらず，ヘリウムのスペクトルの計算は失敗に終わっていた．

パウリの排他律が導入され，さらに新しい量子力学が発達して初めてハイゼンベルクが，皆が失敗した計算に成功することができたのであった．ハイゼンベルクは，自分でつくったマトリックス力学とつぎに記すエルヴィン・シュレーディンガーの波動方程式を使って計算した．

波動力学に関してハイゼンベルクはヘリウムの二つの電子の波動関数のあいだに重なりが必要であることを計算結果から示した．この重なり部分を，彼は「交換項(exchange term)」と呼んだが，二つの電子がまったく区別できないことに起因する．波動関数の中のこの項は2通りに書かれ，第二項は二つの電子が等価であることを説明するための符号の交換を含んでいる．このような交換項[3]の存在はきわめて非古典力学（非ニュートン力学）的でまたパウリの排他律の発見へと続くものである．この発見が，原子や分子の量子力学において交換項を使用する出発点になった．このことが基本的なカギとなってヴァルター・ハイトラーやフリッツ・ロンドンが，すぐに一番簡単なケースである二原子分子の水素分子の共有結合を，量子力学で計算するのに初めて成功した．また交換項は，量子力学的共鳴の概念を生み，ライナス・ポーリングや他の科学者たちによる量子力学に基づく化学結合論の発展へと道を開いた[4]．

古い量子論と比較して，量子力学の基本的な進歩は量子化自体がもっと自然な形で生じてくることである．古い量子論において，ボーアは，電子の角運動量は量子化されると仮定しなくてはならなかったが，量子力学が生まれると，量子化の条件は理論自身に含まれており，強制的に量子化条件を導入する必要がなくなったのである．たとえば，量子力学のシュレーディンガー方程式においては，微分式が書かれ，境界条件を適用すると自然に量子化が生まれてくる．波に境界条件を適用すると自然に量子化が生じる概念的理解は，つぎのような類推からつかむことができる．1本の糸の両端を固定して振動させた場合を考えてみよう．糸にはいくつかの点において動かない

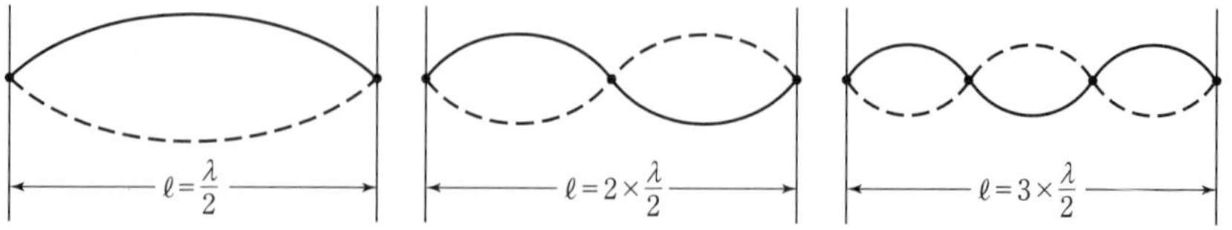

図 9.1 振動波に境界条件を導入すると量子化が起きる
R. Chang, *Physical Chemistry for the Chemical and Biological Sciences*, University Science Books, Sausalito, CA, 2000, p. 576. 出版社の許可を得て掲載.

節をもった定常波が形成される．図 9.1 に示すように，糸は一つの波になるか，またはいくつかのいわゆる静止節をもった定常波を形成する．換言すると，両端を固定した波の存在そのものが上述した量子化を意味する．糸は，0，1，2，3，…個の節をもった形でしか振動しない．これら以外の節の存在はありえないし，これが定常波に伴う量子化のエッセンスである．

9.1 ボーアの古い量子論から量子力学へ

ボーアが周期表の説明で行っていたことは，第一原理から電子配置を論理的に導き出したことではない，もっとも，彼は論理的に導いているかのように彼の論文の読者を信じ込ませようとしたけれども．逆に化学や分光学の事実に基づいて研究を行い，これらの事実が量子論に基づく記述と一致することを示したのである．しかし，古い量子論は，これまでのうち，最も強力な物理理論である量子力学の始まりを示すものであった．古い量子論と新しい量子力学の移行について本章で調べ，周期表の理解への多くの試みに対する新理論の影響を取り扱う．これから記すように，新理論の影響は非常に大きい．しかし，周期系に対してより深い説明を与える観点からみると，新理論も驚くほど不完全である．それでも，古い量子論では夢でしかなかったことが，新しい量子化学ではより正確に計算できるようになった例がたくさんある．

ボーアの古い量子論から量子力学への移行の歴史を記すことが私の目的ではないが，いくつかの経過について記す必要がある．量子論の旧版と新版のあいだを結ぶステップの一つについてはすでに第 7 章で記したが，周期系の説明の進歩において一つの頂点を形成する事柄だからである．それはパウリによる第四の量子数の導入であり，それに続く同一原子内の二つの電子は四つの量子数が同時に同じであることはないというパウリの排他律の発見である．この仮定により，周期の長さについてはエレガントに説明できたが，実際には実験事実の説明を受け入れやすくしたに過ぎない．

第 7 章で記したように，原子核の周りの各殻に入る最大電子数については，説明が与えられる．各周期に入る元素の総数を示すものと認識されている式 $2n^2$ にはみかけ上理論的裏づけが与えられている，しかし，電子殻に電子が入る順序については基本原理から導かれてはいない．この問題の解決は，量子力学が周期系を基本的な形で説明できるかどうかを問う際に避けて通れないことである．

9.2 量子力学の出現

古い量子論は 1924～1925 年ごろに危機的状態に達し，物理学の未解決な多くの問題を解決するにはもっと革新的な理論が必要であると考えられた．周期表の話で重要な未解決の問題の一つは，周期表で水素のつぎのヘリウムの性質を計算する試みであった．古い量子論で水素原子のエネルギーを（完全に）正確に計算できるが，ヘリウムを考えるようになるととても解決できない問題が生じるようにみえた．この問題を古い量子論で解くのが難しいのではない．古い量子論では，必要な式を立てることさえ不可能なのであった．

古い量子論とは一線を画する量子力学が出現して初めて，近似的に過ぎないけれどヘリウムのエネルギーを計算する可能性が生まれたのであった．

量子力学の発展は，はじめは異なる二方向から進んできた．最初に非常に若いドイツ人のハイゼンベルクが，マトリックス力学として知られることになるアプローチで発展させた．ハイゼンベルクの最初の研究の動機は，原子の軌道のような観測できないものを観測しようとすることを完全にあきらめることであった[5)]．これは，原子の軌道は，惑星や他の大きな物体の軌道とはまったく異なるという認識によるものであった．したがって，軌道（orbit）の代わりに軌道関数（orbital）と呼ばれることになり，明確な軌跡をもたない運動を表現するために用いられた．不幸なことにこの術語の変更はあまりに区別が微妙なので，特に化学者たちはいまでも目にみえる軌道的な表現を好む傾向がある[6)]．

ハイゼンベルクは観測できる量，たとえば，スペクトルの振動数を求める理論の樹立を目指した．彼が発展させた理論は，まったく直観を排し，当時は数学の新分野であった行列の操作を学ぶのに物理学者に多大な労力と時間を要求するものであった．その上，この理論では，ハイゼンベルクが望んだような，観測にかからないものは排除する目標は達成できなかった．

同じころ，今日波動力学として知られる理論をシュレーディンガーが発展させた．すでに 1924 年フランスの物理学者であるルイ・ヴィクトール・ド・ブロイ王子が，アインシュタインがみつけた光波は波の性質と同時に粒子の性質ももつという発見からの類推を行っていた．ド・ブロイは逆の形で連想を働かせたのであった．電子のような物質も波の性質をもつのではないだろうか？　このアイデアのテストは水の表面の波のように，電子も従来の光波と同じく回折と干渉を示すことを実験的に立証することである[7)]．

二人の物理学者，クリントン・デーヴィソンとレスター・ジャーマーは 1927 年に実験を行い，ド・ブロイの提案を支持する実験結果を得た[8)]．この発見によって，シュレーディンガーのような理論家は，古典波動と電子の波動の数学的類似性を追及する刺激を受けた[9)]．ハイゼンベルクのアプローチは数学的にきわめて抽象的であったが，シュレーディンガーのアプローチは物理学者により親しみやすいものであったのは，基本的に波の動きを取り扱ったからである.

ハイゼンベルクと異なり，シュレーディンガーは最初ミクロの世界についての実在性を断ち切ろうとはしなかった. また，実際，彼は，自分の方法は古典物理学と物理的視覚化との強い結びつきも残せるのではと望んでいた.

結果として，ハイゼンベルクの希望もシュレーディンガーの夢も両方とも十分には実現しなかった. 集中的な議論により数年して形づくられた量子力学は，観測できる量にのみ基礎をおくことにならず，シュレーディンガーが望んだ物質波が実在するとの考え方も残らなかった. さらに，量子力学の二つの形式（マトリックス力学と波動力学）は等価であることが示された[10].

新しい理論は原子や分子の波動関数に集中するようになった. この波動関数は「原子軌道関数（atomic orbital）」の項の組み合わせで表現できる. 上に述べたように，古い量子論における原子軌道（atomic orbit）からとって原子軌道関数（atomic orbital）と名づけられたが，電子の明確な軌跡とは直接の結びつきはない. 軌道関数は量子力学における多次元ヒルベルト空間に存在し，したがって私たちが慣れ親しんでいる3次元空間で可視化することはできない. さらに，波動関数とその構成ブロックである軌道関数は，-1の平方根の因子（i）を含む複素関数である.

少し後になってわかったことだが，波動関数の場合，何が観測にかかるかというと，波動関数の二乗で[11]，これを電子密度と呼んでいる[12]. さらにいえば，一つの電子のある特定の位置については，波動関数の二乗を得ることができない. 量子力学においては，電子がある空間内に存在する確率しか知ることができないと考える統計的解釈が行われている.

9.3 ハートリー-フォック法

原子の性質を計算するに際し，新しい量子力学は問題を近似的に解く方法を提供してくれる[13]. 原子の量子力学方程式を解くにあたり最も広く使われている近似法の基礎は，イギリス人物理学者ダグラス・ハートリー（図9.2）とロシア人物理学者ウラジミール・フォックの名にちなみハートリー-フォック法と呼ばれている[14].

ハートリー-フォック法の主要な仮定は，電子は残りの電子の合計がつくる場と原子核の引力から生じる場の中を動くと考える. この方法は，個々の電子（電子の反発項）を直接取り扱うことは避けて，その代わりに，水素原子において1個の電子が球対称な場の中を動く状況と似たような場をつくる. 多電子のケースでは，場は核の場と電子全部が塊になってつくる場から構成される. ただ一つの違いは，一つの電子に対して一つの式でなく，原子の中の電子の数と同じ数の式ができる. さらに各電子に

図 9.2 ダグラス・ハートリー
写真提供と掲載許可：Emilio Segrè Collection.

対する解は，他の電子全部の解と整合性がなくてはならない．つまり，通常計算機で行うが，自己矛盾のないように，繰り返し計算する．

しかし，本章で始めた，周期性の説明の問題に立ち返ろう．パウリの排他律と 4 個の量子数の使用のみが，各電子殻に入る電子の総数に対して演繹的説明を与えるが，これらの電子数と各周期に存在する元素数の一致は偶然である．連続する周期の長さについては理論から厳密には導かれてはいない[15]．しかし，大部分の化学と物理の教科書の著者はこの点を強調していないし，言及さえしないこともある．結果として，量子力学が周期系について十分満足できる演繹的説明を行っているとの印象を与えている．このことが逆に，化学も量子物理学で十分説明できるとする一般的印象を与え，化学教育に負の効果をおよぼしている．化学的事実や元素の性質から教育をする代わりに，学生に電子配置により化学も説明できると思い込ませる傾向がある[16]．このような難点はあるが，各殻に含まれうる電子数は，周期の長さと異なり，第四量子数の組み合わせの規則から直接導かれる．次節で示すように周期性に関してのこの部分の説明は十分満足できる．

9.4 原子の電子構造の記述

周期表中の原子の電子構造の決定は，つぎの三つの原理に基づいて行われる．

1. 構築原理（第 7 章の *Aufbauprinzip* に相当）：軌道関数に電子が入る順番は $(n+\ell)$

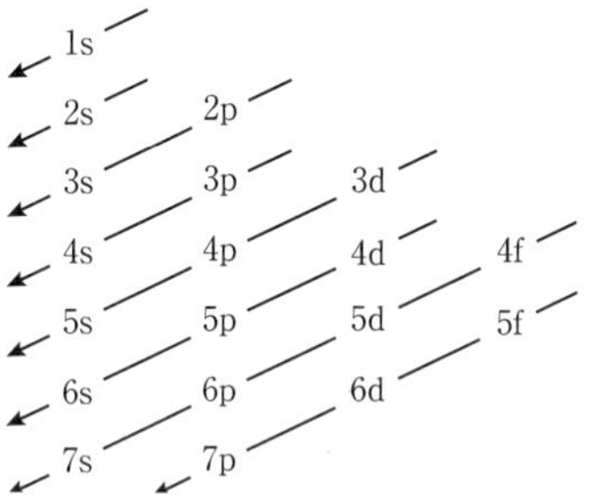

図 9.3 軌道関数に電子が入る順序についてのマーデルング則（あるいは（$n+\ell$）則）
R. Chang, *Physical Chemistry for the Chemical and Biological Sciences*, University Science Books, Sausalito, CA, 2000, p. 601. 出版社の許可を得て掲載.

値の少ない方が先に入る．つまり，たとえば，$n+\ell=4$ の 4s 軌道関数には $n+\ell=5$ の 3d 軌道関数より先に電子が入る．この規則は，図 9.3 のように図示でき，マーデルング（Madelung）則すなわち（$n+\ell$）則を示したものになる．

2. フントの規則：同じエネルギーの軌道関数に電子が入る場合，最初はなるべく別な軌道関数に入る（最初はなるべく対にならないように入る）．
3. パウリの排他律：一つの軌道関数に電子は 2 個入ることができる．2 個入る場合，スピン角運動量は逆向きになって対を形成する[17]．

これらの原理についていくつかの注釈が必要である．1 番目の原理は原子軌道関数のエネルギーの順序を示すものではない．1 番目の原理は，軌道関数に電子が入る順序についてのものである．電子が入る順序と軌道のエネルギーは関連しているが，問題としては別である．つぎに詳しく議論するが，それぞれの軌道関数のエネルギー状態ではなく，電子が詰まる順序に関する規則である．（$n+\ell$）則は量子力学の原理から導かれてはいない．このことは，指導的量子化学者ペル-オロフ・レゥディンが，量子力学の重大問題の一つであると指摘している[18]．

これら三つの原理は基本的に経験則であり，どれも厳密には量子力学の基本原理から導かれてはいない[19]．たとえば，パウリの排他律は，量子力学の基本仮説に別な仮説をつけ加えて得られたものである．パウリを含めた多くの物理学者の必死の努力にもかかわらず，量子力学あるいは相対性理論，あるいは両者を加えた基本仮説から，パウリの原理を導くことに成功していない[20]．したがって，電子配置についての説明を与えるよりは，三つの原理は，原子スペクトルに関する実験データからたまたま経験的に得られたことをまとめた覚え書きである．

さて，これから各殻における電子の数の説明と周期表のつぎの周期の元素の数との関連についての問題に移ろう．これらのことは，多電子原子の電子に付与された四つの量子数との関係で説明される．最初の三つの量子数は水素原子に対するシュレーディンガー方程式から厳密に導き出される．第一量子数 n は 1 から始まる整数である[21]．第二量子数はℓで表示されるがnと関連づけられ，つぎのような値をとる．

$$\ell = n-1, \cdots, 0$$

たとえば，$n=3$のとき，ℓは2，1，0をとる．第三量子数は，m_ℓで表され，第二量子数との関連でつぎの値をとる．

$$m_\ell = -\ell,\ -(\ell-1),\ \cdots\cdots, 0, \cdots\cdots,\ (\ell-1),\ \ell$$

たとえば，$\ell=2$のときにはm_ℓは-2，-1，0，$+1$，$+2$の値をとる．最後に第四の量子数m_sは，スピン角運動量単位で$+1/2$か$-1/2$の値をとる．つまり四つの量子数には階層があり，原子の中のどの電子でも四つの量子数で記述できる．

このスキームの結果として，第三殻は全部で18電子を含むことができることがわかる． 殻の番号でもある第一量子数が3であれば，第三殻には全部で$2\times(3)^2=18$個の電子が含まれる[22]．第二量子数ℓは2, 1, 0の値をとる．ℓの各値にm_ℓのとりうる値が決まる．これらのそれぞれの値に対して，第四量子数は1/2か$-1/2$をとるので，2をかけることになる．

しかし，第三殻に18個の電子が入ることができる事実は，周期系のある周期が18個の元素によって占められることを厳密に説明したことにはならない．電子殻が厳密に順番通りに電子でみたされていくとするならば，上の説明は十分である．電子殻に最初は順番に電子がみたされていくが，19番元素カリウムあたりから順番遵守が怪しくなってくる．18番元素のアルゴンの電子配置が

$$1s^2,\ 2s^2,\ 2p^6,\ 3s^2,\ 3p^6$$

であるから，19番元素カリウムの電子配置は

$$1s^2,\ 2s^2,\ 2p^6,\ 3s^2,\ 3p^6,\ 3d^1$$

が期待される．

この点までは，原子核からの距離が増加する順で軌道に電子が入るパターンであるからカリウムの電子配置は上の配置が予想される．しかし，実験的に見出されているカリウムの電子配置はつぎのようになる．

$$1s^2,\ 2s^2,\ 2p^6,\ 3s^2,\ 3p^6,\ 4s^1$$

多くの教科書が説明しているように，カリウムやカルシウム原子では3d軌道関数より4s軌道関数の方が，エネルギーが低いことによる（図9.4）．

20番元素のカルシウムの場合には，新しい電子もまた4s軌道に入る．しかし21番元素のスカンジウムでは，軌道関数エネルギーが逆転して3d軌道関数がより低いエネルギーになる．教科書では4s軌道関数がいっぱいになり，つぎの電子は必然的に3d軌道関数に入りはじめると書いてあることが多い．このような電子の詰まり方は，第一遷移元素全体にわたると期待されるが，実際はクロムと銅のところには別の

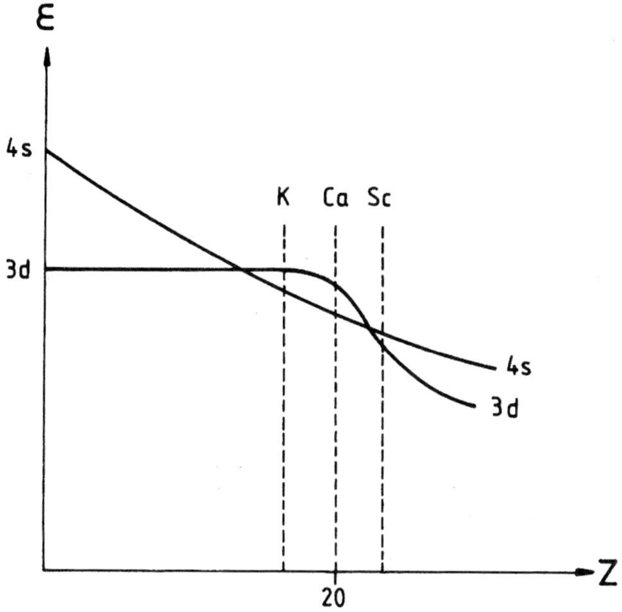

図 9.4 3d と 4s のエネルギー準位の相対的順位
L. G. Vanquickenborne, K. Pierloot, D. Devoghel, *Journal of Chemical Education*, **71**, 469–471, 1994, p. 469. 出版社の許可を得て掲載.

表 9.1 第一遷移金属元素の電子配置

Sc	$4s^2 3d^1$
Ti	$4s^2 3d^2$
V	$4s^2 3d^3$
Cr	$4s^1 3d^5$
Mn	$4s^2 3d^5$
Fe	$4s^2 3d^6$
Co	$4s^2 3d^7$
Ni	$4s^2 3d^8$
Cu	$4s^1 3d^{10}$
Zn	$4s^2 3d^{10}$

異変が起きている（表 9.1）.

実際のところ，スカンジウム原子の電子配置と第一遷移元素の大部分に対する説明はつじつまが合わなくなっている[23]．もし，スカンジウムのところで 3d 軌道関数が 4s 軌道関数よりエネルギーが低くなっているならば，そしてもし，電子が軌道関数に入る順がエネルギーの低い順ならば，最後の 3 個の電子は全部 3d 軌道関数に入

--------------- 3d　　--------------- 4s

--------------- 4s　　--------------- 3d

軌道関数への電子の充填　　軌道関数のイオン化

図 9.5 相対的な電子の充填順序とイオン化順序が示す軌道エネルギーの順序
準位が低いほど原子はより安定化する.

らなければならない. 多くの教科書に書いてある議論は正しくない. なぜならば, 軌道関数エネルギーの順序がわかれば元素の電子配置を予言できることになるからである. 前の元素の電子配置を考えて, その電子配置がそのままつぎの元素の電子配置にもち越せると考えてはいけないのである.

この問題をもっと不可思議なものにしているのは, すべての遷移元素はs軌道関数に優先的に電子を入れる傾向があるが, 一方s電子の方がよりイオン化しやすいようにみえることである. この状態は二つの図で表示できる. 第一遷移元素について, 一つは電子の占有順位を示したもので, もう一つは軌道関数にある電子の相対的イオン化のしやすさを示すもので図 9.5 に相対的準位を示した.

状況証拠からみてパラドックスは以下のようになる. もし, 4s 軌道関数が優先的に電子で占有されるとすると, あらゆる相互作用を適正に考慮すれば, 4s 軌道関数の方が 3d 軌道関数よりより安定であることを示している[24]. しかし, 図 9.5 の電子の相対的失いやすさを示した右側のダイアグラムが示すように, 4s 電子は 3d 電子より不安定である. つまり, 除かれやすい. この明白なパラドックスを解決するために, この状況についての非常に複雑な分析結果が最近報告されている[25].

たぶんこの問題には簡単な答えが存在する. むしろ, 問題そのものが解消されるといってもよい. 4s と 3d 軌道に関するパラドックスを問いただすに際し, 多くの研究者は比較そのものが疑問なのだという非常に重要な点を見過ごしているようにみえる. 周期表に沿って原子の成り立ちを考えると, 前の元素に一つの電子と一つの陽子がつけ加わってつぎの元素ができる[26]. しかし, 原子のイオン化について考えると, 電子が奪われるのであって, 陽子を除くのではない, 結果として図 9.5 の二つのダイアグラムの比較は, 似たもの同士の比較にはなっていない, 先生や生徒を何世代にもわたり悩ましてきた積年のパズルは一撃で氷解した. 4s 軌道関数の方に電子が入りやすく, 一方, 電子を放出しやすいのはなぜかと問うことは, ある面誤った質問なのである.

9.5 電子殻の閉じることの説明，しかし，周期が閉じることの説明ではない

上述のように，周期表は量子力学によって演繹的に説明できるという主張には一つの問題がある．一般的に気づかれずに認められてしまっているが，理論から導くことはしないで電子殻に電子が入る経験的順番を受け入れる必要性があることである．電子がどの軌道に入るかの順番は基本原理からは導かれていないのである．順番は事実に基づくか，いくつかの複雑な計算で正当化されている．

たとえば，スカンジウム原子の二つの電子配置，[Ar]$4s^2 3d^1$ と [Ar]$4s^1 3d^2$ についてエネルギーをハートリー-フォック法で計算する場合を考えよう．計算は通常の非相対論的量子力学を使う方法と相対論の効果を取り込んだ方法の二通りがある．表

表 9.2 スカンジウムの 2 種類の電子配置に対する非相対論および相対論的エネルギー計算

$4s^2 3d^1$ 配置	
非相対論的	− 759.73571776
相対論的	− 763.17110138
$4s^1 3d^2$ 配置	
非相対論的	− 759.66328045
相対論的	− 763.09426510

ハートリー単位（1 ハートリーは 4.3597×10^{-18} J）で表示.
著者による編集．これらの計算結果は，ハートリー-フォック計算では指導的先駆者の一人であるシャルロット・フレーズ=フィッシャーのウェブサイト（http://atoms.vuse.vanderbilt.edu/）から得た.

表 9.3 クロムの 2 種類の電子配置に対する非相対論および相対論的エネルギー計算

$4s^1 3d^5$ 配置	
非相対論的	− 1043.141755
相対論的	− 1049.24406264
$4s^2 3d^4$ 配置	
非相対論的	− 1043.17611655
相対論的	− 1049.28622286

ハートリー単位（1 ハートリーは 4.3597×10^{-18} J）で表示.
著者による編集．これらの計算結果は，シャルロット・フレーズ=フィッシャーのウェブサイト（http://atoms.vuse.vanderbilt.edu/）から得た.

表 9.4 銅の 2 種類の電子配置に対する非相対論および相対論的エネルギー計算

$4s^1 3d^{10}$ 配置	
非相対論的	− 1638.9637416
相対論的	− 1652.66923668
$4s^2 3d^9$ 配置	
非相対論的	− 1638.95008061
相対論的	− 1652.67104670

ハートリー単位 (1 ハートリーは 4.3597×10^{-18} J) で表示.
著者による編集. これらの計算結果は, シャルロット・フレーズ=フィッシャーのウェブサイト (http://atoms.vuse.vanderbilt.edu/) から得た.

9.2 に得られた結果を示した[27]. どちらの場合も, エネルギーの計算値がより負であればあるほど, 電子配置はより安定である[28]. 明らかに予想されたことであるが, 相対論の効果を考慮した方が, 安定性が大きくなる. スカンジウムの場合, 非相対論と相対論の両方のアブイニシオ計算 (後出) は, $4s^2$ 電子配置の方がより安定であると実験データに一致する計算結果を与える, しかし, 同様な計算でクロム原子の場合はうまくいかない (表 9.3). この場合は, 非相対論的と相対論的計算の両方とも二つの電子配置のどちらが, 実験的に観測された配置 $4s^1 3d^5$ であるかを予言できなかった.

表 9.4 に示した銅原子の計算されたエネルギー値をみると, 非相対論的計算の方が, 一番低いエネルギーの電子配置を正しく与えることがある. しかし, 相対論の効果を取り込んでより高い正確さで計算すると, 実験的に観測されているのとは逆の結果を与えるという点でよくない状態になることがある. いまのレベルでの近似では, 銅原子について計算から一番低いエネルギー状態の電子配置を予想できていない.

銅は $4s^2 3d^9$ 構造ではなく, $4s^1 3d^{10}$ 電子配置をとることは実験的事実である. 理論は厳密にいえば, 実験的にすでに知られていることに合わせているのである. たとえば, 18 元素の二つの周期の第一周期は 3s, 3p, 3d 電子が順番に入るのではなく, 4s, 3d, 4p 軌道の順に電子が入る. これら二つの組の軌道関数に全部で 18 個の電子が入る. この偶然の一致が一般的に与えられている説明が見かけ上信用できるかのようにしている. 周期表を横にみていった場合に, 二つの周期にそれぞれ 18 個の電子があっても, それらが全部同様な軌道関数に入っていくわけではないことは考慮されていないようである[29].

ニッケル原子　ニッケルの場合はもっと面白い (表 9.5). ほとんどの化学や物理

表 9.5 ニッケルの 2 種類の電子配置に対する非相対論および相対論的エネルギー計算

$4s^2 3d^8$ 配置	
非相対論的	− 1506.87090774
相対論的	− 1518.68636410
$4s^1 3d^9$ 配置	
非相対論的	− 1506.82402795
相対論的	− 1518.62638541

ハートリー単位（1 ハートリーは 4.3597×10^{-18} J）で表示．理論は $4s^2 3d^8$ 配置を予言している．著者による編集．これらの計算結果は，シャルロット・フレーズ=フィッシャーのウェブサイト（http://atoms.vuse.vanderbilt.edu/）から得た．

学の教科書では，この元素の電子配置は $4s^2 3d^8$ である．しかし，原子に関する研究文献では，ニッケルの電子配置は $4s^1 3d^9$ となっている．この違いが生じるのは，もっと正確な計算においては，基底状態の一番低い成分だけ考慮するのではなく，ある電子配置から生じる全部の成分の平均値を考えるからである．ニッケルはいくぶん異常な面がある．一番低いエネルギー項は $4s^2 3d^8$ 配置から生じるが，この電子配置から生じるあらゆる成分の平均エネルギーは $4s^1 3d^9$ 電子配置から生じるあらゆる成分の平均エネルギーより高い．結果として，$4s^1 3d^9$ 電子配置が一番低いエネルギーとみなされる．実験値と比較されるのはこの平均エネルギーである．この比較に基づくと，相対論的ハートリー-フォック法を使用した量子力学の計算は，不正確な基底状態を与える．

もちろん，追加の項を取り入れて改良して計算すれば，実験値に合う結果が得られる．しかし，これらの余分の手段も事実の後追いである．さらに，理論家が実験的に正しい電子配置を得るために，長いこと努力しなければならないことは，量子力学による計算が，厳密に正しい結果を与えるか自信を失わせるものになっている[30)]．

フントの規則への回帰　ここで，フントの規則を考え，第一，第二，第三遷移元素系列において，元素の電子配置の正当化にどのように使用されているかを調べてみよう．第一遷移元素系列の元素は通常二つの異常電子配置を示すと考えられている．一つは $4s^2$ 構造でなく $4s^1$ 構造をとることである[31)]．該当する元素はクロムと銅で，それぞれ $4s^1 3d^5$ と $4s^1 3d^{10}$ の電子配置をとる．このような電子配置をとる理由づけは，クロム原子の場合，フントの最大スピン多重度によるとされることが多い．d 殻の半分が電子で満たされている状態なので，他の電子配置より安定であると議論されている．しかし，第二遷移元素の系列の電子配置を考えると，この説明はクロム原子の特

表 9.6 第二遷移元素系列の元素の最外殻にある二つの軌道関数の電子配置

Y	$5s^2\,4d^1$
Zr	$5s^2\,4d^2$
Nb	$5s^1\,4d^4$
Mo	$5s^1\,4d^5$
Tc	$5s^1\,4d^6$
Ru	$5s^1\,4d^7$
Rh	$5s^1\,4d^8$
Pd	$5s^0\,4d^{10}$
Ag	$5s^1\,4d^{10}$
Cd	$5s^2\,4d^{10}$

別の場合のみで，他の遷移元素に一般化できないという意味ではその場限りのものであることは明らかである．たとえば，第二遷移系列の元素の電子配置を表 9.6 に示した．基底状態の電子配置は多くの場合，理論による支持もあるが，これらの電子配置は基本的に実験に基づいて決められたものである．

第一遷移元素系列のクロム原子が $4s^1$ 構造をもつのは，d 軌道が半分みたされた構造になるためとすると，第二遷移元素系列の多くの元素の場合，他の因子が作用していなくてはならない．なぜならば，多くの元素で d 軌道が半分みたされているわけでもないのに，s^1 構造をとるからである[32)]．フントの規則は基本的に経験則である．多くの試みはあるが，だれも量子力学の基本原理から導くのに成功した人はいない[33)]．もちろん，電子間の反発に伴う交換相互作用が最小になるというような，フントの規則の有効性に対するもっともらしい論証がある．たとえば，ヘリウム原子の場合，三重項状態（二つの不対電子をもつ）の方が二つの電子がペアになっている一重項状態より低いエネルギーをもっていることを示す計算結果がある．しかし，教科書に示されている通常の説明と異なり，ヘリウムの三重項がより安定なのは，電子-電子の反発によるものでなく，三重項では原子核と電子間の引力がより大きくなることによって起こることが示されている[34)]．

基本セットの選択　電子配置は理論的に導くことができる，さらに，以前は実験からのみ得られたことを量子力学を用いて純粋に演繹的に説明が与えられる，と主張しようとする望みを退ける別な一般的問題が存在する．これまで取り上げた電子配置の多くの場合，量子力学で一番低いエネルギーをもつ電子配置について計算することは可能である．しかし量子力学の計算に際し計算に供する電子配置の候補は，構築原理により得ているか，フントの規則などの基本則に基づくか，実験データに直接基づくかして選んでいる．理論的計算だけで電子配置が予言できた例はない．見逃されているが，このような状況についての簡単な理由がある．基底状態についての量子力学の計算は，問題にしている原子の電子配置を含む基本セットを選定することになる．量子力学による計算からは，基本セットが生じることはない[35]．したがって，多くの可能性のある基底状態の電子配置から，多くの場合正しい電子配置を正しく計算できるが，どの場合が適当な選択かについては理論からはわからない．このことが，量子力学が周期系を十分に説明できるとする主張を形あるものにする際のもう一つの弱点である．最近この弱点に取り組んだいくつかの報告がある．

9.6 周期表を物理還元する三つの可能なアプローチ

本節では，周期系が量子力学に還元できる，あるいは，量子力学を使うと十分説明できるという，いろいろな主張の意味を再検討する．

殻中の電子に基づく周期表の定性的還元/説明　広い意味で，ある一定の間隔で同じような元素が現れることは，外殻電子の数で説明できる．電子の数を扱うのでこの説明は定量的であるようにみえるが，本質的に定性的であることがわかる．基底状態のエネルギーなどの定量的データを算出できない．定量的データを算出するためには，問題とする原子の基底状態の電子配置を超えたところを取り扱う必要がある．元素の教科書的電子配置では考えていない，高いエネルギーの軌道関数に入っている電子を考えなくてはならない．

その上，外殻電子をある数だけもつことが，その元素がある族に属する必要条件でも十分条件でもないことがわかってきた．二つの元素がまったく同じ数の外殻電子をもつのに，周期系において同じ族に入らない場合がある．たとえば，貴（希）ガス元素のヘリウムは二つの外殻電子をもっているが，二つの外殻電子をもっているマグネシウム，カルシウムやバリウムと同じアルカリ土類元素のグループには入れない[36]．

逆に，同じ外殻電子配置をもっていないのに周期表で同じ族に属する元素がある．実際，遷移元素系列では別にめずらしいことではない．つぎの面白い例を考えてみよう[37]．

Ni	［Ar］	$4s^2\ 3d^8$
Pd	［Kr］	$5s^0\ 4d^{10}$
Pt	［Xe］	$6s^1\ 4f^{14}\ 5d^9$

さらに，ある特定の殻に特定の数の電子が入っているという考え方そのものが，電子は区別ができないと考えるパウリの排他律に違反することになる[38]．電子が互いに区別がつかないことは，ある特定の殻に特定の数の電子が入っているとはいえないことを意味するが，区別がつくとして取り扱うのが便利な近似である．実際，各電子を

独立したものとして取り扱う近似は，近代化学と物理における主要パラダイムの一つである．

原子の電子配置を記述することは，電子は区別できるという近似の下で行われているのである．たとえば，適当に選んだ元素の電子配置は，つぎのように記述できる．

炭素　$1s^2$，$2s^2$，$2p^2$

フッ素　$1s^2$，$2s^2$，$2p^5$

このような表記は，これらの電子配置が量子力学から導くことができれば，十分満足できるし，理論的に導くことができたとみなすことができる．しかし，上で議論したように，炭素やフッ素の電子配置は，実験に基づく構築原理（*Aufbauprinzip*）によって導かれたものである．いくつかのケースについては計算により支持されている．しかし，これらは第一原理から導くことはできない．なぜならば，基本セットの原子軌道関数も通常計算する前に選択しているわけであるから．

アブイニシオ計算（*Ab initio* calculations）　ここで扱う第二のアプローチは，量子力学で周期表を説明できるという点では，第一のアプローチよりはるかによい候補である．

たとえある原子の外殻電子の数に関する未熟な考え方が基本的説明に失敗しても，詳細な計算をすることにより原子がもっと複雑な電子配置をとることを示すことは可能である．殻の電子の数だけを考えるより，計算の結果もっと深いレベルに到達すれば，周期系についてもっとよい説明が与えられるかもしれない．

アブイニシオ計算は，量子力学の基本方程式，つまり，シュレーディンガー方程式から原子や分子の性質を計算するのを目指す．使用されているいろいろな方法は，どの程度本当にアブイニシオ（*ab initio*，最初から）であるかの割合はいろいろである．いくつかのケースでは，半経験的な面が大きくなっている．たとえば，算出がきわめて難しい積分項を実験値から得られた値で置き換えたりする．しかしここで考察の対象にするのは，半経験的パラメータを使用しない，純粋にアブイニシオ的アプローチである．私が目指すのは，純粋なアブイニシオ・アプローチがどの程度まで周期系を物理還元できるかを調べることである．

このようなアプローチは進歩を示すもので，周期系が完全に説明できたという主張のためのよい候補になる．この方法の力と欠陥を示すために，原子のイオン化エネルギーのアブイニシオ計算に焦点を当てることにする．このアプローチにおいては，殻中の電子という考え方は，計算の際の第一近似として取り扱うとして機械的に組み入れる．軌道関数中に存在する電子として考えたいときに，計算に際して，原子は多くの電子配置構造を同時にとるとみなす．化学や物理学の教科書の大好きな言葉である基底状態の電子配置は，問題とする原子の波動関数の級数展開表現においては代表項の一つに過ぎない[39)].

このレベルの近似では，周期表においていくつかの元素が同じ族に属することは，外殻電子の数によって説明されない．その代わりに第一イオン化エネルギーのような性質を計算する中に説明が隠れていて，期待される周期性が計算値に現れるかどうかみることになる．図 9.6 は，周期表中の 3〜53 番元素についての第一イオン化エネルギーの計算値を示したものである．グラフから明らかなように周期性が非常によくとらえられており，族のⅡとⅢおよび族のⅤとⅥのあいだの各周期での細かい点もとらえられている．明らかに原子の性質に関する計算が理論により高い正確さで達成されている．単に外殻電子の数が同じだから元素は同じ族に属すると主張するより，このアプローチによる周期系の量子力学による説明は，はるかに感銘に値する達成度である．

このようなすばらしい成功にもかかわらず，それでもなお，このようなアブイニシオ・アプローチはむしろ特別な意味で半経験的とみなすことができる．図 9.6 に示した計算値を求めるために，シュレーディンガー方程式をそれぞれ 50 の元素について別々に解かなくてはならない．したがって，イオン化エネルギーの周期性についてのよく知られたパターンを再現するために 50 個の別々のシュレーディンガー方程式を解くという点で，一つの「実験数学（empirical mathematics）」[40)] になっている．これはまるで，50 個の実験を行ったようなものである．しかし，この場合の「実験」は全部繰り返し数学の計算であるが．したがって，未だ原子の電子構造の問題に対する一般解にはなっていない．

密度関数によるアプローチ　周期表を物理還元する三番目のアプローチは，アブイニシオ計算においてあげたような欠点は，少なくとも原理的にはもっていない．1926 年，物理学者レウェリン・トーマスは原子の電子を粒子の統計ガスとの類似で取り扱う方法を提案した．このモデルでは電子殻は考えない．しかし，電子殻モデルと同様に電子は，角運動量はもっていると考える．

この方法は 2 年後にエンリコ・フェルミにより独立に再発見されたので，現在はトーマス-フェルミ法と呼ばれている．多年にわたり，トーマス-フェルミ法から得られる結果は電子軌道関数に基づく方法からの結果より劣っていたので，利用されることなく数学的興味にとどまっていた．トーマス-フェルミ法の興味を引く点は，原子核の周りの電子を完全に均質な電子気体として取り扱い，この系の数学的解は 1 回だけ解けばよいという点で，「普遍的（universal）」である．このことは図 9.6 に示した波動関数アプローチにみるように，個々の原子に対してシュレーディンガー方程式を解

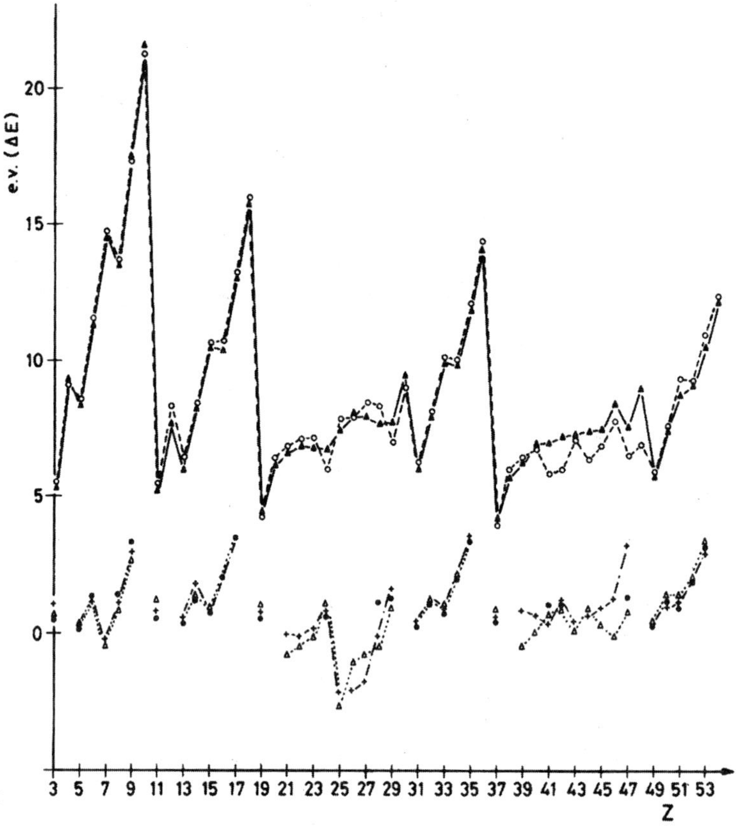

図 9.6　3〜53 番元素の第一イオン化エネルギーの実測値と計算値
イオン化エネルギーは原子番号に対してプロットした．円：実測値，三角形：計算値．E. Clementi, *Computational Aspects of Large Chemical Systems, Lecture Notes in Chemistry,* vol. 19, Springer-Verlag, Berlin, 1980, p. 12. 出版社の許可を得て掲載．

かなければならないのに対して，明らかに進歩している．

トーマス-フェルミ法とこれの最近改良された方法は，次第に密度関数理論（density functional theories）として知られるようになってきたが，軌道関数や波動関数に基づく方法と比較しうるほど強力になり，多数の事例で計算の正確さでは波動関数によるアプローチより勝るようになってきた．解は原子を他の元素と区別する原子番号 Z を変数にして表される．各原子について個別に計算を繰り返す必要がない．ただ，この利点は下に記すように原則上だけの話である．

軌道/波動関数法と密度関数法のあいだには，重要な概念上，いや哲学的ともいえる，差異が存在する．軌道関数法の場合，理論量はまったく観測できない．一方，密度関数理論を特徴づける電子密度は完全に観測可能である[41]．

X 線や他の解析法の進歩により，電子密度を観測する実験は日常的に行われるようになっている[42]．軌道関数は直接的であれ間接的であれ観測できない．なぜならば，物理的実体がなく，量子力学の内部だけの話だからである．アブイニシオ計算で用いられる軌道関数は多次元ヒルベルト空間[43] 中に存在する数学上の構造物に過ぎないが，一方，電子密度はまったく異なる．よく定義された観測可能体で現実の 3 次元空間に存在しているからである[44]．

9.7 実行上の密度関数理論

密度関数理論について，これまで書かれてきたことの大部分は実行上というより理論上のことが多い．トーマス-フェルミ法が周期表上の全部の原子に一般解を与えるという事実は可能性として魅力ある特徴であるが，いまのところ実現されていない．ここでは記さないが，いろいろな技術上の困難があり，トーマスやフェルミによるアイデアを満足させる試みは具現化していない[45]．このことは，ハートリー-フォック法や原子軌道関数を使ったアブイニシオ法のように個々の原子について別々に方程式を解くことに戻らなければならない．さらに，密度関数理論においてももっと扱いやすいアプローチにおいては，だいたいにおいて原子軌道関数を使い量子力学的計算を行うことになるが，それは電子密度に直接結びつく関数を得る手段が知られていないためである[46]．したがって研究者は，二乗すれば電子密度になる基本セットの原子軌道関数の使用に頼ることになる．

その上に悪いことに，均質ガスモデルを電子密度に使用すると正確な計算ができない．代わりに「さざ波（ripples）」を均質な電子ガス分布に導入しなければならない．これまで行われているやり方は，ある特定の系の既知の結果から，通常ヘリウムが使われるが，半経験的に逆方向に計算する．このようにして，近似的な関数のセットが得られ，他の原子や分子に対しても近似的なよい計算結果を与えることが可能になった．半経験的なアプローチの組み合わせと，均質なガスという理想から後退することにより，軌道関数と波動関数を使う通常のアブイニシオ法より多くの場合に計算としてよい結果を得ることが可能になってきている[47]．

どちらかといえば，量子力学とポール・ディラックの有名な断言「化学のすべては第一原理から計算できる」による初期の見込みと希望は，ほんの部分的にしか実現していない[48]．計算は格段に正確になってきているが，いろいろな段階で計算にはいろいろな半経験的な要素がたくさん入っていることがわかる．純粋に物理学的視点からは，第一原理からすべてが説明されつつあるのではないことを意味する．

時間の経過につれて，二つのアプローチの一番よいところがブレンドされ，多くの計算が波動関数と密度関数の両方を使用して行われている．このようなやり方には当然利点と欠点を伴う．不幸なことに未だ数値計算までできる純粋な密度関数法は確立されていない．仮想的な軌道関数でなく電子密度に基づいた，周期系の全原子に対する一般解を得る物理学上の願望は，未だ実を結んでいない[49]．

9.8 結　論

本章の目的は，事情が非常に微妙なところが多いので，周期系が量子力学により簡単に説明できるかどうかを決めることではない．むしろ，量子力学にどの程度還元できるか，あるいは，量子力学によってどの程度説明できるかを問うことである．多くの化学者や教育家は，物理還元は完全と考えているが，理論からどのくらい厳密に説明されるかを追求することはそれなりに得るものがあると考えられる．結局，量子力学のミクロの世界から遠く離れたレベルの実験データの集積になっている周期表の詳細について，量子力学が十分には演繹できていないことは驚くことではない．量子力学が周期表を現在の形まで説明したのはかなり奇跡である．しかし，これが演繹的な説明だと信じるのは誤りである．一つ明らかなことは，周期表について詳細に説明する試みは，量子物理学者と量子化学者の創意工夫への挑戦であり続けるし，周期表は量子化学で発展した新しい方法の妥当性のテストケースを提供し続ける[50]．

我々の物語はやっと現在までたどり着いた．三つ組元素が個別に発見された初歩的な始まりから，周期系は100以上の元素を統合し，同位体の発見や物質の研究における量子力学の革命などのいろいろな発見にも耐えて生きながらえてきた．脇によせられるどころか，周期系は化学元素の基本的性質を計算するより正確な手段の発展に，挑戦状を出し続けている．現代化学における周期系の主要な役割は，減るどころかむしろより強くなっている．

化学を量子力学へ還元することは，ある科学者たちが主張しているように完全な失敗でもなく[51]，何人かの最近の歴史家が主張しているような完全な成功でもない[52]．量子力学による物理還元の企ては，かなり成功しているが，化学の事実を不必要とするほどには成功していないし，ド・シャンクールトワ，ニューランズ，オドリング，ヒンリックス，マイヤー，および，特にメンデレーエフにより行われた化学的周期性の基本的発見を不必要とするほどでもない．化学的周期性の評価を下げているのではなく，近代量子物理学は文字通り周期系を説明して，理論的にその正しさを保証している．さらに重要なことは，量子物理学は，ときにとりざたされるような帝国主義的な役割を演じることなく，この偉業を成し遂げていることである．

■注

1) ボーアがハフニウムの化学的性質を予言したことは，化学が原子物理学に還元できることを示した偉大な瞬間（the great moment）であると，カール・ポッパー卿は主張した．K. R. Popper, Scientific Reduction and the Essential Incompleteness of All Science, in F. L. Ayala, T. Dobzhansky（eds.），*Studies in the Philosophy of Biology*, Berkeley University Press, Berkeley, CA, 1974, pp. 259-284.
2) A. Sommerfeld, *Atombau und Spektrallinien*, Vieweg & Sohn, Braunschweig, 1919, p. 70.
3) 物理的な力を形成しないので誤解を招くが，たびたび交換力（exchange force）と呼ばれる．
4) 本書は，化合物の本でなく元素の周期表の本なので，化学結合に関する量子理論は取り扱わない．分子量子化学（molecular quantum chemistry）の発展の歴史に興味ある読者はつぎの本を参考にするとよい．J. Servos, *Physical Chemistry from Ostwald to Pauling*, Princeton University Press, Princeton, NJ, 1990.
5) とりわけこの動きが，量子力学は反実在論思想を支持しているとする広く受け入れられている考えへと導いた．このような結論は，エルナン・マクマリンを含む多くの哲学者によって議論された．Ernan McMullin, The Case for Scientific Realism, in J. Leplin（ed），*Scientific Realism*, University of California Press, Berkeley, CA, 1984, pp. 8-40.
6) E. R. Scerri, Have Orbitals Really Been Observed? *Journal of Chemical Education*, **77**, 1492-1494, 2000；E. R. Scerri, The Recently Claimed Observation of Atomic Orbitals and Some Related Philosophical Issues, *Philosophy of Science*, **68** Suppl., S76-S88, 2001. つぎの論文も参照：S. Zumdahl, Chemical Principles, 5th ed., Houghton-Mifflin, Boston, 2005, pp. 679-680；W. H. E. Schwarz, Measuring Orbitals：Reality of Provocation? *Angewandte Chemie International Edition*, 45, 1508-1517, 2006.
7) たとえば，二組の同心円の波が衝突したとすると，結果は波の強度が増加あるいは減衰する．もし，二つの波がちょうど1波長だけずれていると，強め合う干渉を示し，強度が加算される．逆に波長の半分だけずれていると，互いに強度を弱め合う．この二つの効果の全体的効果として，波が加算されたり相殺し合ったりすることにより一連の干渉縞ができる．つまり，専門語で強め合う・弱め合う干渉と呼ばれる．
8) C. J. Davisson, L. H. Germer, The Scattering of Electrons by a Single Crystal of Nickel, *Nature*, **119**, 558-560, 1927.
9) もっとも，シュレーディンガーは，電子の波動性に関して実験的支持を期待していなかった．
10) マトリックス力学と波動力学が等価であることを証明したのはシュレーディンガー自身である．E. Schrödinger, Über das Verhältnis der Heisenberg-Born-Jordanschen Quantenmechanik zu der meinen, *Annalen der Physik*, **79**（4），734-756, 1926；英訳は *Collected Papers on Wave Mechanics*, translated by J. F. Shearer, W. M. Deans, Chelsea, New York, 1984. もっと丁寧な証明は後になって行われた．J. von Neumann, *Mathematisch Grundlagen der Quantenmechanik*, Springer, Berlin, 1932.
11) これは－1の平方根の二乗のようなもので，実数の－1になる．
12) もっと専門的には，波動関数の二乗を有限な体積単位について積分することである，つまり，$\int \Psi\Psi\delta\tau$ である．
13) 上述したようにこのような操作さえも古い量子理論ではできなかった．
14) 彼らは共同で論文を発表したことはなかった．ハートリーが最初に方法の基礎を確立した後に，フォックが相対論的に不変であるようにした．
15) しかし，全員がこの主張に同調しているわけではない．つぎの論文を参照．B. Friedrich, Hasn't It? A commentary on Eric Scerri's Paper, Has Quantum Mechanics Explained the Periodic Table? *Foundation of Chemistry*, **6**, 117-132, 2004；V. N. Ostrovsky, What and How Physics Contributes to Understanding the Periodic Law, *Foundations of Chemistry*, **3**, 145-181, 2001.

16） E. R. Scerri, Have Orbitals Really Been Observed? *Journal of Chemical Education*, **77**, 1492-1494, 2000.

17） もっと厳密には，フェルミ粒子の系に対する波動関数は，どの二つのフェルミ粒子の交換においても非対称であるということで，原理をいい表すことができる．多電子系において各電子への量子数の割り当てる際に，同じ量子数が二重に割り当てられることを回避できる．

18） レゥディンは（$n+\ell$）則に対して彼の見解を述べている．P. -O. Löwdin, Some Comments on the Periodic System of the Elements, *International Journal of Quantum Chemistry*, 3 Suppl., 331-334, 1969.

19） この事実は，電子配置を得る規則の説明において教科書ではよく軽視される．

20） E. R. Scerri, The Exclusion Principle, Chemistry and Hidden Variables, *Synthese*, **102**, 165-169, 1995.

21） 多電子系に移っても，一電子原子で使用した普通の符号をそのまま対応の量子数に使用する．

22） どの主殻でも最大いくらの電子が入ることができるかの式，つまり $2n^2$ を使用する．

23） E. R. Scerri, Transition Metal Configurations and Limitations of the Orbital Approximation, *Journal of Chemical Education*, **66**（6），481-483, 1989；L. G. Vanquikenborne, K. Pierloot, D. Devoghel, Transition Metals and the Aufbau Principle, *Journal of Chemical Education*, **71**, 469, 1994.

24） 図 9.5 に示したように，3d 軌道関数が 4s 軌道関数よりエネルギー的に低いが，3d 軌道関数に優先的に電子が入った場合の方が，4s 軌道関数に先に電子が入ったときより全体のエネルギーは高くなることがありうる．

25） 実際，もっと正確な取り扱いによれば，軌道関数のエネルギーは固定された量と考えるのは誤りである．事実，4s と 3d 軌道関数のエネルギーはこれらの軌道関数にどのように電子が入っているかに依存する．たとえば，4s 軌道関数のエネルギーは，電子が入っていないか，1 個あるいは 2 個入っているかに依存する．問題の完全な解析には，ただ二つの軌道関数だけでなく五つの軌道関数全部のエネルギーの比較が必要である．

26） 当然，つけ加わる中性子の数は変化し，そのことが同一元素に異なる質量数の同位体が存在することを説明してくれる．

27） これらの結果はハートリー-フォック法の計算の指導的先駆者であるシャルロット・フレーズ＝フィッシャーの web ページ（http://atoms.vuse.vanderbilt.edu/）から得たものである．

28） この選択は慣習による．イオン化に対応するエネルギーを 0 にとっている．あらゆる結合状態は負のエネルギーである．したがって負の値が大きいほど，エネルギー準位としてはより安定である．

29） もちろん，量子力学によれば電子は区別できないので曖昧に述べている．

30） たとえば，ニッケル原子についての非常に正確な計算においては，f 軌道関数はもちろん，6s，5p と 5d 軌道関数まで含んだ基本組み合わせを使用する．K. Raghavachari, G. W. Trucks, Highly Correlated Systems. Ionization Energies of First Row Transition Metals Sc-Zn, *Journal of Chemical Physics*, **91**, 2457-2460, 1989.

31） 私が議論したように，ニッケルもまた通常いわれている $4s^2$ 構造でなく $4s^1$ 構造をとっている．

32） どの原子にせよ，副殻が半分みたされた構造になっていることは，s^1 構造をとることを保証する必要条件でも十分条件でもない．

33） フントの規則の理論分析は，以下の論文に与えられている．J. Katriel, R. Pauncz, *Advances in Quantum Chemistry*, **10**, 143-185, 1977.

34） R. L. Snow, J. L. Bills, The Pauli Principle and Electronic Repulsion in Helium, *Journal of Chemical Education*, **51**, 585-586, 1974.

35） いわゆる一般的基本組み合わせに対する最近の研究の例外に関して，E. V. R. de Castro, F. E. Gorge, Accurate universal Gaussian basis set for all atoms of the Periodic Table, *Journal of Chemical Physics*, **108**, 5225-5229, 1998 を参照．ディラック-フォック計算についてのある考察が行われている．A. Canal Neto, P. R. Librelon, E. P. Muniz, F. E. Jorge, R. Colistete Júnior, *Theochem*, **539**, 11-15, 2001.

36) しかしヘリウムをアルカリ土類元素のところにおくことに好意的ないくつかの議論がある．このことが左ステップ周期表では行われている．例として G. Katz, The Periodic Table：An Eight Period Table for the 21st Century, *The Chemical Educator*, **6**, 324-332, 2001 があげられる．

37) 上に述べたように，多くの教科書に記されているのとは異なり，ニッケルの電子配置は，実際は $4s^1 3d^9$ である．二つの最もエネルギーの高い軌道関数の全部の電子を考慮しても，これらの電子が全部同じエネルギー値を示すわけではない．

38) この点について V. オストロフスキーが議論している．V. Ostrovsky, What and How Physics Contributes to Understanding the Periodic Law, *Foundations of Chemistry*, **3**, 145-182, 2001, p. 175 を見よ．

39) もちろん，軌道関数近似を超えたアブイニシオ計算にいくつかの方法があるが，それについては以下で述べる．

40) この表現は物理の哲学者マイケル・レッドヘッドのものである．つぎの文献を参照．M. Redhead, Models in Physics, *British Journal for the Philosophy of Science*, **31**, 154-163, 1980. 同じような指摘が V. オストロフスキーによって行われた．V. Ostrovsky, What and How Physics Contributes to Understanding the Periodic Law, *Foundations of Chemistry*, **3**, 145-182, 2001.

41) 密度関数が用いられる慣れ親しんだ 3 次元空間と異なり，アブイニシオ計算は 3N 空間で行われるので情報過多の問題がある．

42) 1999 年 9 月号の *Nature* に始まる，原子軌道関数が直接的に観測されたとする最近の報告は誤りである．J. Zuo, M. Kim, M. O' Keefe, J. Spence, Direct observation of d-orbital holes and Cu-Cu bonding in Cu_2O, *Nature*, **401**, 49-52, 1999；P. Coppens, *X-ray Charge Densities and Chemical Bonding*, Oxford University Press, Oxford, 1997.

43) 軌道関数が観測されるとする主張の教育的意味合いについては，他の論文で論じることにする．ここではこの問題について取り扱わない．

44) これは実在論者にとってのみ有利である．原子軌道関数など科学の主要語句に対象が存在しない事実によって，反実在論者が過度に混乱させられることはない．

45) P. M. W. Gill, Density Functional Theory（DF），Hartree-Fock（HF），and the Self-Consistent Field, in P. von Ragué Schlyer（ed.），*Encyclopedia of Computational Chemistry*, vol. 1, Wiley, Chichester, 1998, pp. 678-689.

46) ホーヘンベルク，シャム，コーンによって証明された理論から可能性が浮かんでくる．P. C. Hohenberg, L. J. Sham, and W. Kohn, Inhomogeneous Electron Gas, *Physical Review* B, **136**, 864-871, 1964；W. Kohn, L. J. Sham, Self-Consistent Equations Including Exchange and Correlation Effects, *Physical Review A*, **140**, 1133-1138, 1965.

47) アブイニシオ法と密度関数による量子化学計算についての優れた解説は，ポープルのノーベル賞受賞講演に与えられている．J. Pople, *Reviews of Modern Physics*, **71**, 1267-1274, 1999.

48) 化学の還元に関するディラックの有名な文章は，「物理の大部分と化学の全体に関する数学的理論に必要な基礎法則は，これで全部わかった．問題は，これらの法則を厳密に適用しようとすると方程式はとても複雑になり，とても解けないことである」．P. A. M. Dirac, Quantum Mechanics of Many-Electron Systems, *Proceedings of the Royal Society of London, Series A*, **123**, 714-733, 1929, p. 714 から引用．

49) 周期表の問題に対する別な一般的アプローチは，ダドリー・ハーシュバックとその共同研究者によって追求されている．K. Kais, S. M. Sung, D. R. Herschbach, Large-Z and -N Dependence of Atomic Energies of the Large-Dimension Limit, *International Journal of Quantum Chemistry*, **49**, 657-674, 1994.

50) 注 18 で述べたように，この問題はレゥディンのような指導的量子化学者は認識している．この問題を解くいくつかの試みはすでに発表されている．たとえばつぎの論文を参照．V. Ostrovsky, What and How Physics Contributes to Understanding the Periodic Law, *Foundations of Chemistry*, **3**, 145-182, 2001. 読者は，周期表についての最近の国際会議の本の私の章にも興味をもつかもしれない．E. R. Scerri, The Best Representation of the Periodic

System : The Role of the $n+\ell$ Rule and the Concept of an Element as a Basic Substance, in D. Rouvray, R. B. King (eds.), *The Periodic Table : Into the 21st Century*, Science Studies Press, Bristol, 2004, 143–160.

51) J. Dupré, *Human Nature and the Limits of Science*, Clarendon Press, Oxford, 2001 ; J. van Brakel, *The Philosophy of Chemistry*, Leuven University Press, Leuven, Belgium, 2000（特に第 5 章参照）.

52) B. Bensaude, I. Stengers, *A History of Chemistry*, Harvard University Press, Cambridge, MA, 1996（特に第 5 章参照）; D. Knight, *Ideas in Chemistry*, Rutgers University Press, New Brunswick, NJ, 1992（第 12 章参照）.

10

天体物理，原子核合成，そして再び化学へ

Astrophysics, Nucleosynthesis, and More Chemistry

ここまで，元素の性質と周期表について理論的な手法で説明する試みについて検討してきたが，なお触れていない重要な問題も多い．そのような問題を取り上げるためには，少し戻る必要がある．これまでの章と同様に，化学の範囲から外れることも取り扱い，記述は歴史的に時を追って進める．

本書では，元素はある決まった形での存在としてきた．元素がどのように進化してきたか，元素の同位体存在比が一定であるかについては述べなかった．本章の前半で，このような問題を取り上げる．同位体ごとに安定性が異なるが，この問題はある程度まで原子核物理学の理論によって説明できる．

原子核合成研究の発展は，物理科学の一分野である宇宙論の発展と強く結びついている[1)]．多くの場合に，異なる宇宙論的理論の成否は，さまざまな元素の宇宙存在量の観測値を，その理論がどの程度まで説明できるかによって判定される[2)]．最も活発に議論されたのは，ビッグバン宇宙論と定常宇宙論の対決においてであろう．二つの理論の支持者は，しばしば元素存在量の観測値によって議論していたが，最終的に定常宇宙論の分が悪くなったのは，宇宙における水素とヘリウムの存在比の観測値との比較においてであった[3)]．

本章の後半では，元素の化学の進歩を取り扱う．特に，周期系の族と周期に基づく単純な考察では説明できない例を取り上げる．このようなまだ広く知られていないことを検討すると，周期系全体の理解に新しい疑問が提供されてくる．最後に述べることは，地質学，冶金学，物理学，化学などの異なった科学の分野に属する科学者が，

異なった周期表を用いているという事実である．このことは，周期系がグローバルあるいは哲学的な理解に達しているとして議論される．

10.1 元素の進化

第2，3，6章で，ウィリアム・プラウトの仮説について述べた．彼に従うと，すべての元素は本質的に水素から合成されることになる．この仮説は，原子量の精密測定によって一時は不適当だとされたが，20世紀に入ってから復活した．第6章で述べたように，アントン・ファン・デン・ブルック，ヘンリー・モーズリーらは，すべての元素は水素から生成することを示した．本章では，プラウトの仮説が復活したかもしれないとする第二の発想に集中して述べる．現在では，元素はさまざまなメカニズムを経て水素から生成することになっている．この可能性を最初に真剣に考えた科学者の一人が，イギリスの化学者，ウィリアム・クルックスで，彼は有力誌 *Chemical News* の創始者，編集者であった．

クルックスは，周期表の創始者の一人であるが，この分野の先駆者の一人であるヨハン・デーベライナーや発見者とされているジョン・ニューランズとディミトリー・イヴァノヴィッチ・メンデレーエフほどには広く知られていない．クルックスは王立化学大学で A. W. ホフマンのもとで化学の研究を始め，王立協会でマイケル・ファラデーの指導を受けた．最初は分光学の研究に従事した．他のクルックスの研究成果の中では，第6章の引用にあるように同位体の存在を予期していたことを認めたい．

1861年，クルックスは新元素タリウムの発見を報告した[4]．スペクトル中の青い輝線の存在によって新元素は確認された．しかし，本章との関連で最も重要な貢献は，元素の無機的な進化を提案したことである．

> あなた方の前でお話ししたい題目を表す言葉として，異端ともみえる問題を提起したいと思います．化学の近代的な考え方が科学界に登場したときに，ふつうの化学者は元素を究極の真実と受け止めていました．
> 私はあえていいたいのです．元素は，広く受け入れられているように単純でも始原的でもありません．元素は，偶然に発生したのでも気まぐれに機械的な手段でつくられたのでもなく，単純な物質，おそらく1種類の物質，から進化したのでしょう……[5]．

クルックスは，高電圧放電が起こるときの低圧気体の分光学的研究を行った．1879年，自分が取り扱った気体の中に物質の第四の状態であるプラズマが存在し，それが星の中でも存在すると推測した．この条件のもとで，クルックスは，プラウトの原物質と同じ最初の物質として元素の原子が存在すると論じた．7年後のイギリス科学振興協会の会合で，クルックスが放電管で研究した状態と類似している巨大な電気振動を通じて，星の中で原子がプラズマ状態から冷却されたときに化学元素が進化すると

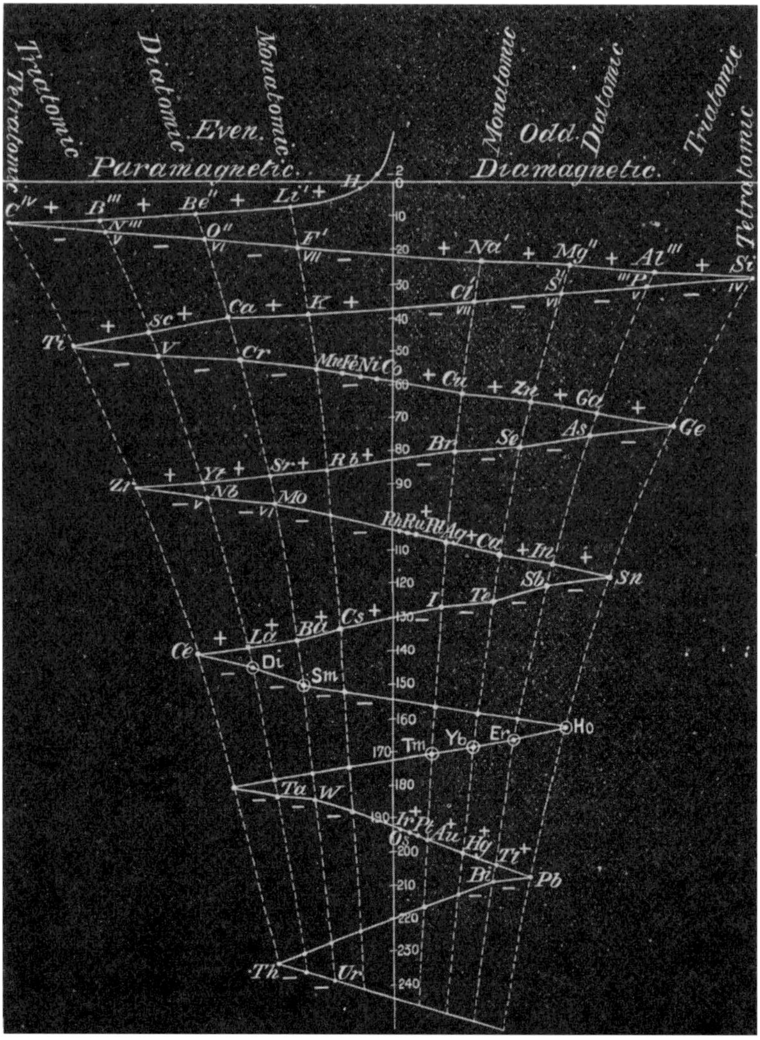

図 10.1 クルックスの電気振動による元素の生成

W. Crooks, *Chemical News*, **45**, 115–126, 1886, p. 120 の図.

いう理論を公表した（図 10.1）．おもな電気振動はメンデレーエフの周期系の周期と振幅が類似している．たとえば，水素からフッ素まで，およびそれを越えたところ，と似ていることを主張した．振動が続けば，電気的に陰性の元素から電気的に陽性の元素が分離されるであろう．クルックスによれば，元素は宇宙のプラズマが冷却したとき，原子量の小さい方から増加する順序で形成された．このような巨大な電気振動は，周期表では空欄になっている未知の元素も含めて，周期表のすべての元素が形成されるように繰り返される．それぞれの連続する振幅は冷却が進むとともに小さくなり，生成する元素の原子量が増加した．この際に，重い元素は軽い元素より互いに似た性質をもつ結果となった．

貴（希）ガスの発見後につくられた，このメカニズムによる 3 次元のねじ巻型（プレツェル型）の周期系を示したモデルが，現在でもロンドンの科学博物館に展示されている．この二重らせんモデルでは，頂上に水素があり，最後の元素ウランに向かって下っている（図 10.2）[6]．

貴（希）ガスが 1890 年代に発見されたときのクルックスの対応はすばやかった．彼の周期系では，フッ素とナトリウムのあいだのように，巨大電気振動の中心に，こ

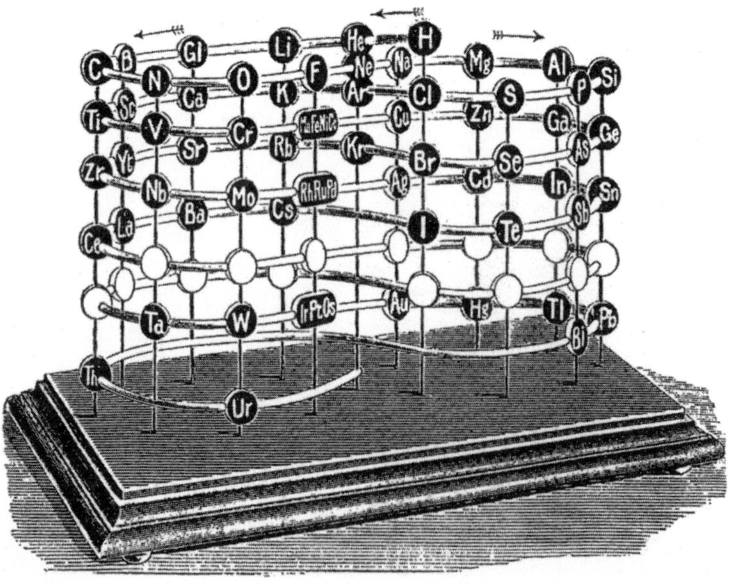

図 10.2　クルックスの周期系
W. Crooks, *Proceedings of the Royal Society of London*, **63**, 408-411, 1898, p. 409 の図.

れらの元素が現れてくると1886年に公表していて，彼の周期系ではすべてが示されていたと指摘した（図10.1）．

メンデレーエフは，しかしながら，1889年のファラデー講演会の中で，このような進化の体系を批判し，「元素の周期は幾何学者たちによって単純に表されていることとは違う性質をもつ……．それは，点，数，質量の突然の変化に相当し，連続的な進化ではない」[7]といい切った．クルックスに加えて，多くの化学者が原子核合成の分野の創立に加わった[8]．この中にカリフォルニア工科大学のリチャード・トルマンがいた．相対性理論と統計力学を専門とする化学者である．もう一人はジャン・ペランで，原子が物理学的実在であることを受け入れさせるのに決定的な貢献をした物理化学者である．彼の初期の原子モデルについては第7章で説明した．スヴァンテ・アレニウスはノーベル賞を受けた化学者で，20世紀への変わり目における物理化学の創立者の一人である．彼は，後に他の学者の受け入れないところとなるが，宇宙は熱的な死を経験する必要はないという推測による宇宙論を展開した[9]．

同じく，物理化学の創立者の一人で，熱力学の第三法則の発見者でもあるヴァルター・ネルンストは，放射性原子がエーテルの中で生じるはずだと推測した．それは，新しい量子力学を通じて発見された0点エネルギーと関連づけられた．彼は，連続する再循環のメカニズムが，一般に熱力学から予言される宇宙の恐るべき熱力学的死を防ぐであろうという希望的観測をもっていた．

元素の進化という考えは，天文学者のアーサー・エディントンによって再び真剣に取り上げられた．彼はプラウトの仮説に興味をもち，4個の水素原子がヘリウム原子を生成するために結合するはずと示唆することから始めた．1920年に*Nature*に発表した論文の中で，エディントンは，最近ラザフォードによって発見された原子核に陽子を照射して起こる元素の人工変換が，星の内部でも起こるかもしれないと推測した．彼の言葉である．「キャヴェンディッシュ研究所で起こすことが可能な原子核反応が，太陽の中で起こることは困難でないのかもしれない[10]」．

ビッグバン宇宙論という名称は元来なかったのだが，宇宙が特定の時間に生成したと議論した最初の人はベルギーの僧侶ジョルジュ・ルメートルであった．最初は，彼の理論は真面目には受け入れられなかった．その理由は，宇宙を静的とみるアルバート・アインシュタインの考えと衝突することと，もう一つはある人がいったように，神学との境界にあると思われたからである．特にルメートルの宗教とのつながりが問題だと思う人もいた[11]．

天文学的観測によって，徐々に宇宙は確かに膨張しているということになったが，宇宙創造の最初の瞬間に起こった現象の結果として膨張していったかどうかについては論争の余地があった[12]．ところが，本節の話の流れにそうように，ビッグバン理論のより確実な基礎を固めた物理学者がいた．原子核合成理論に最初に主要な貢献をしたウクライナ生まれのジョージ・ガモフである．ガモフは原子核物理学を宇宙論に導入した最初の人であり，その点でパイオニアとしての有利な面もあったであろう．大筋をいうと，ガモフはラルフ・アルファー，ハンス・ベーテと共同で，ビッグバン直後のある仮想的な条件が水素からベリリウムまでの軽い元素の合成を説明するのに適当であることを示した[13]．彼らは元素の誕生が，平衡的な状況ではなく，後にビッグバンと呼ばれる，宇宙創成の過程で起こると論じた．彼らが提唱したメカニズムの重要な点は，中性子捕獲とそれに続く β 崩壊にある．その結果としてすべての元素が生成することになる．β 崩壊が起これば，原子番号が一つ大きい原子が生じるからである．たとえば，

$$^{1}_{0}n \rightarrow ^{1}_{1}\mathrm{H} + ^{\ 0}_{-1}\beta$$

となる（訳注：この式は中性子の β 崩壊を表すもので，$^{3}_{1}\mathrm{H} \rightarrow ^{3}_{2}\mathrm{He} + ^{\ 0}_{-1}\beta$ のような式の方が，本文の趣旨に合っている）．

初期の成功にもかかわらず，ガモフの理論は質量数 5 と 8 の原子の生成についてつまずきをみせた．質量数が5と8の原子は存在せず，質量数8の原子はヘリウム原子（質量数4）を融合させて生成させることもできない．しかし，この問題はガモフの理論にとって決定的な障害となるものではなく，新たなメカニズムへの挑戦を促すものとなる．

1952 年，コーネル大学のエドウィン・ソールトピーターは，新たなメカニズムを導入して，部分的にこの問題の解決への道を開いた．彼は「3 個の α」融合メカニズムによって 4 より重い質量の原子がつくられると示唆した．それをつぎの式に示す．

$$3\,^{4}\mathrm{He} \rightarrow ^{12}\mathrm{C} + 2\gamma + 7.3\mathrm{MeV}$$

ソールトピーターは，星の内部でこの過程が十分に起こりうると論じ，さらに $^{8}\mathrm{Be}$ が非常に短い寿命しかもたなくてもつぎの反応は起こりうるとした．

$$2\,^{4}\mathrm{He} \rightarrow ^{8}\mathrm{Be}$$

$$^{8}\mathrm{Be} + ^{4}\mathrm{He} \rightarrow ^{12}\mathrm{C}^{☆} \rightarrow ^{12}\mathrm{C} + 2\gamma$$

ソールトピーターは，上に述べた二つの過程で生成した $^{12}\mathrm{C}$ がさらに α 粒子を捕獲して $^{16}\mathrm{O}$ と $^{20}\mathrm{Ne}$ になるとも主張した．この二つの原子の存在量の観測値はこの考えを支持している．しかしながら，ソールトピーターは，$^{12}\mathrm{C}^{☆}$（彼がこのように標識をつけた）の性質について多くを述べなかったために天体物理学の研究者にほとんど影響を与えなかった．

$^{12}\mathrm{C}$ がどのように生成するかの問題は，謎の多いイギリスの物理学者フレッド・ホ

図 10.3 左から右へ，マーガレット・バービッジ，ジョフレイ・バービッジ，ウィリアム・ファウラーおよびフレッド・ホイル（B^2FH 理論（本文を参照）の共著者）

イルによって解明された（図 10.3）．彼は，原子核合成の過程の解明についてこれまでのところ最大の貢献をした人物であるが，定常宇宙論の三人の開発者の一人でもある[14]．ホイルがどのように 3 個の α 融合の「失われたリンク」の問題に取り組んだかを語る前に，1946 年に彼が公表した影響力の大きい論文に戻る必要がある．

エディントンは元素の合成が星の内部で起こることを示唆していたが，そのような過程が起こるのに必要な温度は典型的な星の内部の温度をはるかに超えている．たとえば，太陽の中心部の温度は数百万度である．この温度でもヘリウムを生じる水素の燃焼は起こるが，ヘリウム同士が融合する反応（ヘリウムの燃焼）を維持できない．ヘリウム燃焼が続くには数十億度が必要である[15]．

このような状況を評価するためのもう一つの道はつぎの通りである．二つの原子核が融合するには，2 個の原子核の半径の和に等しい距離まで近寄らねばならない．しかしながら，強いクーロン斥力のために接近は妨げられる．量子力学の登場によって量子力学的トンネル効果が導入され，その適用によってのみ原子核同士の相互作用が起こりやすくなると考えられ，そのようなことは星の中でも起こると信じられている．ホイルは，1946 年に発表した論文の中で，星の中の元素合成のおもな道筋についてその概要を示している[16)].

この研究の過程で，ホイルは星がその寿命のあいだにどのように変わっていくかについて，多くの重要な特徴も明らかにしている．たとえば，中程度の年齢の星では水素が融合してヘリウムになるときに発生する熱は放射される光のエネルギーとして失われるとしている．星が究極的にどのような運命をたどるかについては，二つの効果の競争が考えられる．星が重力の効果で収縮する一方で，星のコアで発生する高温が収縮を抑える．星の中で水素燃料が減ると，水素燃焼が起こりにくくなり，結果として温度は下がりはじめる．この時点で，重力が優勢となって，その結果として収縮が始まる．しかし，圧縮は温度の新たな上昇を招いて，星が崩壊へ向かう動きを止める．さらに，新たに生じる熱によって常により高温になり，新しい融合反応が起こる．この平衡は一時的で，新しい原子核反応によって燃料がつきて，さらに収縮が起こり，温度が上がる．

このサイクルは何回も繰り返され，そのたびごとに温度が上がって，より重い原子核が融合するようになる．ホイルはさまざまな大きさの星について計算しているが，太陽の 25 倍の質量をもつ星について彼の考えた筋書きの要点を表 10.1 に示す．このようにして，星の一生のさまざまな段階の中で，多くの元素がつくられ，ついに鉄という最も安定な原子核の生成に至る．

すべての燃料が消費されると，星のコアはきわめて短い時間のあいだに崩壊し，超新星の形で爆発する．この爆発とその結果として生まれる条件によって多くの重い元素が合成され，宇宙空間に放出される．星の崩壊過程で，このような爆発は星の外側で起こり，中心部では爆縮と崩壊が起こる．質量が太陽の 2〜3 倍までの星では，鉄の原子核が分解して中性子となり，全体が中性子星となる．もっと重い星では，パウ

表 10.1　ホイルの計算に基づく原子核合成のそれぞれの段階で必要とされる条件

燃焼段階	密度（g/cm^3）	温度（℃）	時間
水素	5	4×10^7	10^7 年
ヘリウム	700	2×10^8	10^6 年
炭素	2×10^5	6×10^8	600 年
ネオン	5×10^5	1.2×10^9	1 年
酸素	1×10^7	1.5×10^9	6 か月
ケイ素	3×10^7	2.7×10^9	1 日
コアの崩壊	3×10^{11}	5.4×10^9	0.25 秒
コアの収縮	4×10^{14}	2.3×10^{19}	0.001 秒
爆発	不定	約 10^9	10 秒

S. Singh, *Big Bang*, Harper Collins, New York, 2004, p. 338 の表に基づく．

りの排他律によっても星の崩壊を止めることはできず，ブラックホールが生成することもある[17].

このようにして，ホイルは原子核合成の問題をほぼ完全に解明した．残されたことは表 10.1 に示す第二の段階を説明することである．ヘリウムはどのように融合して炭素になるのか．前述の通り，これはガモフと後にソールトピーターが取り組んだ問題，つまり ^{12}C 原子が生成する納得のいくメカニズムが欠けていたことである．それがなければ，表 10.1 のそれ以後に進むことは希望的観測の領域に留まってしまう．

しかし，ホイルはこの問題をはっきりと劇的に説明することに成功した．彼は，^{4}He の原子核が ^{8}Be と結合して ^{12}C の高いエネルギー状態（または共鳴状態）に至ると考えた．この考え方は，その当時知られていた ^{12}C の共鳴状態に関する知識と反するものであった．ホイルは，新しいエネルギー状態の励起エネルギーを非常に簡単な考察で予測することができた．^{4}He 原子核の質量に ^{8}Be の質量を加えれば，仮想的な新しい状態の励起エネルギーを知ることができる．その励起状態は γ 線を放出して基底状態に移る．励起状態と基底状態のエネルギーの差は 7.68MeV となった．ホイルは，休暇でカリフォルニア工科大学を訪れたときに，実験核物理学者のウィリアム・ファウラーに ^{12}C の新しい励起状態を見出す実験をするように説得した．新しい励起状態が見出され，その励起エネルギーは 7.68±0.03MeV であった！[18] ホイルの勝利は完璧で，後に書かれたよく引用される論文の完成によって一層完全なものとなった．この論文の共著者にはファウラーとマーガレット/ジョフレイ・バービッジ夫妻がいて，後に B^{2}FH 論文として広く知られるようになる（図 10.3）[19].

鉄より重い元素の生成に立ち戻ると，B^{2}FH 論文の筆者たちは，それらの元素がおもに二つの過程を経て生成することを見出した．第一は，中性子をゆっくりと捕獲する過程で，s 過程（訳注：s は slow を意味する）と呼ばれる．この過程は赤色巨星に代表される星の中で数千年も続く．たとえば，亜鉛の原子核は中性子を吸収して，β 崩壊して新たな元素の原子核となる．

$$^{68}\mathrm{Zn} \xrightarrow{n} {}^{69}\mathrm{Zn} \xrightarrow{\beta} {}^{69}\mathrm{Ga} \xrightarrow{n} {}^{70}\mathrm{Ga} \xrightarrow{\beta} {}^{70}\mathrm{Ge} \cdots\cdots$$

質量数が 230 以上の原子核は多数の中性子を吸収した後の連続した β 崩壊によって生じる．これは r 過程（訳注：r は rapid を意味する）と呼ばれ，超新星の爆発のときに急激に起こる．放出された元素は後に新しい星の中に取り込まれるが，このような現象は何世代も続く．太陽の中では生成できない元素が太陽に含まれていることは，太陽が少なくとも第一世代の星でないという結論を導く．

10.2 天体物理学と宇宙論：現在の考え方

宇宙はいまから 137 億年前に革命的な大爆発によって生まれた．そのときの物質の密度は 1070 g/cm^3，温度は 10^{32}K であった（表 10.2）．この熱いビッグバンは物質とエネルギーを生み出したが，その中で 4%がふつうの物質で，残りが「暗黒エネルギー」と「暗黒物質」になる[20]．4%を占めるふつうの物質の 75%が水素，24%がヘリウムで，残りのほかの元素すべてを合わせて 1%に過ぎない．したがって，水素とヘリウム以外の元素の存在比は宇宙全体では 0.04%になる．このように考えると，宇宙に関係する問題では周期系は重要ではないようにみえる．しかし，知られている限りでは，我々の住む地球はふつうの物質からつくられていて，元素の相対的な存在比は宇宙全体とは異なるという事実がある．だが，地球上の元素存在比について考える前に，太陽について考えることは意義がある．

太陽は，宇宙全体からみると若い星で，45 億 5000 万年前に生まれている．太陽の水素の存在比は宇宙全体からみるとやや低くて 70%，ヘリウムはやや多くて 28%で，ほかの元素すべてを合わせて 2%である．地球を含む惑星の中の元素の存在比は，惑星ごとに大きく変わる．内惑星では大気が存在しないのに対して，質量の大きい外惑星では重力の影響もあって，外側は気体で包まれている．おもに気体元素からなる木星，土星，海王星はしばしば「気体の巨人」と呼ばれている．地球では，水素は 11 番目に多い元素で，重量で 0.12%に過ぎず，ヘリウムは超微量しか存在していない．

表 10.2　ビッグバン宇宙論の過程

	時間	温度（K）
ビッグバン	0	10^{32}
陽子と中性子の形	数秒	10^{10}
原子核の形	3 分	10^{9}
原子の形	3×10^5 年	3000

10.3 原子核の安定性と元素の宇宙存在比

原子核の安定性は，結合エネルギーによって推定できる．この量はその原子核を構成している核子（訳注：陽子および中性子）の質量の和からその原子核の質量を差し引くと得られる．この差は，核子が集まって特定の原子核が生成するときに放出されるエネルギーに相当する．質量をエネルギーに換算するには，有名なアインシュタインの式，$E=mc^2$（訳注：ここで E はエネルギー，m は質量，c は光の速度）が用い

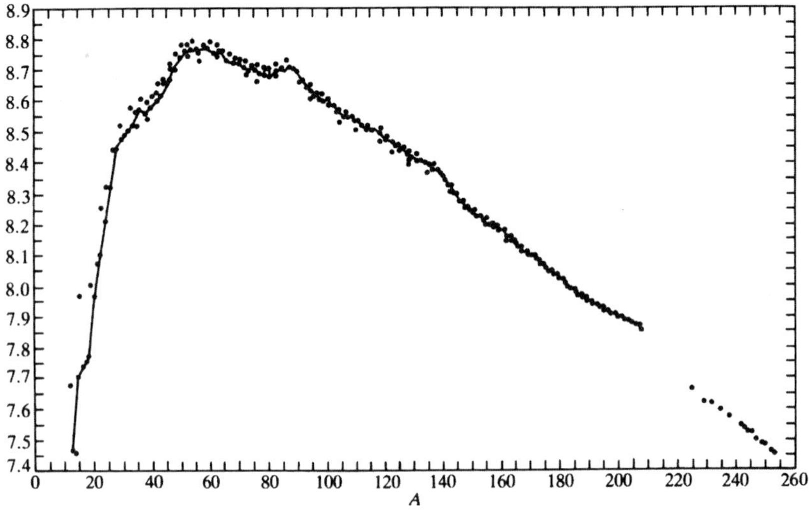

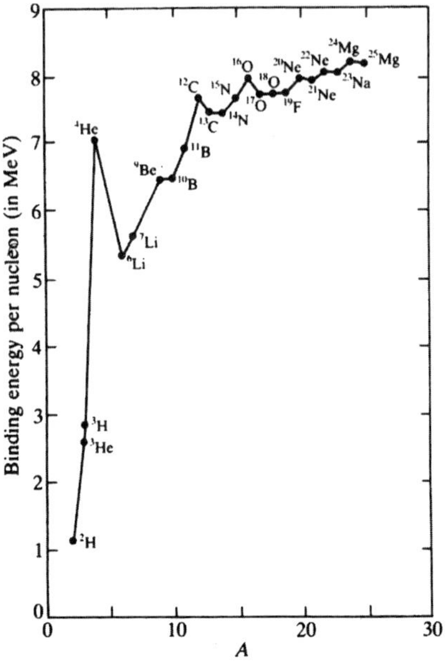

図 10.4　安定な原子核に対する核子あたりの結合エネルギーと質量数の関係

G. Friedlander, J. W. Kennedy, E. S. Macias, J. M. Miller, *Nuclear and Radiochemistry*, John Wiley & Sons, New York, 1981, pp. 26, 27 より許可を得て転載.

訳注：縦軸は核子当たりの結合エネルギー，横軸は質量数.

られる．結合エネルギーを質量数で割って得られる「核子当たりの結合エネルギー」は，原子核の安定性を知るためのよりよい尺度である．この量と質量数との関係を図 10.4 に示す．この関係を理論的に理解するには，原子核物理学の助けが必要である．

図 10.4 が示している傾向の概要を理解するには，ベーテ，カルル・フォン・ヴァイツゼッカー，ニールス・ボーアなどによって開発された原子核の液滴モデルが用いられる．このモデルでは，原子核を均一な密度をもつ液滴と仮定する．目的は，核子あたりの結合エネルギーが急激に増加して 8.7MeV と 8.8MeV のあいだになることの説明にある．鉄のあたりで最大値となり，すべての原子核の中で最も安定になる．質量数として $A=56$ のこの領域を超えると，原子核は不安定になる．鉄までの元素は反応の際にエネルギーが放出される発熱反応で生成する．星の中で重い元素が連続的に生成することが可能になる理由はここにある．しかし，鉄を超えると生成反応は吸熱反応となり，星のエネルギー放出には役に立たなくなる．

原子核は，核子間で働く引力である核力が正電荷をもつ陽子同士のクーロン斥力を上回る時に安定になる．強い核力は，クーロン斥力と異なり陽子間でも他の組み合わせと同じように働くが，そのおよぶ距離は短く，2×10^{-15} m にとどまる．図 10.4

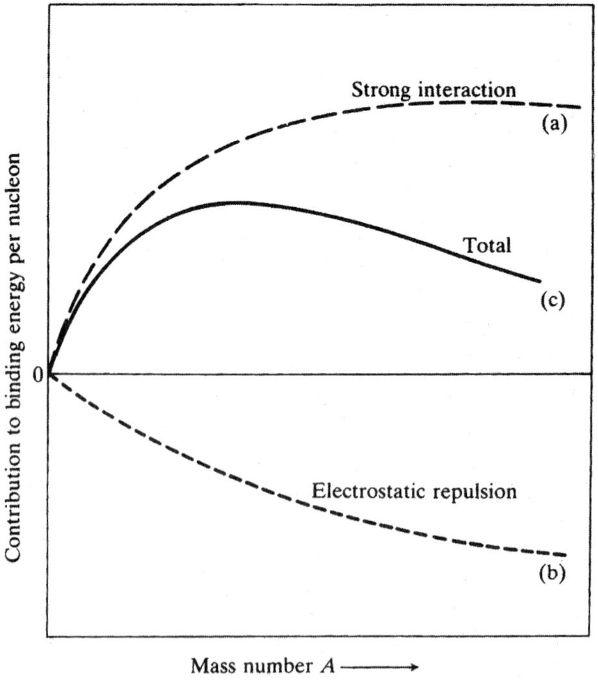

図 10.5　原子核の中で作用する強い核力(a)と静電的クーロン反発力(b)
P. A. Cox, *The Elements*, Oxford University Press, 1989, p. 33 より許可を得て転載.
訳注：縦軸は核子当たりの結合エネルギーへの寄与，横軸は質量数.

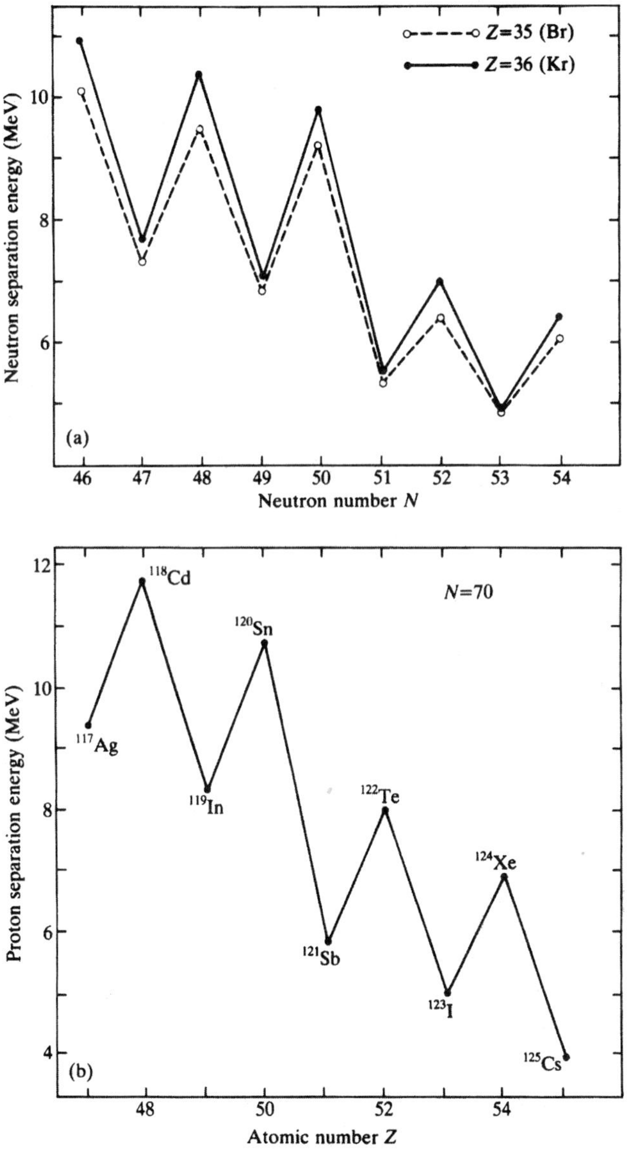

図 10.6　一連の原子核に対する中性子（a）と陽子（b）の分離エネルギー
P. A. Cox, *The Elements*, Oxford University Press, 1989, p. 33 より許可を得て転載.

訳注：上図の縦軸は中性子の分離エネルギー，横軸は中性子数，下図の縦軸は陽子の分離エネルギー，横軸は原子番号.

に示した実測に基づく曲線は，定性的には，強い力（図 10.5a）とクーロン斥力（図 10.5b）の作用が合わさって生まれるものである[21]．

しかしながら，図 10.4 の曲線に現れている，核子当たりの結合エネルギーの不連続点のような詳細な特徴を説明するには，液滴モデルは無力である．特にはっきりしているのは ^{12}C, ^{16}O, ^{20}Ne, ^{24}Mg で，どれもがその前後の原子核より安定なことである．この特徴を説明するには，量子力学的な原子核の殻モデルを考える必要がある．このモデルは，第 7 章と第 9 章で説明した電子の殻モデルと多くの点で似たところがある．

図 10.4 に現れている不規則性をもっとはっきりと知るには，ある原子核から核子を分離するときに必要な「分離エネルギー」が用いられる（図 10.6）．なお，分離エネルギーは，隣り合う原子核の結合エネルギーの差として求められる．図 10.6 では，中性子に対する分離エネルギーと陽子に対するそれを別々にプロットしているが，どちらにも同じような傾向が現れている．これは，図 9.6 に示した原子番号と原子の第一イオン化エネルギーの関係を思い起こさせるものである．

多くの原子核に対する分離エネルギー曲線は，図 10.6 の下図の場合は $N=70$ についてであるが，ジグザグなパターンを示す．また，陽子数が偶数のときは奇数のとき

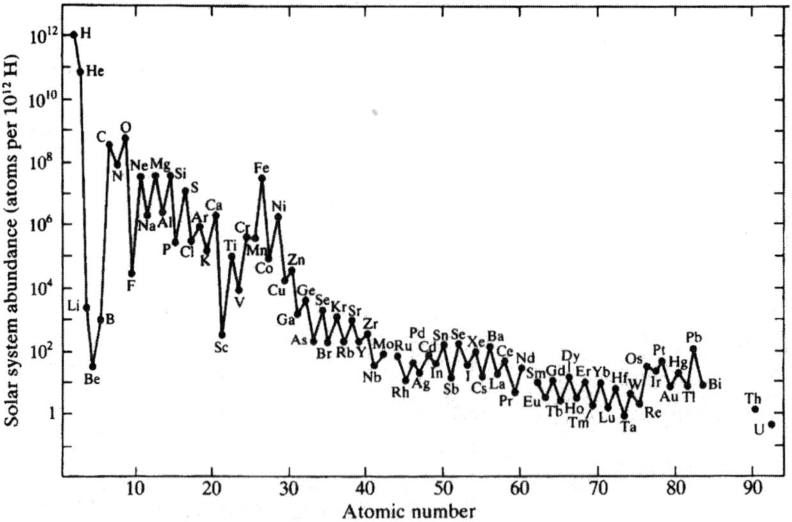

図 10.7　太陽系の中の元素の宇宙存在比（縦軸）
この曲線をつくるには，隕石の分析値が役立っている．P. A. Cox, *The Elements*, Oxford University Press, 1989, p. 17 より許可を得て転載．

より安定であることが示されている．さらに，$Z=50$ を超えると，原子核の安定性が原子番号の増加とともに減少することもみてとれる．このような考察をすべての元素について適用すると，Z または N が，2，8，20，28，50，82，126 のときに原子核が安定になることがわかってくる[22]．このような数は「マジック・ナンバー」と呼ばれている．陽子に対するマジック・ナンバーは，太陽中の元素の存在比をある程度まで示す曲線（図 10.7）の中で最大値を示す位置にある．それらの元素は，$_{2}$He，$_{8}$O，$_{20}$Ca，$_{28}$Ni，$_{50}$Sn，$_{82}$Pb である[23]．

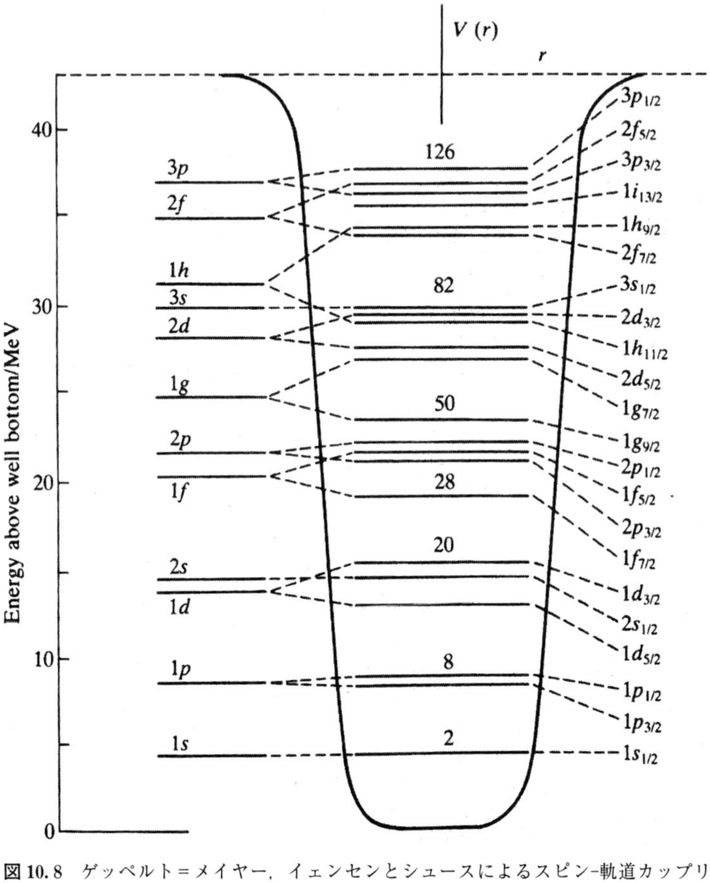

図 10.8　ゲッペルト＝メイヤー，イェンセンとシュースによるスピン-軌道カップリングを導入した原子核の殻モデルに基づくエネルギー準位

L. Pauling, *General Chemistry*, Dover, New York, 1970, p. 855 より許可を得て転載.
訳注：縦軸は井戸底を 0 としたエネルギー.

原子核の殻モデルでは，この問題を取り扱うときに，原子核の中で働く力については中心場ポテンシャル近似を用いている[24]．原子内の電子の場合のように，原子核についてもシュレーディンガー方程式を解くことによって特定のエネルギー準位が導き出される．それぞれの準位に対する記号は，原子の場合と同様に，s，p，d，f である．しかし，違う点もいくつかある．たとえば，原子核では最低の p と d の準位をそれぞれ 1p と 1d としていて，電子の場合とは違っている．原子のエネルギー準位が連続して電子によってみたされていくように原子核のエネルギー準位は核子で満たされていくと考えている．しかし，中心場近似で予測されるエネルギー準位は，1s＜1p＜1d＜2s……のようになってマジック・ナンバーを説明できない．この問題は，1950年代にマリア・ゲッペルト＝メイヤー，ハンス・シュース，ハンス・イェンセンによって導入されたスピン-軌道カップリングを考慮した取り扱いによって解決をみた（図 10.8）[25]．

スピン-軌道カップリングの導入によってエネルギー準位は分裂する．さらに新たに生じた準位の重なり合いによって，図 10.8 の右側に示したエネルギー準位の順序が生まれる．このようにして，エネルギー準位がみたされる順序は，$1s_{1/2} < 1p_{3/2} < 1p_{1/2} < 1d_{5/2} <$……のようになる．最後に，あるエネルギー準位をみたすことができる核子の数は角運動量を j として，$(2j+1)$ となる[26]．

電子の殻モデルにせよ原子核の殻モデルにせよ，どちらも多体問題として扱っていて解析的解はない．その結果としてどちらの場合の解釈も，ある程度まで実験的な証拠に頼っている．ある学者の発表によってつくり出された印象とは異なって，原子核の場合には第一原理から導き出せるものではない．原子核が複雑であるがゆえに問題はきびしくなる．第 7 章と第 9 章で述べたように，電子の場合は経験的に $(n+\ell)$ 則が得られる．同じように，原子核の場合も原子の場合の配分の原理に基づいて，実験データから準位の順序を得ることができる．

それにもかかわらず，マジック・ナンバーが原子核の殻モデルによって説明できたことは顕著な業績である．エネルギーの準位の順序は導かれていないにしても，それぞれの準位に入る核子の数といくつかの量子数のあいだの関係が第一原理から導き出されている．

10.4 再び化学へ

周期表の行と列についての傾向はよく知られているので，ここでは述べないことにする[27]．その代わりに，多くの他の化学的な傾向を追求してみる．そのような試みのいくつかは，電子配置のみによって説明しようとする物理還元主義に対する挑戦であ

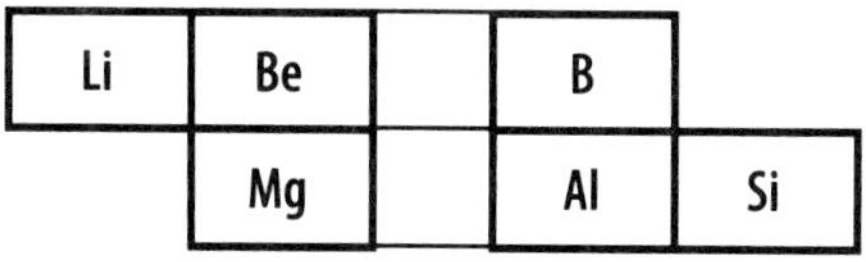

図 10.9 対角線の挙動を示す元素
リチウムとマグネシウム，ベリリウムとアルミニウム，ホウ素とケイ素．

る[28]．本節で述べる一つの特記事項は，チェスの「ナイトの動き」（訳注：将棋の「桂馬飛び」に類似）であり，これは，少なくとも現在までのところ，化学的挙動がいかなる理論的な理解よりも勝れている一例である．

対角線の挙動　無機化学を学んだ学生がよく知っているように，いくつかの元素は「対角線の挙動」と呼ばれる性質を示す．これは，ある元素が同じ族の上または下に属する元素よりも，その隣りの族に属して斜め下または斜め上にある元素と似た性質をもっている（図 10.9）．古典的な例が三つあるが，その中から，まず周期表の最も左にあるリチウムとマグネシウムの組み合わせを取り上げよう．これら二つの元素の類似点はつぎの通りである．

1. 他のアルカリ金属は過酸化物と超酸化物を生じるが，リチウムはアルカリ土類金属元素のように，ふつうの酸化物，Li_2O しか生じない．
2. 他のアルカリ金属と異なり，リチウムはアルカリ土類金属のように窒化物 Li_3N を生じる．
3. 大部分のアルカリ金属の塩は水に溶けるが，リチウムの炭酸塩，硫酸塩，フッ化物はアルカリ土類金属のそれらの塩のように水に溶けにくい．
4. リチウムもマグネシウムも有機化学にとって役に立つ有機金属化合物を合成できる．リチウムは代表的なものとして $LiC(CH_3)_3$ のような化合物，マグネシウムは求核付加反応の触媒となるグリニャール試薬（CH_3MgBr など）を生成する．有機リチウム化合物と有機マグネシウム化合物はいずれも非常に強い塩基で，水と作用するとメタンなどのアルカンを生じる．
5. リチウムの塩はかなりの共有結合的性質を示し，他のアルカリ金属の場合と異なりアルカリ土類金属の塩と似ている．
6. 他のアルカリ金属の炭酸塩は加熱しても分解しないが，リチウムの炭酸塩はアルカリ土類金属の場合のように酸化物と二酸化炭素になる．
7. リチウムは他のアルカリ金属より硬い金属で，アルカリ土類金属と似ている．

この挙動に対するよい説明があるが，それは元素の性質が電子配置によって決まるとする一部の物理学者の単純さの土台をゆるがすものになる．

対角線の挙動は，いくつかの相反する傾向が作用する結果として説明できる[29]．一つの性質として電気陰性度をみると，周期表のある族を下に進むと減少するが，周期表を右に行くと増加する．対角線の方角に進むと，二つの効果が互いに打ち消し合って，電気陰性度はほとんど変わらない．イオン化エネルギーと原子半径についても同じような傾向がみられ，このような考え方が元素の化学にとって大いに役立っている．より広くみると，気体状態での原子の電子配置は元素の化学的性質とほとんど関係がないことになる．別のいい方をするならば，ある特定の電子配置の影響は，これまで述べてきた電気陰性度やイオン化エネルギーのような他の諸性質に負けてしまうのである．

この対角線の影響を考えるのにかなり役立つ性質として，その元素のイオンの電荷密度，つまりイオンの電荷を体積で割ったもの，がある．ここで取り上げてきた元素の一対は同じような電荷密度をもっている．しかし，ホウ素とケイ素についてはどちらも陽イオンをつくりにくいので，この方法を用いることはできない．

n 族元素と（$n+10$）族元素の類似性　この問題については，第 1 章と第 3 章で話のついでに触れた．この類似性は 19 世紀の周期表の開拓者はよく知っていたことで，短周期型の周期表にはそれが示されている（図 1.6 参照）．不幸なことに，現在広く用いられている長周期型周期表では，この傾向がはっきりとは現れず，忘れ去られているようにもみえる．

最初の顕著な例は，マグネシウムと亜鉛についてみられ，それぞれが 2 族と 12 族に入っている（IUPAC の族番号）．二つの元素は，水に溶ける硫酸塩を生じ，水酸化物も炭酸塩も水に溶けにくい．また両者の塩化物は吸湿性で，おもに共有結合性を有する．

周期表を右に進むと，さらに顕著な例として，アルミニウムとスカンジウムの組み合わせがある．実際にカナダの化学者で冶金学者でもあるファシ・ハバシは，アルミニウムの場所を 13 族からスカンジウムのある 3 族に移すべき理由があると示唆している[30]．この点については，電子配置に基づく議論もできる．アルミニウムとスカンジウムの 3 価イオンは貴（希）ガスの電子配置をとるが，13 族に属するガリウムはそうではない[31]．

アルミニウムとスカンジウムの類似性は表 10.3 に示したデータからもみてとれる．両者の標準電極ポテンシャルは配置換えに有利なようにみえよう．融点を比較した場合は再配置に有利でないようにみえるが，アルミニウムは 13 族元素としては 660℃という高い融点をもち，3 族元素として取り扱うことを妨げるものではない[32]．さらに，

表 10.3 3族と13族元素に対する融点と標準電気ポテンシャルの比較

3族			13族		
元素	融点	E°(V)	元素	融点	E°(V)
			Al	660	−1.66
Sc	1540	−1.88	Ga	30	−0.53
Y	1500	−2.37	In	160	−0.34
La	920	−2.52	Tl	300	+0.72
Ac	1050	−2.6	−	−	−

G. Rayner Canham, The Richness of Periodic Patterns, in D. Rouvray, R. B. King, (eds), *The Periodic Table : Into the 21st Century*, Research Studies Press, UK, 2004, 161-187. p.169 の表に基づく.

表 10.4 チタン（4族）とスズ（14族）の比較

酸化物（TiO_2 と SnO_2）
　同形の構造
　　どちらの酸化物も加熱したときに黄変するめずらしい性質（熱クロミズム）を示す.
塩化物（$TiCl_4$ と $SnCl_4$）
　同じような融点と沸点
　　　$TiCl_4$：融点 −24℃，沸点 136℃
　　　$SnCl_4$：融点 −33℃，沸点 114℃
　　どちらの四塩化物も加水分解すると，ルイス酸として働く.
　　　$TiCl_{4(l)} + 2H_2O_{(l)} \rightarrow TiO_{2(s)} + 4HCl_{(g)}$
　　　$SnCl_{4(l)} + 2H_2O_{(l)} \rightarrow SnO_{2(s)} + 4HCl_{(g)}$
硝酸塩 $M(NO_3)_4$ は同形である.

G. Rayner Canham, The Richness of Periodic Patterns, *The Periodic Table : Into the 21st Century*, Research Studies Press, Bristol, UK, 2004, 161-187 に基づく. 文献 p.170 を見よ.

Al^{3+} と Sc^{3+} はともに加水分解して酸性の溶液となり，その中には重合したヒドロキソ種を含んでいる. また，Al^{3+} と Sc^{3+} の水酸化物イオンの反応では，ゼラチン状の沈殿が生じた後に，過剰の試薬によって $[Al(OH)_4]^-$ のようなイオンを生じて再溶解する. また，二つのイオンは Na_3MF_6（M は Al または Sc）の一般式で表される同型化合物を生成する.

ところで，アルミニウムは13族に属しているが，すぐ下にあるガリウムとはかなり性質が違う. アルミニウムは重合している固体水素化物 $(AlH_3)_x$ をつくるが，ガリウムは気体で二量体の水素化物 Ga_2H_6 をつくる. しかし，アルミニウムのハロゲン化物の性質はガリウムの場合と似ていて，スカンジウムの場合とは異なることは認めなければならない. この二つの元素については，決して単純ではない.

チタンとスズの場合は，別の意味で興味深い（表 10.4）. この場合は，n 族と（n

＋10）族に属する元素としてよく似ているが，それぞれが属する周期が異なる（第三周期と第四周期）．さらに，二つの元素は異なる族に属する元素としては最もよく似ていて，前に述べた対角線の関係にある元素の組み合わせよりも二つがよく似ている例である．

n＝5，6，7，8 に属する元素についてもよく似ている組み合わせがあるが，ここですべてについては検討しない[33)]．ただ，8 族と 18 族は興味があるので，概要を述べる．この二つの元素が似ていないと思われる理由の一つは，18 族のキセノンのような元素は貴（希）ガスに属し，他の元素とふつうは化合物を生成しないとされているからであろう．しかしながら，8 族のオスミウムと 18 族のキセノンは，＋8 の酸化数をもつ OsO_4 と XeO_4 が合成されていて，どちらも黄色の固体である．さらに，OsO_2F_4 と XeO_2F_4，OsO_3F_2 と XeO_3F_2 のような似た化合物が知られている．

n 族と（n＋10）族の元素の性質がまったく似ていないただ一つの例は 1 族と 11 族の場合である．ナトリウムやカリウムのようなアルカリ金属（1 族）は，銅，銀と金のような貴金属（11 族）と似たところがまったくない．アルカリ金属は軽く，密度が小さく，水と激しく反応する．しかし，貴金属は硬く，密度が大きく，水とは反応せず，金の場合が特徴的であるが，多くの他の化学試薬と反応しない．

上に述べた特定の二つの族について n 族と（n＋10）族のあいだの類似性がないことは，元素にかかわる問題が複雑であることを示している．このことは，ときには還元主義者の統一思考を打ち砕くことになる．彼らは，マグネシウムと亜鉛の例のように，n 族にある元素と（n＋10）族にある元素の電子配置のみを問題にする．しかし，無機化学の定性的な教育を提唱している人たちを代表するジョフレイ・レイナー・カナームが書いているように，元素間の類似性から得られる知見の方がいかなる電子にかかわる考察から得られるものより優れている．

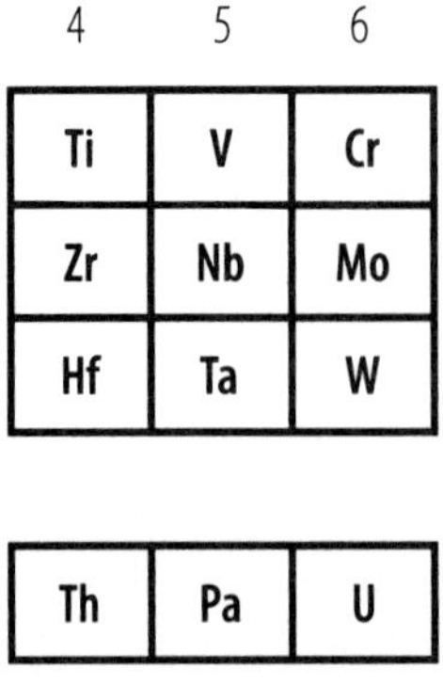

図 10. 10　遷移元素と似ている初期のアクチノイド
数字は IUPAC による族の番号を示す．

初期のアクチノイドの関係　アクチノイドのグループ内での関係については第1章で述べた．グレン・シーボーグの研究が世に出る前は，遷移元素と関係づけて初期のアクチノイドの周期表上の位置が決められていた（図1.9参照）．アクチノイドを別に配置する最近の傾向は電子配置を考える上では有益であるが，初めてというのではないにせよ，多くのペアの元素間の性質の類似を隠してしまうおそれがある[34]．

トリウムとチタンに始まる4族元素，プロトアクチニウムとバナジウムに始まる5族元素，ウランとクロムに始まる6族元素のあいだには，それぞれ性質が似ているところがある（図10.10）．たとえば，ウランは，最近はアクチノイドに属し，遷移元素とされていないが，黄色の$U_2O_7^{2-}$イオンを生成する．一方で，クロムは酸化性のイオンとして知られるオレンジ色の$Cr_2O_7^{2-}$を生じる．ウランとクロムが似ていることはUO_2Cl_2とCrO_2Cl_2のような化合物が生じることにも現れている．しかし，他の面ではウランとタングステンが似ている点もある．塩化物としてUCl_6とWCl_6が合成されているが，このような化合物はクロムとモリブデンからは生成しない．

相対論的効果がこのような問題では働いているのであるが，ここでは他の要素の寄与の方が大きい．このような比較の際に相対論的効果は原子番号とともに増加するが，6族を超えると急激に影響はなくなるからである．他方，アクチノイドを長周期型周期表あるいは超長周期型周期表ですぐ上に位置するランタノイドと比較すると，対応する元素の電子配置が似ているにもかかわらず，セリウムとトリウムの組み合わせを除けば類似性はほとんどみられない．

第二の周期性　この挙動は，最初にロシアの化学者エフゲニー・ビロンによって25ページの論文として公表された．彼は周期表のある族を下に進むにつれて，物理的性質と化学的性質が予想される規則的なパターンではなく，ジグザグなパターンで変わることを認めた．たとえば，15族元素では，ふつうにとる酸化数にジグザグなパターンがみえてくる（表10.5）．第三行にあるリンと第五行にあるアンチモンは5価をとるが，他の元素は3価の化合物を生成する．

表10.5　15族元素における第二の周期性

元素	酸化状態	周期	配置
窒素	+3	2	[He] $2s^2 2p^3$
リン	+5	3	[Ne] $3s^2 3p^3$
ヒ素	+3	4	[Ar] $4s^2 3d^{10} 4p^3$
アンチモン	+5	5	[Kr] $5s^2 4d^{10} 5p^3$
ビスマス	+3	6	[Xe] $6s^2 4f^{14} 5d^{10} 6p^3$

E. V. Biron, *Zhurnal Russkogo Fiziko-Khimicheskogo Obschestiva, Chast' Klimichevskaya*, **47**, 964-988, 1915. 著者による編集.

このような挙動に対する伝統的な解釈は電子による遮へいの効果を加えることである．第四行に属するヒ素では $3d^{10}$ 電子による遮へいであり，第六行にあるビスマスではさらに強く遮へいされる．リンは，少なくとも形の上では，たやすく５個の電子を失うが，ヒ素は外側にある s 電子と p 電子を「分離する」d 電子による遮へいによってそうはならないと，考えられている．同じような議論がアンチモンとビスマスについてもなされている．ビスマスの外側の５個の電子を取り除くことは，アンチモンでは存在しない $4f^{14}$ 電子の影響で 6s と 6p 電子の分離エネルギーが大きくなっているためである[35)]．

ヒ素とアンチモンを比較したときに，どちらの原子でも外側の s 電子と p 電子が $3d^{10}$ 電子によって遮へいされているにもかかわらず，第一イオン化エネルギーが変化していることは驚くべきである．しかし，大部分の周期表の族において下に行くほどイオン化エネルギーが減るのはよくみられることである[36)]．

周期表について多くの文章を書いているラルフ・サンダーソンは第二の周期性についてつぎのような例をあげている[37)]．

13 族

B_2H_6 と Ga_2H_6 は揮発性であるが，両者の中間にくる $(AlH_3)_x$ はそうではない．アルミニウムは安定なホウ水素化物を生成するが，ホウ素自体もガリウムも生成しない．$Al(CH_3)_3$ と $Al(C_2H_5)_3$ は気体の状態で二量体であるが，対応するホウ素とガリウムの化合物は単量体である．

14 族

ゲルマニウムはケイ素より炭素に似ている．たとえば，SiH_4 は GeH_4 や CH_4 より酸化されやすい．

15 族

リンとアンチモンは五塩化物を生成するが，ヒ素は生成しない．

N(+5) と As(+5) の化合物はよい酸化剤であるが，P(+5) の場合は違う．

N(+3) と As(+3) の化合物は P(+3) の化合物よりはるかに弱い還元剤である．

興味あることには，第二の周期性は，主族の元素にとどまらず，むしろ遷移金属でもみられている．このことに基づいて，周期表上におけるルテチウムとローレンシウムの位置の変更について議論されている[38)]．1968 年に，V. M. キスチャコフは，第二の周期性が大部分の遷移金属で認められると述べた（表 10.6）．このようなことから，

表 10.6 遷移金属グループに属する自由原子の原子半径（Å）の変化

族	元素（原子半径）
3	Sc(1.570), Y(1.693), Lu(1.553) La(1.915) は異常
4	Ti(1.477), Zr(1.593), Hf(1.476)
5	V(1.401), Nb(1.589), Ta(1.413)
6	Cr(1.453), Mo(1.520), W(1.360)
7	Mn(1.278), Tc(1.391), Re(1.310)
8	Fe(1.227), Ru(1.410), Os(1.266)
11	Cu(1.191), Ag(1.286), Au(1.187)
12	Zn(1.065), Cd(1.184), Hg(1.126)

E. V. Chistyakov, Biron's Secondary Periodicity of the Side d-Subgroups of Mendeleev's Short Table. *Zhurnal Obshchei Khimii* (Engl. Ed.), **38**, 213-214, 1968 による表を書き直した.

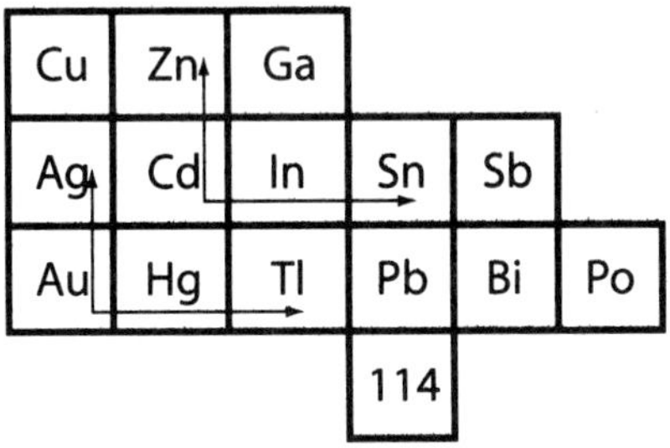

図 10.11 「ナイトの動き」の関係を示す元素
たとえば，亜鉛とスズ，銀とタリウム.

スカンジウム族は，現在ふつうに適用されているスカンジウム，イットリウム，ランタンではなく，スカンジウム，イットリウム，ルテチウムから成り立つべきだと示唆している.

最後に，周期系を群論によって解釈する人たちは，彼らの手法によっても第二の周期性を“予測”できると主張している[39].

「ナイトの動き」（桂馬飛び）の関係　「ナイトの動き」の関係は，周期表にかかわる異常な関係の中で最も神秘的な関係であろう（図 10.11）. その名前はチェスにおけるナイトの動きに由来する. その動きは，ある方向に 1 コマ進んだ後に，それと直角の方向に 2 コマ進む[40]. 南アフリカの化学者マイケル・レインは，元素間にこのような関係を発見し[41]，多くの論文にその詳細を記した[42].

これまでに発見された「ナイトの動き」の関係は，長周期型周期表の中心にある金属元素についてである．亜鉛とスズを取り上げると，両者は，缶詰の缶に用いる鋼板の表面のメッキに広く用いられている．鉄の腐食を遅らせるだけでなく，周期表上で近くにある他の金属のように有毒ではない[43]．亜鉛とスズは無毒であるばかりでなく，生物学的に重要である．亜鉛はさまざまな酵素に含まれ，多くの生物にとって必須元素である．スズは人間にとっては必須ではないが，なお研究されていないある種の生物にとって必須かもしれないといわれている[44]．スズの化合物は一般には無毒であるが，四メチルスズのような有機スズ化合物はその例外と考えられている．それにもかかわらず，スズはある種の食品の中から見出され，歯磨きの中に二フッ化スズとして加えられ，虫歯の予防に役立つと主張されている．

亜鉛とスズはもう一つの重要な性質を共有している．どちらも銅と合金をつくる．亜鉛とスズが合金や金属間化合物をつくることはないが，亜鉛と銅の合金は真鍮，スズと銅の合金は青銅として古代から知られていた[45]．

他方で，カドミウムと鉛はともに毒性があり，「ナイトの動き」の関係にあるとしても驚くべきではないかもしれない．もう一つの似ている点として，両者の塩化物，臭化物，ヨウ化物の融点と沸点が近いことがあげられる（表 10.7）．$PbCrO_4$ と $CdCrO_4$ がともに黄色で水に溶けないことも知られている．表 10.7 には，銀とタリウムおよびガリウムとアンチモンのあいだに「ナイトの動き」の関係があること，あるいは前述の亜鉛とスズのあいだの関係についての追加的な証拠も示されている．銀とタリウムに関する事実の一つは，両者の塩化物，AgCl と TlCl がともに感光性で，水に溶けないことである．

表 10.7　いくつかの元素のペアに対する融点と沸点の比較（ナイトの動きを支持する例）

銀とタリウム			亜鉛とスズ		
AgCl	融点	445	$ZnCl_2$	融点	275
TlCl	融点	429	$SnCl_2$	融点	247
AgBr	融点	430	$ZnBr_2$	沸点	650
TlBr	融点	456	$SnBr_2$	沸点	619
カドミウムと鉛			ガリウムとアンチモン		
CdI_2	融点	385	GaF_3	融点	77
PbI_2	融点	412	SbF_3	融点	73
$CdCl_2$	沸点	980	$GaCl_3$	沸点	200
$PbCl_2$	沸点	954	$SbCl_3$	沸点	221
$CdBr_2$	沸点	863	$GaBr_3$	沸点	279
$PbBr_2$	沸点	916	$SbBr_3$	沸点	280

M. Laing, The Knight's Move in the Periodic Table, *Education in Chemistry*, **36**, p. 160–161, 1999. table 1 に基づく．

レインは，「ナイトの動き」の関係の理論的な説明を目指したが，まず不可能であろうと結論した．彼は，超微量しか製造されず，命名されていない114番元素に関する予測で自分の論文を終わらせている[46]．この元素は，超重元素の中では「安定の島」の領域にあって，将来はマクロな性質を知るのに必要な量を製造できるとの希望を抱かせる．「ナイトの動き」の関係にある水銀をみて，レインは114番元素あるいはエカ・鉛は，密度が約16g/cm^{3}で，融点が低く，室温で液体である可能性があると予言している[47]．

筆頭元素の異常性　周期表のある族の最初の元素，特に主族の元素について異常性があることは，以前から認められていた．これは，物理的性質にも化学的性質にも現れている．たとえば，水素は気体であるが，1族に属する他の元素はそうではない．同様に，窒素と酸素は室温で気体であるが，それぞれの族に属する他の元素は固体として存在する．

化学の用語でいえば，各族の最初の元素は高い酸化状態をとることができない．つまり，その元素のもつ電子のオクテットが拡大できない．たとえば，酸素は+2の酸化数しか示さないが，すぐ下にある硫黄は+4および+6の酸化数をとる．より重い原子では，電子についての議論に従ってd電子によるオクテットの拡張として説明されている．窒素ではNCl_3しか生成しないが，リンではPCl_3の他にPCl_5も生じる．このことは，2個の電子がd軌道に上がり，生じる5個の不対電子が混成を起こすとして説明されてきた．しかしながら，最近ではこのような説明には疑いの目が向けられている．このような説明は重要ではないとするのが一つの立場である[48]．

ここで取り上げた筆頭元素の異常性に加えて，無機化学者であり教育者でもあるウィリアム・イェンセンとヘンリー・ベントの二人によって，独立に提示された特異な観察結果がある[49]．これまで取り上げてきた不規則性は，周期表上のs-ブロック元素で最も著しく現れ，p-ブロック元素がそれに次ぎ，d-ブロックとf-ブロック元素ではあまり著しくはないという観察である．このようにして，水素は1族の他の元素，ナトリウム，カリウムなどのアルカリ金属と大きく異なっている[50]．p-ブロック元素については，窒素と酸素とフッ素についてのよく知られた上述の例がある．スカンジウムとチタンのようなd-ブロック元素では，同じ族の他の元素と比べての異常性は小さい．f-ブロック元素については，ランタノイドとアクチノイドの対応する元素のあいだの差はさらに小さい[51]．

ベントとイェンセンは，族の筆頭元素の異常性の発見についての優先権の共有を認め合ったが，貴（希）ガスについては驚くほど異なる結論を出している．イェンセンはヘリウムを貴（希）ガスとして残したが，ベントはアルカリ土類金属の中に加え，後述の通り左へ進む周期表の使用を擁護した．

他の関係　3価のアルミニウムと鉄は，多くの点で奇妙に似た性質を示す．ところが，下記のように電子配置からみると，両者のあいだに類似性が認められないことがまた奇妙なのである．

アルミニウム　$[Ne]3s^2 3p^1$　鉄　$[Ar]4s^2 3d^6$

しかしながら，両者はよく似た硫酸アンモニウム塩を生成する（$(NH_4)Al(SO_4)_2 \cdot 12H_2O$ と $(NH_4)Fe(SO_4)_2 \cdot 12H_2O$）．塩化物は気相中で二量体として存在する（$Al_2Cl_6$ と Fe_2Cl_6）．それらの無水の塩化物は，芳香族化合物にアルキル基を導入するフリーデル-クラフツ反応の触媒となる．この場合の活性化学種は $AlCl_4^-$ と $FeCl_4^-$ とされている．最後に，両元素のイオンは水の中で加水分解して酸性の水溶液となる．

他の予期できない類似性は，ある種のホウ素と窒素の化合物と炭素同士の化合物のあいだに認められる．第一に，窒化ホウ素は黒鉛に類似した構造をもつ．さらに，黒鉛の場合のように，窒化ホウ素に超高圧をかけるとダイアモンドに似た硬い物質が生じる．さらに興味深いのは，芳香族性を示すベンゼンとホウ素・窒素の化合物であるボラジン $B_3N_3H_6$ の性質が似ていることである[52)]．後からみての説明は，この化合物の中のホウ素と窒素の対の外側の電子の数は8個で，ベンゼンの中の2個の炭素原子の外側の電子の数と等しいからだということである．しかし，このような説明が前もって可能だったかということは疑問である．

元素と似ているイオン　多原子からなるイオンが，ある元素のイオンと似た挙動をとる例がある．アンモニウムイオン（NH_4^+）はその一つで，ときにはアルカリ金属のイオンのようにふるまう[53)]．これはある点では，イオンの電荷密度が近いとして説明されている．NH_4^+ では 1.51C/cm^3，K^+ では 1.52C/cm^3 である．しかしながら，NH_4^+ の化学は K^+ よりも Rb^+ と Cs^+ の方に似ている．このように性質が似ている例として $[Co(NO_2)_6]^{3-}$ との反応がある．このイオンは，NH_4^+，K^+，Rb^+，Cs^+ と反応してすべて沈殿を生じる．

超原子クラスター　最近の超原子クラスターの発見は，平和だった周期表の世界に過激なやり方で秩序の変質を迫っている．クラスターまたは「超原子」として存在するある種の元素は，その元素が属する周期表の族とはまったく関係のない性質を示す．クラスターの中に含まれる原子の数によって別の元素のようにふるまうことがある．1980年代に，カリフォルニア工科大学のトーマス・アプトンは，6個のアルミニウムを含むクラスターが水素分子の開裂反応の触媒になることを発見した．これはルテニウムと似た性質を示している．さらに，13個のアルミニウム原子からなるクラスターは，最外殻電子がみたされている貴（希）ガスのようにふるまうこともわかってきた．この超原子から1個の電子が取れて生じる Al_{13}^{+} の性質は，ハロゲンイオンと似ている．より具体的にいうと，Al_{13}^{+} は臭化物イオン Br^{-} と似た性質をもっている．Br^{-} がヨウ素分子 I_2 と反応して BrI_2^{-} をつくるように Al_{13}^{+} は I_2 と反応して $Al_{13}I^{-}$ を生じる．もっと奇妙なことには，14個のアルミニウム原子を含むクラスターは，カルシウムやマグネシウムのようなアルカリ土類金属の原子と似た性質を示す[54]．このようなクラスターの存在を考慮に入れると，1860年代から用いられている2次元の周期表に新たな次元を加えて，まったく別の周期表が発見されるかもしれないと考えられている[55]．

10.5　さまざまな周期表：一つの最も基本的な周期表はあるのか

周期表に関する本書を終えるにあたって，いま世に出ている周期表について言及せざるをえない．さらに，この最後の節では，化学元素は基本的な物質かというような，これまでの章で未解決にしてきた哲学的なことも取り上げてみたい．

現在までに提案された周期表の数は1000を超えるであろう．この数は，エドワード・マジュアズが1974年に出版した古典的な著書の中で，十分に分析して取り上げた700より大きい[56]．急激なインターネットの普及と発達およびデータと情報を得る手段の増大によって「周期表産業」とも呼べるものが発展している．元素発見の歴史から，元素名の由来，元素の化学的・物理的データの集積など，周期表関係にあてたウェブサイトが多数存在している[57]．

特に化学者のあいだでは，「最良」の周期表はないとする意見が一般的であり，周期表についてどのような視点をもっているか，どの元素に興味をもっているかによって，自分に適した周期表が選ばれるようである．私は，この発想について分析を進め，いま役に立つかどうかは別にして，一つの最も基本的な周期表がありうるということを示したい．

2003年に，地質学者ブルース・レイルスバックは，元素とイオンについての「地球科学者の周期表」を発表した．彼は，ふつうの周期表とは違って，親石元素，親鉄元素，親銅元素[58]を別の族に配置している．また，自然における元素の存在にも着目し，元素がマントルの中にあるか，海水中にあるか，土の中にあるかによって区別しようとしている[59]．

前述のように，冶金学者ハバシは，元素アルミニウムをスカンジウムの上に配置する周期表を提案している[60]．化学者に話を移すと，ジョフレイ・レイナー・カナームは，「無機化学者の周期表」を発表した（図10.12）．その表では，多くのふつうでない特徴が強調されていて，そのいくつかについては，本章の中で述べてきた．一つの特別

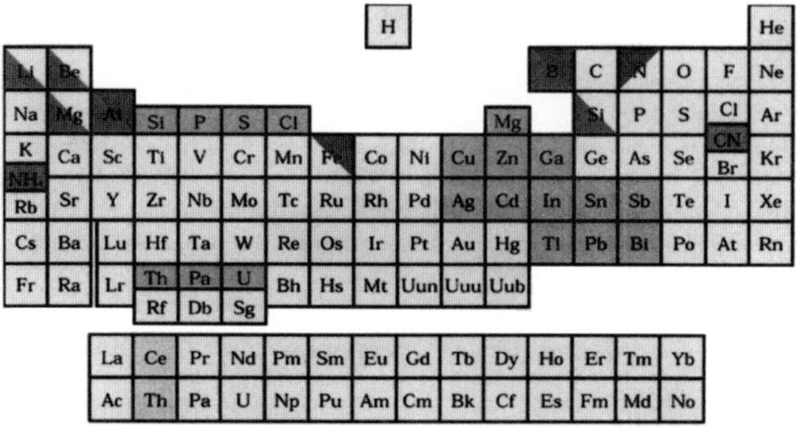

図 10.12　ジョフレイ・レイナー・カナームによる無機化学者の周期表
さまざまな関係がわかるように示してある．たとえば，*n* 族と（*n*＋10）族の関係，対角線の関係，「ナイトの動き」の関係，アルミニウムと鉄のつながり，アクチノイドの関係，ランタノイドとアクチノイドの関係，元素のような化学種．これらの関係を影の濃淡で示した．

な例として，ある種の元素と似ているとして，CN^- と NH_4^+ を加えていることがある．もちろん，このような周期表またはこれまで述べた数多くの周期表が役立つことはだれも否定できない．しかし，哲学的な視点に立つと，ある特定の分野に役立つよりは，元素の実態を示し，元素のあいだの関係を示す表があるかどうかを問うことに価値がある．この線を追っていくと，少なくともふつうの周期表については，元素の実在性と元素を族に分けることについての疑問がわいてくる．族に分けることは客観的事実の問題なのか，単なる便宜上の問題なのか？　元素を周期表の族に分けることについて実在論者であるべきか，反実在論者であるべきか？　私は実在論的な態度をとるべきだといいたい．

化学的に似ている元素同士を同じ族におくことは実在的であって選択の問題ではないと提言したい．そうだとすると，地質学者，冶金学者，化学者などに役立つ多くの周期表に加えて，それにもかかわらず元素の性質の実態をかなりよく近似する客観的な一つの周期表があってもおかしくない．

基本的な物質としての元素に戻って　　これまでの章でも，単体としての元素と比較して基本物質としての元素を取り扱ってきた．第 4 章で述べた通り，メンデレーエフは，元素を周期的に分類するときに，元素が単体ではなく基本物質であることを強調した．このときに，基本物質の基準としたのは原子量であった．元素の順番つけの基準として原子番号が導入されたときに，特に放射化学者フリッツ・パネットは，基本物質の特性として原子番号を用いるように定義を変える役目を果たした[61].

1920年代に，パネットは，周期表を重大な危機から救うために元素を基本物質とする形而上学的な考え方を提出した．短期間に，元素の多くの同位体が発見され，「原子」の数または基本物質の数が多くなったような状況に立ちいたっていた．問題は，これまで通りの周期表を使っていてよいのか，それとも新たに発見された同位体を含めるような周期系にすべきかであった．パネットは，これまで通りの周期表を用い，そこに元素は入れるが，同位体は入れないとした[62]．彼は，同位体は原子量によって特徴づけられる単体で，基本物質としての元素は原子番号だけで定義されると考えた[63].

さらに，パネットは，ゲオルク・フォン・ヘヴェシーとともに，化学者のこの選択を支持する実験的証拠を得た[64]．彼らは，一つの元素の同位体の化学的性質が，あらゆる点で同一であることを示した[65]．その結果として，化学者は元素の同位体の原子が異なった形をとっても，それらを同じ単体とみなすことができた.

この同位体についての論争の中で，パネットがいままで通り周期表を維持しようと勧告したことが，元素を基本物質で単体ではないとする考えによっていることは注意に値する．化学者が単体であることに重点をおいていたら，次々と同位体として発見される新「元素」を認めねばならなかっただろう．元素を基本物質として新「元素」の登場を無視することで，化学者は化学の基本的な単位または「自然種」が周期表の中で一つの場所を占めることを支持し続けることができたのである.

元素および元素の族は自然種か　化学では，原子番号で定義される元素を「自然の種」とみなすことがある[66]．一般的な考え方は，元素は自然が「分節化された」（訳注：プラトンの言葉）ありさまを表すということである．この考え方に従うと，ある元素とその他の元素の区別は便宜上のことではなくなる．周期表の元素の族は自然種かどうかも問題になろう．周期表の中で，特定の族におさまるすべての元素を結びつける客観的な特徴は存在するのだろうか？

ある元素が特定の族に入るかどうかの基準は，元素を他の元素と区別する基準のような，はっきりしたものではない．周期表の族については，気体状態の原子の電子配置が，必要条件でも十分条件でもないとしても，基準になるとみられている[67]．しかしながら，元素をある族に配置することは便宜上のことではない．周期的な関係が客観的な性質であるならば，私見では，発見されているかどうかは別問題として，一つの理想的な周期的関係があるといえるであろう．電子配置が族が自然種である事実をとらえきれないとしても，それは単に電子配置の概念の限界を示すものに過ぎないかもしれない[68].

水素とヘリウムは周期系のどこにおかれるべきか　近年，化学者のあいだで水素とヘリウムの周期系内の配置について，かなりの論争がある[69]．たとえば，水素は1価陽イオンを生成するのでアルカリ金属と似ているとする考え方がある．しかし，水素はまた1価陰イオンを生成するので，その性質をもつハロゲンと同じように取り扱うべきだとする意見もある．ヘリウムは，化学的に非常に不活性なために伝統的に貴（希）ガスとして取り扱われている．そのために，他の不活性ガスとともに，周期表の18族におかれている．しかし，電子配置については，最外殻に2個の電子があり，マグネシウムやカルシウムのようなアルカリ土類金属とみなすこともできないことはない．多くの物理学の本に載っている周期表ではそのようにしているし，分光学の周期系でもそのようにしている．

ピーター・アトキンズとハーバート・ケーズは，水素の周期表上の配置について修正を提案した[70]．彼らは，上で述べたアルカリ金属の上またはハロゲン元素の上への配置ではなく，水素を周期表の上部に浮遊させておく独自の配置を選び，ヘリウムも同じように表の主要部から抜き出して水素の側においた．

化学の立場から水素とヘリウムを表の主要部から除く長所を考えることよりも，元素が基本物質であるとの視点からこの問題を検討することができる．化学者のあいだで広く行きわたっている信念は，周期表は，元素を単体として分類する方法であって，元素は分離できて実験的に性質を調べることができるものだということである．しかし，本書の中で強調してきたように，元素を観測できない基本物質とみる，古くからある哲学的な見方も存在するのである[71]．

水素とヘリウムを明瞭な形で周期表の中におけない最近の傾向の上に立って，アトキンズとケーズが示したように，両者を周期律に当てはまらないものとして除外するようなことは，ゆめゆめないようにと私は訴えたい．水素もヘリウムも，他のすべての元素と同様に周期律に疑いもなく従うものである．おそらく二つの元素を周期表の主要部におくための「本当の」最適な場所が一つあると思う．多くの人が議論してきたように，この問題は，便利さや慣習で割り切れる問題ではない．

少し驚くべきことだが，ある化学者たちはヘリウムをこのように配置することについての化学的証拠を提出している．そのような議論は，前述の「筆頭元素の異常性」によっている．その規則を要約すると，ある族の一番上にある元素は，その族のそれに続く元素と比べて異常性を示すということになる．たとえば，p-ブロック元素では，すべての筆頭元素は最外殻電子のオクテットが拡張しにくいが，それぞれの下にくる元素ではたやすく拡張できる．さらに，この筆頭元素の異常性については精密な規則があって，それによって各ブロックの最初の元素の異常性の程度を知ることができる．

しかし，再び私はいいたい．元素の単体としての性質に頼るよりも，基本物質である元素に集中すべきである．ある元素の周期表上の位置を決めるには，隠れている規則性を求めるべきかもしれない．最もよい形の周期表の問題と合わせて，そのような可能性について以下で触れたい．

10.6　周期表に最良の形があるのだろうか？

現在最もよく知られている周期表の表し方，いわゆる長周期型周期表では，周期は新たな n，すなわち第一量子数，がくるように配置されている(図 1.4 参照)．この数は，最もエネルギーの高い電子の殻に対応していて，電子配置についての構築原理で個々の原子を「つくり上げる」ために用いられる．もっと巨視的な化学の立場でいえば，長周期型周期表ではアルカリ金属やアルカリ土類金属のような活性な金属は表の左側に配置され，ハロゲン元素のような活性の非金属は表の右側におかれる．

慣用の長周期型の表は，あたかも主殻の数がそれに続く周期を規定するように表し

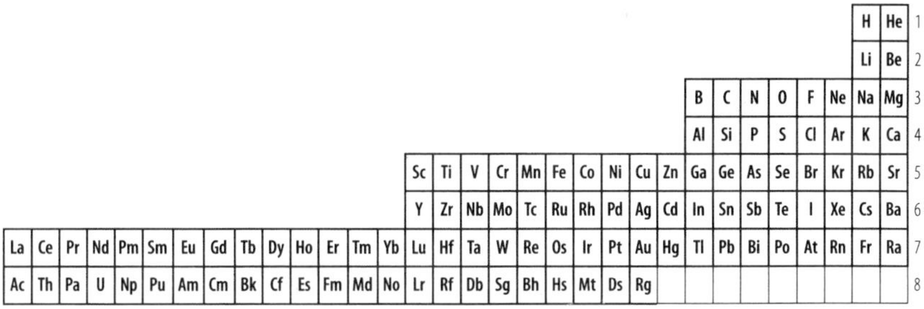

図 10.13　左ステップ型またはジャネットの周期表
右の数字は（n+ℓ）である．

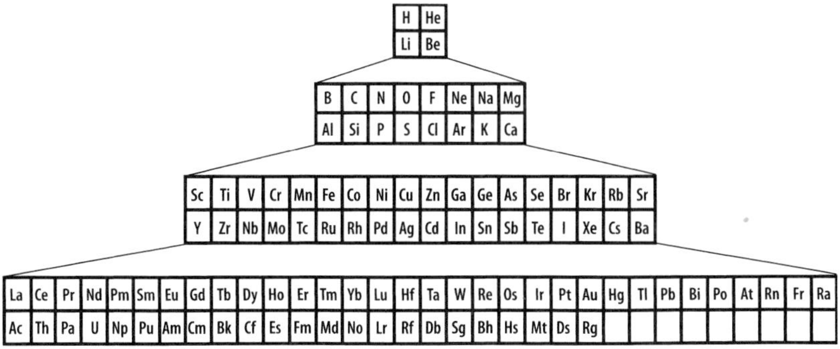

図 10.14　修正されたピラミッド型周期表
左右の対称性がある．

ている．しかし，よく知られているように，ある種の混乱を招く表示法である．いくつかの周期において，主殻がみたされていく途中で，最後から2番目の殻が満たされる遷移元素の系列が入り込んでくる．このようなことは，内部遷移元素を含む系列で著しいが，その後におもな殻が再び埋められるようになる．

多くの人が，nの代わりに（$n+\ell$）を用いればよりよい周期表をつくることができると述べている[72]．そのような表では，s-ブロック元素をp-ブロック元素の右におく必要があり，その例として少なくとも二つの特別な表がある．その一つが左ステップ型の周期表（図10.13）で，もう一つがピラミッド型周期表の修正されたものである（図10.14）[73]．どちらの表でも，2元素からなる二つの短い周期を含んでいる．このようにして，理論家のグループを含む多くの人が信じている，周期表の中心部に規則性があるという望みをみたすことになる[74]．

これら二つの周期表のいずれもが，広く使われている長周期型と異なり，元素のあいだに切れ目をつくらない．しかし，ヘリウムがアルカリ土類金属の上にあるので，多くの化学者が懸念を抱いている．

しかしながら，前節で議論したように，周期系は元素を基本物質として分類し，単体として取り扱っていないことを考えれば，これらの懸念は軽減されるであろう．異なった表現法は，異なる種類の情報を伝えるのに役立つという意見に部分的に賛同する人もいるであろうが，私は，客観的事実としての化学的周期性を最善の方法で表現できる一種類の表示法が存在すると信じている．

いままで述べてきた周期系は，原子の電子配置に重点をおく物理還元主義者の意見に強く頼っているようにみえて，読者は違和感をもつかもしれない．さらに，このような考え方と，もっとはっきりいえば，原子軌道を電子がみたすときの（$n+\ell$）則を適用するやり方が，ヘリウムを貴（希）ガスとして扱い，アルカリ土類金属ではないとする現代の知恵よりも上位におかれているのである．

そのような悩みに対する私の答えとして，私は本書を通して化学における物理還元主義の限界を検討してきた．ただし，物理還元主義の全般を批判してきたわけではない．最初に述べた通り，物理還元主義が我々の科学的知識の獲得に大いに貢献してきたことは否定できない．本書では，過剰に物理還元主義を支持する動きに異論を唱えてきた．たとえば，ボーアの第一原理から元素ハフニウムの性質を予測したとする主張，あるいは周期表のすべての面が後期量子力学から正確に予測できるという主張に対してである．科学哲学者にとって興味深く，科学の教育者にもっと真剣に受け止めてもらいたいのは，むしろ物理還元主義の限界なのである．

10.7　周期表の連続体

元素を基本物質として，また諸性質の担体として存在することの形而上学的意味は，メンデレーエフによる周期系の確立にとって歴史的に重要であった．また，パネットが同位体発見の際に周期系の運命を救ったことも歴史的に重要である．

私は，元素を基本物質とする考えが最適な周期系の表し方の問題に光を当てると示唆してきた．元素を基本物質とするか，単体とするかの区別のように，まず元素を基本物質として分類するとともに，単体としての面をわかるようにするのが目的でなければならない．素朴な帰納主義者のようにふるまって，水素，ヘリウム，他の問題のある元素の性質というような細かいことにこだわっていては，この最良の分類法に達することはできない[75]．元素の原子が従う最も深く，最も一般的な（$n+\ell$）則のような原理を見出し，その原理に見合う表現法に基礎をおくことによって最良の分類が得られるのである[76]．

しかし，私は結論として，もっと議論の余地の少ないことを提言したい．さまざまな周期系の表現法が連続体として存在すると考えてみよう．連続体の一端に，「反則的な」カナームの表をおく（図 10.12）．この表には，本章で述べた多くの異常な関係が示されている．連続体の他の端には，私がプラトンの周期表と呼び，ふつうは左ステップ型またはジャネットの名で呼ばれる周期表（図 10.13）[77] がある．連続体の真ん中あたりにはよく知られている長周期型周期表がある．この表示法が人気を博し

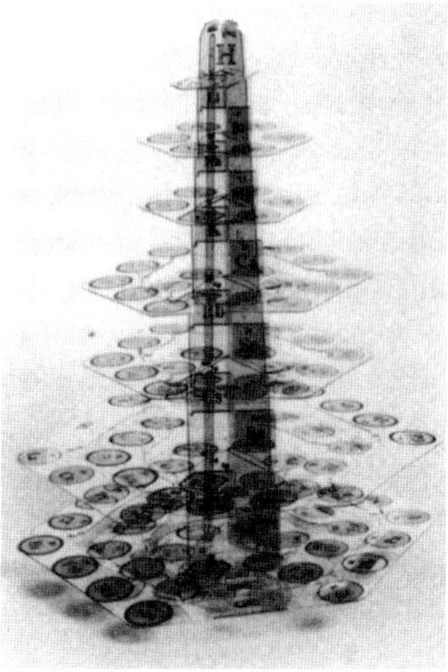

図 10.15　デュフールによる 3 次元の周期表の樹
写真提供と掲載許可：Fernando Dufour.

たのは不思議ではない．それは，便利さおよび秩序と規則性の表現均衡がほどよくとれているからである．カナームの表が示す異常な化学的，物理的性質は表現されていないが，元素が基本物質であるとともに単体であることを示す物理と化学が含まれている．同時に，長周期型は，ヘリウムをアルカリ土類金属の上におく，電子配置を極端に重視する物理還元主義者の介入を排除している．

左ステップ型の周期表では，元素を基本物質としていることにご注意いただきたい．そこでは，ヘリウムのような元素の物理的，化学的性質に配慮しないで，もっと基本的な観点を重視している．哲学的な観点からみると，左ステップ型の周期表が適切な周期表であると，私は信じている．その表中では，規則性が最も多く示され，基本物質としての元素に関連した原理を含んでいるからである．

周期系の中に，たとえば美しさとかエレガンスとか[78]を含める例があること（図10.15）とか，哲学的な面をもつ周期表が周期系の標準になることはうれしいことである．しかし，科学において効用と美の相対的価値を論ずるのは難しい．私は，ここでそのような議論はしない．少し及び腰だが，私は左ステップ型周期表の一般的な採用を提唱したい．及び腰なのは，この提案が特に化学界からの強い抵抗に出会うことを知っているからである．化学界は，正しいにせよ，誤っているにせよ，自分たちだけが周期表の所有者だと思っている[79]．

■注

1) Helge Kragh, *Cosmology and Controversy*, Princeton University Press, Princeton, NJ, 1996. これは，宇宙論についての優れた歴史的著作で，私は本節を書くときに大いに参考にした．他に，原子核合成に関するよい著作としてつぎのものがある．E. B. Norman, Stellar Alchemy: The Origin of the Chemical Elements, *Journal of Chemical Education*, **71**, 813-820, 1994；P. A. Cox, *The Elements*, Oxford University Press, Oxford, 1989；S. F. Mason, *Chemical Education*, Clarendon Press, Oxford, 1991.

2) ビッグバン理論が勝利した理由の一つは，軽水素と重水素の存在比（$^1H/^2H$）の予測に成功したことがある（つぎの本の第20章を参照）．J. S. Rigden, *Hydrogen, The Essential Element*, Harvard University Press, Cambridge, MA, 2002.

3) 定常宇宙論の三人の提唱者の一人であるヘルマン・ボンディは，ビッグバンの「化石」である水素とヘリウムの存在比を知った後で，自らの敗北を認めた．このことは，1960年代に宇宙3K放射（背景放射）が発見された後に，定常宇宙論がタオルを投げたとする通説とは異なっている．私は，このことを指摘してくれたジョージ・ゲイルに感謝したい．彼は，それをボンディとの一連のインタビューで知った．しかしながら，すべての人が定常宇宙論をあきらめたわけではない．ジョフレイ/マーガレット・バービッジ夫妻は支持し続けていると，最近の記事にある．R. Panek, Two Against the Big Bang, *Discover*, **26**, 48-53, 2005.

4) これは同時発見の一例である．タリウムは，フランスで研究していたC. A. ラミーによって同じころ独立に分離された．

5) W. Crookes, The Genesis of the Elements, *Chemical News*, **55**, 83-99, 1887, p. 83から引用.

6) クルックスの周期系についての研究の詳細についてはつぎの文献を参照．S. F. Mason, *Chemical Evolution*, Clarendon Press, Oxford, 1991.

7) D. I. Mendeleev, The Periodic Law of the Chemical Elements, *Journal of the Chemical Society*, **55**, 634-656, 1889 (Faraday Lecture), p. 641 から引用.

8) クルックスが化学の他に分光学，物理学およびその他の多くの現象に興味をもっていたことからみると，彼が化学者であり続けていたかについては，議論の余地がある．ただ，彼が化学者として訓練を受け，化学に興味をもち続けて一生を送り，*Chemical News* の編集者を 1859 年から亡くなる 1919 年までつとめていたのは事実である．つぎの文献を参照．W. Brock, William Crookes, in C. Gillispie (ed.), *Dictionary of Scientific Biography*, vol. 3, Charles Scribner's, New York, 1981, pp. 474-482. 最近，ブロックはクルックスの生涯についての科学的伝記を執筆中である．

9) 熱的な死は，熱力学の第二法則とそれに伴うエントロピーの増加についての考察に基づいて広く受け入れられるようになっている．

10) A. Eddington, The Internal Constitution of the Stars, *Nature*, **106**, 14-20, 1920.

11) ルメートルは，非常に慎重で，ある程度まで科学的な信念と信仰的なものを分けようとしていた．J. D. North, Cosmology, Creation, and the Force of History, *Interdisciplinary Science Reviews*, **25**, 261-266, 2000.

12) ビッグバン理論に対する初期の貢献についてはつぎの論文に述べられている．A. Friedmann, Über die Krümmung des Raumes, *Zeitschrift für Physik*, **10**, 377-386, 1922.

13) ベーテはこの論文の内容にかかわっていなかったが，ガモフは論文の共著者になるように頼んだ．その理由は，Alpher, Bethe, Gamov と並べると，しゃれたいたずらになると思ったからである．実際に，この論文は $\alpha\beta\gamma$ 論文として知られている．R. A. Alpher, H. Bethe, G. Gamow, The Origin of the Chemical Elements, *Physical Review*, **73**, 803-804, 1948.

14) 最近，ホイルの一生についての 2 冊の興味深い伝記が出版された．Simon Mitton, *Conflict in the Cosmos: Fred Hoyle's Life in Science*, Joseph Henry, Washington D. C. NJ, 2005; Jane Gregory, *Fred Hoyle's Universe*, Oxford University Press, Oxford 2005.

15) 最近，太陽ニュートリノの観測から太陽の中で水素の燃焼が起こっていることを示す直接的な証拠が得られた．K. S. Hirata *et al.*, Observation of Neutrino Burst from the Supernova SN1987A, *Physical Review D*, **44**, 2241-2260, 1991.

16) F. Hoyle, The Synthesis of the Elements from Hydrogen, *Monthly Notices of the Royal Astronomical Society*, **106**, 343-383, 1946.

17) 「ブラックホール」という言葉は，少し後に物理学者ジョン・アーチボルド・ホイーラーによって名づけられている．

18) よく引用されるこの論文は学会発表の予告のようなもので，元の形で 16 行，刷り上がりで 8 行に過ぎないものである．ホイルの予告は，自然が我々の存在を許しているという意味で，人類についての原則の適用に成功したただ一つの例と，広くみなされている．ホイルは炭素の共鳴状態があることを予言した．また我々のような生物がおもに炭素でつくられていることとの関連で，炭素という元素の生成について問題を提起している．F. Hoyle, D. N. F. Dunbar, W. A. Wenzel, W. Whaling, A State in C^{12} Predicted from Astrophysical Evidence, *Physical Review*, **92**, 1095, 1953.

19) 原子核合成についての核心となる発見はホイルによるものだと一般に考えられているにもかかわらず，ファウラーだけがノーベル賞を受賞した．多くの人が，ホイルの闘争的な態度がノーベル賞の共同受賞を妨げたのだと信じている．

20) C. Seife, What is the Universe Made of? *Science*, **309**, 78, 2005.

21) 強い核力は，最も近接した核子のあいだで働く相互作用による．軽い原子核では，多くの核子が表面にあるので全体としての核力は大きくなる．重い原子核では大部分の核子は原子核の内部にあって，最も近接した核子の数は最大で 12 なので，全体としての核力はほぼ一定になる．

22) マジック・ナンバーの 126 は中性子の場合に限られる．いまのところ，原子番号が 110 を超える原子核はほとんど製造されていないので，陽子数が 126 までは到達していない．

23) このような元素の中の四つは，陽子数も中性子数もマジック・ナンバーになる「二重のマジック」の原子核をもっている．そのような原子核は，^{4}He，^{16}O，^{40}Ca および ^{208}Pb である．

24) 原子の中にある核外電子については，中心にある原子核との引力によるために，力は中心を向いていると考えられている．原子核では，核子は他の核子と作用しているが，物理的にそうではないにしても，中心場を想定することができる．

25) スピン-軌道カップリングは原子の場合にもあるが，その程度は小さく，重い原子の場合にのみ著しくなる．

26) 原子核の殻モデルの他にもっと洗練された理論もあるが，実験的に得られた順位の順序を示すときには違いがない．

27) 無機化学について詳しいことを知るには，数多く出版されている教科書をみるのがよい．その例としてつぎの 2 冊をあげる．F. A. Cotton, G. Wilkinson, C. A. Murillo, M. Bochmann, *Advanced Inorganic Chemistry*, 6th ed., Wiley, New York, 1999., N. N. Greenwood, A. Earnshaw, *Chemistry of the Elements*, Pergamon Press, Oxford, 1984.

28) ここで取り扱ってはいないが，もう一つの異常な関係に，不活性な対の効果がある．多くの族の下位にある元素が上位にある元素よりも低い酸化数の安定な化合物をつくる．たとえば，スズと鉛は安定な二塩化物を生成するが，炭素とケイ素は四塩化物しか生成しない．族の下位にある元素の最も外にある s 電子は不活性だといわれ，それは結合にかかわっていない．この効果をより詳しく説明するには相対論的量子力学が必要である．

29) T. P. Hanusa, Reexamining the Diagonal Relationships, *Journal of Chemical Education*, **64**, 686-687, 1987.

30) F. Habashi, A New Look at the Periodic Table, *Interdisciplinary Science Reviews*, **22**, 53-60, 1997. ここでは，族の番号について IUPAC に従っていることに注意．本章の残りの部分でも同じである．

31) Ga^{3+}は，それにもかかわらず，3d の亜殻がみたされて，貴（希）ガスの電子配置をとる．

32) 最近の周期表ではアルミニウムは 13 族の 2 番目の元素であるという単純な理由から，アルミニウムに対する異常な値を族の筆頭元素の異常とすることはできない．

33) このことについて詳細を知るには，カナームの著書を参照．本節を書くにあたっても，参考にしたことが多い．The Richness of Periodic Patterns, G. Rayner Canham, *The Periodic Table：Into the 21st Century*, D. Rouvray, R. B. King, Research Studies Press, Bristol, UK, 2004, pp. 161-187；G. Rayner Canham, T. Overton, *Descriptive Inorganic Chemistry*, 3rd ed., W. H. Freeman, New York, 2003.

34) G. H. Lander, J. Fuger, Actinides：The Unusual World of the 5f Electrons, *Endeavour*, **13**, 8-14, 1989.

35) 1977 年に $AsCl_5$ が合成されているが，PCl_5 と $SbCl_5$ が 1934 年から知られていることを考えると，$AsCl_5$ の合成がたいへんだったことがわかる．話は変わるが，遮へいについての説明は，相対論的量子力学によって計算され，確認されている．P. Pyykkö, On the Interpretation of 'Secondary Periodicity' in the Periodic Sysstem, *Journal of Chemical Research* (Sweden), (S), 380-381, 1979.

36) 一つの説明は，周期表の族を下に進んでも，有効核電荷（陽子数から内殻電子数を差し引いたもの）は一定である．ところが，最外殻電子との距離は増加するので，イオン化エネルギーは減少する．

37) R. T. Sanderson, *Chemical Periodicity*, Reinhold, New York, 1960.

38) E. R. Scerri, Chemistry, Spectroscopy and the Question of Reduction, *Journal of Chemical Education*, **68**, 122-126, 1991.

39) H. Obadasi, Some Evidence About the Dynamical Group SO (4, 2)：Symmetries of the Periodic Table of the Elements, *International Journal of Quantum Chemistry, Symposium 7*, 23-33, 1973；V. Ostrovsky, What and How Physics Contributes to Understanding the Periodic Law, *Foundations of Chemistry*, **3**, 145-182, 2001.

40) チェスでナイトの移動は左右上下へ合計 8 通り許されるが，周期表上の「ナイトの動き」は，下に 1 コマ進み，続いて右に 2 コマ動く 1 通りに限られる．

41) レインは，「ナイトの動き」の関係を技術者に対する化学の講義をしているときに発見した．このことから，彼は，亜鉛とスズが似ていると強調するようになった（M. Laing，私信）.

42） M. Laing, The Knight's Move in the Periodic Table, *Education in Chemistry*, **36**, 160–161, November 1999；M. Laing, chapter 4, in D. Rouvray, R. B. King, Patterns in the Periodic Table, *The Periodic Table：Into the 21st Century*, Research Studies Press, Bristol, UK, 2004, pp. 123–141.

43） たとえば，カドミウムは亜鉛のすぐ下にあり，鉛はスズのすぐ下にあるが，どちらも非常に毒性が高い．しかし，カドミウムは少なくとも一つの生物にとって必須であるようにみえる．2000年に出された報文によると，ある海産の珪藻は，二酸化炭素と炭酸を転換する反応の触媒となる，カドミウムの入った酵素をもっている．この元素の生物学的性質については，下にあげるエムズリーの本を参照．J. Emsley, *Nature's Building Blocks*, Oxford University Press, Oxford, 2001, pp. 74–76［山崎昶訳，『元素の百科事典』（丸善，2003）］．この本は，人間，医学，経済，歴史，環境など諸方面についての元素に関する多くの情報を得るのに便利な，標準的な参考書である．

44） 有機スズ化合物の毒性についての詳しい情報については，上記のエムズリーの本を参照．

45） 真鍮については，紀元前4世紀またはそれ以前から生産されていた．記録および実物の文化財から，現在パキスタン領になっているタキシーラでは同じころに初期の真鍮が製造されていたことがわかっている．青銅はもっと早くから生産されていた．銅は紀元前5000年紀後期に中東で製錬されていた．初期の銅の「合金」はヒ素を含むもので，ヒ素はスズと同じように合金の性質の向上に役立っていた．硬度が上がり，鋳上がりがよくなり，融点が下がった．P. T. Craddok（ed.），*2000 Years of Zinc and Brass*, British Museum Occasional paper No. 50, London, 1990.

46） M. Laing, The Knight's Move in the Periodic Table, *Education in Chemistry*, **36**, 160–161, 1999.

47） 最近では，レインは，テクネチウムとイリジウムのあいだに「ナイトの動き」の関係のある可能性を考えている（M. Laing，私信）.

48） L. Suidan, J. Badenhoop, E. D. Glendening, F. Weinhold, Common Textbook and Teaching Misrepresentations of Lewis Structures, *Journal of Chemical Education*, **72**, 583–586, 1995.

49） W. B. Jensen, Classification, Symmetry and the Periodic Table, *Computers and Mathematics with Applications*, 12B, 487–510, 1986；H. Bent, The Left-Step Periodic Table, *Journal of Chemical Education*, 印刷中.

50） 私は，水素がアルカリ金属のあいだに入ると考えている．ただ，このことについては，さまざまな議論もある．たとえば，P. Atkins, H. Kaesz, The Placement of Hydrogen in Periodic System, *Chemistry International*, **25**, 14–14, 2003. この文献に対する反論は，つぎを参照．E. R. Scerri, The Placement of Hydrogen in Periodic System, *Chemistry International*, **26**, 21–22, 2004.

51） ともあれ，それぞれのf-ブロックの中で，問題となる元素は二つしかない．そこでは，異常があるかどうかをいうのは難しい．

52） つぎの教科書の中のホウ素・窒素化合物と炭素化合物の類似性についての詳細な説明は，非常に優れている．N. N. Greenwood, A. Earnshaw, *The Chemistry of the Elements*, Pergamon Press, Oxford, 1977, pp. 234–240. ボラジンが芳香族性をもつかどうかについては，論文中での論争がある．A. K. Phukan, E. D. Jemmis, Is Borazine Aromatic? *Inorganic Chemistry*, **40**, 3615–3618, 2001.

53） もう一つの例はシアン化物イオン CN^- で，ハロゲン化物イオンと似た挙動をする．G. Rayner Canham, The Richness of Periodic Patterns, in D. Rouvray, R. B.King（eds.），*The Periodic Table：Into the 21st Century*, Research Studies Press, Bristol, U.K. 2004. pp. 161–187. この本の著者は NH_4^+ と CN^- を改訂された新しい周期表に入れようとしている．この傾向は，周期系に手を加えようとする試み，および元素の中にイオンとラジカルを加える以前からの試みを再現しているようにみえる．

54） D. E. Bergeron, A. W. Castleman, T. Morisato, S. N. Khanna, The Formation of $Al_{13}I$：Evidence for the Superhalogen Character of Al_{13}, *Science*, **304**, 84–87, 2004.

55） Evidence that Superatoms Exist Could Unsettle the Periodic Table, *The Economist*, **37**, 475, 2005（著者不詳）.

56) E. G. Mazurs, *Graphical Representations of the Periodic System During One Hundred Years*, University of Alabama Press, Tuscaloosa, AL, 1974.

57) 最も権威あるウェブサイトとしては，無機化学者であるマーク・ウインターによるものがある（http://www.webelements.com/）．Mark Winter, WebElements™ Periodic Table, University of Sheffield and WebElements Ltd., 2006.

58) 親石元素は「岩を好む」元素で，おもに酸化物の鉱物の中に含まれ，ハロゲン化物としても存在する．親鉄元素は「鉄を好む」元素で，地球のコアに入っている量が圧倒的に多い．親銅元素は，硫黄，セレン，ヒ素などの非金属と結合した形で地殻に含まれている．

59) B. Railsback, An Earth Scientist's Periodic Table of the Elements and their Ions, *Geology*, **31**, 737–740, 2003.

60) F. Habashi, A New Look at the Periodic Table, *Interdisciplinary Science Reviews*, **22**, 53–60, 1997.

61) 1960 年代から 1970 年代に，ソール・クリプキとヒラリー・パットナムを含む言語哲学者が sense と reference の問題を再び分析した．彼らによると，reference という語は，たとえば「虎」，「クォーク」，「元素」というような自然に成立した日常語では定義できない．むしろ，言語哲学者が特に essence と呼ぶもので定義される．essence は最新の科学によって導かれるものである．一例をあげると，金の reference とは，原子番号 79（これが essence）によって定義され，金の諸性質は関係ない．このような言語哲学者たちの議論をみて，私は「元素」の意味についてつぎのように考えるようになった．
化学者が元素について，やれ基本物質だ，やれ単体だと議論するのは，哲学者たちが sense だ reference だと論じるのと同じで，両者には一種の並行関係がある．つまり，元素の sense は大まかにいって元素の諸性質によって規定され，元素の reference というのがただ一つの基準である原子番号で定義されるものである．E. R. Scerri, Some Aspects of the Methaphysics of Chemistry and the Nature of the Elements, *Hyle*, **11**, 127–145, 2005.

62) 放射化学者のカジミール・ファヤンスは，同位体の発見は周期系の維持を不可能にすると信じていて，パネットの論争相手であった．

63) E. A. Paneth, The Epistemological Status of the Concept of Element, *British Journal for the Philosophy of Science*, **13**, 1–14, 144–160, 1962. reprinted in *Foundations of Chemistry*, **5**, 113–145, 2003.

64) パネットとヘヴェシーは，その当時の実験技術のおよぶ範囲で，ビスマスの同位体の電気化学的ポテンシャルが同一であることを示した．E. R. Scerri, Realism, Reduction and the Intermediate Position, in N. Bhushan, S. Rosenfeld（eds.），*Minds and Molecules*, Oxford University Press, New York, 2000, pp. 51–72.

65) 最近の研究によって同位体の化学的性質にさえわずかな違いがあることが示されているが，ここで議論している中心的な問題に影響を与えることはない．

66) S. Kripke, Naming and Necessity, in D. Davidson, G. Harman（eds.），*Semantics of Natural Language*, Reidel, Dordrecht, 1972, pp. 253–355；H. Putnam, The Meaning of Meaning , in his *Philosophical Papers*, vol. 2, Cambridge University Press, Cambridge, 1975, pp. 215–271.

67) 元素が特定の電子配置をもつことが周期表のある族に入るための必要条件とすると，ある族に属するすべての元素が同じ外殻電子の配置をとることになる．これは，多くの遷移元素の族について成り立っていない．特定の電子配置をとることを十分条件とすると，同じ外殻電子配置をとる元素は同じ族に属さねばならない．これは，少なくとも広く使われている周期表による限り，ヘリウムについては成り立たない．E. R. Scerri, How *Ab Initio* is *Ab Initio* Quantum Chemistry? *Foundations of Chemistry*, **6**, 93–116, 2004.

68) 電子配置は，原子番号とは異なり，近似的にしか知られていない．原子番号は，原子核の中にある陽子の数で，はっきりとした実体として決められる．E. R. Serri, How *Ab Initio* is *Ab Initio* Quantum Chemistry? *Foundations of Chemistry*, **6**, 93–116, 2004.

69) たとえば，M. W. Cronyn, The Proper Place for Hydrogen in the Periodic Table, *Journal of Chemical Education*, **80**, 947–951, 2003.

70) P. W. Atkins, H.Kaesz, The Placement of Hydrogen in Periodic System, *Chemistry International*, **25**, 14, 2003.

71) もう一度いうが，原子番号から離れては元素は観測できない.

72) C. Janet, The Helicoidal Classification of the Elements, *Chemical News*, **138**, 372-374, 388-393, 1929；L. M. Simmons, The Display of Electronic Configuration by a Periodic Table, *Journal of Chemical Education*, **25**, 658, 1948；R. T. Sanderson, A Rational Periodic Table, *Journal of Chemical Education*, **41**, 187-189, 1964；G. Katz, The Periodic Table：An Eight Period Table For The 21st Century, *The Chemical Educator*, **6**, 324-332, 2001；E. R. Scerri, Presenting the Left-step Periodic Table, *Education in Chemistry*, **42**, 135-136, 2005.

73) この点について先に進むのに，どちらの表もこれからの流れについていけるが，私は左ステップ型の表に集中して進める.

74) D. Neubert, Double Shell Structure of the Periodic System of the Elements, *Zeitschrift für Naturforschung*, **25A**, 210-217, 1970.

75) もちろん，将来の化学はヘリウムがアルカリ土類金属に属することを明らかにするかもしれない．元素が基本物質であることと，単体であることの考え方は相補的であって，相反するものではない.

76) 原子番号を用いるときのように（n＋ℓ）則を採用することは，元素を基本物質とみなすことで，単体とすることではない．この規則はすべての元素について一般化できる．ただし，いくつかの例では成立しないのであるが，すべての元素の直接観測できる性質とはかかわりがない.

77) チャールズ・ジャネットは，この形の周期表を公表した最初の人であろう．C. Janet, The Helicoidal Classification of Elements, *Chemical News*, **138**, 372-374, 388-393, 1929.

78) 美とエレガンスの観点からみると，いまでは多くの3次元周期表がある．その中で最も美しいものの一つは，図10.15に示すフェルナンド・デュフールによるものである．G. B. Kauffiman, Elemen, Tree：A 3-D Periodic Table by Fernando Dufour, *The Chemical Educator*, **4**, 121-122, 1999を参照.

79) E. R. Scerri, The Tyranny of the Chemist, *Chemistry International*, **28**, 11-12, May-June, 2006.

訳者あとがき

本書の翻訳が終わりに近づいた2008年秋，ノーベル物理学賞が南部陽一郎，益川敏英，小林誠の3氏に与えられるとの報道があった．南部氏が切り開いた素粒子の研究と，その基盤に立ってクォークの存在を決定づけた1973年発表の益川・小林理論が受賞理由である．それは，レントゲン，ベクレル，キュリー夫妻，J. J. トムソンらが1890年代後半に原子と原子核の世界への扉を開けてから約80年後の成果であった．

この物理学の軌跡を1世紀さかのぼる19世紀には，化学の世界で類似した形の研究開発が進んでいた．まずラボアジエが口火を切る．1789年に彼が発表した「元素」の概念は，ヨーロッパの中世を通じて支配的だったアリストテレスの物質観から抜け出す扉を開け，ドルトンの原子論を経て，1869年発表のメンデレーエフの周期系で一つの終着点に達する．この間まさに80年．年数の一致は偶然にしても，科学者が自然を構成する究極物質を実験的手段によって見極め，それらを体系化しようとする努力を繰り返したことは，自然科学が人類史の中で演じた二大ドラマであった．

本書の前半（第1～4章）は，その題名が示すように，第一のドラマ，すなわち19世紀ヨーロッパを舞台として，ラボアジエからメンデレーエフに至るまで，多数の化学者が「元素」の本質とその体系化を摸索するありさまを克明に描いている．しかし，この部分の化学史的記述は特に新しいものではない．著者シェリー氏が力を入れるのは後半（第5～10章），すなわち周期系の「その後」である．

20世紀に入り，化学教科書の目玉商品となって世界の教育市場に売り出されたメンデレーエフの周期系は，第二のドラマのなかに巻き込まれる．ボーアなどの物理学者が，量子論およびその発展形態である量子力学という新しい道具を使って原子の内部構造を解析する．その結果に従えば，元素の周期性は自明の理であるかのようにみえる．この部分で著者は，原子核物理学・量子力学・天体物理学・元素合成理論を，数式を使わない平易な論法で記述するとともに，物理学の過信について警告し，化学の復権を説く．

もともと周期系については，著者が敬意をもってたびたび引用するファン・スプロンセンの著作（1969年）がある．日本にも訳本があるこの古典的名著は，メンデレーエフの周期系発表100周年を記念して出版された．本書がメンデレーエフ没後100年目にあたる2007年に出版されたことには，この先行の著作に対する著者の格別な思いがあるに違いない．彼はつぎのように述べる．

> （ファン・スプロンセンの本は）周期系の歴史に詳細な記述があって優れたものである．……いくつかの記述不足があるが，その一つは，近代物理学が周期系を説明したと主張している筋道についての議論が欠落していることである．（本文2ページ）

このように彼は，ファン・スプロンセンが量子力学による周期系の物理還元（reduction，後出）を安易に受け入れていると暗に批判する．本書執筆の動機の一つはここにあるように思われる．

著者シェリー氏の専門は，彼が冒頭に記述する多くの人々への「謝辞」からわかるように，化学哲学（philosophy of chemistry）である．本書が扱うのは化学と物理学の専門分野であるが，そこには常に化学哲学が通奏低音として流れている．このような化学哲学は日本の化学教育ではあまり取り上げないので，蛇足ながら本書を読み進める上で重要な二つのキーワードを説明しておこう．

element：本書では，古代ギリシアの地水火風から現代の化学元素にまで使われるこの語に，すべて「元素」の訳語を当てた．著者は，「元素」には目に見えない抽象元素（abstract element）と目に見える単体（simple substance）という二重の意味があって，ラボアジエは後者だけを元素としたが，メンデレーエフは前者も考慮していたために周期系発見に至ったと主張する．なお，本文中に出現する「基本原理」,「根源物質」,「基本物質」,「元素の本性」などの用語はおおむね抽象元素のことである．

reduction：科学哲学の用語で,「物理還元」と訳した．頻繁にこの語が出る場所では単に「還元」としたが，いわゆる酸化還元の意味ではない．一般的には，生物学や化学の現象を物理学で解釈することを意味するが，本書ではより狭い，周期系を量子力学で解釈する意味がほとんどである．

本書の訳者は，馬淵久夫（謝辞・序・第1・4・6章を担当），冨田 功（第2・3・5章），菅野 等（第7・8・9章），古川路明（第10章）である．翻訳にあたってはOxford University Press（2007）の初版を基にした．そのため初版の宿命ともいえる校正ミス（と思われる箇所）にたびたび遭遇した．しかし幸いなことに，著者シェリー氏と連絡をとることができたため，化学や物理学の内容だけでなく，文献中のドイツ語やフランス語のスペルに至るまで，詳細にわたって正誤の情報を交換することができた．とはいえ，19世紀にまでさかのぼる膨大な数の文献がある．それらに誤りがないと断言する自信はない．誤りがあった場合にはお許し願いたい．

このようにしてできた日本語版には英語版にない，二つの特徴がある．

第一の特徴は，必要な箇所に付けた訳注である．本書を読むためには高校の化学程度の知識が必要であるが，欧米と日本の教育・文化の違いのため，訳の日本語だけでは理解し難い場合がある．そのような箇所では，カッコ付きで訳者の解釈を補った．また，日本人化学者の元素発見への貢献の記述を補った．具体的には，東京大学理学部化学科助教授からアーカンソー大学教授になられて宇宙核化学の分野で独創的な研究をされ，2001年に故人となられたP. K. Kuroda（黒田和夫）氏のテクネチウムの存在に関する報文，それと，1908年に発表されたが公認されなかった小川正孝（東北帝国大学教授で本書に引用されている）のニッポニウムの実験データを再調査された東北大学名誉教授の吉原賢二氏の報文である．これらは若干長い訳注として記した．

第二の特徴は，人名，元素名，事項の3種類に分けた索引である．読者諸氏が数ページでもお読みになれば気がつかれると思うが，シェリー氏は思索を大切にし，物事をとことんまで追求するタイプである．それは本論の全10章だけでなく，冒頭の謝辞や序章にまで挿入された計644という「注」の数に表れている．その中には本文では書きにくい裏話などが盛り込まれていて興味がつきない．また，全10章および注の文中に登場する人物は300人に及ぶ．したがって，その情報量からみても，本書は「元素と周期表の事典」としても役立つといって過言ではない．その目的で使用する際の便を考慮して，できるだけ詳しい3種類の索引を作成した．

元素と周期表は，化学を学ぶものが，いの一番に遭遇する事項である．それゆえに，化学を専門とする教師や研究者にとっては，学生時代に勉強し，必要なときに眺めればよい，すでに確立された基礎事項のように考えられている．それがそうではなく，まだまだ深く追求する価値があることを教えてくれるのが本書である．化学を勉強する大学生の方々，また高校や大学で化学関連の科目を教えられる先生方がお読みになれば，いままでとは違う「元素観」を抱かれるようになることと思う．

「訳者あとがき」にしては少し長すぎる文章になった．1年に及ぶ翻訳作業でエリック・シェリー氏の学問に込める情熱のとりこになったためかもしれない．お許しいただければ幸いである．

2009年9月

訳　　者

人名索引

ア 行

アイド（Ihde, A. J.） 177
アインシュタイン，アルバート（Einstein, Albert） 288
アスキー→ファン・アスキー
アトキンズ，ピーター（Atkins, Peter） 3, 308
アプトン，トーマス（Upton, Thomas） 304
アベッグ，リヒャルト（Abegg, Richard） 234
アボガドロ，アマデオ（Avogadro, Amadeo） 49, 80
アームストロング，ヘンリー（Armstrong, Henry） 170
アリストテレス（Aristotle） 3
アルファー，ラルフ（Alpher, Ralph） 284
アレニウス，スヴァンテ（Arrhenius, Svante） 283
アンペール，アンドレ（Ampère, André） 79

イェンセン，ウィリアム（Jensen, William） 303
イェンセン，ハンス（Jensen, Hans） 294
インクワイアラー（Inquirer） 83

ヴァイツゼッカー→フォン・ヴァイツゼッカー
ヴィーナブル（Venable, F. P.） 2, 76
ヴィーヒェルト，エミール（Wiechert, Emil） 208
ウィリアムソン，アレクサンダー（Williamson, Alexanader） 91
ヴィンクラー，クレメンス（Winkler, Clemens） 154
ヴェルスバッハ→フォン・ヴェルスバッハ
ウォシュバーン（Washburn, E. W.） 240
ウォーラストン，ウィリアム（Wollaston, William） 37, 78
ヴュルツ，シャルル・アドルフ（Wurtz, Charles-Adolphe） 119, 165

エディントン，アーサー（Eddington, Arthur） 283
エムズリー（Emsley, J.） 1
エーレンフェスト，パウル（Ehrenfest, Paul） 219, 243

小川正孝 193
オースチン，ウィリアム（Austin, William） 46
オストロフスキー（Ostrovsky, V） 277
オドリング，ウィリアム（Odling, William） 96-100

カ 行

ガイガー，ハンス（Geiger, Hans） 184, 212
カウフマン，ヴァルター（Kauffmann, Walter） 208
カウフマン，ジョージ（Kauffmann, George） 101
梶雅範 130
カッセバウム（Cassebaum, H.） 101
カナーム，ジョフレイ・レイナー（Canham, Geoffrey Rayner） 298, 305
カニッツァロ，スタニスラオ（Cannizzaro, Stanislao） 73, 80, 81
ガモフ，ジョージ（Gamow, George） 284
ガリバルディ，ジュゼッペ（Garibaldi, Giuseppe） 88

キスチャコフ（Chistyakov, V. M.） 300
キュリー，ピエール（Curie, Pierre） 182
キュリー，マリー・スクロドウスカ（Curie, Marie Sklodowska） 182, 203
キルヒホッフ，グスタフ・ローベルト（Kirchhoff, Gustav Robert） 102

クック，ジョサイア（Cooke, Josiah） 121
クーパー（Cooper, D. G.） 3
グメリン，レオポルト（Gmelin, Leopold） 56-62
クラウジウス，ルドルフ（Clausius, Rudolf） 169

グラッドストーン，ジョン・ホール（Gladstone, John Hall） 172
クラフツ，ジェイムズ・メイソン（Crafts, James Mason） 304
クラマース，ヘンドリック（Kramers, Hendrik） 243
クリプキ，ソール（Kripke, Saul） 316
クルックス，ウィリアム（Crookes, William） 170, 193, 197, 280–283
クルトゲン（Kultgen, J. H.） 138
クールトワ，ベルナール（Courtois, Bernard） 60
クレーヴェ，ペール（Cleve, Per） 154, 163
クレマース，ペーテル（Kremers, Peter） 65, 66
グレンデニン，ローレンス（Glendenin, Lawrence） 195
黒田和夫（Kuroda, P. K.） 195
グロッセ，アリスティード（Grosse, Aristide） 194
クーン，トーマス（Kuhn, Thomas） 12, 61, 215

ケクレ，アウグスト（Kekulé, August） 48, 80
ケーズ，ハーバート（Kaesz, Herbert） 308
ゲッペルト＝メイヤー，マリア（Goeppert-Mayer, Maria） 294
ケドロフ，ボニファティー（Kedrov, Bonifatii） 136, 167
ゲーリュサック，ジョゼフ・ルイ（Gay-Lussac, Joseph Louis） 48
ケルヴィン卿（Lord Kelvin, Thomson, William） 38, 171, 208
ゲルハルト，シャルル（Gerhardt, Charles） 75, 79, 88
ケンナ（Kenna, B. T.） 195

コスター，ディルク（Coster, Dirk） 194, 245
ゴーダン（Gaudin, M. A. A.） 78
コッセル，ヴァルター（Kossel, Walther） 238
ゴーディン，マイケル（Gordin, Michael） 3, 133
コードネフ，アレクセイ・イヴァノヴィッチ（Khodnev, Alexei Ivanovich） 121
コリエル，チャールズ（Coryell, Charles） 195
コント，オーギュスト（Comte, Auguste） 74

サ 行

サックス，オリヴァー（Sacks, Oliver） 3, 18
ザップフェ，カール（Zapffe, Karl） 101
サンダーソン，ラルフ（Sanderson, Ralph） 3, 300

シェーレ，カール（Scheele, Carl） 60
ジーグバーン，マンネ（Siegbahn, Manne） 196
シーボーグ，グレン（Seaborg, Glenn） 18–20, 30, 31
ジャネット，チャールズ（Janet, Charles） 311
ジャーマー，レスター（Germer, Lester） 258
シャンクールトワ→ド・シャンクールトワ
シュース，ハンス（Suess, Hans） 294
シュタール，ゲオルク（Stahl, Georg） 42
シュトラサーン（Strathern, P.） 3
シュトラスマン，ハンス（Strassman, Hans） 205
シュレーディンガー, エルヴィン（Schrödinger, Erwin） 258
ジュンタ，カルメン（Giunta, Carmen） 114

スヴェドベリー，テオドール（Svedberg, Theodor） 198
スタース，ジャン・セルヴェー（Stas, Jean Servais） 53, 119
ストゥディオスス（Studiosus） 83, 89
ストーナー，エドマンド（Stoner, Edmund） 222–224, 249
ストーニー，ジョンストン（Stoney, Johnston） 208
ストラット，ジョン・ウィリアム→レイリー卿
ストレムホルム，ダニエル（Strömholm, Daniel） 198
ストレンジ，アンソニー（Stranges, Anthony） 235
スプロンセン→ファン・スプロンセン

セグレ，エミリオ（Segrè, Emilio） 195
セジウィック，ウィリアム（Sedgwick, William） 177

ソイベルト，カール（Seubert, Carl） 112–113
ソディー，フレデリック（Soddy, Frederick） 183, 198, 199

ソールトピーター，エドウィン（Saltpeter, Edwin） 284
ゾンマーフェルト，アルノルト（Sommerfeld, Arnold） 217, 222

タ 行

ダーウィン，チャールズ（Darwin, Charles） 34
ダーウィン，チャールズ（孫）（Darwin, Charles Jr.） 205
タウンゼンド，ジョン・シーリー（Townsend, John Sealy） 205

チャドウィック，ジェイムズ（Chadwick, James） 196

ディアス，ジェリー（Dias, Jerry） 34
ディラック，ポール（Dirac, Paul） 218, 273
デーヴィー，ハンフリー（Davy, Humphry） 18, 51, 60
デーヴィーズ，マンセル（Davies, Mansel） 251
デーヴィソン，クリントン（Davisson, Clinton） 258
デーベライナー，ヨハン・ヴォルフガンク（Döbereiner, Johann Wolfgang） 54-56
デュフール，フェルナンド（Dufour, Fernando） 317
デュマ，ジャン・バティスト・アンドレ（Dumas, Jean Baptiste André） 64, 72
デュロン，ピエール・ルイ（Dulong, Pierre-Louis） 70, 71
テーラー，ウェンデル（Taylor, Wendell） 92
デン・ブルック→ファン・デン・ブルック

ドーヴィリエ，アレクサンドル（Dauvillier, Alexandre） 243
ドゥシュマン，ソール（Dushman, Saul） 252
ド・シャンクールトワ，アレクサンドル・エミール・ベギュイエ（De Chancourtois, Alexandre Emile Béguyer） 84-88
トッド，マーガレット（Todd, Margaret） 206
ドップズ，ベティー・ジョー（Dobbs, Betty Jo）
ド・ブロイ，ルイ・ヴィクトール（De Broglie, Louis Victor） 258
ド・ボアボードラン，ポール・エミール・ルコック（De Boisbaudran, Paul Emile Le Coq） 84, 152
トーマス，レウェリン（Thomas, Llewellyn） 271
トムセン，イェルゲン・ユリウス（Thomsen, Jörgen Julius） 177
トムソン，ウィリアム→ケルビン卿
トムソン，ジョセフ・ジョン（Thomson, Joseph John（J. J.）） 38, 207-212
トムソン，トーマス（Thomson, Thomas） 50, 78
ド・ラッパラン，アルベール・オーギュスト（De Lapparent, Albert Auguste） 84
ドルトン，ジョン（Dalton, John） 28, 44-50
トルマン，リチャード（Tolman, Richard） 283

ナ 行

長岡半太郎 184, 210
ナッケ，アルフレッド（Naquet, Alfred） 81, 82

ニエプス，ジョセフ・ニセフォール（Niépce, Joseph-Nicéphore） 203
ニエプス・ド・サンヴィクトール，アベル（Niépce de Saint-Victor, Abel） 203
ニコルソン，ジョン（Nicholson, John） 228
ニュートン，アイザーク（Newton, Isaac） 44, 45
ニューランズ，ジョン（Newlands, John） 88-96
ニルソン，ラルス・フレデリック（Nilson, Lars Frederick） 154

ネルンスト，ヴァルター（Nernst, Walter） 283

ノダック，イダ（Noddack, Ida） 194
ノダック，ヴァルター（Noddack, Walter） 194

ハ 行

ハイゼンベルク，ヴェルナー（Heisenberg, Werner） 218, 256, 258
ハイトラー，ヴァルター（Heitler, Walter） 256
ハイルブロン，ジョン（Heilbron, John） 215
パウリ，ヴォルフガンク（Pauli, Wolfgang） 224-228
バーガース（Burgers, J. M.） 219

バークラ，チャールズ（Barkla, Charles） 185
バシュラール，ガストン（Bachelard, Gaston） 135
パーソンズ，アルフレッド（Parsons, Alfred） 252
パットナム，ヒラリー（Putnam, Hilary） 316
ハートッグ，フィリップ（Hartog, Philip） 87
ハートリー，ダグラス（Hartree, Douglas） 259
パネット，フリッツ（Paneth, Fritz） 135, 246, 306
ハバシ，ファシ（Habashi, Fathi） 296
バービッジ，ジョフレイ（Burbidge, Geoffrey） 285–287
バービッジ，マーガレット（Burbidge, Margaret） 285–287
バラール，アントワンヌ（Balard, Antoine） 60
ハーン，オットー（Hahn, Otto） 20, 194
バンソード-ヴァンサン，ベルナデット（Bensaude-Vincent, Bernadette） 137

ヒットルフ，ヨハン（Hittorf, Johann） 208
ヒルベルト，ダヴィット（Hilbert, David） 218
ビロン，エフゲニー（Biron, Evgenii） 299
ヒンリックス，グスタフ（Hinrichs, Gustav） 100–107

ファウラー，ウィリアム（Fowler, William） 285–287, 313
ファヤンス，カジミール（Fajans, Kasimir） 191
ファラデー，マイケル（Faraday, Michael） 64
ファン・アスキー，ピエテル（van Assche, Pieter） 195
ファン・スプロンセン，ヤン（van Spronsen, Jan（Johannes）） 2, 11
ファン・デン・ブルック，アントン（van den Broek, Anton） 185–190
フィッツジェラルド，ジョージ（Fitzgerald, George） 171
フェルミ，エンリコ（Fermi, Enrico） 271
フォスクレセンスキー，アレクサンドル（Voskresenskii, Aleksandr） 136
フォスター，ジョージ・カレイ（Foster, George Carey） 94
フォック，ウラジミール（Fock, Vladimir） 259
フォン・ヴァイツゼッカー，カール（von Weizsäcker, Carl） 289
フォン・ヴェルスバッハ，アウアー（von Welsbach, Auer） 243
フォン・フンボルト，アレクサンダー（von Humbolt, Alexander） 49
フォン・ヘヴェシー，ゲオルク（von Hevesy, Georg） 194, 246, 307
フォン・ラウエ，マックス（von Laue, Max） 191
フォン・リヒター，ヴィクトール（von Richter, Victor） 155
プッデファット（Puddephatt, R. J.） 3
プティ，アレクシス・テレーズ（Petit, Alexis-Thérèse） 70, 71
プラウト，ウィリアム（Prout, William） 50–53
ブラウナー，ボフスラフ（Brauner, Bohuslav） 132, 148
ブラウン，ハーバート（Brown, Herbert） 174
ブラッシュ，シュテフェン（Brush, Stephen） 141, 167
フランク，ジェイムズ（Franck, James） 245
プランク，マックス（Planck, Max） 213, 245
フランクランド，エドワード（Frankland, Edward） 48
プリーストリー，ジョゼフ（Priestley, Joseph） 42
フリーデリッヒ（Friederich, B.） 38
フリーデル，シャルル（Friedel, Charles） 304
プリンシペ，ローレンス（Principe, Lawrence） 5
プルマン，バーナード（Pullman, Bernard） 74
フレーズ＝フィッシャー，シャルロット（Froese-Fischer, Charlotte） 265, 276
ブロイ→ド・ブロイ
ブロック（Brock, W.） 141
ブンゼン，ローベルト（Bunsen, Robert） 102, 119
フント，フリードリッヒ（Hund, Friedrich） 218
フンボルト→フォン・フンボルト

ヘヴェシー→フォン・ヘヴェシー
ベクレル，アンリー（Becquerel, Henri） 181
ペッテンコッファー，マックス（Pettenkoffer,

マ 行

ヤ 行

ラ 行

リヒター→フォン・リヒター
リヒター，ジェレミアス・ベンジャミン（Richter, Jeremias Benjamin） 42, 43, 155
リプトン，ピーター（Lipton, Peter） 160
リュッカー，ウィリアム・アーサー（Rücker, William Arthur） 171

ルイス，ギルバート・ニュートン（Lewis, Gilbert Newton） 231-237
ルメートル，ジョルジュ（Lemaître, Georges） 283

レイドラー，キース（Laidler, Keith） 251
レイリー卿（Lord Rayleigh, Strutt, John William） 53, 169
レイルスバック，ブルース（Railsback, Bruce） 305
レイン，マイケル（Laing, Michael） 301
レヴィー，プリモ（Levi, Primo） 18
レゥディン，ペル-オロフ（Löwdin, Per-Olov） 261
レッドヘッド，マイケル（Redhead, Michael） 277
レムベルト，マックス（Lembert, Max） 201
レメレ，アドルフ（Remelé, Adolf） 112
レンセン，エルンスト（Lenssen, Ernst） 66-68
レントゲン，ヴィルヘルム・コンラッド（Röntgen, Wilhelm Conrad） 181, 208

ロス，ウィリアム（Ross, William） 199
ロスコー，ヘンリー（Roscoe, Henry） 146
ローソン，ドナルド（Rawson, Donald） 120
ロック，アラン（Rocke, Alan） 28, 113
ロンドン，フリッツ（London, Fritz） 256

元素名索引

原子番号，元素記号，元素名，英語名，ページの順に表示した．
頻出する元素については，その元素が中心に述べられているページのみを記載した．
旧元素名および提案されたが採択されなかった元素名は，現元素名に併記した．

1 H 水素 Hydrogen 18, 50, 80, 105, 307
2 He ヘリウム Helium 19, 26, 32, 173, 256, 258, 307
アステリウム Asterium 193
カセオペイウム Casseopeium 193
コロニウム Coronium 193
ネベリウム Nebellium 193
3 Li リチウム Lithium 55, 62, 295
4 Be ベリリウム Beryllium 77, 143, 144
G グルシニウム Glucinium 93
5 B ホウ素 Boron 112
6 C 炭素 Carbon 55, 81, 292
7 N 窒素 Nitrogen 4, 55, 77
8 O 酸素 Oxygen 55, 58, 65, 80, 292
9 F フッ素 Fluorine 55
10 Ne ネオン Neon 26, 173, 292
11 Na ナトリウム Sodium 18, 55, 63, 232
12 Mg マグネシウム Magnesium 18, 56, 77, 295, 296
13 Al アルミニウム Aluminium（Aluminum） 88, 296, 304
14 Si ケイ素 Silicon 111, 297
15 P リン Phosphorus 18. 65, 77, 205
16 S 硫黄 Sulfur 18, 58, 65, 77, 205
17 Cl 塩素 Chlorine 18, 19, 52, 60, 64, 77
18 Ar アルゴン Argon 26, 131, 168, 173
19 K カリウム Potassium 55, 63
20 Ca カルシウム Calcium 18, 54, 56, 77
21 Sc スカンジウム Scandium 19, 124, 149, 152, 154, 155, 163, 205, 243, 265, 296
22 Ti チタン Titanium 65, 144, 297
23 V バナジウム Vanadium 19, 35, 111, 194, 196, 246
24 Cr クロム Chromium 265, 299
25 Mn マンガン Manganese 106
26 Fe 鉄 Iron 18, 304
27 Co コバルト Cobalt
28 Ni ニッケル Nickel 266, 267
29 Cu 銅 Copper 18, 266, 302, 315
30 Zn 亜鉛 Zinc 296, 301
31 Ga ガリウム Gallium 19, 123, 149, 151, 152, 165, 302
32 Ge ゲルマニウム Germanium 19, 111, 123, 149, 152, 154
33 As ヒ素 Arsenic 77
34 Se セレン Selenium 58, 65, 77, 78, 150
35 Br 臭素 Bromine 60, 64
36 Kr クリプトン Krypton 26, 173
37 Rb ルビジウム Rubidium 35, 77
38 Sr ストロンチウム Strontium 54
39 Y イットリウム Yttrium 19, 22
40 Zr ジルコニウム Zirconium 242, 246
41 Nb ニオブ Niobium 35
42 Mo モリブデン Molybdenum 106, 111, 299
43 Tc テクネチウム Technetium 18, 35, 195, 315
ニッポニウム Nipponium 193
マズリウム Masurium 195
44 Ru ルテニウム Ruthenium 19
45 Rh ロジウム Rhodium 19, 90
46 Pd パラジウム Palladium 19
47 Ag 銀 Silver 302
48 Cd カドミウム Cadmium 112, 302
49 In インジウム Indium 35, 127, 143, 149
50 Sn スズ Tin 112, 297, 301
51 Sb アンチモン Antimony 77, 302
スティビウム Stibium 155
52 Te テルル Tellurium 58, 61, 77, 85, 92, 111, 147
53 I ヨウ素 Iodine 60, 64, 92, 111, 147
54 Xe キセノン Xenon 173, 298

55 **Cs** セシウム Caesium (Cesium) 19, 77
56 **Ba** バリウム Barium 18, 54, 56, 77
57 **La** ランタン Lanthanum 31, 77, 143
58 **Ce** セリウム Cerium 77, 242, 299
59 **Pr** プラセオジム Praseodymium
Di ジジム Didymium 106, 115
60 **Nd** ネオジム Neodymium
61 **Pm** プロメチウム Promethium 19, 195
イリニウム Illinium 205
サイクロニウム Cyclonium 205
フロレンチウム Florentium 205
62 **Sm** サマリウム Samarium
63 **Eu** ユウロピウム Europium 19, 30
64 **Gd** ガドリニウム Gadolinium 19, 30
65 **Tb** テルビウム Terbium 19, 196
66 **Dy** ジスプロシウム Dysprosium 196
67 **Ho** ホルミウム Holmium 20, 242, 243
68 **Er** エルビウム Erbium 19, 143, 193
69 **Tm** ツリウム Thulium 193, 196
70 **Yb** イッテルビウム Ytterbium 19, 193, 196, 243
71 **Lu** ルテチウム Lutetium 19, 31, 193, 196, 242-244, 300
ケルチウム Keltium 196
72 **Hf** ハフニウム Hafnium 19, 194, 196, 246
73 **Ta** タンタル Tantalum 35, 246
74 **W** タングステン Tungsten (Wolfram) 299
75 **Re** レニウム Rhenium 19, 175, 194, 195
76 **Os** オスミウム Osmium 105, 298
77 **Ir** イリジウム Iridium 90, 315
78 **Pt** 白金 Platinum
79 **Au** 金 Gold 18
80 **Hg** 水銀 Mercury 18, 112
81 **Tl** タリウム Thallium 35, 112, 280, 302
82 **Pb** 鉛 Lead 112, 201, 302
83 **Bi** ビスマス Bismuth 105
84 **Po** ポロニウム Polonium 19, 180, 198
85 **At** アスタチン Astatine
86 **Rn** ラドン Radon 198
ニトン Niton 240, 252
87 **Fr** フランシウム Francium 19, 195
88 **Ra** ラジウム Radium 77, 180, 198
89 **Ac** アクチニウム Actinium 31, 198
90 **Th** トリウム Thorium 143, 182, 198, 299
91 **Pa** プロトアクチニウム Protactinium 194, 205
92 **U** ウラン Uranium 113, 127, 143, 145, 182, 200, 299
93 **Np** ネプツニウム Neptunium 17
94 **Pu** プルトニウム Plutonium 18, 36
95 **Am** アメリシウム Americium 19, 30
96 **Cm** キュリウム Curium 19, 30
97 **Bk** バークリウム Berkelium 19
98 **Cf** カリホルニウム Californium 19
99 **Es** アインスタイニウム Einsteinium 19
100 **Fm** フェルミウム Fermium 19
101 **Md** メンデレビウム Mendelevium 19
102 **No** ノーベリウム Nobelium 19
103 **Lr** ローレンシウム Lawrencium 19, 31, 300
104 **Rf** ラザホージウム Rutherfordium 19
105 **Db** ドブニウム Dubnium 20
106 **Sg** シーボーギウム Seaborgium 19, 20
107 **Bh** ボーリウム Bohrium 19
108 **Hs** ハッシウム Hassium 19
109 **Mt** マイトネリウム Meitnerium 19
110 **Ds** ダームスタチウム Darmstadtium 19, 36
111 **Rg** レントゲニウム Roentgenium 19, 36
112 **Uub** ウンウンビウム Ununbium 21
113 **Uut** ウンウントリウム Ununtrium
114 **Uuq** ウンウンクアジウム Ununquadium 21
115 **Uup** ウンウンペンチウム Ununpentium
116 **Uuh** ウンウンヘキシウム Ununhexium 21
118 **Uuo** ウンウンオクチウム Ununoctium

事項索引

欧　文

ア　行

カ　行

サ 行

タ 行

ナ 行

ハ 行

マ 行

ヤ 行

ラ 行

ワ 行

訳者略歴

馬淵久夫（まぶち ひさお）

1930年　東京都に生まれる
1955年　東京大学大学院化学系研究科博士課程修了
現　在　学校法人作陽学園理事
　　　　くらしき作陽大学名誉教授
　　　　東京文化財研究所名誉研究員
　　　　中国科学技術大学客員教授
　　　　理学博士

冨田　功（とみた いさお）

1933年　東京都に生まれる
1958年　東京大学大学院化学系研究科修士課程修了
1986年　お茶の水女子大学理学部教授
現　在　お茶の水女子大学名誉教授
　　　　理学博士

古川路明（ふるかわ みちあき）

1933年　東京都に生まれる
1958年　東京大学大学院化学系研究科修士課程修了
1995年　名古屋大学理学部教授
1997年　四日市大学環境情報学部教授
現　在　名古屋大学名誉教授
　　　　理学博士

菅野　等（かんの ひとし）

1941年　福島県に生まれる
1968年　東京大学大学院理学系研究科博士課程修了
1984年　明星大学理工学部教授
1986年　防衛大学校教授
現　在　横浜市立大学客員教授
　　　　関東学院大学非常勤講師
　　　　理学博士

科学史ライブラリー
周　期　表
—成り立ちと思索—

定価はカバーに表示

2009年10月25日　初版第1刷
2010年 4月20日　　　第2刷

訳　者　馬　淵　久　夫
　　　　冨　田　　　功
　　　　古　川　路　明
　　　　菅　野　　　等
発行者　朝　倉　邦　造
発行所　株式会社　朝　倉　書　店

東京都新宿区新小川町 6-29
郵 便 番 号　162-8707
電　話　03（3260）0141
FAX　03（3260）0180
http://www.asakura.co.jp

〈検印省略〉

印刷・製本　東国文化

ISBN 978-4-254-10644-2　C 3340　　Printed in Korea

現在の周期表

族1 / 周期	IA	IIA	IIIA	IVA	VA	VIA	VIIA	VIIIA	
族2 / 周期	IA	IIA	IIIB	IVB	VB	VIB	VIIB	VIIIB	
族3 / 周期	1	2	3	4	5	6	7	8	9
1	水素 ^{1}H 1.008								
2	リチウム ^{3}Li 6.941	ベリリウム ^{4}Be 9.012							
3	ナトリウム ^{11}Na 22.99	マグネシウム ^{12}Mg 24.31							
4	カリウム ^{19}K 39.10	カルシウム ^{20}Ca 40.08	スカンジウム ^{21}Sc 44.96	チタン ^{22}Ti 47.87	バナジウム ^{23}V 50.94	クロム ^{24}Cr 52.00	マンガン ^{25}Mn 54.94	鉄 ^{26}Fe 55.85	コバルト ^{27}Co 58.93
5	ルビジウム ^{37}Rb 85.47	ストロンチウム ^{38}Sr 87.62	イットリウム ^{39}Y 88.91	ジルコニウム ^{40}Zr 91.22	ニオブ ^{41}Nb 92.91	モリブデン ^{42}Mo 95.96	テクネチウム ^{43}Tc (99)	ルテニウム ^{44}Ru 101.1	ロジウム ^{45}Rh 102.9
6	セシウム ^{55}Cs 132.9	バリウム ^{56}Ba 137.3	* ランタノイド 57〜71	ハフニウム ^{72}Hf 178.5	タンタル ^{73}Ta 180.9	タングステン ^{74}W 183.8	レニウム ^{75}Re 186.2	オスミウム ^{76}Os 190.2	イリジウム ^{77}Ir 192.2
7	フランシウム ^{87}Fr (223)	ラジウム ^{88}Ra (226)	† アクチノイド 89〜103	ラザホージウム ^{104}Rf (267)	ドブニウム ^{105}Db (268)	シーボーギウム ^{106}Sg (271)	ボーリウム ^{107}Bh (272)	ハッシウム ^{108}Hs (277)	マイトネリウム ^{109}Mt (276)

原子番号 → 1　水素 ← 元素名
H ← 元素記号
1.008 ← 原子量

* ランタノイド	ランタン ^{57}La 138.9	セリウム ^{58}Ce 140.1	プラセオジム ^{59}Pr 140.9	ネオジム ^{60}Nd 144.2	プロメチウム ^{61}Pm (145)	サマリウム ^{62}Sm 150.4	ユウロピウム ^{63}Eu 152.0
† アクチノイド	アクチニウム ^{89}Ac (227)	トリウム ^{90}Th 232.0	プロトアクチニウム ^{91}Pa 231.0	ウラン ^{92}U 238.0	ネプツニウム ^{93}Np (237)	プルトニウム ^{94}Pu (239)	アメリシウム ^{95}Am (243)

族 1 はヨーロッパ方式，族 2 はアメリカ方式，族 3 は IUPAC (1988) 方式である．
各元素の原子量（A (^{12}C) = 12）は 2009 年の日本化学会原子量小委員会の資料による．安
知られた放射性同位体の一つを選んでその質量数を（　）内に表示した．原子番号 104 番